国家社科基金
GUOJIA SHEKE JIJIN HOUQI ZIZHU XIANGMU
后期资助项目

中国传统忠德变迁史研究

The Research on the History of Chinese Traditional Loyalty

桑东辉 著

长江出版传媒
湖北人民出版社

图书在版编目（CIP）数据

中国传统忠德变迁史研究 / 桑东辉著. — 武汉 :湖北人民出版社, 2023.7
ISBN 978-7-216-10673-3

Ⅰ. ①中… Ⅱ. ①桑… Ⅲ. ①道德—思想史—研究—中国—古代 Ⅳ. ①B82-092

中国国家版本馆CIP数据核字(2023)第127912号

责任编辑：杨　猛
封面制作：董　昀
责任校对：范承勇
责任印制：肖迎军

中国传统忠德变迁史研究
ZHONGGUO CHUANTONG ZHONGDE BIANQIAN SHI YANJIU

出版发行： 湖北人民出版社	**地址：** 武汉市雄楚大道268号
印刷： 武汉市籍缘印刷厂	**邮编：** 430070
开本： 787毫米 × 1092毫米　1/16	**印张：** 20.5
字数： 368千字	**插页：** 3
版次： 2023年7月第1版	**印次：** 2023年7月第1次印刷
书号： ISBN 978-7-216-10673-3	**定价：** 88.00元

本社网址：http://www.hbpp.com.cn
本社旗舰店：http://hbrmcbs.tmall.com
读者服务部电话：027-87679656
投诉举报电话：027-87679757

国家社科基金后期资助项目
出版说明

后期资助项目是国家社科基金设立的一类重要项目，旨在鼓励广大社科研究者潜心治学，支持基础研究多出优秀成果。它是经过严格评审，从接近完成的科研成果中遴选立项的。为扩大后期资助项目的影响，更好地推动学术发展，促进成果转化，全国哲学社会科学工作办公室按照“统一设计、统一标识、统一版式、形成系列”的总体要求，组织出版国家社科基金后期资助项目成果。

全国哲学社会科学工作办公室

目　录

绪 论

在中华民族的传统道德体系中,忠是一个非常重要且影响深远的德目。但由于历史和时代的局限,在中国古代社会,忠德长期被狭隘地、片面地等同于忠君。到了近现代,经过“道德革命”和五四新文化运动的批判和抨击,忠君作为钳制思想的精神枷锁遭到彻底否定。追本溯源,中国传统忠德其本来面目是怎样的?其中包含哪些精华和糟粕?对我们今天推动新时代中国特色社会主义建设、培育和践行社会主义核心价值观有哪些可资借鉴之处?实现传统忠德创造性转化与创新性发展的路径又在哪里?这些都是笔者密切关注,并要在本课题成果中集中予以讨论和努力解决的主要问题。

一、忠的含义辨释

在传统观念中,人们通常存在一种深深的误区和成见。那就是一提到忠德就首先联想到忠君,似乎忠就只有忠君一义。事实上,忠的含义十分丰富,也较为广泛,绝对不止忠君那么简单。忠君只是忠德其中的一义,而且还不是最古之义。按照张锡勤先生的观点,忠是“一种积极的对他人、对事业的态度。忠的基本内容与要求是真心诚意、尽心竭力地对待他人,对待事业”。[①]忠德产生、成熟于先秦时期。在本课题成果的第一章中对忠的涵义有较系统和全面的辨析。在此,笔者仅从“忠”字具体的组字结构上,梳理出三个方面的意蕴。

(一)“中”的意蕴

解构“忠”字的字形结构,可以将“忠”字拆解为上“中”、下“心”的上下结构。忠实际就是中在心上。《尚书·盘庚中》“设中于乃心”和嵇康《管蔡论》的“中于乃心,思在王室”,都是从组字的角度,表达了忠的意蕴。《说文解字》曰:“忠,敬也。从心,中声。”“中心为忠”既指示了忠的读音,也指明了“忠者

① 张锡勤:《中国传统道德举要》,哈尔滨:黑龙江大学出版社2009年版,第100页。

中也"的基本含义。也就是说,"忠"字上半部分的"中"既起到形声作用,又指示了不偏不倚的中正、公正、公平等"忠"的寓意。中国传统思维中,一直就有尚中的传统。尚中思想凝聚着中国原始先民的智慧,《周易》《尚书》等元典中所蕴含的尚中思想与忠的产生有着内在的关联。如《周易》中的天道尚中和天尊地卑观念都深刻地影响了忠的价值走向。[①]著名的文化研究学者萧兵先生曾指出:"设'中'于心就构成'忠'的意象。"[②]其一语道破了人们价值观念中的尚中取向与忠的关系。进而,由忠的"中"之价值所蕴含的不偏、公正、无私等特质,进一步生发出公忠的美德特质。"忠者,中也,至公无私"(《忠经·天地神明章》)就是对公忠特质的精准诠释。也就是说,具有"中"的公正价值取向的"忠",同时也被赋予了无私的意蕴,在《广韵》"东韵"中有"忠,无私也"的表述。正是因为中正无私的意蕴,进而赋予了忠以分配活动中的正义精神。春秋时人就已经认识到"忠所以分也"的道理,并且指出:"忠分则均。"(《国语·周语上》)这种分配过程中的公平就体现的是"公",体现了公忠的意蕴。又,据《说文》:"公,平分也。"对比《国语》《说文》《广韵》《忠经》等典籍,不难发现,忠与公在价值取向上是有所重叠和交叉的。特别是在面对私的问题上,忠和公都表达了相同或相似的价值取向。《韩非子·五蠹》有言:"自环者谓之私,背私谓之公。"也就是说,那种"自环"的私与"背私"的公是背道而驰、南辕北辙的。同理,与"公"相通的"忠"也同"私"形成了判然相反、绝不苟合的对立。除了前面我们所引述的《广韵》之"忠,无私也",在更为古老的典籍中,也不乏以无私来释忠的,如《左传·成公九年》的"无私,忠也"和《左传·文公六年》的"以私害公,非忠也"等。也就是说,在否定"私"、批判"私"的问题上,"公"与"忠"完全站在了同一条战线上,实现了在对"私"斗争中的内涵汇通和视域融合。这些都说明,春秋时期人们已经自觉辨析了忠与公的亲缘关系以及忠与私的对立关系,并形成了"公家之利,知无不为,忠也"(《左传·僖公九年》)等较为系统规范的公忠价值。"忠,无私也"的公忠精神也逐渐成为践行忠德的重要准则。特别是在阐扬政治伦理层面的忠德观时,忠的无私特点更为突出,并因此而生发出公而忘私、大公无私的公忠体国精神和奋不顾身、为国捐躯的爱国主义精神。而这一切都可以追溯到忠观念在萌芽期的尚中习俗和"中"的不偏不党的公正无私精神。

---

① 参见桑东辉:《〈易传〉与忠德》,《光明日报》2013年5月20日。

② 萧兵:《中庸的文化省察——一个字的思想史》,武汉:湖北人民出版社1997年版,第820页。

（二）“心”的意蕴

对于“心”字，在甲骨文和金文中都已经出现。据王成考证，从甲骨文到金文，“心”字的写法出现了变化，类似描摹人体的心脏外形和血管分布。同时，从某种意义上讲，甲骨文中的“心”字又颇似一双手捧着祭品。因此，心由最初的指事血液循环器官，发展到思维器官。“心”的这种意义演进，对推动“中”发展到“忠”起到重要的作用。[①]值得注意的是，《说文》将忠解释成“敬也，从心”，某种程度上就是出于对忠发自内心的敬仰和服从。通过将忠阐释为一种发自内心的诚敬心理，表达了一种真心无伪的由衷诚敬。概言之，忠的“心”之意蕴体现的就是“尽心”，也就是前面我们提到的张锡勤先生给忠下定义时提到的“真心诚意”和“尽心竭力”。早在春秋时期，晋国大夫叔向就指出“忠自中”（《国语·晋语八》）的义理。在《国语》注中，三国韦昭进一步阐析曰：“自中出也。”这一说法不仅可以佐证前面我们提到忠的“中”之意蕴和尚中习俗，而且从另一个方面足以说明忠是一种发自内心的忠诚和竭诚，体现的是忠的“心”之意蕴。从“忠不可暴，信不可犯”“忠自中，而信自身……今我以忠谋诸侯，而以信覆之”等语境中分析，叔向的“忠自中”以及韦昭的“自中出也”指的都是一种内在诚敬的心理活动。在春秋时期，人们把忠理解为一种表里如一的诚敬和尽心，所谓“外内倡和为忠”（《左传·昭公十二年》）。事实上，古人对忠的理解更多的是从人的心理活动角度来阐释的，如《六书精蕴》以“竭诚”来释忠，《增韵》则将忠释为“内尽其心，而不欺也”，《周礼·大司徒》的贾公彦疏则更为明确指出：“中心曰忠。中下从心，谓言出于心，皆有忠实也。”由此可见，忠原初的核心要义就是一种对人的无比诚敬、表里如一的内在心理态度和对事的竭尽全力、至公无私的道德追求。在内在道德动机方面，宋儒善于从心性修养来开显忠的内蕴。二程尝言：“尽己之谓忠。”[②]“尽心之谓忠。”[③]在《朱子语类》中，朱熹也反复强调：“忠，只是实心，直是真实不伪。”[④]“忠，是要尽自家这个心。”[⑤]“为他人谋一件事，须尽自家伎俩与他思量，便尽己之心。”“为人谋时，竭尽自己之心，这个便是

---

① 参见王成、丁凌：《“忠”自“中”出——兼及〈易传〉“忠”思想起源性著作定位的质疑》，《学习与探索》2017年第7期。

② 《河南程氏遗书》卷十一。

③ 《二程集·河南程氏粹言》《心性篇》。

④ 《朱子语类》卷十六。

⑤ 《朱子语类》卷六。

忠。"[1]朱门弟子陈淳亦主张："须是无一毫不尽方是忠。"[2]其又曰："字义中心为忠，是尽己之中心无不实，故为忠。"[3]这些观念都是对忠德内在心性价值的表述和生发，体现了忠的"心"之意蕴。对此，有的学者认为：在宋代理学家的道德框架设计里，忠"大约原本只是一种心性修养的要求，似乎并没有明确的直接的政治意义"。[4]也有的学者针对宋儒对忠所做的通俗性、心性修养化的阐释，指出宋儒把忠看作道德建设的基础工程，属于性情修养范畴，处于道德修养的较低层次，是需要普及的道德修养之初级阶段功夫。[5]而有的学者则主张宋代理学家对忠之"心"之意蕴的开显主要体现的是，"忠的内涵得以扩展，由一种政治道德规范延展为个人内在的心性修养"。[6]应该说，忠的原初义最突出体现为对人和对事竭诚尽力的心理活动和个人态度，这是忠内涵的题中应有之义，只不过通过宋儒从心性修养的角度予以开显和生发，才得以活脱脱地显露出来。

（三）"一"的意蕴

忠德强调"心上只有一个中"的一心不二。在传统的数字文化中，"一"占有重要的地位。有学者从神话学的角度对数字"一"进行了分析。叶舒宪认为"太一"就是"太极"，对"一"的崇拜也代表了原始的太阳神崇拜，并且指出，"一"（或"壹"）具有多重意蕴，如"一"代表万物之始（《列子·天瑞》："一者，形变之始也。"）、专也（《尚书·酒诰》："聪听祖考之彝训，越小大德，小子惟一。"）、常也（《尚书·咸有一德》："始终惟一，时乃日新。"）、均也（《增韵》："一，均也。"《诗·曹风·鸤鸠》："淑人君子，其仪一也。"《毛传》曰："鸤鸠之养其子，朝从上下，暮从下上，平均如一，言执义一则用心固。"《正义》曰："彼善人君子在民上，其执义均平，用心如壹。既如一兮，其心坚固不变。"）。"壹"的意思也含有专壹（《左传·昭公二十年》："若琴瑟之专壹，谁能听之？"）、均一（《国语·晋语七》："镇靖者修之则壹。"韦昭注："壹，均一也。"）[7]值得注意的是，在叶舒宪所总结的这些"一"或"壹"的含义中，专、常、均等意蕴均与忠德所具有的专一、始终、"忠分则均"等含义高度契合。这说明："一"与忠具

---

① 《朱子语类》卷二十一。

② 《北溪字义·忠信》。

③ 《北溪字义·忠恕》。

④ 王子今：《"忠"观念研究——一种政治道德的文化源流与历史演变》，长春：吉林教育出版社1999年版，第271页。

⑤ 王成：《中国古代忠文化研究》，香港：天马出版有限公司2004年版，第297页。

⑥ 孔祥安、何雪芹：《中国传统忠伦理研究》，青岛：青岛出版社2018年版，第347页。

⑦ 参见叶舒宪、田大宪：《中国古代神秘数字》，西安：陕西人民出版社2011年版，第17—18页。

有天然的精神血脉联系。概言之，一方面，“一”乃始基、创始之意。《说文解字》阐释“一”为“惟初太始，道立于一，造分天地，化成万物”。《老子》所谓“道生一，一生二，二生三，三生万物”；“昔之得一者，天得一以清，地得一以宁，神得一以灵，谷得一以盈，万物得一以生，侯王得一以为天下贞”；强调“圣人抱一以为天下式”。在中国传统的数字崇拜中，“一也者，万物之本也，无敌之道也”（《淮南子·诠言》）几乎成为一种思维定式。另一方面，“一”不仅是始基，而且还代表始终和终始的意思，代表了一种不易和永恒。先秦儒家就把忠恕之道作为自己的一贯之道而贯穿其思想的始终。在《论语·里仁》中曾经就对孔子所谓的“吾道一以贯之”进行了忠恕的阐释和界定。正由于“一”的这一特性，使之成为很多道德家所倡导的一种品德，进而传统道德也将“忠”与“一”联系在一起。除了先秦儒家以忠恕释孔子的一贯之道外，董仲舒、《忠经》作者等也把“一”与忠德的本质联系在一起。在《春秋繁露·天道无二》中，董仲舒强调：“心止于一中者谓之忠。”《忠经·天地神明章》亦有言：“忠也者，一其心之谓也。”有学者指出：“什么叫‘忠’？一心一意就是忠……‘一’，就是从始至终不变其忠诚之心……守‘一’，就是执‘中’，就是忠。”[①]

说到“一”，我们就不能不提到“二”。《说文解字》曰：“二，地之数也。从偶一。”“二”不仅具有数量上的偶数，以及由此而生发的“匹耦”“妃耦”“陪贰”等意蕴，而且还“兼有非数词的意义，如两样、有区别，不专一、不忠诚”[②]等意思。其中的“不专一、不忠诚”无疑代表的是一种道德评价判断。这一点上已被人类学所证实。如列维-布留尔所说的，“在头十个数中，没有一个数不具有特别的神秘的意义”，特别是“1”和“2”。具体而言，“1”乃善、完美、幸福、秩序等美好事物之本原；相反，“2”乃恶、缺陷、混乱等丑恶事物之本原。一言以蔽之，“2”是“灾难之朕，不幸之源”。[③]在中国的传统语境中，“二”就是“不一”，如《左传·昭公十三年》有言：“晋政多门，贰偷之不暇，何暇讨？”注曰：“贰，不壹。”此外，“二”还通常具有三心二意、首鼠两端、观望投机的意思。又如，《尚书·多士》中“惟我事不贰适，惟尔王家我适”的“贰适”就是左右观望、骑墙主义的意思。在叶舒宪看来，“二”（贰）作为“一”（壹）的对立面，具有负价值的贬损色彩，是一些贬义词构成中的基本要素。尤其是

① 钱世明：《说忠孝》，北京：京华出版社1999年版，第29页。

② 吴慧颖：《中国数文化》（修订本），长沙：岳麓书社1995年版，第9页。

③ ［法］列维-布留尔：《原始思维》，丁由译，北京：商务印书馆1981年版，第204页。

“贰”字所具有的“贰心”意蕴，更引申出敌人[①]、背叛[②]等意思，与传统道德高扬“懿德”一样，“不贰”的忠德也是中国传统伦理精神的基本道德准则。通过对“贰”的文化学分析，叶舒宪指出从贰心到谋反，是将想法化为行动。“难怪统治者特别反感这个‘贰’字”。[③]由此我们不难理解，为什么统治者特别重视忠德，因为忠德的内在含义中一个重要内容就是忠贞不贰，贞者一也。说穿了，忠就要做到贞信如一、一心一意而不要三心二意、首鼠两端。臣子怀贰就意味着不忠，这始终是古代君王所要防范的。因此，自唐代修编《晋书》首列《忠义传》后，为忠臣立传几乎成官修史书之通例。而清朝统治者不为已甚，下诏国史馆编修《贰臣传》，将一百二十多位降清明臣编列作传，以折辱之，且警告臣子毋作大清之叛臣。其实崇一贬二渊源有自，早在先秦时期人们就将一与二相对勘，以高扬忠贞不贰的道德品质。以忠君为例，强调的是始终如一，有死无贰。《诗经》中那句“上帝临女，无贰尔心”被人们作为忠贞不贰的理论依据而广为引用。《荀子·致士》更突出了“君者，国之隆也；父者，家之隆也。隆一而治，二而乱”的义理，意在通过强调“一隆”的绝对无二而凸显君权，高扬忠君道德。在《春秋繁露·天道无二》中，董仲舒不仅阐发了“心止于一中者谓之忠”的贞一之忠，而且指出“持二中者谓之患”，指出了携贰不贞之祸患。董仲舒从“忠”字与“患”字的字形比较中，形象地分析了忠与患的数字文化，肯定了一心一意的忠德，否定了三心二意的不忠。从理论上讲，凸显“一”体现了忠作为一种道德规范对忠德践行主体的一种要求，即从思想到行动都要做到表里如一、言行一致。但在强调“三纲”至上、尊卑有序的等级社会中，扬一抑二的忠贞不贰义理不可避免地被尊卑不对等的道德约束带入歧途，为臣民、妇女“从一而终”之愚忠、愚节开了先河。

二、忠与其他德目的比较

忠作为一种“令德”和“至德”，在中国传统道德体系中占据重要的地位。忠德与其他德目之间联系紧密，甚至彼此组合成新的德目，延展丰富了相关道德内涵。在此，笔者仅撷取在传统忠德变迁史上与忠德关联较为密切的一些德目进行一下简单的比较分析。

---

① 叶舒宪举了《左传·哀公七年》中“君之贰也”这句话，来说明“贰，敌也”的义理。

② 叶舒宪举了《左传·昭公二十一年》中的“臣不敢贰”和《玉篇》释“贰”为“畔”的两个例子，来说明贰的背叛意蕴。

③ 参见叶舒宪、田大宪：《中国古代神秘数字》，第37页。

(一)忠与孝

忠与孝的关系在中国伦理思想史上至关重要,因此,笔者在对相关德目比较中,首先就以孝与忠进行比较和关联研究。“忠与孝所体现和维护的乃是三纲中的前两纲,因此,它们是中国古代社会的两大基本道德。重忠孝,并将两者并列,这是由中国古代君主专制的封建宗法社会的社会结构所决定的。”①从起源的前后顺序上而言,一般都认为孝先于忠。而且孝在早期是重要的道德概念,很多伦理观念和德目都得到了孝的孳乳。胡适更是称之为“孝的宗教”。他通过对《礼记·祭义》和《孝经》等原典的考察,指出在“孝的宗教”里,我的存在被消解了。也就是说,“我并不是我”。具体而言,“身也者,父母之遗体也”,“身体发肤受之父母”,“故居处不庄,事君不忠,战阵无勇,都只是对不住父母,都只是不孝”。②进而,在二者关系上,有学者认为,忠出自于孝。最初的孝道包含了忠的含义。③也就是说,在家国同构、君父一体的宗法社会中,君主专制的基础是父家长制,因此,孝实际上也就是忠的基础。

我国历史是在没有彻底割断血缘宗法关系的情况下而直接进入到阶级社会的,故而,早期的社会组织就是一种血缘宗法组织的社会。在这种社会组织中,要建立起政治组织,就必须依赖于血缘纽带并以此为基础建立政治关系,这也就决定了中国古代社会的“宗统”与“君统”紧密联系的政治社会现实,也由此奠定了西周时期“亲亲而尊尊”的政治和社会道德基础。而从某种意义上讲,“亲亲”是指子女对父母的血缘性亲情,其对应的德目是孝;而“尊尊”则是指臣属对主上的业缘性尊崇,其对应的德目是忠。④当然,这里所论的忠主要是忠君的含义。尽管忠与孝分属于不同的领域,忠主要调节政治领域的君臣关系,孝则主要调节家族领域的父子关系,但在家国同构、“宗统”与“君统”界限不很清晰的中国血缘宗法社会(主要指先秦)以及封建社会(指秦汉至鸦片战争前)中,“臣之于君,犹子之于父”(《白虎通·丧服》),忠孝往往是统一的,是并行不悖的,所谓“忠臣以事其君,孝子以事其亲,其本一也”(《礼记·祭统》)。

尽管忠孝一本,但基于忠是由孝推导出来的观念,古人常云“孝慈则忠”(《论语·为政》)、“以孝事君则忠”(《孝经·士章》)、“孝立而忠遂矣”(《文中子·周公》)、

① 张锡勤:《中国传统道德举要》,第109页。

② 参见胡适:《中国哲学史大纲》(上),北京:商务印书馆1987年版,第129页。

③ 参见肖群忠:《中国孝文化研究》,香港:五南图书出版股份有限公司2002年版,第262—264页。

④ 参见刘清平:《忠孝与仁义》,上海:复旦大学出版社2012年版,第6页。

“求忠臣必于孝子之门”(《后汉书·韦彪传》),体现了“夫忠,孝之推也。不孝于亲而忠于君,古未之有也”[①]的忠出于孝的观点。有学者指出,由于孝德和忠德所反映的君臣、父子关系均是一种尊卑、主从的不平等关系,都是为了维护一种统治者的专制集权,这样就具备了“忠孝合一”的基础。而这种“忠孝合一”“移孝作忠”之所以为历代统治者所热心倡导和极力推崇,其主要是“可以使那种本来是淡漠而疏远的政治关系变得亲切而贴近,使那种冷酷而凶残的统治关系变得温情脉脉”。[②]笔者认为,这只是其中一个方面原因,更主要的原因恐怕在于虽然秦汉以后血缘宗法分封制的政体解体了,但血缘宗法关系从政治体系中退出后仍深深扎根于整个社会体系中,这也是统治者无法抛弃忠孝治国的关键。同时,即便是秦汉以后废除了宗法分封这种政体而实行了郡县制,但在皇族范围内历朝历代仍实行一种食邑性质的分封。毕竟封建王朝将天下视为一家一姓的私产,分封皇子皇孙、亲王功臣是不可避免的一种利益分配方式,也因此,无论是汉、晋也好,北魏、李唐也罢,都号称“以孝治天下”,并极力宣扬“移孝作忠”“忠孝两全”。

当然,在“忠孝一本”“忠孝道一”(《三国志·文聘传》注)的观念下,也还存在忠孝冲突和两难选择。正如有学者指出的,当忠与孝的道德义务同时落到同一道德主体身上时,就有可能产生忠与孝的冲突。[③]早在先秦时期就曾围绕父子相隐的问题展开过争论。秦汉以后的历朝历代也不乏忠孝冲突时的争论以及围绕忠孝冲突而创设的致仕养亲、丁忧服丧、夺情起复等制度设计。这些方面涉及很多具体问题,笔者在相关章节再行详论。

(二)忠与信(忠与诚)

信代表了一种诚实不欺的品德。在春秋时期就已经成为一种普遍认可的社会道德。《左传·文公四年》曰:“信,德之固也。”《左传·僖公二十五年》亦曰:“信,国之宝也。”《左传·襄公九年》则曰:“信者,言之瑞也,善之主也。”在时人的眼里,“失信不立”(《左传·襄公二十二年》)。先秦思想家根据忠之尽心竭诚与信之诚实守诺的道德相通性,很早就将忠与信紧密联系在一起,有时将忠与信并列,有时又将二者连用。如,“所谓道,忠于民而信于神。上思利民,忠也。祝史正辞,信也”(《左传·桓公六年》);又如,“奉以忠信”(《国语·周语上》);再如,“其言忠信于鬼神”(《左传·昭公二十年》)。此外,忠信也成

---

① (明)陈献章:《陈献章集》卷一《永幕堂记》。

② 朱汉民:《忠孝道德与臣民精神——中国传统臣民文化论析》,郑州:河南人民出版社1994年版,第63页。

③ 参见唐凯麟主编:《中华民族道德生活史研究》,北京:金城出版社2008年版,第55页。

为卜筮的根本原则。鲁国季氏家臣南蒯将叛,心里犹豫就进行了卜筮,“遇坤之比曰:黄裳元吉。以为大吉也”。子服惠伯则认为“筮虽吉,未也”。理由是占卜“忠信之事则可。不然必败,外强内温,忠也;和以率贞,信也。……外内倡和为忠;率事以信为共”(《左传·昭公十二年》)。子服惠伯将忠信作为卜筮的根本原则,认为忠信是打通民与神、现实世界与神秘世界之间的唯一通路。卜筮的忠信原则与巫觋的职业道德类似。在《国语·楚语下》中,观射父强调通神的巫觋要有“忠信之质”,“绝地天通”就是要达到“民是以能有忠信,神是以能有明德,民神异业,敬而不渎,故神降之嘉生,民以物享,祸灾不至,求用不匮”的目的。当然忠信的概念不仅仅体现在民神关系上,还发展成为春秋时人的道德准则和政治操守,受到先秦思想界的普遍认同。

先秦儒家非常重视忠信。据《论语·述而》记载,“子以四教:文、行、忠、信”,强调“言忠信,行笃敬”(《论语·卫灵公》)。《左传·桓公六年》更将忠与信抬高到道的高度,其曰:“所谓道,忠于民而信于神也。”就是说,对民之忠和对神之信同属于道的范畴而指向不同,但随着时代发展,“忠信”二字意思逐渐趋同,二者互相补充,互为表里。《国语·晋语二》注重强调“非忠不立,非信不固”的忠信作用。宋儒非常重视人际交往关系中的道德,因此对体现平等主体之间的忠信关系多有阐述。比如在《朱子语类》卷二十一中,朱熹指出:“忠信只是一事……忠是信之本,信是忠之发。”“未有忠而不信,未有信而不忠者。”“信非忠不能,忠则必信矣。”朱熹弟子陈淳在《北溪字义》中也专门列“忠信”条,对忠和信的涵义进行了深入分析,对二者关系和忠信一词进行了深入阐释。

对忠与信的密切关系给予关注的不仅仅是儒家,墨子也对忠与信的道德含义倾注了极大的关注。在《墨子》中,直接提到“忠信”和“忠”“信”对称的有11处,足见墨子对忠信关系的重视。在墨子看来,信是行的基础,所谓言行合一。墨子主张“言必信,行必果,使言行之合犹合符节也,无言而不行也”(《墨子·兼爱下》),反对言而无信。在他看来,“言不信者行不果”,“行不信者名必耗”(《 墨子·修身》)。墨子认为忠与信是一对相辅相成的道德范畴,他将“忠信相连”(《墨子·节用中》)看作是古代明王圣人治国理政的重要手段。在墨子看来,忠信二者缺一不可,“所信者不忠,所忠者不信”(《墨子·七患》)被墨子列为七患之一。

除了信,忠还与诚关系密切。“忠是建立在诚的基础上的,忠离不开诚。”①儒家将诚抬得很高,特别是《易传》《中庸》《孟子》等多有大段论诚的表

① 张锡勤:《中国传统道德举要》,第100页。

述。在《孟子·离娄上》中直言:“诚者,天之道也;诚之者,人之道也。”将诚上升到天道的高度,而将人践行诚肯定为人之道。儒家将诚意作为八个修养层次之一。在格物、致知、正心、诚意、修身、齐家、治国、平天下的修养次第中,诚意成为承上启下、至为关键的环节。对于诚,朱熹给出的阐释是:“诚只是一个实。”[①]“诚者,真实无妄之谓。”[②]朱熹还从反面指出:“妄诞欺诈为不诚。”[③]从以上对诚的概念界定看,诚的涵义与强调实心的忠和不欺的信都有相通之处。也就是说,不仅“忠是建立在诚的基础上的”,而且诚与信也是相通的。[④]所谓“诚故信”[⑤],“不诚者失信”[⑥]。而且在《孟子·万章上》《荀子·不苟》《商君书·靳令》《礼记·祭统》等先秦典籍中已经出现了诚信合称的提法。从某种意义上说,忠与诚的关系和忠与信的关系十分相似,即存在意思上的近似,也可以连用以加强对忠实、诚实、守信、不欺的意思表达。

(三)忠与义

义作为五常之一,其含义具有一种全含性的特点,其核心意思在于“义者,宜也”。也就是说,凡是符合道德标准的就属于义的范畴。从这个意思上讲,义是一种全含性的道德准则。但如果仔细分析先秦时期对义的使用和阐释,不难发现,义的指向也是较为具体的。概括起来,义主要包含两层含义。一是以“敬长”为代表的、对地位等级高的人的一种尊重。如《孟子·尽心上》曰:“敬长,义也。”在《孟子·离娄上》中更具体到“义之实,从兄是也”。也就是说义在孟子那里,代表的是对兄长的尊敬和顺从,类似于悌德。而荀子则将义的“敬长”范围进行了极大的推扩,其曰:“贵贵、尊尊、贤贤、老老、长长,义之伦也。”(《荀子·大略》)《礼记·丧服四则》也强调“贵贵、尊尊,义之大者也”。这种“义以明尊卑”的理念也为董仲舒等后世儒家所继承。二是义表示“宜”,即“应当”的意思。所谓“行充其宜谓之义”(贾谊:《新书·道术》)、“事得其宜之谓义”(扬雄:《法言·重黎》)。这也就是义的核心义理。简言之,就是《白虎通·情性》所谓“义者,宜也,断决得中也”。由于义具有“敬长”和“贵贵、尊尊”之义,因此就与含有“敬上”“尊尊”之义的忠建立起了互通的基础。同时,义之所行之宜其落脚点在于“断决得中”,这也就与“尚中”的忠之内在精神相契合。基于此,忠与义很早就紧密联系在一起。如

---

① (宋)朱熹:《朱子语类》卷六。

② (宋)朱熹:《四书集注章句·中庸章句》。

③ (宋)朱熹:《朱子语类》卷六。

④ 参见张锡勤:《中国传统道德举要》,第199页。

⑤ (宋)张载:《正蒙·天道》。

⑥ (三国)诸葛亮:《诸葛亮集》卷三《便宜十六策·阴察》。

《商君书》有言:“所谓义者,为人臣忠,为人子孝,少长有礼,男女有别。”(《商君书·画策》)这段话后来也成为“三纲”思想的早期渊源。[①]而其中将“为人臣忠”列为义之诸涵义之首,无疑是认同于忠与义的这种内在关联的,并表达了义包含忠、孝等德性的思想倾向。

围绕忠与义的关系,有学者认为:“义是忠的质、依据,忠是义的表、外现。忠、义相依相成,故联称为一个词:忠义。忠义,忠于义也。竭诚尽心地行义,依义而做。无忠,难以从义;无义,决不见忠。”[②]这显然是将义看作忠的本质内涵,而以忠为义的外在表现。并将义上升为衡量忠的一个基本标准,从而将忠与义紧密连接在一起,“合义而捐躯是忠。反过来,不合义的捐躯,就不是忠。忠与不忠、非忠,衡量的尺度就是合义与否——惟义是从”。[③]虽然先秦诸子不乏称忠道义者,但“忠”与“义”二字联用却不见于先秦文献,在汉初文献也难觅踪影。最早出现忠义一词的是在东汉王充的《论衡》一书中。在《论衡·齐世》中有“遭忠义之事”的说法。此外,在南朝范晔所著的《后汉书·和帝纪》中也有以“忠义”来称赞西汉萧何、曹参。有学者据此断定“忠”“义”连缀现象最晚在东汉前期已经出现,是儒学确立独尊地位后,推行儒家伦理道德的产物。在某种程度上,“忠”“义”连缀现象的出现,说明“忠于君主、信于友朋的道德规范越来越为时人所重视,甚至逐渐成为社会舆论评判臣民或者臣民自律的道德标准”。[④]随着忠义观念的不断深化,官方编修的正史在体例上开始进行创新。唐人在编撰《晋书》时首列《忠义传》,此后,在各正史体例中,《忠义传》几乎成为定例。列入《忠义传》的传主也由最初的忠臣和义士并存变得越来越局限于忠君卫主的忠臣。事实上,后来史家所著之《忠义传》已经全然变成了《忠臣传》,这也反映出“忠义”一词逐渐为忠君涵义所遮盖的趋势。

(四)忠与节

与忠有关,且经常被联用的还有“节”字。此处所说的节不特指妇女之贞节,而主要是指气节,如《菜根谭》所谓“事业文章随身销毁,而精神万古如

---

① “三纲”虽为儒家的道德观念和治国理念,但这种观念出现在两汉时期,实际上是阳儒阴法、儒法合流的产物。其中,一方面继承了《仪礼·丧服》中的“父至尊也”“君至尊也”“夫至尊也”的“三至尊”说,另一方面继承了《商君书·画策》的“为人臣忠,为人子孝,少长有礼,男女有别”和《韩非子·忠孝》的“臣事君,子事父,妻事夫。三者顺则天下治”的“三顺说”等诸子观点。

② 钱世明:《说忠孝》,第22—23页。

③ 钱世明:《说忠孝》,第21页。

④ 秦翠红:《中国古代“忠义”内涵及其演变探析》,《孔子研究》2010年第5期。

新;功名富贵逐世转移,而气节千载一日”。实际上,气节一词较为晚出,但“节”字很早就有了。《易经》中有节卦,《墨子》讲求“节葬”“节用”。但这些“节”与气节之“节”在含义上有很大的差异。较早给气节之“节”下定义的是西汉贾谊。在贾谊《新书·道术》中,其曰:“伏义诚必谓之节。”这里就将“义”和“诚”与“节”的品质联系在一起。而我们知道义和诚都与忠有着密不可分的关联,具有义和诚特质的“节”也必然与“忠”有着割不断的联系。这也是人们习惯于用“忠节”“臣节”来颂扬忠贞不贰臣子的原因所在。按照康有为的说法,人们之所以以“节”来形容人的精神风骨主要是取竹节之劲。在《南海师承记》卷二《讲励节》中,其曰:“节如竹之有节,止其所而不迁也。”

早在春秋时期,孔子就经常以直接或间接的方式谈到“节”的问题。在《论语·泰伯》中,孔子强调“临大节而不可夺”。在《论语·子罕》中更是盛赞“岁寒然后知松柏之后凋也”和“三军可夺帅也,匹夫不可夺志也”的高尚气节。在《荀子·王制》中也有关于大节、中节、小节的辨析,其曰:“大节是也,小节是也,上君也。大节是也,小节一出焉,一入焉,中君也。大节非也,小节虽是也,吾无观其余矣。”由此可见古人对节之重视。孟子虽然很少直接提到节,但其对志、气的表述极大地高扬了儒家的气节观念。其所谓“得志,与民由之;不得志,独行其道。富贵不能淫,贫贱不能移,威武不能屈,此之谓大丈夫”(《孟子·滕文公下》)。孟子一再宣称的“吾善养吾浩然之气”(《孟子·公孙丑上》)说的也是一种气节。总地看,先秦儒家的气节主要是忠于道。有学者在谈到这点时,将其视为原始儒学的“忠节”,进而指出:“儒家认为道高于一切,包括君主的意志;君主只有行道,儒家才出‘仕’,构成君臣关系。”①

整个社会的知识精英开始重视气节主要是东汉时期才开始的。东汉励名节,尚清议。尤其是东汉末年的党人以名节为重,这种精神一直影响到明末的东林党。越到封建社会后期,气节、名节越是与忠扭结到一起,形成“不事二主”的“忠节”观念。“忠臣‘不事二主’或‘不事二姓’的‘忠’,实质上是‘节’。”②这种忠节观念在“名节重丘山”的思想熏染下最终发展到宣扬“死节”的愚德地步。“中国古代‘气节千载’‘名节重丘山’等一类观念,对于后来愚忠、愚孝、愚贞、愚节现象的大量出现,客观上也曾起过助长作用。”③有学者把产生这一极端现象的原因归之于宋儒将法家的“忠臣”概念纳入儒家的“气节”范畴中,从而使得“主辱臣死”成为臣子的绝对义务,片面强调“忠臣

① 魏良弢:《忠节的历史考察:先秦时期》,《南京大学学报(哲学·人文·社会科学)》1994年第1期。
② 钱世明:《说忠孝》,第66页。
③ 张锡勤:《中国传统道德举要》,第262页。

不事二主”的愚忠名节。如此一来,独立的气节不复存在,那种单向度的为君死节精神得到绝对的高扬和尊奉。有学者惊叹道:宋以后直至清朝灭亡,“再见不到权臣篡位……勿怪乎宋、元、明、清四代的统治者们都把理学定为儒家的正宗”。①

(五)忠与恕

恕是与忠有着密切关系的一个德目,人们也称之为恕道。先秦儒家甚至将“忠恕”之道作为其“一以贯之”(《论语·里仁》)的道。概括地讲,忠恕之道主要是个人修养以及人际交往之道,而不是政治伦理上的忠君义务。

既然忠恕之道是一种个人修养和人际交往道德,那么,此处的忠就不是以“臣事君以忠”的政治义务,而具有其独特的意义内涵。按照宋儒对孔子思想的解析,“己欲立而立人,己欲达而达人”(《论语·雍也》)代表的是忠的意思。而以“己所不欲勿施于人”(《论语·卫灵公》)为恕的意思。贾谊《新书·道术》所谓“以己量人谓之恕”进一步丰富了恕道那种将心比心、以己度人的特点。实际上,就像忠不唯儒家所独倡一样,恕也非先秦儒家之专利。《管子·版法解》有“取人以己者,度恕而行也”,《尸子》的《恕》亦强调“己所不欲毋加诸人,恶诸人则去诸己,欲诸人则求诸己,此恕也”。恕道也为后世儒家所尊奉和传承,宋儒继承发展了先秦儒家的忠恕思想。在《四书章句集注·中庸章句》中,朱熹以“尽己之谓忠,推己之谓恕”来阐析忠恕之道,指出:“尽己之心为忠,推己及人为恕。”陈淳在《北溪字义》中也有“忠恕”条目,其曰:“大概忠恕只是一物……盖存诸中者即忠,发出外来便是恕。”叶适在《习学记言序目·论语》中也持“忠以尽己,恕以及人”的观念。

儒家尤其重视忠恕之道,甚至将其与中庸联系在一起,认为“忠恕犹曰中庸,不可偏举”②。从这些阐述的观点看,忠恕无疑是平等主体之间那种换位思考、将心比心、推己及人的交往原则。综上,“忠恕是一种道德原则,是一种加强自身修养的道德原则;同时,忠恕又强调以忠诚待己待人,待事待物,坚持推己及人。因此,忠恕又是处理人与人之间关系的基本原则之一”。③当然,也有宋儒力图分解忠恕之道以迎合忠君道德要求。如程颐就曾将忠恕之道解释为“事上之道莫若忠,待下之道莫若恕”④,试图将忠恕之道中“尽己之谓忠”那种平等主体之间的道德精神,替换成“事上”那种下对

---

① 魏良弢:《忠节的历史考察:先秦时期》,《南京大学学报(哲学·人文·社会科学)》1994年第1期。

②《二程集·河南程氏粹言》《论道篇》。

③ 舒大刚、彭华:《忠恕与礼让:儒家的和谐社会》,成都:四川大学出版社2008年版,第126页。

④《河南程氏遗书》卷二十五。

上的忠君义务。但这种观点在忠恕思想发展史上明显不具有代表性，这也为忠恕之道保留了以诚待人、推己及人的普世精神。

（六）忠与贞

春秋时人多有关于忠贞的论述，如宋国的公孙固夸赞随晋国公子重耳流亡的赵衰说："赵衰，其先君之戎御，赵夙之弟也，而文以忠贞。"（《国语·晋语四》）对于何谓忠贞，晋国荀息有很明确的定义。其曰："昔君问臣事君于我，我对以忠贞。君曰：'何谓也？'我对曰：'可以利公室，力有所能，无不为，忠也。葬死者，养生者，死人复生不悔，生人不愧，贞也。"（《国语·晋语二》）对此，《左传·僖公九年》也有类似的记载。对于忠贞的涵义，晋国赵孟又做了新的诠释，其曰："临患不忘国，忠也。……图国忘死，贞也。"（《左传·昭公元年》）比较而言，荀息的阐释既有对国家社稷的责任，也有对个人承诺的担当；而赵孟的阐释则将忠贞之德主要定格在患难之际以死报国上。这种变化也与忠德在春秋时期变迁趋势相一致。

（七）忠与敬

《国语·周语下》载："敬，文之恭也；忠，文之实也。"将忠和敬作为文的重要内容。如果说忠主要是"自中"而出，出自一个人的心意；敬则主要是来自于对天的敬畏，所以"言敬必及天，言忠必及意"（《国语·周语下》）。因为"天子"乃"天之子"，是天在人间的代理人，所以在政治实践中，对天的忠和敬更多地表现为事君的品德和基本要求。在等级社会中，臣子事君首先要做到忠和敬。

> 守官废命，不敬；固雠之保，不忠。失忠与敬，何以事君？（《左传·僖公五年》）
>
> 奉尔君事，敬无废命。（《左传·哀公十一年》）
>
> 敬共事君。（《左传·襄公二十二年》）
>
> 戒尔车乘，敬尔君事。（《左传·僖公二十八年》）

"敬"是臣子对君主的道德规范。如"父与父言义，子与子言孝，其事君者言敬"（《国语·齐语》）；"敬恪恭俭，臣也"（《国语·周语中》）。对国君的敬要至死不渝，即使临死之时也不能失去对国君忠敬的品质。"死不忘君，敬也。"（《国语·晋语二》）

在春秋时人看来，敬与忠一样，也是道德的重要内容。如"敬，德之聚也；能敬必有德"（《左传·僖公三十三年》）。如果具备了敬德，则无所不济。

晋国罪臣之子冀缺就因有敬德而得到启用。

> 臼季使，舍于冀野。冀缺薅，其妻馌之，敬，相待如宾。从而问之，冀芮之子也，与之归；既复命，而进之曰："臣得贤人，敢以告。"文公曰："其父有罪，可乎？"对曰："国之良也，灭其前恶，是故舜之刑也殛鲧，其举也兴禹。今君之所闻也。齐桓公亲举管敬子，其贼也。"公曰："子何以知其贤也？"对曰："臣见其不忘敬也。夫敬，德之恪也。恪于德以临事，其何不济！"(《国语·晋语五》)

敬还是沟通忠、孝的重要环节。

> 吾闻之羊舌大夫曰："事君以敬，事父以孝。"受命不迁为敬，敬顺所安为孝。弃命不敬，作令不孝，又何图焉？且夫间父之爱而嘉其贶，有不忠焉；废人以自成，有不贞焉。孝、敬、忠、贞，君父之所安也。弃安而图，远于孝矣，吾其止也。(《国语·晋语一》)

在这段话中，"受命不迁"的敬德既有忠贞本质，同时"敬顺所安"又是孝道的基本特质，"孝敬忠贞"更是君父所安的基础。

其实，不惟"孝、敬、忠、贞"，"孝、敬、忠、信"(或者"忠信笃敬")也是春秋时期普遍认同的吉德、美德，是上下共同尊奉的"天之道"。如"孝、敬、忠、信为吉德"(《左传·文公十八年》)。"君人执信，臣人执共，忠信笃敬，上下同之，天之道也"(《左传·僖公二十二年》)。赵盾之所以感动刺客钼霓就是他对社稷保持忠敬之心。《国语·晋语五》曰："赵孟敬哉！夫不忘恭敬，社稷之镇也。贼国之镇，不忠。"同一件事在《左传·宣公二年》记载则是"不忘恭敬，民之主也。贼民之主，不忠"。二者虽小有差异，但都强调赵孟不忘恭敬。

除了上述这些德目外，忠还与仁、礼、惠、直、勇、厚等众多德目有着广泛而密切的关系，并与有的字组成了新的德目和道德要求，如忠勤、忠廉、忠恳、忠款、忠谠、忠耿、忠谏、忠实、忠烈等。此外，围绕忠还衍生出一系列辨析概念，如忠与奸、大忠与小忠、文忠与武忠等。限于篇幅，此处不一一阐述，在相关章节时再行论述。

以上，笔者仅是提纲挈领、粗线条地对忠德的涵义以及忠德的践行主体、客体和对象，还有忠与相关德目的关系进行了一个简要的论述和简单的梳理。在下面各章中，涉及上述问题时，还将进一步展开论述。

第一章　忠意识、忠观念的出现与忠德的形成

正所谓社会的存在决定了社会的意识,作为社会意识形态的道德也是建立在一定的社会经济基础上的。[①]先有一定的社会实践,才会产生相应的道德意识和道德观念。同理,作为一种道德规范,传统忠德也在社会实践中经历了一个从单纯的个人意识逐渐发展成为集体意识,再由集体意识发展成一种价值取向和行为约束,最终发展成为被全社会所普遍认可和共同尊奉的道德规范和行为准则这样一个道德演进的过程。在先秦时期,传统忠德经历了一个从萌芽到产生、从初显到规范的发展轨迹。

第一节　原始社会:忠意识的产生和发展

一般认为,"忠"字出现于春秋后期的典籍中。也就是说,从当前传世文献和考古发掘看,作为道德德目,"忠"字在虞、夏、商和西周时期,还没有被发现。但按照道德发生学原理,道德德目一定是社会发展的产物,其早期必然要经历一个由道德意识到道德观念的萌芽、养成过程,最后才能成为一种道德规范和准则。也就是说,忠德在正式出现之前一定经历了一个由忠意识到忠观念的萌芽、发展过程。笔者认为:忠意识在原始社会后期或已萌芽,夏、商、西周三代应该处在忠意识→忠观念→忠德的嬗变过程中,已经出现,主要处在忠观念的形成和发展时期。

一、原始尚中观念与忠意识的萌芽

经过学者对现在已经发现的甲骨文进行释读,一般认为,在释读出的甲骨文字中没有发现"忠"字,但都一致认为"中"字在甲骨文中已经出现。在甲骨文里,"中"字或"象矢贯的之形",表达了"射箭中的"的意蕴,[②]或象古时

---

① 参见罗国杰:《伦理学》(修订本),北京:人民出版社2014年版,第50—51页。

② 参见高亨:《文字形义学概论》,济南:山东人民出版社1963年版,第141页。

旗帜之形。在许慎的《说文解字》中，“中”者，“内也。从口丨，上下通也”。[①]唐兰先生曾指出，“中”原系旗帜，在氏族社会时期是召集众人集会所用的徽帜。“盖古者有大事，聚众于旷地，先建中焉。群众望见中而趋附。群众来自四方，则建中之地为中央矣。”[②]这一观点得到徐中舒先生的认同，徐氏进而指出：“卜辞多有‘立中’之辞，与唐说合”，如“乙亥卜央贞王勿立中”“卜央贞王立中”等。在徐中舒先生看来，“立中建旗”乃远古致民传统，所谓“立中即立旗，立中可以聚众，又可藉以观测风向”。[③]对此，姜亮夫先生也强调：“上古朴质，立木以为表，取表端日光之面，以定正昃。即于表上建旗，以为一族指挥之用，于事既便，于理亦最简，此氏族社会之常例。”[④]一方面，姜先生指出建旗用作指挥之用乃氏族社会常例。另一方面，他提出了一个“立木以为表”“以定正昃”的问题，而且所谓的“建旗”也是建在这个木表之上。那么，这个木表是什么呢？其实就是圭表，最早是用来测日影的土圭。最原始的圭表其实就是将一根木杆垂直地插入地上，古人用它来测定方位以及节气、时刻。《周官·大司徒》曰：“以土圭之法测土深，正日景，以求地中。”地中不仅是天地之所合、四时之所交、风雨之所会、阴阳之所和，而且还因为地中“百物阜安”，因此古人选择与此建侯立国。这里的关键是土圭用来测地中，测地中是为了建国。“古之王者，择天下之中而立国，择国之中而立宫，择宫之中而立庙。”（《吕氏春秋·慎势》）

小邦周灭掉大邑商后，虽然建都于周人根据地之镐京，但因镐京僻处西部一隅，不利于统治广大的国土，故而派周公求地中，以洛邑为天下之中而营建东都洛邑。而要测天下之中就必须用到圭表。圭表的特点是尚中求正，能辨方定位。这种都邑、宗庙必居中的观念也影响到统治者居中以治的治国理念，所谓“君人者……欲近四旁，莫若中央。故王者必居天地之中，礼也”（《荀子·大略》），“天子中而处”（《管子·度地》），“王者必即土中”（《白虎通·京师》）。

文化学者萧兵认为，“中”还代表原始社会普遍存在的“神圣中杆”，乃上古巫师用来“通天”的拟象物，类似“宇宙树”“天柱”等。实际上，建鼓、建旗等古老习俗，其神圣性也来自于“中杆”。“要之，‘中’字源起于广义的‘神圣杆柱’，中间的丨，无论是旗杆、表杆、族杆、鼓杆、杖杆抑或祭祀杆、居室中

---

① （汉）许慎撰，（清）段玉裁注：《说文解字注》，上海：上海古籍出版社1981年版，第20页。

② 唐兰：《殷墟文字记》，北京：中华书局1981年版，第52—53页。

③ 徐中舒：《甲骨文字典》，成都：四川辞书出版社2006年版，第40页。

④ 姜亮夫：《“中”形形体分析及其语音演变之研究——汉字形体语音辨证的发展》，《杭州大学学报》第14卷增刊《古籍研究所论文专辑》，1984年。

柱、神树干、杀人柱……都是标志组团所在的‘世界中心’、体现自我中心幻觉的‘神杆’。”[①]不管是“立中致民”的“徽帜”，还是通达天庭的“中杆”，“中”在最初都是一种象征权力的符号。其权威性主要基于“中”不仅是所有指令的唯一出发点，还是所有能量得以汇聚的绝对中心。[②]概言之，“中”具有特殊的权威性。具体说来，“忠”之所在，不仅是一个部族的宗教中心、文化中心，更是政治中心和社会活动中心。[③]

总之，立中的习俗逐渐形成了尚中的观念。“尚中”在原始习俗上体现的是对部落氏族核心利益的维护，具体表现在对部落联盟首领的尊敬和服从。在这一点上，“中”已经具有了“忠”的意味，体现了对部落联盟首领的绝对权威的维护和服从。

根据中国古代汉字发展的历史，普遍认为“忠”与“中”通。《国语·晋语八》引用叔向的“忠自中”。《周礼·春官·大司乐》中的“以乐德教国子”，其核心内容就包括了中、和、祇、庸、孝、友等诸德目。对于其中的“中”，郑玄认为“中”通“忠”，“犹忠也”。后世的《忠经》也明确将“中”与“忠”等同起来，其《天地神明章》曰：“忠者，中也。”

作为一个道德专有名词，忠还含有敬的意蕴，是产生于一个人内心中的道德意识和行为规范。一方面，“忠”字上半部的“中”不仅决定了“忠”的读音，而且表明了“忠”所具有的“中正”意思。另一方面，“心”字由甲骨文到金文的写法和结构演变也带来了其意思的演进。以《尚书·盘庚》“设中于乃心”而论，实际是把心当作存储“中”的所在，进而反映出将“无私”“公正”“不偏”等特质统一于“忠”这样一个深刻的内涵。[④]嵇康的《管蔡论》中也表明了“心”在“忠”字构成中的重要作用，所谓“忠于乃心，思在王室”。从某种意义上说，“出自心意为忠”（《国语·周语》韦昭注）、“中心曰忠”（《周礼·大司徒》贾公彦疏）等观念，阐述的都是“中”“心”对“忠”字构成的孳乳关系。当然，不论是《尚书·盘庚》的“设中于乃心”，还是嵇康直言“忠于乃心”，甚或是韦昭、贾公彦等在著疏中直接将“忠”说成是“出自心意”或“中”+“心”，这些都是后人对“忠”字字源和字义演变的一种解读。是否代表文化源头上“忠”字

---

① 萧兵：《中庸的文化省察——一个字的思想史》，第100页。

② 参见李宪堂：《权力的符咒：中道观念的政治功能简论》，《中国政法大学学报》2009年第1期。

③ 参见王子今：《“忠”观念研究——一种政治道德的文化源流与历史演变》，长春：吉林教育出版社1999年版，第10页。

④ 参见王成、丁凌的《“忠自中出”——兼及〈易传〉“忠”思想起源性著作定位的质疑》，《学习与探索》2017年第7期。

来源和字义演变的实际，是没有直接的确凿证据来证明的。但将“中”理解为“忠”的字源，认同“忠自中出”几乎成为研究忠德学者的共识。

在研究忠的学者中，王成的观点具有一定的代表性。他指出，由于上古时期文字稀少，作为指代方位的“中”字逐渐由具体而抽象化，发展出不偏不倚等含义。也就是说，“在‘忠’出现之前，其意义往往是由‘中’代劳的。……没有‘忠’字的时候，‘忠’的内容是潜藏于‘中’字的”。[①]王成还根据后世的等级制度中的尊卑礼制来推测“中”是“忠”的源头，指出原始社会时期“中”代表神圣和权威，“正”则代表正直与纯正。王成认为“忠”最初起源于为人的“中正”，体现了等级尊卑之“礼”。不管是臣对君，还是子对父，抑或是弟对兄等，都表现为一种尊崇、正直、恭谨的态度，不仅符合“礼”，同时也反映了“忠”的意识。[②]应该说，这种“忠自中出”以及“中心为忠”的观点，长期以来一直是学者所普遍认同的。也正是基于此，一直有学者主张“忠”最初起源于原始社会尚中意识。前面提到的萧兵先生就明确指出：“设‘中’于心就构成‘忠’的意象。”[③]王子今先生也推测“中”是“忠”的源头。他认为“忠”的观念与“中”的权威有关，最初的“忠”具有朦胧的政治意象，概括起来，包含三个层面，即服从早期“政治”的权威中心，肯定早期“政治”的正义品质，期求早期“政治”的公平规则。[④]

围绕忠的起源问题，学界一直争议不断，莫衷一是，没有定论。以改革开放以来的学界研究状况而言，一般来说，大体分为忠起源于原始社会说和忠晚出(指忠出现于周代或更以后)说两大观点分歧。忠晚出说又存在具体差异，如范正宇认为“三代尚无忠的概念”。[⑤]童书业则审慎地认为忠“似起于春秋时”。[⑥]童的观点得到朱汉民、魏良弢、曲德来、张继军、夏忠龙等学者的认同。近年来，针对忠晚出说，越来越多的学者提出了质疑。其中王子今较具代表性。他认为，在现存的三代文献中尽管还没有发现“忠”字，但仅以此还不足以得出当时没有出现“忠”观念的结论。[⑦]在主张忠出现于原始社会的学者中，论证理路也是不断变化的。早期持这种观点的学者多将原始社会对集体的服从看作是“忠”观念的源头。如宋子英、钱宗范二位就认为

---

① 王成、丁凌：《“忠自中出”——兼及〈易传〉“忠”思想起源性著作定位的质疑》，《学习与探索》2017年第7期。

② 参见王成：《中国古代忠文化研究》，第4页。

③ 萧兵：《中庸的文化省察——一个字的思想史》，第820页。

④ 参见王子今：《“忠”观念研究——一种政治道德的文化源流与历史演变》，第12页。

⑤ 范正宇：《“忠”观念溯源》，《社会科学辑刊》1992年第5期。

⑥ 童书业：《春秋左传研究》，上海：上海人民出版社1980年版，第269页。

⑦ 参见王子今：《忠观念研究——一种政治道德的文化源流与历史演变》，第20页。

西周春秋文献记载的“忠”观念多指对事业、职守、大众的忠,反映的是原始民主主义、集体主义的思想观念的残留。而后世那种“忠君”之“忠”,当时尚处于萌芽状态,并没有成为社会上的统治思想。[①]雷学华也认为由于原始社会没有君主,自然也不会有忠君思想。但雷先生主张当时是存在包含敬和诚含义的“忠”观念和行为的,如对集体、对酋长、对头人、对朋友的忠诚和誓死捍卫。[②]进入到二十一世纪后,越来越多的学者受萧兵“设‘中’于心就构成‘忠’的意象”的启发,努力在证明“中”乃“忠”之源头上下功夫,力证原始尚中观念是忠的源头。这方面的学者除了前面提到的王子今、王成外,还有裴传永、孔祥安、欧阳辉纯、解颉理等学者。至于到底起源于何时?这些学者的观点也不一致。如解颉理根据“忠”是“中”滋生而来的观念意识,主张“忠”起源于原始社会末期;[③]裴传永则基于概念晚于观念这一理论判断,认为忠观念起源于唐尧虞舜时代;[④]欧阳辉纯则坚持“忠德起源于尧舜禹时代”;[⑤]孔祥安、何雪芹基于忠观念伴随着父系氏族社会的产生、发展这一观点,将五帝时代看作忠观念的发源期。[⑥]当然,在忠早出说(指原始社会)和晚出说之间,还有夏代说[⑦]、商代说[⑧]和西周说[⑨],因其产生的学术影响不大,只是聊备一说,兹不展开论述。

笔者认为,要探讨忠的起源,必须首先将忠德与忠意识、忠观念分别开来。如果不做明确的界定,泛泛地辩论忠的起源则完全是无的放矢,南辕北辙。作为一种规范化、系统化的忠德而言,无疑在春秋时期就已经出现了。在公认无伪的传世文献中,“忠”字最早出现在春秋后期,并已经被誉为“令德”“吉德”。但按照道德生成的原理和规律,作为一种道德规范,忠德在成为道德德目之前,无疑经历了一个演进发展的过程。具体而言,尽管“忠”字

---

① 参见宋子英、钱宗范:《略谈我国古代忠君思想的起源和演变》,《广西师范大学学报(哲学社会科学版)》1980年第3期。

② 参见雷学华:《忠——忠君思想的历史考察》,南宁:广西人民出版社1996年版,第8页。

③ 解颉理:《中国古代忠观念的渊源》,《湖州师范学院学报》2008年第5期。

④ 参见裴传永:《忠观念的起源与早期映像研究》,《文史哲》2009年第3期。

⑤ 欧阳辉纯:《传统儒家忠德思想研究》,北京:人民出版社2017年版,第37页。

⑥ 参见孔祥安、何雪芹:《中国传统忠伦理研究》,第8页。

⑦ 有学者主张忠产生于阶级社会之初,或中国进入文明社会之时,夏代是第一个阶级国家,是由野蛮蒙昧迈入文明的门槛。

⑧ 李甦平持这种观点,详见李甦平的《中日早期儒学“忠”范畴比较》,《孔子研究》1991年第4期。

⑨ 郑晓江持此说,详见郑晓江的《“忠”之精神探源》,《江西师范大学学报(哲学社会科学版)》1991年第4期。

出现在春秋末期的文献中，但作为一种道德德目，忠德在春秋末期之前就应该已经产生了。至于具体是什么时期，实在不好妄下决断。但参之以两周文献，忠德的产生应该还是东周时期的事，到了春秋末期忠骤然成为高频词，忠德跃居为社会公认的一种“令德”“吉德”。此外，在忠德产生之前，应该还有一个忠观念的发展时期。这个时期延续多长时间也不好说。进而，我们要说的是，在观念出现之前还有一个意识的产生发展阶段。因此，在忠观念之前还有一个忠意识的萌芽、发展时期。

长期以来，学界不注重辨析意识与观念之间的区别与联系，常常将意识与观念混为一谈。其实，细分之下，意识和观念差别还是很大的，而且在人的精神认识层面还属于不同阶段。按照《中国大百科全书·哲学》中的定义，意识(consciousness)是“与物质相对应的哲学范畴，指与物质既相对立又相统一的精神现象”。[①]亦即物质世界在人精神上的一种反应。而观念(ideas)乃是“同物质和意识、存在和思维的关系密切联系的哲学术语。是在意识中反映、掌握外部现实和在意识中创造对象的形式，同物质的东西相对立”。[②]二者的共同点就是都是人的精神对物质世界的反映，都是与物质相对立的。因此，在与物质相对立的意义上，观念常常“作为意识、精神、思想的同义语使用”。[③]除了共同点，意识与观念也还是有很大区别的。主要是意识是人脑的机能和属性，体现了人对客观存在的高级心理反映，是人与动物的根本区别之一。而观念则主要是人脑对客观存在的主观映像，“不外是移入人的头脑并在人的头脑中改造过的物质的东西而已”。[④]意识同观念二者之间不仅有区别，也有联系。从外延来看，意识的外延要大于观念。按照牛津《现代高级英语双解辞典》，consciousness(意识)的英语释义是“all idea，thoughts，feelings，wishs，intentions，recollections of a person”。也就是说，意识囊括了人的观念、思维、情感等心理活动。说得更明白一些，意识其实就是人有目的的实践活动的观念方面。所谓意识创造世界，其实也不是意识本身去直接创造世界，而是在意识中首先创造出观念的对象，然后再经过物质的活动，从而改变客观事物的形态，最终使观念的对象变成了现实的对象。[⑤]

意识与观念之间不仅是一种概念外延上的包含关系，同时在生成顺序上，也是先有意识后有观念。为什么这样说呢？首先，意识是人脑的机能，

---

① 《中国大百科全书·哲学》，北京：中国大百科全书出版社1987年版，第1093页。

② 《中国大百科全书·哲学》，第265—266页。

③ 朱青君：《精神、心理、意识、认识、观念、思维等概念的异同》，《教学与研究》1982年第6期。

④ [德]马克思：《资本论》第1卷，北京：人民出版社1975年版，第24页。

⑤ 参见《中国大百科全书·哲学》，第1096页。

是人对物质世界的一种心理反映。这是在感官知觉基础上的一种基本的认识活动。而观念则是移入人脑并在人脑中经过的改造的物质内容,是意识这一人脑的机能对客观事物改造的结果和反映。从道德哲学讲,社会存在决定社会意识和个人意识;社会意识和个人意识的发展,形成了道德意识;道德意识发展到一定程度,就会形成道德观念;道德观念的不断范型,最终形成内涵明确、外延清晰、实践主体和客体明晰的道德规范。罗国杰先生把道德现象分为道德活动现象、道德意识现象、道德规范现象。也就是说,先有了道德活动,才产生了道德意识,道德意识发展到一定程度,就形成了道德规范。而道德观念则是从道德意识发展到道德规范之间的过渡和中间环节。"一些伦理学家则把它(指道德规范——笔者注)看作是一种观念的产物,从而把它包含在道德意识现象之中。"[①]这里透露出两个信息,一是道德规范是道德观念的产物,二是道德观念被归于道德意识的范畴中。笔者坚持由道德意识到道德观念,再到道德规范这样一个道德生成逻辑路径。基于此,笔者认为在春秋前后忠德成为一种道德规范之前,会有一个忠观念养成期。而在忠观念出现之前,会有一个忠意识的萌芽发展期,这一时期是忠德最初的源头。基于以上的观点,笔者坚持忠意识→忠观念→忠德的三阶段论观点。

当然,我们习惯于用我们的想法和判断去揣测古人,但古人真的就如我们所推测的那样在原始社会就具有忠于集体的观念吗?我的观点是尽管我们不能断定原始的尚中观念就一定具有了后世那种忠于君主、忠于集体的意识,但至少"中"是"忠"的字源学来源,尚中这种习俗一旦内化为人的一种意识、观念,就会产生一种对中心的认同感和服从意识。这种意识和观念为忠德的形成提供了一种观念价值的渊源和支持。

必须指出的是,传世经典,特别是十三经、先秦诸子等先秦时期文献,其中有关上古历史、传说时代的记载,也并非全是作者的一味猜测和臆断,大多是有所本的,或是口耳相传,或是来自于当时尚存而今天已经失传的上古典籍。即便是充满神秘莫测和夸张色彩的《庄子》寓言也并非都是虚构,有的也是有所依据的。因此,对一些古老典籍所记载的上古习俗也是可以加以分析利用的。如《吕氏春秋》曾记载:"昔者神农氏之有天下也,时祀尽敬而不祈福也;其于人也,忠信尽治而无求焉。"据《左传·文公十八年》记载,太史克也曾追述过高辛氏有八子,其品德分别对应忠、肃、共、懿、宣、慈、惠、和八德,被人民誉为"八元";反之,少皞氏的儿子"穷奇"则不仅崇饰恶言,而且

---

① 罗国杰:《伦理学》(修订本),第9页。

靖谮庸回，还服谗搜慝，乃至以诬盛德，一句话，“毁信废忠”，有违忠德。当然，这些文献记载大都是春秋战国时人的追述，以此来证明原始社会已产生忠德是不严密的，但也不能简单地加以否定，毕竟原始社会普遍存在尚中的观念，而尚中观念是否会在神农时期、高辛氏、少昊氏时期催生有关忠的意识或忠的观念，实在不好遽下判断。法律上讲疑罪从无，波普尔哲学强调的是证伪，而笔者则坚持认为对于实在无法确定真假有无的问题，可以存而不论，聊备一说。也就是说，既不能武断地否定《吕氏春秋》中有关神农氏尚忠信的记载，也不能盲从地确信太史克对高辛氏“八元”追忆的真实性，而只能审慎地认同在上古时期或许出现了后世忠德之源，即忠的意识或忠的观念。

此外，按照马克思主义社会存在决定社会意识的观点，忠的意识和观念的萌芽一定是伴随着社会生产力的发展而出现的。因此，辨析忠的源头除了依靠传世文献，还要深入探究社会生产力、生产关系的发展变化以及社会习俗等。有学者指出，在共产制的原始社会生产关系中，出于维护集体生存的需要，诸如平等、忠诚、勇敢、互助、敬老等品行，包括为氏族成员复仇等行为，都被看作是氏族社会成员所应共同遵守的准则。[①]也就是说，在原始社会生产力相对落后的情况下，公有制社会需要和呼唤含有“忠诚”意义的忠的道德意识，这是保护氏族集体利益不受侵害、维护氏族生存发展权利的基本且必要条件。随着生产力的进步，私有观念和私有制在原始社会后期开始出现。私有制催生了人与人之间不平等关系，忠意识和忠观念中的效忠意识也应该由此逐渐滋生。

近年来，考古发掘证明，在原始社会后期已经出现了私有制和权力的分化。在临潼康家和武功赵家发掘的原始聚落遗址中，都可见“在私有制逐步发展条件下，家族和个体小家庭的生活场景及其走向分化的迹象”。[②]此外，在良渚文化的余杭反山墓葬中出土了雕刻有神人形象或神人与兽面复合形象的玉钺和玉琮。特别是反山5件玉钱体形完整匀薄，无使用痕迹，且玉质硬脆，显非实用工具或武器，而应该是一种象征。象征什么？无疑是象征的军事权力，所谓“载旆”“秉钺”之流。武王伐纣时就是“左杖黄钺，右秉白旄，以麾”（《尚书·牧誓》）。实际上，汉字的“王”就是“钺”的象形字，钺代表的是王权。[③]按照反山大墓发掘队长王明达的观点，虽然远古的战旗没有留存下来，但从墓中那些一端带榫、一端有卯眼的玉质端饰看，不排除其为远古

---

① 参见王处辉主编：《中国社会思想史》，北京：中国人民大学出版社2002年版，第31页。

② 林甘泉等主编：《从文明起源到现代化——中国历史25讲》，北京：人民出版社2002年版，第22页。

③ 林沄：《说“王”》，《考古》1965年第6期。

“旗”杆的端饰。此外，反山大墓中的执秉玉钺形象反映出那些制作精良的玉钺很有可能是“权杖”一类的东西。[①]从反山墓葬格局和结构以及随葬品的品类丰富和精美程度看，墓主人是拥有神权、财富、军事统率权的部族显贵，并且已经成为凌驾于部族成员之上的巫觋或军事酋长的特殊阶层。[②]余杭反山大墓反映出的这种私有制发展下的权力分化，在其他原始社会后期的考古发掘中也得到一再证明，[③]这也说明私有财产催生了权力的集中，也为忠意识和忠观念的产生奠定了社会基础。特别是反山大墓发掘的类似“旗”杆端饰的玉器，似乎也说明尚中思想的渊源和原始私有制下由尚中而尚忠的嬗变轨迹。

恩格斯曾指出：“部落氏族及其制度，都是神圣不可侵犯的，都是自然所赋予的最高权力，个人在感情、思想和行动上始终是无条件服从的。”[④]但这里所说的服从是否是真正意义上的道德概念还不一定，依据是：“第一，群体的权威并非产生于‘所有相互交往的人们的共同利益’，而是自然所赋予的，因而还没有成为自觉的群体；第二，群体还没有有意识地制定一套行为准则系统，它的准则仍以活动的节奏、感性的表象形式行使其功能；第三，个体也没有形成自觉的准则意识，他的行为是不得已而为，而不是自由选择的结果，他遵守某种风俗，也是出于习惯，而没有经过自己头脑的过滤。”[⑤]也就是说，无论是尚中习俗还是由此而催生的忠意识、忠观念，严格来讲，都不是忠德，只能算作忠德的一个萌芽，一个源头。也就是说，在春秋之前（或者再往前推一点，即东周之前），忠还不是一种严格意义上的道德规范，而只是一种受尚中习俗影响下的一种道德意识或道德观念。因此，我的结论就是忠德产生于东周时期（最晚出现在春秋晚期），而忠意识应该在原始社会中后期，特别是炎黄到唐尧虞舜时期已经出现萌芽；而忠观念应该在夏、商、西周时期逐渐产生和发展。总之，应该是先有忠意识，后有忠观念，最后发展成作为道德规范的忠德。

二、从炎黄到唐虞：忠意识的发展

尽管在缺乏有力证据情况下，无法准确说出忠意识的产生时间和发展过

---

① 参见王明达：《反山良渚文化墓地初论》，《文物》1989年第12期。

② 参见王明达：《浙江余杭反山良渚墓地发掘简报》，《文物》1988年第1期。

③ 如大汶口第一次发觉的133座墓葬中的第10号墓葬的主人其身上就发现了玉钺。像这种权力象征的玉钺在山东的海岱龙山文化、陶寺大墓M3015也有出土。

④ 《马克思恩格斯选集》第四卷，北京：人民出版社1995年版，第96页。

⑤ 罗国杰：《伦理学》（修订本），第37页。

程,也难以精准划定忠意识与忠观念之间的分水岭,但根据现有文献资料和相关考古发掘,还是可以大致勾勒出忠意识到忠观念再到忠德的发展轨迹。

大体而言,在炎黄时期或许已经出现了尚中观念,并由此催生了忠意识。即便没有那么早,最晚在颛顼、帝喾时期似乎已出现忠意识的雏形。当然,这种原始忠意识的萌芽在演进过程中不可能一帆风顺,有时可能较为盛行,有时又会湮没无闻,若隐若现。毕竟历史太过漫长和久远,连孔子都不无遗憾地叹息道:"夏礼,吾能言之,杞不足征也;殷礼,吾能言之,宋不足征也。文献不足故也。"(《论语·八佾》)夏商文明到孔子时代都已经因为文献不足,难以说清,炎黄到唐虞时期的事就更是难以稽考了。但有限的传世文献,不断出土的考古发现,以及文化学、人类学、民族学的理论和发现,都为我们探寻忠的源头以及考察上古时期忠意识、忠观念的嬗变提供了有力的支持。大体而言,到了唐尧虞舜时期,经过漫长的历史演变,忠的意识逐渐成熟,并向忠观念演变。忠观念经过夏、商、西周时期的起起伏伏,曲折发展,在东周时期逐渐演变为一种具有明确道德主体、客体(包括对象)、道德责任义务、道德践履要求、道德评价标准的道德德目——忠德。

由于缺乏可据的信史和有说服力的地下考古成果的证明,一般认为炎黄到唐虞时期(包括夏禹)是古史的传说时代。笔者同意炎黄包括颛顼、帝喾等均为传说时期,但传说并非毫无根据。实际上,炎黄就是华夏民族初成期。至于唐尧虞舜,一般认为这个时期已经是原始社会后期,华夏民族业已站在由野蛮迈向文明的门槛,是私有制开始萌芽和发展的时期。在先秦一些资料中,虞舜甚至是一个独立的朝代,所谓虞、夏、商、周,有虞氏是被作为华夏历史上一个存在的王朝来看待的。

对于何谓传说时代,徐旭生有一个较为详细的阐述。他认为,相对于有文字记载的历史,此前那些"口耳相传"的历史则为传说时代。徐旭生认为所谓的传说时代也是历史时代。但为什么后人不把那个时期看作是历史时代而视为传说时代呢?主要是因为当时虽然已进入到狭义的历史时代,但当时人的记录过于简单,仅限于当日的重大事迹,而没有能力和兴趣把口耳相传的史实搜集、整理和记录下来。此外,当时通用的语言已相当复杂,但文字的发展却大大滞后于语言,因此当时文字只能记事不易记言。当然,当时的语言也会流传下来一部分,成为传说中的事迹。[①]也即是说,后人追记的所谓上古传说,实际上很多都有所本,是口耳相传的历史实迹。当然,由于时代久远,加之传写之误,或有错讹夸大、隐晦删削之处。通过对史料的梳理,徐旭生认为在中国上古存在华夏、东夷、苗蛮这样三大集团。其中华

---

① 参见徐旭生:《中国古史的传说时代》,桂林:广西师范大学出版社2003年版,第22页。

夏集团的两大亚族是炎、黄，所谓“昔少典氏娶于有蟜氏，生黄帝、炎帝。黄帝以姬水成；炎帝以姜水成。成而异德，故黄帝为姬，炎帝为姜”（《国语·晋语四》）。而东夷集团则主要以太皞氏、少皞氏为主。南部的苗蛮集团则为祝融氏。我们这里所说的忠意识出现的炎黄—颛顼—帝喾时期主要是一个历史时代的概念，而非地域概念。也就是说，尚中观念激发起的忠意识不仅限于炎黄部落，而是包括太皞、少皞之东夷和祝融之苗蛮。事实上也确实如此，比如立中的习俗，包括射侯的习俗就可能最早出现在善射的东夷部落。而苗蛮部落的尚中习俗至今仍可于苗寨的寨心石等传统习俗中得到验证。

按照《国语》所载，黄帝与炎帝实皆出于少典氏，是少典氏与有蟜氏这两个氏族通婚的结果。只不过作为两合氏族的黄帝部落与炎帝部落生活区域不同，形成了虽然同一祖源但相互独立的氏族部落，故“成而异德”。一般认为，初期炎帝的势力较大，是当时部落联盟首长。但后来炎帝侵凌其他部落，受到其侵凌的部落都推举黄帝为部落联盟首长。在阪泉之战中，黄帝战胜炎帝，成为新的部落联盟酋长。此后，黄帝又率领部落联盟在涿鹿打败蚩尤，成为最大的部落联盟首长。这段历史主要是司马迁通过实地考察和访谈得来的，即所谓西至空峒，北过涿鹿，东渐于海，南浮江淮，访问长老而得来的，并被写进《史记·五帝本纪》中。

尽管司马迁进行了实地踏查、田野考古和民间访谈，但毕竟炎黄时代距离司马迁的西汉也已经太过遥远，有多少记载是可信的，也是存疑的。不过，根据《史记》以及《国语》《左传》包括先秦诸子特别是战国时期大量关于黄帝的相关记载，虽然黄帝事迹难以详考，但“古代学者承认黄帝为华族始祖，因而一切文物制度都推原到黄帝”。[①]我们知道《易传》将一些发明归之于黄帝，如书契[②]、舟车、冠冕衣裳等，所谓“（黄帝）垂衣裳而天下治”。不仅如此，后人还将道德起源也归之于黄帝。如晋人王嘉撰《拾遗记》曰：“（黄帝）使九行之士以统万国。九行者，孝、慈、文、信、言、忠、恭、勇、义。”显然，王嘉的这一记述是根据儒家伦理观念推断的，在黄帝时期是否出现了忠等道德观念是存疑的。

透过这些上古传说，有一点应该是明确的，华夏部落的祖先在炎黄时期已经发明了一些生产和生活用具，推进了文明的步伐，但是否产生了忠的意识或者观念呢？笔者认为，从炎黄到颛顼、帝喾、尧、舜时期（包括同一时期的蚩尤、太皞、少皞、三苗），应该已经出现了忠的意识。为什么这么说呢？

① 范文澜：《中国通史》（第一册），北京：人民出版社1978年版，第12页。

② 也有记载少皞始作书契，见《潜夫论·五德志》。

据《左传·昭公十七年》记载："黄帝氏以云纪，故为云师而云名。"《史记·五帝本纪》亦言："（黄帝）官名皆以云命，为云师。"也就是说黄帝以云名官。而炎帝则"以火纪。故为火师而火名"，这似乎表明炎帝与火有关，但按《帝王世纪》和《路史》等记载，炎帝是人身牛首，长于姜水。姜者，羌也，羊也。牛头与羊头皆有角。因此，炎帝氏族图腾应该是羊（或为牛）。而黄帝虽以云名官。但童书业先生在论及黄帝以云名官时引用古人所谓"云从龙"的说法，为我们揭开黄帝氏族图腾提供了思路。童书业先生还引用《墨子·贵义》篇中的"帝以甲乙杀青龙于东方，以丙丁杀赤龙于南方，以庚辛杀白龙于西方，以壬癸杀黑龙于北方"以及孙诒让《墨子间诂》和《孙子·行军》"黄帝之所以胜四帝也"，指出："五帝即五龙。黄帝胜四帝即帝杀四龙。黄帝亦即上帝。"[①]这里为我们提供两个方面信息。

一方面，这说明黄帝部落是龙图腾。有的人根据《史记·五帝本纪》"黄帝为有熊"而认为黄帝氏族图腾为熊。其实不然，据《世本》载，"少典生轩辕，是为黄帝，号有熊者，以其本是有熊国君之子故也"。也就是说少典氏即有熊氏。"少典，有熊之开国。"（《路史·国名记》）"黄帝，有熊国君少典之子。"（《焦氏易林》）可见，黄帝是出于有熊国少典之后裔。黄帝氏族是少典氏与有蟜氏结合的产物，所谓"成而异德"，就是一旦氏族部落壮大后，就建立了新的部落图腾。而且作为氏族部落联盟首长，黄帝的龙图腾[②]是中心，可以调度指挥其他部落。如在阪泉之战时，就调动了熊、罴、貔、貅、貙、虎等部落，这里的熊、罴[③]等部落或许就包括了有熊氏部落。从《史记》的记载看，最早的部落联盟首领是炎帝，也就是说，炎帝是"中"，其图腾是部落联盟的中心，各部落联盟都要服从并忠于炎帝。后来"神农氏衰，诸侯相侵伐，暴虐百姓，而神农氏弗能征"，也就是说，炎帝丧失了部落联盟中央首长的权威，失去了"中"，导致"诸侯相侵伐"。司马迁此处说的诸侯并非后世所谓的诸侯，应是当时的各个部落氏族。既然没有了"中"的权威，自然就陷入无序和混

---

① 童书业：《春秋左传研究》，上海：上海人民出版社1980年版，第292页。

② 提到龙图腾，不能不说一说太皞氏。据《左传·昭公十七年》载，"太皞氏以龙纪，故为龙师而龙名"。顾颉刚先生认为龙亦为鸟夷族的图腾。与少皞氏"凤鸟适至"一样，鸟夷地区以龙、凤为图腾。只不过少皞氏以鸟名官，太皞氏以龙名官。尽管太皞氏以龙名官，但却以风为姓。风、凤二字在甲骨文中是一个写法。顾氏因此认为太皞和少皞这两个太阳神部落都是以龙、凤（鸟）为图腾的东夷部落。（见顾洪编：《顾颉刚学术文化随笔》，北京：中国青年出版社1998年版，第68页）

③ 以熊、罴为图腾的氏族部落在虞舜时期仍然存在。在《尚书·尧典》中记载："（舜）帝曰：'俞，咨！益，汝作朕虞。'益拜稽首，让于朱、虎、熊、罴。"

乱。这些“不顺者”无疑就是《易经》中所谓的“不宁方”，其中以“不用帝命”的蚩尤最为桀骜不驯。为此，黄帝率领部落联盟打败蚩尤，被尊为“天子”。这个“天子”是司马迁记载的，那么，在炎黄时期是否有这个说法呢？从现在考古发掘来看，还无法确定在炎黄时期是否出现“天子”的名号。但根据上古“尚中”习俗以及在世界各地普遍存在的以“中”为宇宙树、通天柱、天梯、神秘中杆等习俗，将拥有“中”之权威的部落联盟首长视为“天”的代言人，看作“天子”，应该也是符合原始思维的。

另一方面，黄帝胜五龙的传说也与“黄帝四面”和“黄帝乃中央之帝”的说法相关。“黄帝四面”的说法最早出现在战国时期的文献中。据《太平御览》卷七十九所载《尸子》的佚文，子贡曾问孔子：“古者黄帝四面，信乎？”孔子的回答是：“黄帝取合己者四人，使治四方，不计而耦，不约而成，此之谓四面。”在此，子贡对于民间流传的“黄帝四面”说法很困惑，孔子解释说实际上黄帝四面不是说黄帝长了前后左右四张面孔，而是说黄帝派人治理四方。而且《史记·五帝本纪》“黄帝举风后、力牧、常先、大鸿以治民”的记载适相印证。马王堆汉墓出土的《十六经·立命》曰：“昔者黄宗(帝)质始好信，作自为象(像)，方四面，傅一心。四达自中，前参后参，左参右参，践立(位)履参，是以能为天下宗。”对此，叶舒宪在对比宇宙树、基督教十字架、古印度梵天四面神等异质文化后指出：四面神并不是古人凭空臆想出来的，如同宇宙树、十字架这些神话符号那样，四面神是古人对二维空间所进行的抽象概括，其具有宇宙的神圣象征意义。[①]这种宇宙树实际上也即萧兵所谓的神秘中杆。《十六经》中所谓的“傅一心，四达自中”体现的也是一种尚中的观念。应该说，关于“黄帝四面”的解析大体有两个路子。一是文化学解析，即其代表原始神秘主义思维，有浓重的尚中色彩。另一种是政治学解析，即孔子所谓的派人治理四方，这种解析凸显的则是黄帝处“中”的中央权威色彩。实际上，在尚中的问题上，两种解析最终殊途同归。

此外，黄帝还与黄色、黄土有关。“黄，中之色也。”(《左传·昭公十二年》)土在五行中，与处于东、南、西、北四方的木、火、金、水不同，是处于中的位置，方位的“中”与五行的“土”是重合对应的。处于中的土必须是黄土。按照《逸周书·作雒解》，周公营雒邑时不仅要以土圭测地中，而且在建社时还要用五色土，所谓“东青土，南赤土，西白土，北骊土，中央亹以黄土，将建诸侯，凿取其方，一面之土，焘以黄土，苴以白茅，以为土封”。也就是说，中央之土必是黄土。而所封诸侯不仅要凿取其方位之土，而且还必须“焘以黄

---

① 参见叶舒宪：《中国神话哲学》，西安：陕西人民出版社2005年版，第206页。

土”,并在其上“苴以白茅”。这种“土封”建侯的仪式无疑是为了凸显黄土、白茅所代表的中央这一最高统治者的无上权威和诸侯对“中”的忠于、服从。一般认为,《易经》坤卦之“黄裳元吉”是对黄色加以推崇的最早记载。到了后来人们还以五行配五德,则土因处中,对应的是臣德,是忠德。西汉董仲舒不仅强调阴阳和天人感应,也非常重视五行,所谓“土,五行之中也”(《春秋繁露·五行之义》),“土者,天之股肱也”,并一再强调“土者,五行最贵者也”(《春秋繁露·五行对》)。董仲舒还常常以五行与伦理道德配伍,直接将处中的土德与忠德结合起来,所谓“圣人之行,莫贵于忠,土德之谓也”(《春秋繁露·五行之义》)。扬雄在《太玄·中·次八·测》中也强调“黄不黄,失中德也”。可见,在古人观念中,五行之土、五色之黄,皆处中,体现了“尚中”的理念,在道德上对应的是忠德。张光直曾指出颜色之“黄”与方位之“中”对中国文化和文化心理影响很大。[①]英人贝尔纳也认为在原始人的观念中,“居中的第五个元素,也就是王室元素,即黄色土地”。[②]基于此,萧兵亦指出:“在阴阳五行学说里,‘黄’是中央之色,‘黄’与‘土’相结合更象征中央的权威,黄帝也是中央之帝。”[③]笔者也认为“有土德之瑞”(《史记·五帝本纪》)的黄帝不仅是童书业先生口中的“上帝”,更是黄色之帝、中央之帝,是中的体现,这也说明尚中意识在黄帝时代是出现了的。《易经》坤卦所谓“龙战于野,其血玄黄”,黄帝是龙图腾部落首领,与敌方交战,其血玄黄。黄色,龙族之血色也。以龙图腾的黄帝为中央之帝,也与“黄帝四面”的传说相契合,其共同的指向都是原始尚中观念。而这种尚中观念在原始部落氏族社会中,必然会培育、激发出忠的始初胚芽,也即一种含有“忠于中”的社会意识。

通过对黄帝文化象征意义的分析,笔者认为炎黄时期已经出现了尚中的观念,并在这种尚中观念推动下,滋生后世忠德的原初朦胧之忠意识应该已经在人们思想观念中渐露机芽并潜滋暗长。按照《竹书纪年》《史记》等典籍记载,五帝时代的世系是复杂而充满争议的,甚至五帝具体包括哪五帝都有分歧。[④]但大体说来,受传统儒家影响,人们习惯于以黄帝、颛顼、帝喾、尧、舜为五帝。笔者所说的五帝时代就是指从炎黄到尧舜的历史时期。这一时期相当于原始社会后期的军事民主制时期。以考古学的时代划分而

---

① 张光直:《华北农业村落生活的确立与中原文化的黎明》,历史语言研究所《集刊》第41本第2分册,台北,第114页。

② [英]贝尔纳:《历史上的科学》,伍况甫译,北京:科学出版社1959年版,第745页。

③ 萧兵:《中庸的文化省察——一个字的思想史》,第179页。

④ 对于五帝的起源和具体指代,徐旭生先生曾有过较为详细的分析。具体见其《中国古史的传说时代》第五章。

论，苏秉琦先生认为五帝时代上起仰韶时代后期，下迄龙山时代。尽管五帝究竟相当于考古上的哪个时代，尚无定论，但也并非毫无边际。种种研究表明，二里头文化更像是夏文化，而五帝时代的下限就应是龙山时代。五帝时代之始，战争连绵不断，所谓“天下有不顺者，黄帝从而征之”，且“迁徙往来无常处，以师兵为营卫”。从黄帝打败炎帝、擒杀蚩尤等情况看，只有在社会财富积累到一定程度、社会分化和社会矛盾尖锐到一定程度，才能发生。从考古学上看，这种情况是仰韶后期（大约公元前3500年以后）的事，因此，五帝时代的上限应早于仰韶时代后期。[①]从仰韶文化到龙山文化的考古发现已经一再证明，社会财富集聚的不平衡，以及私有财产、部落首领的权威。将考古发现与相关文献互证可见，在尧、舜、禹时期应该已经出现了兼具巫师祭司和氏族首领权力于一身的领袖。这种领袖在马克斯·韦伯那里有一个专有名词——卡里斯玛。[②]韦伯将中国上古的卡里斯玛与治水文化结合起来，这与虞舜和大禹时期的史事是吻合的，也与大禹的巫师和治水领袖的身份契合。在韦伯看来，卡里斯玛型社会产生一种“卡里斯玛支配”原则，即“被支配者对能够证实其卡里斯玛禀赋的领袖产生一种完全效忠和献身的情感性归依下，所成立的支配类型”。[③]这种原则显然会激发一种“忠诚”的服从情感，可以理解为一种朦胧的、初始的忠意识。

我们知道，历史研究的依据，除了考古发掘，就是传世文献。在记载上古史迹的先秦经典《国语》中，对五帝时代的追忆虽然有后人想象的成分，但也不排除上古真实史事的流传。从中我们也能发现一些五帝时代忠意识的产生、发展轨迹。在《国语·鲁语上》中，展禽叙述了上古的祭祀原则，即“夫圣王之制祀也，法施于民则祀之，以死勤事则祀之，以劳定国则祀之，能御大灾则祀之，能扞大患则祀之”。这些标准无疑都与后世谥法中对忠的定位要求相匹配，而五帝时代的一些圣王显然是因为具有了这些品德和成就才被推举为部落氏族首领。其中，不仅被公认为五帝的黄帝、颛顼、帝喾、尧、舜明显具有这样的忠德品格，如“黄帝能成命百物以明民共财，颛顼能修之，帝喾能序三辰以固民，尧能单均刑法以仪民，舜勤民事而野死”，其他一些原始

---

① 参见苏秉琦主编（白寿彝总主编）：《中国通史》（第二卷），上海：上海人民出版社1994年版，序言第18页。

② 马克斯·韦伯给卡里斯玛下了一个较为精准的定义。即“‘卡里斯玛’（Charisma）是指某种人格特质，某些人因具有这种特质而被认为是超凡的，具有超自然的、超人的或至少是特殊的力量或品质。他们具有神圣或至少是表率的特性，某些人因具有这些特质而被视为‘领袖’”。（[德]马克斯·韦伯：《中国的宗教：宗教与世界》，康乐，简惠美译，桂林：广西师范大学出版社2004年版，第67页下注）

③ [德]马克斯·韦伯：《中国的宗教：宗教与世界》，康乐，简惠美译，第67页下注。

社会突出的首领也被后人予以禘、郊、祖、宗、报等不同形式的祭祀。如“昔烈山氏之有天下也，其子曰柱，能殖百谷百蔬；夏之兴也，周弃继之，故祀以为稷。共工氏之伯九有也，其子曰后土，能平九土，故祀以为社”。

从炎黄到唐虞可以称之为五帝时代。五帝时代时间跨度较大，而且多是传说时代，因此，在传世文献方面，往往是后期要比前期详细。也就是说，有关尧、舜的记载要远远丰富于对于黄帝、颛顼、帝喾等记载。从某种意义上讲，不排除唐（尧）虞（舜）为夏以前的一个朝代。①这个朝代是中国由原始社会向阶级社会的过渡时期。徐鸿修认为这个过渡主要是在虞朝的后半期完成的。②当然，也有学者认唐与虞为两个元后之朝代，且均延绵千年而同时存在。③

古人以黄帝、颛顼、帝喾、尧、舜为五帝，依据是他们都有大功勋。除了前面我们引述《国语·鲁语上》中鲁国大夫展禽所归纳总结出的五帝德，在司

---

① 关于以唐虞为夏之前的朝代，历史上一直存在这个说法。因为尧、舜、禹递相嬗代，所以有的称之为唐虞，有的称为虞夏，有的称为有虞。如《论语·泰伯》曰：“唐虞之际，于斯为盛。”又，《墨子·明鬼》曰：“虞夏、商、周三代之圣王。”这里，虽然是把舜的虞和禹的夏作为一个朝代来看待，但显然是承认存在虞这样一个国家组织和历史朝代。而《韩非子·显学》直言：“殷、周七百余岁，虞、夏二千余岁。”从中也能看出，韩非子实际上是将虞和夏作为两个朝代看待。对于唐虞或有虞朝的国家建设，不断有学者提出论证。如王钧林在《东岳论丛》2011年第12期发表《舜与虞朝的建立》，指出尧舜时期的唐、虞正处于从方国向帝国转变的过渡时期。唐尧没有完成这一转变，虞舜完成了由方国向帝国的转变，由此成为我国历史上第一个国、朝、代三合一的政权，虞、夏、商、周被称为四代。王树民在《河北学刊》2002年第1期发表《夏、商、周之前还有个虞朝》，指出作为虞氏的世系绝对不止尧舜禅让中的舜一代五十年，而是古代史上实际存在很长时期的一个朝代。徐鸿修的观点与王树民相似，也认为虞朝存在时间较长，大约从公元前3300—公元前2100年间，跨仰韶文化晚期和整个龙山文化时代，并且大致分前后两期：前期从颛顼到幕，后期从幕到舜。（见徐鸿修：《先秦史研究》，济南：山东大学出版社2002年版，第3页）

② 按照徐鸿修的观点，原始公社向阶级社会的过渡，由于内外条件的差异，不同地区、不同民族是有所不同的。“从虞、夏、商、周社会制度演变的轨迹看，古代中国最初的阶级分化并不是在原始公有制彻底瓦解、土地转归氏族成员私有的条件下，而是在原始的共同体所有制转化为次生的共同体所有制的基础上实现的。与此相联，中国古代国家的形成也不是沿着地域组织取代血缘纽带、新建的公共权力机关逐步排除氏族部落组织的途径，而是沿着氏族部落组织蜕变为国家机关的途径完成的。氏族部落组织蜕变为国家机关，是一个漫长的历史过程，其中具有决定意义的一步是氏族显贵上升为社会的统治阶级，氏族部落组织最终蜕变为国家机关和部族之间关系的质变，都是氏族内部出现贵族与平民两大阶级对立的自然结果。氏族显贵上升为统治阶级最早大约发生在虞幕之时，因此，我们认为中国阶级社会的开端在虞代的后半期，其相对年代可能早于夏禹数百年以至上千年。”（徐鸿修：《先秦史研究》，第5页）

③ 参见梁启超：《先秦政治思想史》，北京：中华书局2016年版，第23－24页。

马迁的《史记·五帝本纪》中也有较为详尽的记载，由于篇幅较长，此不再引述。特别值得注意的是，在记载了黄帝、颛顼等帝王丰功伟绩后，太史公对帝喾的治国理政方略有一个概括，其核心精神就是“执中”。其曰：“帝喾溉执中而遍天下，日月所照，风雨所至，莫不从服。”案《史记正义》曰：“溉音既。言帝俈治民，若水之溉灌，平等而执中正，遍于天下也。”这里的水灌溉所表现出的平等，颇类《说文解字》解释“灋(法)”字乃“平之如水，从水”以及由此衍生的“法尚公平”的观念。关于帝喾“执中”的问题，《史记索隐》说得更直白和明确，“即《尚书》‘允执厥中’是也”。《史记索隐》此处所说的是《尚书·大禹谟》的内容。《大禹谟》尽管被清儒定为“伪《古文尚书》”，但现在学界对此多有不同看法。笔者不拟参与《尚书》真伪之争，相对倾向于刘起釪的观点，[①]主张对古文《尚书》要辩证的看，有所分析的用。笔者所引伪《古文尚书》皆依据这一原则，以下不再说明。

回到“执中”的问题上，在《尚书·大禹谟》中记载了舜将帝位禅让给禹的过程。其中，舜在禅让时强调：“天之历数在尔躬，汝终陟元后。人心惟危，道心惟微，允执厥中。”也就是说，舜在将最高权力禅让给禹时，一个重要内容就是强调“执中”。其实，在此以前，“执中”就已经成为一种最高统治的基本圭臬，并因其是治国理政的核心要义和主要方略而成为最高权力交接的重要仪式和内容。据现存史料记载看，炎黄时代，甚至颛顼时期，还不见有关“执中”的直接记载。据《史记·五帝本纪》记载，最早涉及“执中”的帝王是帝喾。关于帝喾“执中”的记载还见于《大戴礼记·五帝德》。其中记载孔子回答弟子宰予的问题时说：“(帝喾)顺天之义，知民之急；仁而威，惠而信，修身而天下服。取地之财而节用之，抚教万民而利诲之，历日月而迎送之，明鬼神而敬事之。其色郁郁，其德嶷嶷，其动也时，其服也士。春夏乘龙，秋冬乘马，黄黼黻衣，执中而获天下。”帝喾之后再次出现有关“执中”记载的帝王是尧和舜。《论语·尧曰》开宗明义记载了尧禅位于舜时说的话，其曰：“咨！尔舜！天之历数在尔躬，允执其中。”

以上我们不难看出，“执中”是五帝时代后期的一种政治传统和领导权传承交接仪式。尽管由于史料阙如，我们无法发现黄帝、颛顼时期是否“执中”以及部落联盟首长领导权交接的过程和形式，但从有关黄帝、颛顼等勤

① 刘起釪认为所谓的“伪《古文尚书》”原本就是《书》的篇章传至先秦，只是后来失传了，幸赖先秦文献保存了部分散佚文字，晋代被伪《古文尚书》剿袭了一些。因此，不排除其中一些文句原来就是先秦时的古文。见刘起釪：《尚书学史》(订补本)，北京：中华书局1989年版，第32页。

政为民的政治品格以及相关考古发掘不难发现，[①]炎黄时期以及颛顼时期，已经产生了“尚中”观念和“上思利民”“忠于民”的忠德萌芽——忠意识。而“尚中”观念最晚在帝喾—尧—舜—禹时期已经演化成一种较为系统的治国理政方略，[②]并固化成最高领导权交接仪式中的核心仪式。萧兵指出“执中”即执持神圣的“中杆”（延伸开来，包括中简、中策、中簿），体现了“执中”者作为大酋、巫师、祝史的高贵身份，尧、舜、禹、汤说不定都曾持过“中杆”。[③]笔者也认为“执中”应该是一种具体的仪式，不仅尧、舜、禹、汤可能真实地持过“中”，而且帝喾也可能实际持过“中”。“中”最早可能是图腾旗，或者是萧兵所说的“神秘中杆”，在不同民族、不同地区、不同时期，“中”的具体形制也会

---

① “黄帝能成命百物，以明民共财，颛顼能修之。”《大戴礼记·五帝德》则曰：“（帝喾）洪渊以有谋，疏通而知事；养材以任地，履时以象天，依鬼神以制义；治气以教民，絜诚以祭祀。”

② 这种治国方略的核心内容就是“中”，所谓的“执其两端，而用其中于民，其斯以为舜乎！”（《礼记·中庸》）。具体而言，就是执两用中，用中庸的办法来治民。如《尚书·舜典》记载舜命夔之语：“夔！命汝典乐，教胄子，直而温，宽而栗，刚而无虐，简而无傲。诗言志，歌永言，声依永，律和声。八音克谐，无相夺伦，神人以和。”在《大戴礼记·五帝德》中，“（喾）顺天之义，知民之急；仁而威，惠而信，修身而天下服”；“（尧）富而不骄，贵而不豫……其言不贰，其行不回”；“（舜）陶家事亲，宽裕温良。敦敏而知时，畏天而爱民，恤远而亲亲。承受大命，依于倪皇；叡明通知，为天下工。……其言不惑，其德不慝，举贤而天下平”；“（禹）敏给克济，其德不回，其仁可亲，其言可信”。而且按照史籍记载，尧、舜、禹等部落氏族联盟首领还都具有一种放眼全局、居中统筹的能力，如颛顼“乘龙而至四海：北至于幽陵，南至于交趾，西济于流沙，东至于蟠木，动静之物，大小之神，日月所照，莫不只励”（《大戴礼记·五帝德》）。尧能“允恭克让，光被四表，格于上下。克明俊德，以亲九族。九族既睦，平章百姓。百姓昭明，协和万邦”（《尚书·尧典》）。而帝舜“宾于四门，乃流四凶族，迁于四裔，以御螭魅，于是四门辟，言毋凶人也”（《史记·五帝本纪》）。至于大禹就更是“巡九州，通九道，陂九泽，度九山。为神主，为民父母；左准绳，右规矩；履四时，据四海；平九州，戴九天，明耳目，治天下。举皋陶与益，以赞其身，举干戈以征不享、不庭、无道之民；四海之内，舟车所至，莫不宾服”（《大戴礼记·五帝德》）。上述这些有关上古帝王居中以亲九族、巡九州、统御四方的治理格局，体现的就是“执中”的国家治理术。

③ 萧兵：《中庸的文化省察——一个字的思想史》，第837页。

有所不同,但有一点是不变的,那就是“中”一定是最高权力的象征。[①]到了帝喾、尧、舜、禹时期,“中”更演变成一种类似权杖的东西,并在当时的部落氏族联盟的权力递嬗中扮演了重要的角色,成为权力交接的重要仪式内容。在尧、舜、禹时期,这个“中”也被称为“极”,即“皇极”。[②]同时,这样一种“尚中”的观念不仅物化为权杖象征的“中”,而且抽象化为一种执两用中以及居中御九州、统四方的治国理政方略。这种方略在五帝时期或许已经发展成忠的意识。

我们推测这一时期忠意识的出现,还有一个依据。那就是相对于正面的“尚中”治理方略,还有反面的对“不中(不忠)”的惩处。这种惩处不仅包括对“不宁方(不宁侯)”的处罚和黄帝对“不用帝命”的作乱蚩尤之擒杀,也包括刑法制度的建立。据《尚书·舜典》载,“象以典刑,流宥五刑,鞭作官刑,

---

① 萧兵通过对“史”字的最早写法和字义辨析,认为“史”所持者也是一种微型的中杆。萧兵还将“史”持“中”与“忠”的道德意味联系在一起。指出:“史官不仅要以‘中’资政,也要以‘中’自律。在这个意义上说,史官也应该公平正直中庸端肃。所以史官要执‘中’(中杆、中简乃至笏版之属)于‘中’(心)以体现其‘忠’。无论是升中于天,允执厥中,或者书中记事、折中断狱、计中积算、持中进言,他都应该善体天意,善达人心,善秉君旨,成为体制性的节中力量,缓冲因素,体现着原始、原始性乃至专制性政体的一种自我组织、自我反馈、自我调适的中坚力量。中国史官不畏刑惩、不徇君情、不从私意而秉笔直书的光荣传统不得不说是这种‘忠直’的升华和发扬。”(见萧兵的《中庸的文化省察——一个字的思想史》,第837页)

② 据《尚书·洪范》载,商朝的箕子曾追忆大禹治水,“天乃锡禹‘洪范’九畴,彝伦攸叙”。而在洪范九畴中就包括皇极。所谓“皇极:皇建其有极。敛时五福,用敷锡厥庶民。惟时厥庶民于汝极。锡汝保极:凡厥庶民,无有淫朋,人无有比德,惟皇作极。凡厥庶民,有猷有为有守,汝则念之。不协于极,不罹于咎,皇则受之。而康而色,曰:‘予攸好德’。汝则锡之福。时人斯其惟皇之极。无虐茕独而畏高明,人之有能有为,使羞其行,而邦其昌。凡厥正人,既富方谷,汝弗能使有好于而家,时人斯其辜。于其无好德,汝虽锡之福,其作汝用咎。无偏无陂,遵王之义;无有作好,遵王之道;无有作恶,尊王之路。无偏无党,王道荡荡;无党无偏,王道平平;无反无侧,王道正直。会其有极,归其有极。曰:皇,极之敷言,是彝是训,于帝其训,凡厥庶民,极之敷言,是训是行,以近天子之光。曰:天子作民父母,以为天下王”。学术界一般都将“极”解释为一种标准或准则,将“建皇极”理解为建立一套最高的社会准则。而实际上,从文化学来看,“极”具有“中”的意味,是上古尚中习俗的演变。对于这点,古人早有卓识。案,《尚书正义》曰:“皇大极,中也。凡立事,当用大中之道。”[(清)阮元校刻:《十三经注疏》上册,北京:中华书局1980年版,第188页上]《尚书正义》点明皇大极为中是对的,但由于传统儒家观念影响,亦没有跳出以抽象的“大中之道”来阐释“极”的窠臼。实际上,《洪范》所谓的皇极就是帝喾尧舜禹所执持的“中”。“建极”就是“建木”,“建中”。如果将《尚书》这段文字中的“极”字都替换成“中”字,这种“建极即建中”的意味就更加明显了。此外,在《洪范》中,箕子所谓的“皇建其有极”明确指出“建极”的权力在于皇,也即是帝,“天下王”。这也佐证了《易经》“建侯”之说为“建中”之谓。

扑作教刑，金作赎刑。眚灾肆赦，怙终贼刑。钦哉，钦哉，惟刑之恤哉！流共工于幽州，放欢兜于崇山，窜三苗于三危，殛鲧于羽山，四罪而天下咸服”。司马迁作《史记·五帝本纪》时也采用了这一说法，记载了舜任命皋陶担任司法官员时的训词，其曰：“皋陶，蛮夷猾夏，寇贼奸轨，汝作士，五刑有服，五服三就；五流有度，五度三居：维明能信。”据说在唐虞之世，刑罚就已经较为完备了，如“象以典刑，流宥五刑，鞭作官刑，扑作教刑，金作赎刑。眚灾过，赦；怙终贼，刑。钦哉，钦哉，惟刑之静哉！”（《史记·五帝本纪》）史称“皋陶作刑”。据《尚书·皋陶谟》，“天讨有罪，五刑五用哉！”另据《左传·昭公十四年》引《夏书》，“昏、墨、贼，杀。皋陶之刑也”。[①]

法律作为与道德相配合的一手硬、一手软的外在强制手段，其规制的对象往往是破坏社会公序良俗的分子，其所保护的社会关系也是与道德所提倡的社会关系彼此一致。因此，法律对“不中（不忠）”的惩处从反面映衬出社会对“中（忠）”的维护。[②]一方面，五帝时代以流、放、迁、殛等形式，对共工、驩兜、三苗、鲧[③]等违背“中”的反面典型加以惩罚，从而树立起“天下咸服”的“中”之权威。特别要提到的是舜惩罚四凶族的事，其中四凶之一的少皞氏之不才子“穷奇”，其罪名就是“毁信恶忠，崇饰恶言，靖谮庸回，服谗搜慝，以诬盛德”（《左传·文公十八年》）。这里不仅直言穷奇的罪名是“毁信恶

---

① 关于有虞氏的法律发展情况，史学界存在争议，有的基于尧舜流放和诛杀共工、驩兜、三苗、鲧等记载，认为尧舜禹时期存在比较残酷的刑罚。但也有的基于《慎子》所谓“有虞氏之诛，以幪巾当墨，以草缨当劓，以菲礼当刖，以艾鞸当宫，布衣无领当大辟，此有虞之诛也。斩人肢体，凿其肌肤，谓之刑。画衣冠，异章服，谓之戮，而民不犯也。中世用刑，而民不从”（《太平御览》卷六四五“刑法部”引《慎子》佚文）的记载，认为这一时期施行的是具有耻辱刑特点的象刑。但不管怎样，五帝时代特别是五帝时代的后期出现了法律当没有异议。无论是以共工、驩兜、三苗、鲧为四凶还是以浑沌、穷奇、梼杌、饕餮为四凶都不是问题的关键。问题的关键是先有乱德而后有刑罚来规制，所谓“夏有乱政，而作禹刑”（《左传·昭公六年》）。也就是说，先有道德习俗，后有法律。法律是从道德习俗中发展而来的。是道德失去约束力后才产生的他律强制手段。正因为有了“尚中”的道德意识，才有了对“不中者”的刑罚。

② 道德与法律是一对难兄难弟，作为强调自律和他律的两种社会治理手段，二者往往相伴而生，彼此互补发展。因此，关于忠的观念演进历史也可以从社会法律规制的角度来反向推导。也就是说，原始社会后期法律的出现，是以他律的惩罚面目出现的，其惩处的对象和内容，有时候也是道德所摈弃的。而道德所弘扬和倡导的则又是法律所维护的公序良俗。

③ 一般而言，将作乱的共工、驩兜、三苗归于“不用命”的“不宁方”当无异议，而鲧则是属于治水不成的，如何也成为惩治的对象？笔者认为惩处鲧的原因绝不仅仅是治水无功造成“百姓不便”那么简单，而主要是因为鲧“负命毁族”（《史记·五帝本纪》）。“负命”即“不用帝命”，不服从“中”的权威，而“毁族”则危及本部落氏族的生存和发展，这也是“大不中”（如今之“大不忠”）的罪名。

忠”，而且将谮、谗、回、慝等与奸邪不忠相关的词语都用来形容穷奇，直接将刑罚与惩处“不忠”联系在一起。尽管《左传》中提到的穷奇“毁信恶忠”是春秋时人对上古事迹的追述，但其对穷奇罪名的概括，使得我们相信即便是在唐虞之世尚未出现完备的忠之德目，而那种对于奸回、谗慝的否定的忠之意识当已经成为社会上的一种共识。

第二节　三代（夏、商、西周）：忠观念的形成和发展

经历了原始社会特别是原始社会后期唐尧虞舜的陶冶，忠由一种道德意识逐渐开始向道德观念嬗变。应该说，夏、商、周（此处指西周）“三代”是忠观念形成和发展的重要时期。

一、夏代文化特质与尚忠观念

夏代历史同样因史料匮乏，难以详考，我们只能在考古资料和先秦及秦汉时人的追忆文献中，寻绎夏代忠观念的蛛丝马迹。

要研究夏代的历史，首先要明晰夏代的起始时间。传统学界一般认为，夏代存在于公元前二十一世纪至公元前十六世纪。由于历史久远，加上文献和考古证明的有限，关于夏王朝的起止时间都还只是一个估算，甚至夏王朝的世系都存在很大的争议。由于本成果不是对夏代历史的专题研究，本文对于这些问题不展开论述。但对于夏代的创立者，也就是谁是夏代第一位君主的问题，笔者认为还是非常有必要予以探研，这对忠观念的萌芽至关重要。

一般认为，夏代的第一位君主是禹。依据是禹之后继承其位的是禹的儿子启，所谓禹传子启，开启了“天下为家”的君主世袭制。此后，“大人世及以为礼”，父死子继、兄终弟及的世袭制度从此确立起来了。因此，作为我国历史上第一个阶级国家的夏王朝，其第一任君王是禹，之后才是启，人们也习惯称呼禹为夏禹。而另一种观点则认为，禹实际上并没有传位给自己的儿子启，而是禅让给益，所谓“古者禹死，将传天下于益，启之人因相与攻益而立启”（《韩非子·外储说右下》）。当然，也有一种说法认为益想阻止启继位，被启杀掉，所谓“益干启位，启杀之”（《晋书·束皙传》）。屈原则倾向于启是从益那里夺得统治权的，所谓“启代益作后”（《天问》）。关于这种说法还有司马迁的《史记·夏本纪》可以佐证。笔者认为，由于史料缺乏，以及传世文献记载的矛盾和抵牾，如果没有新的出土文献和考古发掘来证明，仅凭现存说法不一的传世文献是难以证明禹到底是传位给子启还是禅让给益。但毫无疑问，禹是处于由原始社

会的禅让制向阶级社会世袭制过渡的关键人物。

不管怎么样，无论是启直接继承了禹的位子，还是启通过暴力手段击败益而成为最高领导者，总之，启建立起夏政权之后始终是家族世袭的。这种世袭方式有时是父死子继，有时是兄终弟及，但都没有脱离夏后氏的帝胄血脉（虽然中间有过太康失国，后羿和寒浞相继篡位的短暂插曲）。传统观点一般认为，夏代建立了中国历史上第一个奴隶制国家，是中国世袭君主制的开端。尽管夏代已经建立了世袭君主制，但由于刚刚从原始社会脱离出来，夏代的君主制与后世君主制还是有所不同的，保留了很多朴野的特性。对夏代文化特质的概括，《礼记·表记》记载的孔子一段话，对夏商周三代文化特点分别做了概括。其中，关于夏代文化特质是这么定性的，"夏道尊命，事鬼敬神而远之，近人而忠焉，先禄而后威，先赏而后罚，亲而不尊；其民之敝，蠢而愚，乔而野，朴而不文"。从这段话中，我们大概能得到如下的信息：夏代文化总特点是尊命，具体包括敬鬼神而远之；关注人而忠之；先赏后罚；亲而不尊；民风质朴。

首先，关于夏代尊命。这个命其实就是天命。夏、商、周三代特重天命，"命"在《尚书》中绝对是高频词。如《皋陶谟》的"天命有德"、《汤誓》的"有夏多罪，天命殛之"、《大诰》的"天命不僭"、《益稷》的"徯志以昭受上帝，天其申命用休"、《君奭》的"天命不易"等，《诗经》中亦有很多关于天命的记载。从中不难看出，这些"命"均为"天命"之谓，个别也有"命令"的意思，[①]但都没有所谓性命和命运的意思。因此，在这里，"命"（包括"天命"）是具有绝对权威的，是人类社会的指针，也是政权合法性的依据。

那么，夏道所尊奉的"命"（亦即三代所重之"天命"）其内涵是什么？我们认为"命"非泛泛而言，乃是"天之历数在尔躬，允执厥中"的体现和发展。尧、舜、禹之间的政权递嬗一个重要环节是在位者与继位者——即上应"天之历数"、也即被"天命"选中之人——之间的一种权杖交接仪式（即"授中""执中"）的形式。蒙文通先生根据《大戴礼记·本命》所谓"分于道谓之命"和《左传·成公十三年》刘康公所谓"民受天地之中以生，所谓命也。是以有动作礼义威仪之则，以定命也"，指出："以'道'以'中'言'命'，此'命'之正义明诂。"[②]也就是说，命体现的是道，天命与天道在这里是合二为一。再就是，中即命。尚中就是尊奉天命。

关于中与命的关系，《尚书·召诰》所谓"王来绍上帝，自服于土中。旦

---

① 在甲骨文中，命与令无别。《汉书·董仲舒传》曰："天令之谓命。"段玉裁在《说文解字注》中亦曰："命者，天之令也。"

② 蒙文通：《儒学五论》，桂林：广西师范大学出版社2007年版，第4页。

曰：‘其作大邑，其自时配皇天，毖祀于上下，其自时中乂；王厥有成命治民。’”这里说得很明白，即王绍继上帝的天命，以配皇天，唯一的办法就是坚守“中”，所谓的“土中”“中乂”。唯有这样，才能“成命治民”。同理，夏代尊命文化实质也是尚中，但因为夏启不是在父亲禹那里接受的权杖，因此就不见“允执厥中”的记载，而将其文化特质直接上接天命。但实际上夏代通过高扬尚中的天命，表明自己已经获得了政权的合法性——执中。夏代也是以此来代天行道的。如夏伐有扈氏，其理由就是“有扈氏威侮五行，怠弃三正”，所以“天用剿绝天命”“恭行天之罚”（《尚书·甘誓》）。何谓天罚？天罚即中罚也。自古就有“不中不井（通‘刑’）”（《牧簋》）的说法。虽然“中罚”的法律理念和制度政策出现在有关西周的文献中，但其渊源有自，最初可追溯到强调天罚的上古神判时期。“中”是把双刃剑，得“中”则受天命；反之，失“中”则失去天命的支持。也就是说，一旦夏代统治者背离了尚中的天道，则必然会遭到天的抛弃，以至于“皇天上帝，改厥元子”（《尚书·召诰》）。后人从夏人那里吸取到的教训就是夏代背弃天命而导致覆亡，如《尚书·召诰》告诫的那样，“相古先民有夏，天迪从子保，面稽天若；今时既坠厥命”，故而，“我不可不监于有夏，亦不可不监于有殷。我不敢知曰，有夏服天命，惟有历年；我不敢知曰，不其延。惟不敬厥德，乃早坠厥命”。《尚书·多士》亦在告诫殷遗民时回顾了夏人有违天命而丧国的历史，其曰：“上帝引逸，有夏不适逸；则惟帝降格，向于时夏。弗克庸帝，大淫泆有辞。惟时天罔念闻，厥惟废元命，降致罚；乃命尔先祖成汤革夏，俊民甸四方。”《尚书·多方》中再次重申了“非天庸释有夏”，乃是因为夏人“厥图中帝之命，不克开于民之丽”，才导致了天帝“降罚，崇乱有夏”，“乃大降显休命于成汤，刑殄有夏”。由此可见，夏代的兴衰都离不开天命。尊奉尚中的天命则昌；反之，背弃尚中的天命则亡。夏代的兴衰历史是天命规律的直接体现。[①]

其次，关于对待鬼神和人民的态度。对待鬼神，夏人是恭敬有加、祭祀不断，但敬而远之。而对人，则是“近人而忠焉”。也就是说，夏代没有抛弃原始的祭祀鬼神文化，对鬼神也是充满敬畏的，但夏代统治者已将关注点放在“人”上，“近人而忠焉”。在《礼记正义》中将其解释为“宗庙在外，是远鬼神也；朝廷在内，是近人也；以忠恕养于民，是忠焉也”。[②]而且夏代的政治文化是“先禄而后威、先赏而后罚”（《礼记·表记》）的。具体而言，就是“用命，

---

① 众所周知，墨子思想是继承和弘扬夏文化特质的。墨子强调“天志”“尚同”，要求自下而上尚同于天志，而天志就是欲义而恶不义。这种尚同于天志的思想，实质上体现的即是忠于天志、尊奉天命的思想。

② （清）阮元校刻：《十三经注疏》下册，北京：中华书局1980年版，第1641页下。

赏于社;不用命,戮于祖"(《尚书·甘誓》)。理学家陈澔将这种政治文化解释成忠厚特质,即"先禄后威,先赏后罚,皆是忠厚感人之意。故民虽知亲其上,而忠君之意则未也,故曰亲而不尊"。[①]此皆儒者以后世之忠德观念来忖度夏代之忠。陈澔这里所说的忠不是忠君之意,这是对的,但他只说对了一半。他认为这里的忠是"忠厚感人之意",这与孔颖达在《礼记正义》中所谓的"忠恕养于民"一样,都是将忠视为忠厚、忠恕来看的。笔者认为,《礼记》中孔子评价夏代文化的这段话,前半部分是对统治阶级而言的,谈的是施政方略,即"夏道尊命,事鬼敬神而远之,近人而忠焉,先禄而后威,先赏而后罚,亲而不尊"。其后半句话"其民之敝,蠢而愚,乔而野,朴而不文"则说的是被统治阶级,谈的是民风。因此,所谓"近人而忠焉"是指统治阶级重视人民,之所以重视人民是由于天命在此,即"天生烝民",天道和天命都把民作为重点和中心,所谓"天听自我民听,天视自我民视""天聪明自我民聪明,天明畏自我民明威",所以,夏代的尊命文化必然要践行天道爱民的理念。这里的"近人而忠焉"的"忠"实际上表达的是"上思利民"的"忠"之含义。在《左传·桓公六年》中,随国季梁说过:"所谓道,忠于民而信于神。上思利民,忠也。"因为"民,神之主也,是以圣王先成民,而后致力于神",所以"忠于民"在为政次序上要优于"信于神",且对人的忠和对神的信合而成为道。我们前面说了,中与忠通,蒙文通又将道、中、命三者通释,因而,足见对鬼神敬而远之、对人亲近而忠的"尊命"之"夏道"实际就是季梁所说的"道",是"忠于民而信于神"的。而实际上,《礼记·表记》中关于夏道之忠并非孔颖达所说的"忠恕",也非陈澔的"忠厚",而是"上思利民"之忠。

复次,关于夏代的民风,《礼记·表记》概括为"其民之敝,蠢而愚,乔而野,朴而不文"。其又曰:"虞夏之质,殷周之文,至矣。"这里明确告诉我们,夏代时期民风淳朴,不尚文饰,注重实用,其人民蠢而愚,乔而野。其中,"蠢而愚"说的是蒙昧,"乔而野"说是野蛮。这说明夏代还刚刚从蒙昧和野蛮迈入到文明社会的门槛,因此,还不同程度保存了蒙昧而野蛮的原始民风。其"亲而不尊"的特点实际上也是这种血缘氏族组织的特点。故而古人认为"蠢愚、骄傲、鄙野、质朴之蔽,皆忠之末流也"。[②]这种认识就是汉代所谓"夏尚忠"的共识。如"夏上忠,殷上敬,周上文"(《汉书·董仲舒传》)。《白虎通》更进一步分析了三代文化的特点,其曰:"夏人之王教以忠,其失野,救野之失莫如敬。殷人之王教以敬,其失鬼,救鬼之失莫如文。周人之王教以文,

① 陈澔:《礼记集说》,上海:上海古籍出版社1987年版,第295页。
② 陈澔:《礼记集说》,第295页。

其失薄，救薄之失莫如忠。”“忠形于悃诚，故失野；敬形于祭祀，故失鬼；文形于饰貌，故失薄。”（《白虎通·三教》）《礼记·表记》中的夏民“蠢而愚”“乔而野”就是《白虎通》所谓的“悃诚”之“野忠”。因此，夏代的民间道德文化特质概括起来就是一种质朴、直率、真诚以及野蛮与蒙昧并存的忠。直、质、朴，这些构成了这一历史时期民间忠观念的基本元素。后世忠德衍生出朴忠、忠直等词汇，其源头就在于夏代这种民风和道德风俗。实际上，这种忠直风格早在鲧的时期就已经形成。屈原《离骚》曰：“鲧婞直以亡身兮，终然殀乎羽之野。”在《九章·惜诵》中，屈原亦云：“行婞直而不豫兮，鲧功用而不就。”在这两篇楚辞中，都提到了夏人的祖先鲧，而且都概括鲧的性格是“婞直”。值得我们注意的是，在屈原歌颂鲧之“婞直”以自况的《九章·惜诵》中，他多次提到了忠德，如“所作忠而言之兮，指苍天以为正”“思君其莫我忠兮，忽忘身之贱贫”“竭忠诚以事君兮，反离群而赘肬”“吾闻作忠以造怨兮，忽谓之过言”“忠何罪以遇罚兮，亦非余心之所志”等。有学者指出：屈原将鲧看作是“履行忠直，终不回曲”的先驱，他歌颂“婞直”的鲧主要目的是“举以自比”。也就是说，屈原认为自己与鲧一样，都是坚守“忠”道的。屈原颂扬鲧“行婞直”，其实是歌颂“忠”的道德境界。[①]尽管这一分析不无道理，但屈原毕竟是战国时人，他大量使用“忠”字，并嘉许鲧之“婞直”，这些都仅代表战国时人的观念，还不能作为夏代乃至更早的五帝时代存在忠德的直接证据来源。[②]但作为一种忠直、朴野的风格或许在鲧身上非常明显。这种忠直、朴野特性也许就是酿成鲧人生悲剧的根源。也许就是这种性格关系，鲧在受命治理洪水时采取野蛮而残暴的堵塞和破坏自然五行之法，即“鲧堙洪水，汩陈其五行”。这种破坏自然规律的治水方法必然要遭到大自然的报复，也就是所谓的“帝乃震怒”，乃至于“不畀‘洪范’九畴，彝伦攸斁”（《尚书·洪范》）。洪范一个重要内容就是建立皇极，也即建中。天帝不赋予鲧以洪范九畴，实际上就是堵死了鲧成为立中致民的部落联盟首长的路径。但不论怎么说，屈原对鲧的“婞直”这一忠直朴野个性的歌颂，恐非凭空臆测，似应是建立在时人对夏代民风忠朴的追忆和传承基础上。

总地看，“夏尚忠”的忠是具有多重文化意味的。第一重意味是从夏代“尊命”文化的特质看，命是天命。夏代立国之时，才刚刚从原始社会中脱胎出来，因而对神秘力量还心存戒惧和崇拜，故而夏代政治信仰还主要尊奉原始社会

---

① 参见王子今：《“忠”观念研究——一种政治道德的文化源流与历史演变》，第16—17页。

② 屈原对鲧“婞直”的忠直个性的描述，或许可以佐证五帝时期忠意识的存在。

"尚中"的天命。第二重意味是在天命佑民[①]的理念之下所衍生出的"忠于民"的"上思利民"之忠。这也就是《礼记·表记》所谓的"近人而忠焉"。第三重意味则集中表现在"蠢而愚""乔而野"的朴忠、忠直。客观地讲,作为我国历史上首个阶级社会性质的国家,夏朝的典章制度应属初创,其社会道德体系也不会如周代那么健全,是否产生了忠德还不好说,但或许已经产生了忠观念。上述三重意味中之"夏道尊命"的尚中天命观,"忠于民"的上思利民观,以及朴野、率真的民间朴忠习俗等,虽然不敢说都已经达到很成熟的阶段,但至少已有部分体现。这也符合夏代处于由原始社会习俗和道德意识向道德观念以及德目演进和过渡时期的特点,符合东周、两汉时人对夏代文化所做出的"夏王教人以忠""夏政尚忠""夏上忠""夏尚忠"等基本判断。

除此而外,道德的产生还需要有社会物质和生产关系的发展作为基础。我们认为只要进入了阶级社会,就必然出现私有制和尊卑等级,而等级社会必然要求下对上的效忠。虽然从传世文献中看不到夏代是否存在类似忠君的观念,但一些等级制的特点在夏代已经越来越突出。据说夏代已经出现了等级制和王权意识。据《史记·封禅书》记载,"禹收九牧之金,铸九鼎"。九鼎历来是王权和等级制的象征。如果《史记》这个记载确实的话,则说明禹的时期,王权意识已经相当明显。地下考古发掘也一再证明夏代等级制的萌芽。二里头遗址相继发掘出土了300多件玉器,其中相当一部分是礼器,如玉琮、玉圭、玉璋、玉璧等,以及作为王权象征的玉钺。不同材质的爵、盉等组合形式也被发现于这一时期较高规格的墓葬中。[②]这些都说明"在礼器的使用上,尊卑贵贱之分的等级制度已经形成"。尽管掺杂着原始信仰和习俗的夏礼还属于草创,但其参与了当时的王权意识形态创造,为国王掌握集体权力提供了有效形式。总之,"夏代王朝有金属、玉器和其他艺术性的礼器,还有实践性的社会组织和有效的宗教文化意义,它们的总和构成一种文化力量,依据这些文化形式和文化力量,夏代的王权控制着这个国家的各个方面"。[③]有学者通过对传世文献的分析也印证了考古对夏文化王权意识的发现,即"(夏代)通过代天行命,使原始时代的'尊天之命',转换为国家出现之后的'尊君之命',让专制王权也能具有自然法则那类不可抗拒的支配

① 梁启超先生认为,"天既有动作,必有意志,天之意志何以见？托民意以见。此即天治主义与民本主义之所由结合也"。因此,在梁启超看来,人民是"事实上之最高主权者"。他还引用《尚书》《论语》等古籍中有关内容,指出:"天意既以民意为体现,则君主亦自当以对民责任体现其对天责任。"(梁启超:《先秦政治思想史》,第44—45页)

② 参见严文明主编:《中华文明史》第一卷,北京:北京大学出版社2006年版,第112页。

③ 孟慧英:《中国原始信仰研究》,北京:中国社会科学出版社2010年版,第430页。

力量”。[①]既然出现了王权意识形态，也产生了等级制，那么，等级制下的那种对最高首长的忠观念就有了存在的土壤。

二、商代文化特质与忠敬观念

相对于夏代的“尊命文化”，商代则走的是“尊神文化”的路子。如果说夏代尊命文化的特质是忠朴，那么商代尊神文化的特质则是忠敬。《白虎通·三教》曰：“夏人之王教以忠，其失野，救野之失莫如敬。殷人之王教以敬，其失鬼，救鬼之失莫如文。”“忠形于悃诚，故失野；敬形于祭祀，故失鬼；文形于饰貌，故失薄。”按照《礼记·表记》的记载，“殷人尊神，率民以事神，先鬼而后礼，先罚而后赏，尊而不亲；其民之敝，荡而不静，胜而无耻”。如此看来，殷人是很重视鬼神崇拜和祭祀的，那么，殷人“率民以事神，先鬼而后礼”的“尊神文化”与夏人“事鬼敬神而远之”的“尊命文化”在形式和本质上有什么联系和区别呢？有学者认为：“夏统治者顺乎自然，事鬼敬神以配合家国的治理，殷商统治者强化王权与神权的结合，善于利用宗教信仰的内聚力，率民以事鬼神。两者出发点略有不同，但均把事鬼神放在要位，即重视鬼神崇拜系统及设置有关祭所。”[②]也就是说，所谓的“夏道尊命”与“殷人尊神”的区别主要在于：夏代的专制政治文化虽然脱离了原始民主文化母体，但还很幼弱，难以自立，故而不得不将新文化披上旧的原始文化外衣，是为“尊命”；[③]而殷商的专制政治文化则已经超越了原始母体文化，从而确立了其宗教性特点的“尊神”文化特征。按照《尚书·多士》的记载，“惟尔知殷先人有册有典，殷革夏命”。在《论语·为政》中，孔子亦曰“殷因于夏礼，所损益可知也”。也就是说，殷商的“尊神”文化是建立在对夏代“尊命”文化的损益基础上的。一方面，殷文化减损了夏文化中“亲而不尊”的原始习俗，对“蠢而愚，乔而野，朴而不文”的夏代野蛮质朴民风进行了纠偏，目的是补救朴野质直之失。另一方面，其所“益”者则是强化对神灵（特别是殷人祖先神）的敬畏虔诚心理，突出了殷商政权受命于天，以此来凸显殷人君权神授的政权合法性和神圣化，突出了殷人政治伦理思想中的宗教性一面，故而有“夏之政忠。忠之敝，小人以野，故殷人承之以敬”（《史记·高祖本纪》）之说。

说到殷商政权的合法性问题，殷商政权虽然不是通过和平禅让手段从夏人那里取得政权，但商汤也以“天命在己”为其理论依据。在《尚书·汤誓》中，商汤自言其讨伐夏桀的理由是：“夏氏有罪，予畏上帝，不敢不正。”在《尚

---

① 李元：《史海心航路》，哈尔滨：哈尔滨工业大学出版社2004年版，第112页。

② 宋镇豪：《中国风俗通史》（夏商卷），上海：上海文艺出版社2001年版，第666—667页。

③ 参见李元：《史海心航路》，第117页。

书·仲虺之诰》中,再次强调“夏王有罪,矫诬上天,以布命于下。帝用不臧,式商受命”的依据。尽管商取代夏在仪式上或许已经没有“天之历数在尔躬,允执厥中”的程序和仪式,但按照孟子的说法,执中仍是商人所尊奉的原则。《孟子·离娄下》曰:“汤执中,立贤无方。”孟子关于商汤执中的说法渊源有自,在《尚书》中频见执中的类似记载。譬如,《仲虺之诰》有言“王懋昭大德,建中于民”,《洪范》记载了商人箕子的洪范九畴中也有“建皇极”(也即“建中”)的说法,《盘庚中》的“设中于乃心”亦含有尚中意蕴。尽管清儒力证《仲虺之诰》为伪书而质疑其真实性,但在尚中问题上,因有上古建中传统的支撑,加之《汤誓》《洪范》的佐证,以及殷商甲骨文出土的“中”字,其所言“建中于民”或有所本,当非伪造。对于《尚书》真伪和资料使用问题,笔者始终坚持今文古文互证且多所旁证的原则,而不采孤证特例。[①]如同样是《仲虺之诰》,其中的“佑贤辅德,显忠遂良”,以及《尚书·伊训》的“居上克明,为下克忠”,这两部“伪书”中都提到了“忠”,我们认为不能以此来作为殷商出现忠德的依据,此二处忠的文字表达明显是后人的语言风格,且缺乏同时代相关资料的支持。而《仲虺之诰》的“建中于民”则有上古建中、尚中传统的佐证和支撑。

相对而言,在夏、商、周三代文化中,殷商文化具有浓郁的宗教色彩。“殷人尊神”反映出“率民以事神,先鬼而后礼,先罚而后赏”这样一种文化特色和社会风俗。基于对神和鬼的崇拜和敬畏,殷人尤重祭祀,他们不仅祭祀先祖、先公,而且祭祀所有的天帝以及自然界的各类“神祇”。祭祀祖先是中国从古到今的通例,也是一种最古老的传统。如“有虞氏禘黄帝而祖颛顼,郊尧而宗舜;夏后氏禘黄帝而祖颛顼,郊鲧而宗禹;商人禘黄帝而祖颛顼,郊尧而宗舜;商人禘舜而祖契,郊冥而宗汤;周人禘喾而郊稷,祖文王而宗武王。幕,能帅颛顼者也,有虞氏报焉;杼,能帅禹者也,夏后氏报焉;上甲微,能帅契者也,商人报焉;高圉、大王,能帅稷者也,周人报焉。凡禘、郊、祖、宗、报,此五者,国之典祀也”(《国语·鲁语上》)。有学者指出:上古社会祖先崇拜的祭祀权,本质上是居于统治地位的族对其他族进行精神羁縻这样一种王权

① 关于《尚书》各篇成书及使用问题,徐复观在《中国人性论史》(华东师范大学出版社2005年版,第320—322页)中曾指出要分三种情况来看。第一类是开始并无原始文献,只是许多口头传说的整理、编纂,如《尧典》《皋陶谟》《禹贡》等。第二类是对原典重加整理的材料,如《甘誓》《汤誓》《西伯戡黎》《洪范》等。第三类是传承下来的原始资料,如《盘庚》和《周书》各篇。徐复观认为由于各篇成书情况不同,其中的内容使用也有所不同,包括对其中涉及的道德观念的认定问题。尽管徐氏上述观点仅是针对《今文尚书》28篇而言,但对《古文尚书》的有些篇章,笔者认为亦可因地制宜具体分析之。

政治的核心部分,其中,王者是这一神权内核的起点。[①]事实上,殷人在崇拜自然、祭祀日月山川的同时,最突出的就是崇拜祭祀上帝,而其上帝即其祖先神。祖先崇拜这一原始习俗已经成为殷商主流意识形态。有关殷人的祖先崇拜,我们可以从出土的甲骨文大量关于祭祀商王先公的卜辞得到确证。

> 出于外,燎。(《合集》28003)
> 甲戌卜,用大牛于祖乙。(《合集》1615)
> 甲戌卜,进燎于祖乙。(《合集》32535)
> 乙丑□,求自大乙至丁祖九示。(《合集》14881)
> 庚子卜,争,贞其祀于河,以大示至于多毓。(《安明》91)
> 己丑卜,大,贞于五示告:丁、祖乙、祖丁、羌甲、祖辛。(《合集》22911)

殷人实际上将天、帝崇拜和祖先崇拜杂糅起来,认为所谓的天、帝以及已逝的殷诸先王、先公等都在天上始终庇护着地上的殷人。"这时的宗教迷信表明从自然物的崇拜(多神)走向绝对权威(一神)的过渡。这是地上王权统治力量加强的反映。"[②]古已有之的"神不歆非类,民不祀非族"(《左传·僖公十年》),"非是族也,不在祀典"(《国语·鲁语上》)等传统表达的就是这种祖先崇拜心理。在商代,祖先崇拜已经成为被国人所普遍认同的信仰。而且殷人通过将其祖先神抬高到唯一神的高度,进而将其从本氏族的祖先神发展为突破"神不歆非类,民不祀非族"苑囿的至高无上的地域神。在《反杜林论》中,恩格斯指出:"一切宗教都不过是支配着人们日常生活的外部力量在人们头脑中的幻想的反映,在这种反映中,人间的力量采取了超人间的力量的形式。"[③]尽管殷商的祖先崇拜还没有发展成为一种真正意义上的宗教,但殷人祭祀上帝的祖先崇拜确实使人们对自然和超自然力量产生敬畏。

作为敬神的一种原始习俗仪式,祭祀表现的是"敬"的情感。正如观射父所指出的,进行祭祀时,要"道其顺辞,以昭祀其先祖,肃肃济济,如或临之。……其谁敢不战战兢兢,以事百神!……其谁敢不齐肃恭敬,致力于神!"原始的崇拜、禁忌特别是祭祀祖先表达的是一种敬的观念。而忠与敬有着千丝万缕的联系,特别是在祭祀的内涵上,忠与敬有互通之处。《荀子·礼论》中对祭祀时的要求是:"志意思慕之情也。忠信爱敬之至矣,礼节文貌之盛矣。"在此,荀子用

---

① 参见宋镇豪:《中国风俗通史》(夏商卷),第665页。
② 任继愈主编:《中国哲学史》(第一册),北京:人民出版社1963年版,第10页。
③《马克思恩格斯选集》第三卷,第354—355页。

祭祀将忠、信、爱、敬等道德情感紧密联系在一起。不仅如此，《说文解字》也指出忠与敬含义相通，即“忠，敬也。尽心曰忠”。在《说文解字注》中，段玉裁补充道：“敬者，肃也。未有尽心而不敬者。”这就将表达敬畏端肃的敬与体现尽心尽意的忠有机联系起来了。当然，无论是战国时期的《荀子》还是汉代的《说文解字》(包括清人段玉裁的注)都是后人对忠和敬的解读。在殷商时期，是否出现了忠德是存疑的，但敬的观念应该是出现了，而且与不断发展成熟的忠观念有着千丝万缕的联系。比如，在《尚书·盘庚中》中有言：“呜呼！今予告汝：不易！永敬大恤，无胥绝远！汝分猷念以相从，各设中于乃心。乃有不吉不迪，颠越不恭，暂遇奸宄，我乃劓殄灭之，无遗育，无俾易种于兹新邑。”这里出现了“永敬大恤”，也出现了忠之意象“设中于乃心”，还包括对“颠越不恭，暂遇奸宄”等不忠不敬者的刑罚。其实，在《尚书》中有关殷商部分的史料中，还有很多处提到敬的地方，如“伪《古文尚书》”的《伊训》篇有“王嗣厥德，罔不在初，立爱惟亲，立敬惟长，始于家邦，终于四海”之语。但笔者认为这完全是后世儒家的口吻，即便是原有所本，后人重新编纂，但还是对“立敬惟长”持审慎态度。而《尚书·盘庚》篇则不同了。学界公认《盘庚》篇为真实性很强的原始文献，其内容基本可以信据。因此，我们不必怀疑殷商人已经产生了敬的观念，这也是汉代人认同于“殷人尚敬”的原因所在。“殷人尚敬”无疑是与“殷人尊神”的文化息息相关的。没有殷人尊神的祖先崇拜文化传统就不会产生尚敬的社会价值观念。

除此而外，殷人尚敬还与其残存一些母系氏族社会观念以及由此产生重地道、重母道的文化传统有关。据学者对殷墟书契的研究，发现殷人多有祭祀先妣的习惯，殷墟卜辞中多有“妇好”“妇某”。在郭沫若先生看来，商代及商代以前还都是原始公社社会。[①]笔者认为，尽管殷商政权的主体已经进入阶级国家阶段，但习俗中仍残存血缘部落氏族时期的遗风遗俗，甚至还有一些母系氏族观念和习俗的孑遗。[②]这些孑遗直接影响到社会道德观念，催生了敬观念。为什么这么说呢？因为殷人不仅祭祀先妣，重视妇女，而且在

---

① 郭沫若：《中国古代社会研究》，北京：中国华侨出版社2008年版，第13页。

② 殷商的原始习俗孑遗并不能否定夏文明甚至唐尧虞舜时期的文明。因为历史并非是纯粹线性继承发展的。而且夏、商、周虽然从朝代上是依次递嬗的，但作为三个族团，在虞夏建国之际，商周的祖先殷契、周弃分别带着各自的族人部落辗转发展，其中文化或有过退步。但不管怎么说，“自从尧舜禹部落联盟解体之后，部落联盟的主要成员在各自的首领启、契、弃的率领下，分别走上各自独立的发展道路”(李元：《史海心航路》，第119页)当无异议。张光直就认为夏、商、周不仅三代相承、三国并存。而且根据考古发掘，先商文化地区在二里头文化范围之外。这说明，在商未取代夏之前，是一个与夏并存的平行发展的政治势力。[参见许倬云：《西周史》(增补本)，北京：生活·读书·新知三联书店2001年版，第16页]

帝系传承上多是按照兄终弟及方式进行的。这些都体现了“殷道亲亲”、重母道的特点。据《史记·梁孝王世家》褚少孙补：“太后谓帝曰：‘吾闻殷道亲亲，周道尊尊，其义一也。’……袁盎等曰：‘殷道亲亲者立弟，周道尊尊者立子。……周道太子死立嫡孙，殷道太子死立其弟。’”殷代的政治和社会习俗都符合这个状况，说明“亲亲”的殷道是重母统、重地道的。

关于这一点也可以从夏、商、周三代之《易》的区别与联系中得到一些佐证。在中国易学发展史上，曾有“三易”说。所谓“三易”就是《连山》(夏易)、《归藏》(殷易)、《周易》(周易)。尽管前二者皆已失传[①]，但学界一般认为《连山》首艮，《归藏》首坤次乾，《周易》则首乾次坤。金景芳先生认为，殷易《归藏》反映了“殷道亲亲”的文化特点，特别是其强调血缘体现了重视地道、母道、臣道的文化特质。[②]《归藏》首坤次乾的卦序传递给我们重要的信息。按照《周易》义理，我们知道乾健坤顺。《周易·坤·文言》曰：“阴虽有美含之，以从王事，弗敢成也。地道也，妻道也，臣道也。地道无成而代有终也。”《周易·系辞传上》更明确指出“天尊地卑”，“崇效天，卑法地”。吕绍纲指出，在殷代社会，人们尚质朴，那种自然状态的血缘关系在当时影响很大，残存着母权制下重母统的观念。因此，殷代的继承制表现为父死子继和兄终弟及并行。[③]无疑，殷代重母统、重地道的“亲亲”传统以及《归藏》的首坤次乾之卦序义理与汉儒所谓殷人“敬法地”以及“教人以敬”等观念不谋而合。这种不谋而合绝非是巧合，而是文化特质与社会习俗的高度吻合。《白虎通·三教》强调所谓的“忠法人，敬法地”，提出“人道主忠”，“人以至道教人，忠之至也；人以忠教，故忠为‘人教’也”；而“地道谦卑，天之所生，地敬养之，以教为‘地教’也”。显然，这是汉人的阐发，殷人是否有忠德思想、是否有主敬的臣道不好说，但敬观念无疑是有的，而且是由“殷人尊神”的祖先崇拜和“殷道亲亲”的母统地道传统所决定的。

至于与“法地”尚敬相对应的“法人”尚忠问题，我们也可以大胆推导一下。按照夏、商文化差异，忠与敬在夏、商时期分别代表两种不同的文化特质：夏道“近人而忠焉”，具有“法人”的特点，故而不乏忠的观念；而殷道则“率民以事神，先鬼而后礼”，由于这种“尊神”传统加之“法地”文化特质，人们对天、帝等超自然神秘力量产生了虔敬和膜拜心理。就像地对天那种卑顺、敬畏一样，世俗世界的人对高高在上的天、帝也怀有无比的敬畏和怵惕。

---

① 在王家台秦简中，据说发现了《归藏》，但笔者认为，这个《归藏》可能不是殷商时期的古老《归藏》，而是周人按照殷商《归藏》的爻占形式的卜卦集纂，其中有周穆王等周代史事。

② 参见金景芳、吕绍纲：《周易全解》，长春：吉林大学出版社1989年版，第32页。

③ 参见吕绍纲：《周易阐微》，上海：上海古籍出版社2005年版，第318页。

当然,随着时代的发展,到了后世,这种虔敬逐渐被吸纳、涵盖到孝、忠等传统德目中。表现臣对君的敬是为忠敬,表现子(包括女)对父(包括母)的敬则为孝敬。这种下对上的谦卑,就像秉承地道的坤卦那样,突出的是卑顺、顺承特点。而卑顺敬上又恰恰体现了《归藏》首坤次乾所反映的下对上之忠敬、忠顺特质。但在先秦时期,敬和忠是两个独立的德目,敬也并没有被纳入忠之中。一方面,时人常以忠与敬并称,如前面提到的"忠、信、爱、敬",以及"忠信笃敬,上下同之,天之道也"(《左传·襄公二十二年》)等。另一方面,至迟在春秋时期,敬已经同忠一道被界定为臣子事君的基本道德准则,所谓"失忠与敬,何以事君"(《左传·僖公五年》)。值得注意的是,在汉代人看来,敬还具有补救纠正朴忠之偏的功用,所谓"夏之政忠。忠之敝,小人以野,故殷人承之以敬"(《史记·高祖本纪》)。尽管尚不宜将殷文化尚敬特质直接替换成忠,但敬无疑在后世被有机地结合进忠的内涵之中,敬也因此成为忠的一个基本要义。

综上,从文化源头上看,或者从广义上讲,殷人尚敬已经具有后世忠德的某些特质,因此也不妨将殷人尚敬纳入对早期忠观念的文化考察中,甚至可以说,殷人的尚敬文化推动和催生了忠观念的发展和成熟。因此,也有学者直接将"忠"归于商代的道德规范。如罗国杰先生曾指出:"殷商时期,为了适应以血缘为纽带、以家族为本位的奴隶社会的需要,'忠'和'孝'的观念成为当时重要的道德思想。我们从《尚书》中可以看到,对父母要孝敬,为老百姓办事要尽心尽力,已成为重要的道德要求。"①按照后世和当前学界关于"忠自孝出"的观点,我想那出自孝的忠也无疑是建构在祖先崇拜基础上。因此,如果说殷商时期已经出现了忠观念的话,那么,这个忠一定首先表现为对本族祖先的敬畏和对自己血缘宗族的忠诚。总地来说,笔者仍坚持在殷商时期还没有证据直接证明已经出现具备道德规范诸要素的忠德,但从殷人祖先崇拜、祭祀习俗、尚敬传统中不难发现早期忠观念的胚芽。

三、西周礼乐文化与忠观念的成熟

应该说,僻处西北一隅的"小邦周"吞灭中原王朝"大邑商"不仅是朝代更迭的政治大变局,而且也带来思想意识形态、道德文化传统的颠覆性变革。为了唤醒各部落的反商意识,为出师灭商寻找法理上的合法依据和借口,周人开始有意识在思想领域针对殷商天命观酝酿一场彻底革命。因而,武王克商、周革殷命绝不仅仅是政权的易主那么简单,"殷周革命"在中国历

---

① 罗国杰:《传统伦理与现代社会》(增订本),北京:中国人民大学出版社2018年版,第27页。

史上意义和价值更主要的是观念的革新,即废弃原有的天命观,建立以人为中心、以德为归依的天命观。

如前所述,殷商盛行祖先神崇拜,坚信殷人先祖在天上保佑殷商人民。"我生不有命在天"(《尚书·西伯戡黎》)这句在今天看来无疑是一句癫狂瘾语,在当时其实是被人们所普遍坚信的,是殷商人的"文化自信"。总之一句话,殷人具有绝对的天命自信,而且这种天帝庇佑殷商的自信是当时普遍流行和广被认同的社会观念。殷的祖先神是当时各方国共同祭祀的对象,周人也有祭祀殷先王的传统。有学者指出:在殷周之际,殷先王是诸方国的保护神这一观念已经深入人心。[①]因此,周人要灭商,并且要以僻处西陲、人数不多的周部族来有效统治原殷商治下的广大地区和人民,首先要做的就是建构起一套新的、适应国家社会治理需要的意识形态以及治国理政方略。经过周人的不断努力,成功地建立起天命改易、惟德是辅的崭新天命观,设计出了极其完备的礼乐制度,构建起了分茅裂土、授土授民、诸侯藩屏的宗法分封制。周初的统治者,特别是周公在这一系列文化革命中居功至伟,成为中华伦理文化精神的创立者。

在殷周革命的过程中,周人除了做军事上、外交上的准备外,主要精力放在"变革天命"上。换句话说,就是颠覆殷商人世代相传的天命观,彻底否弃祖先庇佑、天命在殷、万古不易的僵死固化,建立起一套天命跟着德走、围着人转的新天命观。从本质上讲,这种天命观对统治者来说是一把双刃剑。对在野的周王来说,"皇天无亲,惟德是辅"的天命观对他们推翻离心离德的殷商统治者非常有利。而周王成为统治者后,也必须按照德的标准、原则来治国理政。否则,一旦失德,也将被新的有德者所取代。必须指出的是,"德"字并非周人所创,早在殷商的甲骨刻辞中就有了"悳",但当时没有底下的"心"。最早的"德"写作"徝",也就是"直",代表道路的意思,表示对道路、准则的遵循。同时,所谓"德者,得也"。德的原初意思就是得到。"就是做事做得适宜,于人于己都过得去,无愧于心,这就是'德',也是'得'。"[②]也有学者指出,尽管商代卜辞中已经出现了与"直"字相通的"徝"字,但当时"并没有完全具备'外得于人,内得于己'(《说文解字》)的道德含义。至西周,'德'才作为一个重要的道德规范而出现"。[③]

孔子通过对三代历史的回顾和反思,得出了夏、商、周三代递相损益革命的结论。所谓"夏道尊命",殷人革夏命而尊神。"殷人尊神",周人革殷命

---

① 参见晁福林:《论殷代神权》,《中国社会科学》1990年第1期。

② 杨荣国:《中国古代思想史》,北京:人民出版社1954年版,第9页。

③ 沈善洪、王凤贤:《中国伦理思想史》,北京:人民出版社2005年版,第58页。

而尊礼。德是一个抽象的集合概念,礼则是德所包含的具体内容之一。德与礼的关系就像水果之于苹果的关系,是一般之于具体的关系。因此,“周人尊礼尚施”核心意思说的就是周人重德。西周时期不仅极大地发展了德这一伦理观念,而且忠观念也通过对夏代尊命、商代尊神文化的不断损益中得以迅速发展,并日趋成熟,最终走到了由忠观念向忠德跃升的前夜。

在此,我们不妨全面回顾一下孔子对于三代文化特质的记载,即所谓的“夏道尊命,事鬼敬神而远之,近人而忠焉,先禄而后威,先赏而后罚,亲而不尊;其民之敝,蠢而愚,乔而野,朴而不文。殷人尊神,率民以事神,先鬼而后礼,先罚而后赏,尊而不亲;其民之敝,荡而不静,胜而无耻。周人尊礼尚施,事鬼神而远之,近人而忠焉,其赏罚用爵列,亲而不尊;其民之敝,利而巧,文而不惭,贼而蔽”(《礼记·表记》)。

关于三代文化的文明程度,孔子也多有论述。同样在《礼记·表记》中孔子指出:“虞夏之质,殷周之文,至矣。虞夏之质不胜其文,殷周之文不胜其质。”在《论语·雍也》中,孔子亦指出“质胜文则野,文胜质则史”。也就是说,在孔子看来,虞和夏的文化是质朴的,所谓“蠢而愚,乔而野”,体现的是一种尚未完全脱离蒙昧和野蛮的文化状态。而殷和周的文化是文饰的。尽管殷商盛行杀殉祭祀等陋习,但因其建立了一整套祭祀礼俗,探索了宗法制度,孔子仍许其文。而相对于还大量残存原始质朴野蛮习俗的夏文化和商文化,“郁郁乎文哉”的周文化更多凸显了“尊礼尚施,事鬼神而远之,近人而忠焉”的特点。概言之,姬周统治者吸纳整合了夏文化和商文化的优点,形成了周代的文化特质。在社会治理上,周文化突出了礼和施(礼是等级秩序,施是泛爱众、博施广济之爱民行为)的制度建设;在道德取向上,则继承发展了夏代尚忠文化传统。

对比夏、商、周三代,夏代文化强调“尊命事鬼”,在这点上与强调“尊礼尚施”的周代文化有着本质区别,而与“尊神事神”“先鬼而后礼”的殷人有某种共通性。但在“敬鬼神而远之,近人而忠焉”的人神关系问题上又与周人出奇得一致,即都是坚持人本主义、民本主义,强调“忠于民而信于神”,且这“敬鬼神而远之,近人而忠焉”的“一远一近”明显可见对人(民)之忠要优先于对鬼神之信,故夏、周二代的文化特点都是“亲而不尊”。在《礼记·表记》中,孔子颂赞虞帝“生无私,死不厚其子。子民如父母,有憯怛之爱,有忠利之教”。并且在该文中,孔子把虞夏作为同一文化类型看待。显见,在孔子看来,虞夏时期的忠还不是那种强调尊尊的等级之义的忠君、忠上之忠,而是类似于“上思利民”和“忠于民”之忠,是如父母爱护子女般爱民、利民的忠利,是带有原始社会部落联盟酋长维护全体部落利益之忠意识的文化遗存。

而周代的“近人而忠”由于是建立在“尊礼尚施”的等级礼乐制度上，因此，周代的忠体现的则是一种等级秩序下的忠。这种忠一方面从“尚施”的角度，体现了其继承原始社会遗存下来的氏族首领爱护血缘部族民众传统，而具有的泛爱众之养民利民一面；另一方面，从“尊礼”的角度，周代的礼乐制度体现的也是对血缘宗法制的维护，反映的是亲亲而尊尊，也揭示出忠自孝出、由孝而忠的嬗变轨迹。

说到周人的忠观念，按照西周时人的观点，其乃周部族源远流长的族群道德风俗，甚至可以追溯到周的远祖。《国语》开宗明义就通过祭公谋父之口追忆了周先公的尚忠传统，所谓“我先王不窋……守以敬笃，奉以忠信”(《国语·周语上》)。不窋者，周始祖后稷(即弃)之子也。而祭公谋父是西周早中期的人物。虽然这段话是春秋时人著述《国语》时所追记，但古人治史多有所本，非滥入者。即便不能证明早在不窋时期就已经产生了忠德，那退一万步讲，至少在西周的穆王时期应该已经有了比较成熟和流行的忠观念。另据研究者梳理，虽然《今文尚书》中不见“忠”字，但在清人所厘定的伪《古文尚书》中却有关于西周时期忠德的多处记载。如，在《蔡仲之命》和《君牙》篇中，分别记载了周成王和周穆王两位君王对下属的训诫词，其中都提到了“忠”。前者曰：“尔尚盖前人之愆，惟忠惟孝。”谈的是忠孝；后者云：“惟乃祖乃父，世笃忠贞。”强调的是忠贞。而且“伪《古文尚书》”记述殷周史实时还出现了忠良一词。如在《泰誓》篇中，周武王将“焚炙忠良，刳剔孕妇”的罪名加之于商纣王头上；而在《冏命》篇中，周穆王则追述了“昔在文、武，聪明齐圣，小大之臣，咸怀忠良”的周文王和周武王私企的君明臣忠。尽管出现“忠”字的篇章都无一例外出自被清人阎若璩定为伪书的《古文尚书》中，但按照笔者前面提到的刘起釪先生的观点，阎氏所谓伪书本身可能就来自于《尚书》中的一些残篇断简，只不过后来失传了。尽管失传了，在汉晋时期仍得以保存其中的部分佚文，因此，所谓的伪作的《古文尚书》“不影响这些文句原来是先秦已有的古文”。[①]刘起釪先生对《尚书》真伪辨析的观点是有道理的。也就是说，西周时期或许已经出现了忠德，当然，像忠良、忠贞这样的连词应该还没有出现。但不管怎么说，西周时期忠观念无疑已经非常成熟了。

此外，在《逸周书·常训解》中记载了忠、信、敬、刚、柔、和、固、贞、顺等九个德目，构成了一个道德体系。当然，对于《逸周书》各篇的成书年代，史学界尚不统一。但一般认为，《逸周书》作为与《尚书》类似的早期经典，其真实

---

① 刘起釪：《尚书学史》(订补本)，第32页。

性很大。清人《四库全书总目提要》指出:“(《逸周书》)究厥本始,终为三代之遗文”。孙诒让在《周书斠补》中,也认为《逸周书》文辞古奥,当为《左传》之前的早期篇帙之遗,而其“三训”(即《度训》《命训》和《常训》)“或即《周训》遗文仅存者”。按照《周书序》的说法,《逸周书》开篇的“三训”皆为周文王的训诫语。过去疑古之风盛行,人们多不大相信《周书序》的这种说法。近年来,随着考古发掘,很多学者开始发现《逸周书》的价值,对《逸周书》“三训”的真实性也越来越认可。如李学勤先生就认为《度训》《命训》等篇是“很有意义的内容”,“年代也不一定晚,这一点颇关重要”。①杨朝明在广泛对勘传世文献和考古文献后,指出“三训”成书不会太晚,应与《周书序》所述相当,而且《常训》就是原始《周书》的内容。②如果此说成立,则《逸周书·常训解》提到的忠、信、敬、刚、柔、和、固、贞、顺等九德就构成了西周时期社会的核心价值体系。忠无疑是西周核心价值体系之核心。有学者指出:由于时代的发展变化,上述一些德目在当时其所对应和反映的伦理关系不同于后世,比如,忠、敬、信等德目在当时“既可用于父子关系,亦可用于君臣关系”。当然,忠则主要“归之于君臣关系”。经比较西周早中期和春秋时期的道德观念可推知,《逸周书·常训解》中所说的“九德”等道德认知最晚应产生于西周后期。③

不论是将《常训解》认定是西周早期遗文还是后期思想的体现,但有一点是肯定的,那就是学界越来越认同其为西周时期文献。加之,在真伪莫辨的《古文尚书》中大量出现的“忠”字,笔者虽然审慎地坚持忠德出现在东周的春秋时期,而认为西周仍处于忠观念的最终成熟和迈进忠德的前夜阶段,但在心底,笔者无疑是认同西周已经形成了具备道德规范要素的忠德。笔者也坚信,随着未来考古的发掘,将会证明这一判断。当然,作为学术研究,首要的还是科学审慎的态度,不能靠猜想和假说来支撑自己的观点,也不能将尚未被证实的未来考古发现作为佐证。

总地来说,西周处于传统忠德由一种道德观念向严格意义上的道德规范进行加速嬗变的历史时期。经过西周时期的高扬和型塑,忠逐渐由一种道德观念而发展成一个重要的道德德目。

---

① 黄怀信:《〈逸周书〉源流考辨》,西安:西北大学出版社1992年版,李学勤序。

② 杨朝明:《〈逸周书〉“周训”与儒家人性学说》,原发表于2000年6月在日本召开的国际学术会议的论文集《21世纪儒家文化 国际会议报告论文集》,后发表于人大国学院《国学学刊》2010年第3期。

③ 张锡勤、柴文华主编:《中国伦理道德变迁史稿》上卷,北京:人民出版社2008年版,第72页。

第三节　春秋时期:忠作为一种道德德目出现

回溯忠的产生、发展和演变的历史,在原始社会后期,忠意识就应该已经出现;到了夏、商时期,忠意识已经发展成为一种忠观念;西周时期的政治生活加速了忠由道德观念向道德规范的转变。尽管在夏、商、西周时期常出现忠的蛛丝马迹,但作为道德德目且言之凿凿的"忠"字实首见于《左传》《国语》《论语》等春秋时期的典籍中。因此,忠作为一种道德规范最晚在春秋时期时期已经形成,当为确论。而且,春秋时期,忠在道德体系中的地位迅速飚升,后来居上,成为重要的核心道德之一。如《左传·文公十八年》曰:"孝敬忠信为吉德。"在《左传·成公十年》和《左传·昭公十年》中都有"忠为令德"的表述,《左传·文公元年》更是将忠誉为"德之正也"。总地看,忠在春秋时期完成了道德规范化的过程,具体包括涵义的多样化、主体和对象的多元化,道德义务的多重性,从而奠定了传统忠德的理论基础。

一、春秋时期忠德的基本内涵

在绪论部分,我们以拆字的方式,从"忠"字结构中的"中、心、一"三个角度,对传统忠德的内涵进行了初步探析,同时对忠德与一些德目的关系进行了简要梳理。应该说,在春秋时期,忠德就已经具备了传统忠德的一切涵义。在此,我们不妨换一种视角,对春秋时期的忠德涵义再进行一下集中而深入的讨论。

(一)利国利民为忠

1. 利民之忠

先说忠的利民内涵。按照随国大夫季梁的说法,"所谓道,忠于民而信于神。上思利民,忠也。祝史正辞,信也"(《左传·桓公六年》)。在时人看来,道是天下通理,其中包含了"上思利民"的忠德。在民神关系上,"夫民,神之主也"(《左传·桓公六年》)。因此,"信于神"归根结底也是要落实在"忠于民"和"上思利民"的忠德上。早在西周时期,就已经出现了民本思想和德政理念。"民惟邦本,本固邦宁"和"皇天无亲,惟德是辅"等观念被社会普遍认可。西周的德主要体现在爱民、利民、养民、惠民上。因此,天德是以民为转移的,神也是以民为主的。《尚书》中即有"天视自我民视,天听自我民听"(《尚书·泰誓中》)以及"天聪明自我民聪明,天明畏自我民明威"(《尚书·皋陶谟》)的表述。爱民、利民作为忠的应有之义也就不足为奇了。至于"忠于民而信于神"的"道",其实就是对现实世界中的人(民)和鬼神世界中的神灵的尊奉。[①]此处忠信之道的"忠"之对象主要针对的是现实世界中的人,而"信"的对象在原初意义上更多的是指向鬼神世界中的神灵。《国语·周语上》中祭公谋父、虢文公、内史过等人的谏诤之语,反复出现的就是"事神保民",说明一个政权要想长治久安,统治者就要做到"其德足以昭其馨香,其惠足以同其民人。神飨而民听,民神无怨",这样才能"媚于神而和于民","明神降之"。反之,如果统治者"动匮百姓以逞其违,离民怒神而求利",甚至"贪冒、辟邪、淫佚、荒怠、粗秽、暴虐",必然导致"其政腥臊,馨香不登;其刑矫诬,百姓携贰,明神不蠲而民有远志,民神怨痛,无所依怀",这种情况"神亦往焉,观其苛慝而降之祸"(《国语·周语上》)。

经过商周之际的政治、宗教改革,神与民的关系进一步厘清。周文化将商文化中的神权政治披上道德教化的外衣,强调"以德配天","天道无亲,惟德是辅"。而这个"德"则体现出浓重的民本主义倾向。因此,到了春秋时期,更多的是重视人,高扬民本主义,神也成了为人(或民)服务的。"夫民,神之主也""国将兴,听于民;将亡,听于神。神聪明正直而壹者也,依人而行"(《国语·周语上》)等观念成为人们的共识。基于"忠于民而信于神"的忠信特质,加之"民为神之主"意识的不断强化,忠信一词逐渐集中在爱民利民的品德上,而不再局限于"忠于民而信于神"的角色分设。尽管有关春秋记事的古籍中还可见"其言忠信于鬼神"(《左传·昭公二十年》)这样的表述,但相比较而言,将忠信的对象囿于鬼神已经是落后的观念了。更多的是对民、对国人的重视,神已从政治道德领域中退居二线,沦为民的"附庸",故有"民为神之主"的说法,并把国家兴亡与"听于民""事神保民"紧密联系起来。

此外,神往往与祭祀有关,而祭祀的目的不仅仅停留于敬神,而主要在于利民。正如观射父所说"祀所以昭孝息民、抚国家、定百姓也,不可以已"(《国语·楚语下》)。而这个"昭孝息民、抚国家、定百姓"的"祀"正是对利国、利民之忠德的传承和弘扬。史苏有言"兴百姓以为百姓,故莫不尽忠,极劳而致死"(《国语·晋语一》)。将史苏的"为百姓"之忠与观射父的"昭孝息民、抚国家、定百姓",以及祭公谋父的"事神保民"参照起来,不难发现,所谓"抚国家、定百姓"即为利国利民之忠的意思表达,体现了"天事武,地事文,民事忠信"(《国语·楚语下》)

---

① 这个神灵包括上帝、天帝、山川神等四方神祇,也包括具体到家族、族群的先人祖灵。所谓"神不歆非类,民不祀非族"。只有对自己的祖先神灵表示敬畏和忠顺,才能得到自己先人的庇佑。

的道德传统精髓。正是因为利国利民乃忠德的重要内容,孔子才许童子卫国为无殇。[1]这种忠德传统成为祭祀的原则,体现了神道设教的主旨,所谓"以死勤事则祀之,以劳定国则祀之"(《国语·鲁语上》)。

2. 利国之忠

利国之忠首先表现在卫社稷上。

> 杀身赎国,忠也。(《国语·晋语四》)
>
> 君薨不忘增其名,将死不忘卫社稷。忠,民之望也。(《左传·襄公十四年》)
>
> 忠,社稷之固。(《左传·成公二年》)
>
> 临患不忘国,忠也。(《左传·昭公元年》)

在忠以卫社稷的问题上,鲁国叔孙豹的表现可圈可点。在虢之会上,因鲁人食言,霸主楚国的令尹将对鲁国代表叔孙穆子施以刑戮。有的人劝叔孙豹破财免灾,也有的人劝他道:"子盍逃之?不幸,必及于子。"叔孙豹大义凛然地回答说:"豹也受命于君,以从诸侯之盟,为社稷也。若鲁有罪,而受盟者逃,必不免,是吾出而危之也。若为诸侯戮者,鲁诛尽矣,必不加师,请为戮也。夫戮出于身实难,自他及之何害?苟可以安君利国,美恶一心也。"(《国语·晋语八》)叔孙豹的"安君利国"表达的正是忠于社稷的精神。

在春秋时人看来,忠不仅要利国,还要不叛国,不做对故国不利的事,所谓"君子违,不适仇国"(《左传·哀公八年》)。也就是说,作为忠臣如果不得已要出奔他国以寻求政治避难,也不要去与故国敌对的国家。钟仪楚囚南冠的故事就是流传千古忠于故国的典范。

在春秋时期还有一些有趣的现象:被俘将帅在获释时,释放方的国君往往提出一些政治条件和期许;也有帮助他国流亡公子复国时,帮助方的国君往往也要求即将复国的人表达对自己的感激之情和示好承诺。如晋国的流亡公子重耳在离开对手国时,被问到何以报答的问题,重耳的回答不卑不亢,表现了绝不辱国的气节。[2]秦国孟明视被晋人释放后表示:"君之惠,不以累臣衅鼓,使归就戮于秦,寡君之以为戮,死且不朽,若从君惠而免之,三

---

① 据《左传·哀公十一年》载,在与齐国的战争中,鲁国的"公为与其嬖僮汪锜乘,皆死皆殡"。孔子曰:"能执干戈以卫社稷,可无殇也。"

② 重耳回答楚王时说:"若以君之灵,得反晋国,晋楚治兵,遇于中原,其辟君三舍,若不获命,其左执鞭弭,右属櫜鞬,以与君周旋。"(《左传·僖公二十三年》)

年将拜君赐。”(《左传·僖公三十三年》)又如,晋楚邲之战后,晋国用俘获的楚公子谷臣和连尹襄老之尸交换被楚国俘获的知罃。临行前,楚王问知罃几个问题,其中包括“然则德我乎”,知罃回答曰:“二国图其社稷,而求纾其民,各惩其忿,以相宥也,两释累囚,以成其好。二国有好,臣不与及,其谁敢德!”楚王接着问道:“子归何以报我?”知罃不卑不亢地回答道:“臣不任受怨,君亦不任受德,无怨无德,不知所报。”楚王执拗地坚持说:“虽然,必告不谷。”知罃的回答是:“以君之灵,累臣得归骨于晋,寡君之以为戮,死且不朽。若从君之惠而免之,以赐君之外臣首,首其请于寡君,而以戮于宗,亦死且不朽。若不获命,而使嗣宗职,次及于事,而帅偏师以修封疆,虽遇执事,其弗敢违,其竭力致死,无有二心,以尽臣礼,所以报也。”听了知罃的回答,楚王感叹道:“晋未可与争。”(《左传·成公三年》)面对楚王一连串咄咄逼人的诘难,知罃始终不卑不亢,有礼有节,但核心意思就是:被释放回去后,如果再次交战,还是要为国作战,不徇私情的。这哪里是报答,分明是表明自己在未来战场上殊死对抗的决心。但释放方的国君并没有因此怪罪或扣留不放,反而大加赞赏。这种赞赏体现了对忠于国家利益之忠德的认同。

利国与利民实乃一而二、二而一的问题。民为国之本。晋国赵盾作为忠臣,其忠就在于利国、利民。对于刺客鉏麑临死前评价赵盾的话,《国语·晋语五》记载的是:“赵孟敬哉! 夫不忘恭敬,社稷之镇也。贼国之镇,不忠。”同一件事在《左传·宣公二年》记载的则是:“不忘恭敬,民之主也。贼民之主,不忠。”二者记载略有差异,但适可互补互证。[①]在《左传》作者看来,“不忘恭敬”就是“民之主”。在《国语》作者眼中,“不忘恭敬”乃“社稷之镇”。在这里,“民之主”与“国之镇”是一回事,也就是说,利民与利国的一回事。

应该说,利国利民之忠在春秋时期是忠德的主流,不仅每个臣民要爱国卫社稷,在上者更要利国利民。反之,则为国人所共弃,为天下人所唾弃,甚至被弑被逐。而为了私利导致国家和人民利益受损的则被永远地钉在历史的耻辱柱上。对于那种为了一己私利而误国害民者,是被排除在人类之外的,背负“非人”的恶名。如宋国羊斟是大臣华元的车御,他与华元有隙,因

---

① 这里需要指出的是,对于鉏麑死前这段话,人们早就提出质疑,认为其既已自杀,其死前的心理活动后人何以得知。钱钟书就曾指出,鉏麑自杀前慨叹,生无旁证,死无对证。并引述古人的观点,说:“纪昀《阅微草堂笔记》卷一一曰:‘鉏麑槐下之词,浑良夫梦中之噪,谁闻之与。’李元度《天岳山房文钞》卷一《鉏麑论》曰:‘又谁闻而谁述之耶?’”(见钱锺书:《管锥编》第一册,北京:中华书局1986年版,第164—165页)钱钟书的这种说法是有道理的,但这并不影响我们对春秋时期忠德观的解读。显然,鉏麑死前的心理活动是当时史家的理解和生发,这也一定程度代表了当时人们的一种看法和观念。

而公报私仇,在宋国与郑国作战期间,故意驾车冲入敌阵,致使宋军统帅华元被敌人俘虏,导致宋国吃了败仗。这个羊斟因这种不忠的行为而被予以"非人"的评价,所谓"君子谓羊斟非人也,以其私憾,败国殄民,于是刑孰大焉。《诗》所谓人之无良者,其羊斟之谓乎? 残民以逞"(《左传·宣公二年》)。"败国殄民"无疑是违背利国利民的忠德规范的。

(二) 大公无私为忠

《左传·成公九年》曰:"无私,忠也。"将忠与无私联系在一起。而私又与公相对,所谓"自环为私","背私为公"(《韩非子·五蠹》)。无私就是大公,而无私也是忠。春秋时期的大公无私之忠主要体现在以下几个方面:

1. 分配公平之忠

春秋时期就将忠上升为保证分配程序正义的重要手段。所谓"忠所以分也"(《国语·周语上》)。之所以强调分配过程中的忠,主要在于忠体现了"中"的公正原则。"分财不中"(《韩非子·外储说左上》)是违背社会公正原则的。分财尚中(通忠)则体现了追求平均、公平、公正的社会正义。如周内史兴在奉周王命赐晋文公命服返回后,归告王曰:

> 晋,不可不善也,其君必霸,逆王命敬,奉礼义成。敬王命,顺之道也;成礼义,德之则也。则德以导诸侯,诸侯必归之。且礼所以观忠、信、仁、义也。忠所以分也,义所以行也,信所以守也,义所以节也。忠分则均,仁行则报,信守则固,义节则度。分均无怨,行报无匮,守固不偷,节度不携。若民不怨而财不匮,令不偷而动不携,其何事不济! 中能应外,忠也;施三服义,仁也;守节不淫,信也;行礼不疚,义也。(《国语·周语上》)

内史兴的话将忠作为忠、信、仁、义等四德之首,作为"礼所以观"的重要内容。这个忠不是通常所说的忠君、为人谋忠一类,而是分财上的公正,是一种保证公平正义的道德实践工具,故"忠分则均","分均无怨"。所谓"专欲难成",君主就是要"博施于民而能济众"(《论语·雍也》),做到"衣食所安,弗敢专也,必以分人"(《左传·庄公十年》)。但博施于民和衣食分人的操作规程是什么? 那就是"忠"。唯有忠才能实现社会公平。忠在这里扮演了分配过程中的工具理性角色。对于"忠所以分也",三国时期韦昭注云:"心忠则不偏也。"在这里,忠体现了公正不偏的公平、公正理念。"忠分则均"即通过以忠之心来进行平均分配,体现了忠的公平、公正意蕴。进而,"分均无怨”乃至“若民不怨而财不匮”。此外，所谓“中能应外，忠也”。古者，忠、中相通，“忠自中出”（《国语·周语下》韦昭注），“中”本身就具有公平、公正的意蕴，这种内在的公平、公正意识体现在分财的社会活动中，则表现为“忠”的原则。

2. 公平决狱之忠

政治道德的忠不仅渗透到社会分配中，而且还体现在司法领域，这就是凸显公平正义的决狱之忠。最早将忠与决狱断案等司法制度结合起来的是鲁庄公。在《左传·庄公十年》记载了“曹刿论战”的故事。面对曹刿“何以战”的问题，鲁庄公列出的自己一系列爱民仁民政绩，认为这些足以动员国人与齐国作战。但曹刿都一一加以否定，认为这些都不能真正动员国人全身心投入到保卫社稷的战斗中。最后，对鲁庄公的“小大之狱虽不能察，必以情”，曹刿认可其为“忠之属”，可以赢得民众拥戴。《国语·鲁语上》也记载了此事，虽然未提到“忠”字，而是代之以“知夫苟中心图民，智虽弗及，必将至焉”。仔细分析，不难发现“中心图民”即“忠情决狱”之意。如前所述，中与心构成了忠的意象，故“中心”者，忠也。以此心来“图民”，尽管司法案件不能遍察，但“必以情断之”（《国语·鲁语上》）。这里体现了中罚的刑罚尚中观念。刑罚尚中乃是周代社会的通识，刑罚尚中司法理念从周初一直延续到春秋战国，并成为后世司法的圭臬。周代中罚思想强调“不中不井（刑）”（《牧簋》铭文），“断庶民狱讼之中”和“求民情，断民中”（《周礼·秋官司寇》）；反之，违反中罚原则，则“狱谳不中”（《晏子春秋·内篇问上》）。鲁庄公“中心图民”“必以情”的断狱理念与西周中罚理念一脉相承，体现了刑罚尚中原则的原则，也因此被曹刿称赞为“忠之属”，作为可以对齐作战的主要支撑；反之，如背弃尚中（忠）原则必然导致徇私枉法，时人名之曰“鬻中”（中通忠）或“鬻狱”，也即出卖了“忠”的决狱公平原则。用今天的话说，就是违反了司法公正。

对于晋国一桩贪赃枉法案例，叔向大义灭亲，毫不袒护自己的弟弟叔鱼，指出“三奸同罪，请杀其生者而戮其死者”，理由是“鲋（即叔鱼）也鬻狱，雍子贾之以其子，邢侯非其官也而干之。夫以回鬻国之中，与绝亲以买直。与非司寇而擅杀，其罪一也”（《国语·晋语九》）。叔向的意见很明确，他的弟弟叔鱼在担任赞理官时，不公平执法，纳雍子之女，打压诉讼的一方——邢侯，袒护诉讼的另一方——雍子，这才造成邢侯愤而杀叔鱼和雍子于朝的惨案。这个案例性质是三者皆有罪，有两点涉及对司法公正的危害。一是雍子“买直”，用“性贿赂”来收买法官。二是叔鱼身为司法官员，不能秉公执法，却“以回鬻国之中”。韦昭注指出：“回，邪也。中，平也。”也就是说以奸回之心出卖了国家司法的公正。回为奸,中为忠。断狱贵中,中罚公平,此乃断狱置刑领域的“忠之属”。违背了“忠情决狱”的中罚原则,自然是“三奸同罪”,法官也难辞其咎,虽死仍要戮其尸。

金鹏程曾指出,早在西周时期人们已经将公平断案的法官称赞为“中”(将“中”字与“忠”字互相替换,丝毫也不影响其语义)。具体而言,官员只有坚守了“zhong(中/忠)”的原则,才能兼听则明,做出公正的判决。这一决狱断案的古老司法逻辑本质上是并不偏离儒家所倡导的“诚实处理与他者之间关系”这一忠观念的。[①]

3. 做事公正之忠

由“忠分则均”的分财公正到“决狱以情”的刑罚尚中,逐渐将忠的公正原则推扩到各个层面,包括做事公正。如对郑驷歂杀邓析而用其竹刑,时人深表失望,认为郑执政做事“不忠”。君子谓:“子然于是不忠。苟有可加于国家者,弃其邪可也。”并引《诗经》来佐证子然何以不忠。“《静女》之三章,取彤管焉。《竿旄》‘何以告之’,取其忠也。故用其道不弃其人。《诗》云‘蔽芾甘棠,勿翦勿伐,召伯所茇’,思其人,犹爱其树,况用其道,而不恤其人乎!子然无以劝能矣。”(《左传·定公九年》)《十三经注疏》的《春秋左传正义》中指出:“是贤能之人,当议其罪状,可赦则赦之。今邓析制刑,有益于国,即是有能者,杀有能之人,是不忠之臣,君子谓子然于是为不忠也。国之臣民,诚有可以加益于国家者,取其善处,弃其邪恶可也,虽知其邪,当弃而不责,所以劝勉人,使学为善能也。”对于《左传》引用《竿旄》一诗,孔颖达在注疏中指出:“录《竿旄》诗者,取其中心愿告人以善道也。言此二诗,皆以一善见采,而邓析不以一善存身。”孔颖达明显是把《诗经·竿旄》的诗意中“中心原告人以善道”意思与“取其忠”联系在一起,指出郑执政不能坚守取其善而弃其邪的忠道,违背了做事公正原则。

4. 公而忘私之忠

忠的公平公正必然是建立在对私利、私情、私欲、私怨的控制和规制上。“公家之利,知无不为,忠也。”(《左传·僖公九年》)在晋国的一次政变后,失势的大臣贾季单身出奔狄国。晋国执政赵宣子按照惯例派人将贾季在晋国的家属护送到狄国。这个任务落在赵宣子属下臾骈身上。此前,臾骈曾被贾季当众惩罚过,此次护送仇人妻子,臾骈部下劝他乘机尽杀贾氏家属以报昔日之仇。臾骈曰:“不可。吾闻前志有之曰:‘敌惠敌怨,不在后嗣’,忠之道也。夫子(指赵宣子)礼于贾季,我以其宠报私怨,无乃不可乎!介人之

---

① 参见Paul R. Goldin:《*When Zhong 忠 Does Not Mean “Loyalty”*》,《*Dao*》2008年第7期。

宠，非勇也；损怨益仇，非知也；以私害公，非忠也。释此三者，何以事夫子？”（《左传·文公六年》）于是，臾骈亲自带人护送贾季的家人和财物出境。臾骈用自己的言行很好地诠释了无私的忠道。在他的这番话中有三个与忠紧密相关的核心概念。一是忠之道。臾骈理解的忠之道是此前流行的一种观念，即“敌惠敌怨，不在后嗣”。也即冤有头、债有主，君子报仇，皆止于其身，不能施之于对方家人和后代身上。二是“以私害公，非忠也”。换句话说，忠是公而忘私，而非以私怨害公事，挟私报复就更非忠义之举。三是以忠事主。臾骈认为借着上级对自己的信任来报私怨，非勇者所为。受人之托，忠人之事。杀贾氏以报私仇是辜负了赵宣子对自己的信任，并由此导致赵宣子对自己的不信任和不满，是“损怨益仇”的不明智行为。最后，臾骈总结说，抛弃了勇、知、忠三原则，也就丧失了做人的基础。在这里，臾骈把忠与勇、知放在一起，作为事人事主的基础。

无独有偶，春秋末年，“晋围柏人，荀寅、士吉射奔齐。初，范氏之臣王生，恶张柳朔，言诸昭子，使为柏人。昭子曰：‘夫非而雠乎？’对曰：‘私雠不及公，好不废过，恶不去善，义之经也。臣敢违之？’及范氏出，张柳朔谓其子：‘尔从主，勉之。我将止死。王生授我矣，吾不可以僭之。’遂死于柏人。”（《左传·哀公五年》）这里也涉及几层忠的内涵。一是王生外举不避仇，忠于主子范氏的事业，虽然讨厌张柳朔，但还是推荐他担任范氏私邑柏人的主政官。[①]二是张柳朔也对得起王生的推荐，对得起主子范氏，在范氏有难出奔流亡时，让儿子追随保护主子，而自己以死尽忠。三是“私雠不及公”，这也是与本题最为相关的。当年，昭子很奇怪问王生为什么要推荐自己的死对头张柳朔，王生的回答是“私雠不及公，好不废过，恶不去善，义之经也。臣敢违之？”尽管王生将“私仇不及公”归结为“义之经”，但这个故事也很好地诠释了不为私废公的公忠价值。[②]

（三）尽心竭力为忠

忠是由中和心组成，是人从内心坚持“中”的原则之外显。《周礼·大司徒》疏曰：“中心曰忠。”早在春秋时期晋国叔向就说过“忠自中”（《国语·晋语八》）。

---

① 外举不避仇体现的忠之原则主要是“不党”。党则有私，私则不忠，故不党为忠。类似的例子还有祁奚荐举。“祁奚请老，晋侯问嗣焉，称解狐，其雠也，将立之而卒。又问焉，对曰：‘午也可。’于是羊舌职死矣。晋侯曰：‘孰可以代之？’对曰：‘赤也可。’于是使祁午为中军尉，羊舌赤佐之。君子谓祁奚于是能举善矣。称其雠，不为谄；立其子，不为比；举其偏，不为党。《商书》曰：‘无偏无党，王道荡荡。’其祁奚之谓矣。”（《左传·襄公三年》）

② 在绪论中，笔者讨论了忠与义的关系以及忠义精神的起源，这个故事以及王生的观点亦可为忠与义的关系提供很好的佐证。

韦昭注曰:“自中出也。”忠就是发自内在心意的绝对真心流露。子服惠伯在为南蒯解卦时曾提到过几个忠的概念。其中“外强内温,忠也”这句话,表面上说的是卦象中的坎卦险而强和坤卦的顺而温,一个是外卦一个是内卦,实际上一语双关,也强调了忠的内在与外在相统一、相关联的特质。对此,韦昭一语道破,指出子服惠伯的说法可以引申为“强而能温,所以为忠”。紧接着,子服惠伯根据“黄裳元吉”的卦辞,解释南蒯所卜卦,指出:“中不忠,不得其色。”黄乃中之色。如果“中不忠”则非忠信也。占筮的原则是“忠信之事则可,不然必败”。子服惠伯认为“筮虽吉”,未必真的是吉卦。其间,子服惠伯还提出了“外内倡和为忠”的观念,强调表里如一乃忠之特质。关于忠乃外内相应,表里如一,诚心实意的说法,《左传》《国语》中还有旁证。如《国语·周语上》有“中能应外,忠也”。《国语·周语下》亦有“帅意能忠”“言忠必及意”。对此,韦昭注曰:“出自心意为忠。”也就是说出自心意的竭诚尽心才是忠。出自心意也就是中心忖度。古者,中不仅通忠,亦通衷。中心者,衷心也。

> 考中度衷以莅之……考中度衷,忠也。……然则长众使民之道,非精不和,非忠不立,非礼不顺,非信不行。今晋侯即位而背外内之赂,虐其处者,弃其信也;不敬王命,弃其礼也;施其所恶,弃其忠也,以恶实心,弃其精也。四者皆弃,则远不至而近不和矣,将何以守国?(《国语·周语上》)

韦昭注曰:“考中,省己之中心以度人之衷心,恕以临之也。”“忠,恕也。”正是因为忠所具备的发乎心意的诚心,给忠赋予了为人谋的优良品质。

为人谋之忠既包括在下者为主子谋划,也包括平等主体之间的忠谋义举。在下者为主子谋划比比皆是,广而言之,忠谏者都是在下者为主子谋,其中既有臣子为君主谋,如伍子胥之于吴王、宫之奇之于虞公等;也有家臣为主子谋,如董安于等为赵简子谋,以及在晋阳为赵氏收买人心的尹铎等都是属下忠于主上的例子。此外,《国语·晋语四》曾记载了晋公子重耳在出奔流亡期间“从者之谋忠”。据《左传·僖公二十三年》载,重耳流亡到齐国时,“齐桓公妻之,有马二十乘”。重耳贪图享乐,不思进取。跟随重耳一起流亡的狐偃、赵衰等设计灌醉重耳,驾车载着他离开温柔富贵乡的齐国,重耳酒醒后拿戈来追打狐偃。但就是因为狐、赵等一批忠心耿耿的谋士,重耳最终才得以复国。无独有偶,楚国白公胜的谋士石乞也是绝对忠于主子而尽心谋划的。虽白公胜不听其意见而招致失败,但石乞至死忠于白公,宁可被烹也不出卖白公葬处。像这样下对上的谋忠例子还有很多。

除了臣子为主子谋划之忠，平等主体之间的忠谋也不少。一些同朝为臣的臣子之间的互相帮衬也体现了一种袍泽间的忠谋，所谓“同官为寮，敢不尽心乎”（《左传·文公七年》）。围绕白公之乱，如果说石乞为白公谋是臣下为主谋忠，那么沈诸梁为子西谋则可归为同僚之间的谋忠。楚国令尹子西使人召王孙胜（即楚平王原太子建的儿子白公胜），沈诸梁（即叶公子高）闻之，劝子西不可召白公胜，指出其为人“展而不信，爱而不仁，诈而不智，毅而不勇，直而不衷，周而不淑。复言而不谋身，展也；爱而不谋长，不仁也；以谋盖人，诈也；强忍犯义，毅也；直而不顾，不衷也；周言弃德，不淑也。是六德者，皆有其华而不实者也，将焉用之”。叶公子高不仅较早地洞见到白公胜“直而不顾，不衷也”的不忠个性，而且出于对子西等同僚的关爱，出于对楚国政治和国家前途命运的担忧，极力竭诚劝阻。正如他所说的，“余爱子与司马，故不敢不言”（《国语·楚语下》）。

无独有偶，在《左传·昭公十六年》中，郑国执政子皮欲使尹何管理自己私邑。而子产却认为尹何太年轻了，缺乏经验。子产的劝告被子皮夸赞为忠。这个故事包含了忠德的多重意蕴。其一，子皮称赞子产“忠”主要是基于子产为人谋的尽心尽力和忠谏。其二，子产主张“学而后入政，非以政学”已经超出了为子皮家族事务提建议的苑囿，而体现了其上思利民的爱民恤民之忠。其三，子产的忠还体现在“考中度衷”上，其曰：“人心之不同如其面焉，吾岂敢谓子面如吾面乎？抑心所谓危，亦以告也。”也就是说，子产将是否发自内心，也即是否“衷”看作是一个人忠否的判断标准。在某种程度上，忠、衷意义相通。子产将发自内心的衷看作是忠的代名词，而把“发命之不衷”视作君子之耻。其四，子皮说自己之所以要用尹何来管理家族邑落根据是“吾爱之，不吾叛也”。也就是说，子皮认为自己对尹何很爱护，尹何也一定不会背叛自己。这里子皮看重的是“不叛”的“忠”之品质，而且自信下属的忠贞不贰是建立在自己爱护下属的双向度基础上的。

晋国郦姬之祸初萌时，士蔿看到太子申生身处困境，曾说：“太子不得立矣。改其制而不患其难，轻其任而不忧其危，君有异心，又焉得立？行之克也，将以害之；若其不克，其因以罪之。虽克与否，无以避罪。与其勤而不入，不如逃之，君得其欲，太子远死，且有令名，为吴太伯，不亦可乎？”太子闻之，曰：“子舆之为我谋，忠矣。然吾闻之：为人子者，患不从，不患无名；为人臣者，患不勤，不患无禄，今我不才而得勤与从，又何求焉？焉能及吴太伯乎？”（《国语·晋语一》）尽管申生没有采纳士蔿的建议，但还是肯定士蔿为自己出谋划策的忠举。为人谋忠还在于谋划深远。“远图者，忠也。”（《左传·襄公二十八年》）“谋及子孙，可谓死君乎？”（《左传·僖公三十三年》）但谋之不当则失去忠之本义，因不谋而谏遭到君主责罚也是咎由自取。《国语·晋语三》记载，晋惠公因听冀芮建议而杀里克，继而悔之。曰："芮也，使寡人过杀我社稷之镇。"郭偃闻之，曰："不谋而谏者，冀芮也。不图而杀者，君也。不谋而谏，不忠。不图而杀，不祥。不忠，受君之罚。不祥，罹天之祸。"可见，在郭偃看来，谏诤也要先谋，"不谋而谏"则为"不忠"。因此，冀芮因自己"不谋而谏"的"不忠"行为，必然要承担"受君之罚"的后果。

此外，为人谋忠不仅停留在谋划的忠诚层面，还延展到受人之托，忠人之事的层面。这方面最为典型的是晋国荀息。荀息的故事在绪论论及忠贞概念时曾简要述及。为了更全面深入地理解先秦时期忠贞、忠信等忠德内涵和言行一致、信守承诺的忠德实践，这里再系统加以分析。

根据《左传·僖公九年》的记载，晋献公娶骊姬后生公子奚齐，他让荀息做奚齐的傅。晋献公在临终前，预感到晋国暗流涌动，托孤于荀息。荀息表示"竭其股肱之力，加之以忠贞"来辅佐奚齐，如果不济，则自己以死明志。晋献公问："何谓忠贞？"荀息回答说："公家之利，知无不为，忠也。送往事居，耦俱无猜，贞也。"后来，晋国大臣里克要杀奚齐，事先探荀息的口风。荀息表示以死捍卫。里克提示他莫做无谓牺牲。荀息回答道："吾与先君言矣，不可以贰。能欲复言，而爱身乎？虽无益也，将焉辟之？且人之欲善，谁不如我？我欲无贰，而能谓人已乎？"里克杀奚齐后，荀息准备以死践诺，有人劝他说："不如立卓子而辅之。"卓子也是晋献公与骊姬所生，是奚齐的弟弟。后来，里克又把卓子也杀了，于是，荀息自杀。《左传》作者借"君子曰"引述《诗》的"白圭之玷，尚可磨也；斯言之玷，不可为也"来颂赞荀息信守承诺、忠贞不贰、以死尽忠的高贵品格。

晋国荀息的故事在鲁国正常身上也有翻版。鲁哀公三年秋，"季孙有疾，命正常曰：'无死。南孺子之子，男也，则以告而立之；女也，则肥也可。'季孙卒，康子即位。既葬，康子在朝。南氏生男。正常载以如朝，告曰：'夫子有遗言，命其圉臣曰：南氏生男，则以告于君与大夫而立之。今生矣，男也，敢告。'遂奔卫"（《左传·哀公三年》）。比较上述两个故事，荀息和正常都因答应了先君（季氏之于正常，亦为君）的托孤而忠人之事。但二人都因无力左右政局而辜负了先君的嘱托而深感愧疚。前者，荀息因此而自杀，后者正常则选择了自我放逐。这也不能不说是一种无力践行主子托付的无奈。

（四）尽职尽责为忠

忠就是要恪尽职守，春秋史官在这方面做得最直截、最鲜明。晋灵公与赵盾矛盾升级后，赵盾的弟弟赵穿"攻灵公于桃园，宣子未出山而复。大史书曰：'赵盾弑其君。'以示于朝。宣子曰：'不然。'对曰：'子为正卿。亡不越竟，反不讨贼。非子而谁？'宣子曰：'呜呼！我之怀矣，自诒伊戚。其我之谓矣！'孔子曰：'董狐，古之良史也。书法不隐。赵宣子，古之良大夫也，为法受恶，惜也，越竟乃免。'"（《左传·宣公二年》）也就是说尽管赵盾本人没有参与弑君，但作为大臣，只要没有出国境就应该讨伐弑君逆臣，否则就是弑君者的同谋，但如果其在国境外，即便是不讨伐弑君者，也不被看作是弑君同谋。因此。连史家都为赵盾惋惜，但晋国史官董狐却不得不将"赵盾弑君"这句话记录于史册。史官忠于职守的事例，在齐国也有发生。据《左传·襄公二十五年》载，齐国大臣崔杼弑君，该国大史如实记录"崔杼弑其君"，被崔杼杀死。随后，大史的弟弟前赴后继也被杀。其又一个弟弟继续秉笔直书，崔杼只得听任之。而齐国的南史氏听人说大史都因秉笔直书而被杀，亲自执简以往，准备继之。路上听说大史的弟弟已经将崔杼弑君记录在册，遂返。齐国史家这种前赴后继、秉笔直书的风范正是忠于职守的表现。

春秋时期，忠于职守甚至高过对君主个人旨意的遵从。据《春秋·襄公三十年》记载："天王杀其弟佞夫。"并阐发其微言大义道："称弟，以恶王残骨肉。"《左传·襄公三十年》进一步解释，"书曰：'天王杀其弟佞夫。'罪在王也"。可见史官没有因为周王是普天下的绝对权威而隐瞒事实，只是出于为尊者讳的需要，稍微做了曲笔处理，但这种曲笔明眼人一望便知其情伪。《春秋·襄公三十一年》亦载："十有一月，莒人弑其君密州。"这里的微言大义主要在于"不称弑者主名，君无道也"。《左传·襄公三十一年》解释说："书曰：'莒人弑其君买朱钼。'买朱钼，密州之字。言罪之在也。"杜预注曰："罪在钼也。《传》始例申明君臣书弑，今者父子，故复重明例。"

史官在忠于职守方面带了个好头，其他岗位的也不甘示弱。据《左传·昭公二十年》载，齐侯在田猎时，"招虞人以弓"。虞人没有应招，齐侯很生气，派人抓过来责问。虞人答复说："昔我先君之田也，旃以招大夫，弓以招士，皮冠以招虞人。"因为他"不见皮冠"，虞人恪守职务礼仪，"故不敢进"。孔子听说后，赞叹道："守道不如守官。君子韪之。"西周确立了礼乐制度后，政治生活各个方面都必须在礼乐制度的框架中运行，即使是诸侯国君也不能违反礼乐制度。尽管在诸侯国内，国君是至高无上的，但在礼乐制度面前也不能随便僭越。齐侯以弓来招虞人，对于地位低下的虞人而言实际上是一种超规格的礼遇。但虞人对此却毫不领情，他认为国君这样做是违背礼法的。对虞人恪守礼法的精神，孔子不禁大为赞许，称道"守道不如守官"。这个故事也同样出现在其他先秦诸子著作中，足见先秦时期对忠于职守的重视。

忠于职守不仅表现在可以因官守职责而抗上，甚至还可依据礼法对违背礼法的君王加以责罚。据《左传·文公十年》载，在诸侯会盟时，宋国国君“违命”，负责执法的楚国官员无畏“抶其(指宋国国君)仆以徇”。当时有人劝无畏曰：“国君不可戮也。”无畏坚定地回答说：“当官而行，何强之有?”他还引用《诗经》“刚亦不吐，柔亦不茹”“毋纵诡随，以谨罔极”来重申自己“非辟强也，敢爱死以乱官乎”的坚持职守、维护礼法的尽忠守职立场。不仅如此，甚至在战争激烈、国君危在旦夕时，臣子也可以忠于职守为由拒绝救驾。如鲁襄公二十五年，郑国子展、子产帅车七百乘伐陈，“宵突陈城，遂入之。陈侯扶其大子偃师奔墓，遇司马桓子。曰：‘载余。’曰：‘将巡城。’”(《左传·襄公二十五年》)此外，也有另一种忠于职守，那就是为了完成使命而与敌人虚与委蛇，先答应敌人的要求，待敌人松懈再择机完成任务的。鲁宣公十五年，楚国进攻宋国，宋人告急于晋。晋国感到鞭长莫及，不愿救宋，但还不愿失去与楚国争霸的气势，于是派解扬出使宋国，告诉宋人坚守，告之晋国军队很快就来救援了。解扬没进入宋国城邑就被俘获。“楚子厚赂之，使反其言。不许，三而许之。登诸楼车，使呼宋而告之，遂致其君命。楚子将杀之，使与之言曰：‘尔既许不谷，而反之，何故？非我无信，女则弃之，速即尔刑。’对曰：‘臣闻之，君能制命为义，臣能承命为信，信载义而行之为利。谋不失利，以卫社稷，民之主也。义无二信，信无二命。君之赂臣，不知命也。受命以出，有死无霣，又可赂乎！臣之许君，以成命也。死而成命，臣之禄也。寡君有信臣，下臣获考，死又何求！’楚子舍之以归。”(《左传·宣公十五年》)

春秋时期郑国执政子产堪称忠于职守的典范。在“苟利社稷，死生以之”(《左传·宣公十五年》)的忠德观指导下，子产面对现实，将为政治国的出发点落在“救世”上，顶着重重压力，力推了作封洫、作丘赋、铸刑书等重大改革。在改革初期，子产遇到很大阻力，遭到人们的不理解和抵制。舆人作歌威胁说：“取我衣冠而褚之，取我田畴而伍之。孰杀子产，吾其与之！”(《左传·襄公三十年》)子产不为所动，忠于社稷，坚持改革，很快收到了良好的效果。到了其执政第三年，改革效果显现，他也因此受到了国人的普遍称道，舆人又作歌诵之曰：“我有子弟，子产诲之。我有田畴，子产殖之。子产而死，谁其嗣之。”(《左传·襄公三十年》)从改革之初的不被理解和遭受威胁到改革成功后舆人的颂赞，我们不难看出，子产的改革思路是现实而对头的。如果说子产这些改革是从利国利民、有利于社稷出发的，那么，日常处理国内日常事务和对外邦交中，子产更是始终忠于职守。有一次，郑国裨灶预言将发生火灾，并极力劝说执政子产用瓘斝玉瓒等来禳灾息祸。对此，子产坚持“天道远，人道迩，非所及也”(《左传·昭公十八年》)，拒绝了裨灶提出的禳灾建议，而是做好一系列防火救火准备。在对外邦交中，子产也凭借高超的政治智慧斡旋于诸侯霸主间，最大限度地维护了郑国的尊严和权益，多次挫败霸主对郑国的侵凌，使得霸主国不得不承认："郑有人。子产在焉，不可攻也。"（《吕氏春秋·慎行论》）子产的政治外交能力不仅维护了郑国自身的权益，而且为与郑国一样辗转于霸主间的弱小诸侯国争取权益，所谓"夫子产有辞，诸侯赖之"（《左传·襄公三十一年》）。譬如，霸主晋国曾不断加重其同盟国的纳币数量，极大地增加了各同盟诸侯国的负担，各国不堪其累。对此，子产直接写信批评晋国执政范宣子说："子为晋国，四邻诸侯，不闻令德，而闻重币，侨也惑之。侨闻君子长国家者，非无贿之患，而无令名之难。"（《左传·襄公二十四年》）以此提醒范宣子的行为必失诸侯。后来，宣子听从了子产的建议，调整重币为轻币。在这里，子产以"令德"来劝诫晋国执政要以仁惠笼络诸侯，而春秋时期"令德"在某种意义上就是"忠"的代名词，可见，子产非常重视忠德，并一再把忠德与国家利益联系起来，还将忠德上升为处理国际事务的基本原则。

二、春秋时期的君臣关系及忠君思想

"忠"字虽然始见于春秋时期文献，但由于此前经过相当长的历史积淀，加之等级统治的加剧，忠德甫一出现就开始向臣德发展。同时，作为宗法分封制下的春秋社会，上有周天子作为天下共主，各诸侯国还有国君，诸侯国君下面还有卿、大夫、士等层级。因此，春秋时期的君臣关系是层级式的。这种层级君臣关系既包括周天子与周王的卿士以及诸侯国君，也包括诸侯国君与其卿、大夫、士等臣民，还包括各级贵族与其家臣。下面，对春秋时期的君臣关系及其忠君思想进行简要辨析。

（一）委质为臣，食禄卫主

自古就有委质策命（或委质策名）的说法，这是分封制下君臣关系确立的主要形式。也就是说，一旦委质策命，委质的双方就构成了事实上的一种臣属关系，作臣的一方就要效忠、服从于主的一方。具体而言，委质的质是代表彼此诚信的信用要件，策命是分封制中授土授民的一种文化遗存。"凡命诸侯及孤卿大夫则策命之。"（《周礼·春官·内史》）在周天子分茅裂土、授土授民分封子弟、功臣和古国后裔的同时，这种策命形式也成为诸侯国内部等级关系建立的主要模式。一般说来，策命的基本要件大体包括礼器、车服；人民、土地；官司；命书、典册及其他。[①]也有研究者将策命的基本要件归纳为三样东西：一是

① 参见葛志毅：《周代分封制度研究》，哈尔滨：黑龙江人民出版社2005年版，第100页。

土田，二是人民，三是适合于受封者身份（名位）的车服器物。[①]还有研究者认为，准确地说应该是“策名委质”，所谓策名其实就是在简策上登记臣属姓名。通过策名委质，确定彼此之间的君臣关系，同时，“也使臣子的忠德经由一种仪式而客观化，惟命是从，永无二心，成为彼此的共识”。[②]简而言之，委质策命也好，策名委质也罢，其核心都是建立忠贞不二的臣属关系，追求的都是“委质为臣，无有二心”（《国语·晋语九》）的臣属忠贞效果。当狐突面对晋献公要求其召回随重耳流亡的两个儿子狐毛、狐偃时，他回答道：“子之能仕，父教之忠，古之制也。”而策名委质强调的就是专一不贰，反之，“贰乃辟也”，“父教子贰，何以事君？”（《左传·僖公二十三年》）

委质策命之所以能成为一种臣对君的义务，关键在于君臣之间的利益交换。在驾驭群臣的“八柄”中，前两项就是“爵以驭其贵”和“禄以驭其富”（《周礼·大宰》）。一方面，君主赐臣子以爵位、采邑和食禄；另一方面，臣子则尽己所能效忠于君主。《国语·晋语一》指出：臣子乃“父生之，师教之，君食之”，换句话说，“非父不生，非食不长，非教不知生之族也”。因此，臣子对君王不仅要“壹事之”，而且“唯其所在，则致死焉”。这种“报生以死，报赐以力”的忠德乃“人之道”。嗣后，“食人禄，死人事”就成为千古不易的忠报精神。如果做不到誓死效忠，那就要返还国君的食禄。如鲁襄公在楚时，鲁国权臣季武子擅自攻取卞邑。派季冶以玺书告鲁君曰：“卞人将畔，臣讨之，既得之矣。”和鲁襄公在一起的大臣荣成子一言道破季武子的跋扈，“子股肱鲁国，社稷之事，子实制之。唯子所利，何必卞？卞有罪而子征之，子之隶也，又何谒焉？”季冶归，“致禄而不出。曰：‘使予欺君，谓予能也，能而欺其君，敢享其禄而立其朝乎？’”（《国语·鲁语下》）季冶的言行为我们揭示了春秋时期臣子食人之禄，不可欺其君，若欺君则返还君禄的惯例。也就是说，作为食君禄的臣子有为主子尽忠的义务。如“大臣享其禄，弗谏而阿之，亦必及焉”（《国语·周语上》）。而不贪食邑、不贪禄，也是被君主视为忠臣的一个重要标准，如“与子尾邑，受而稍致之，公以为忠”（《左传·襄公二十八年》）。对于携带君主赏赐的食邑叛逃者，《左传》是抨击和否定的，认为禄乃君赐，臣只有使用权，而非臣所专有。如果做臣子的与君道不同，谋不合，奉身而退可也，不可奉禄以周旋。“书曰：宁喜弑其君剽。言罪之在宁氏也。孙林父以戚如晋。书曰：入于戚以叛。罪孙氏也。臣之禄，君实有之。义则进，否则

① 参见徐复观：《两汉思想史》（第一卷），上海：华东师范大学出版社2001年版，第17页。

② 戴琏璋：《策名委质与诚身明善——概述“忠”德义蕴的演变》，刘笑敢主编：《中国哲学与文化》（第八辑），桂林：广西师范大学出版社2010年版，第239页。

奉身而退。专禄以周旋，戮也。”（《左传·襄公二十六年》）春秋的君臣观念将君与臣之间的权利义务做了明确界定，通过委质策命和禄赏刑罚将君臣关系用忠的形式固定下来。

由于周代分封制是一种等级分封制，决定了臣子效忠具有层级性特点，而不能僭越层级、躐等以求。晋国栾氏之臣辛俞违抗诸侯国君的命令而追随主子栾氏，其依据就是“三世事家，君之；再世以下，主之”和“事君以死，事主以勤”（《国语·晋语八》）的古训，体现等级制下的层级之忠。也就是说，卿大夫等贵族的家臣是要忠于其主子的，而不能隔着锅台上炕去直接效忠于主子的主子（即诸侯国君）。对于家臣南蒯欲去三桓而维护诸侯国君公室的越俎代庖行为，《左传》借子韩皙之口指出：“家臣而欲张公室，罪莫大焉。”（《左传·昭公十四年》）在鲁昭公二十五年时，昭公欲去三桓，先带兵攻打季氏，叔孙氏和孟孙氏就面临选择，是站在国君一边，还是站在季氏一边。这时，叔孙氏的属下司马鬷戾以自己主子利益为大，而主张三桓联手，最终驱逐了鲁昭公。这个事件很典型地说明了春秋时期国君、大臣、大臣之家臣的不同忠属关系。也就是说，在春秋时期人们是认同于家臣应效忠主子而不可越俎代庖直接效忠诸侯国君的家臣忠德的。

在史籍中，家臣忠于主子的例子比比皆是。仅晋国六卿之家臣效忠主子的例子就有很多。如魏献子的家臣阎没、叔宽，赵简子的家臣董安于、尹铎等都是竭己之能、忠心卫主的忠臣。

在君臣冲突面前，春秋社会也是普遍认可“各为其主”的，主张家臣应效忠自己的主子，即使是父子、兄弟也不应为了亲情而背叛主子。早在曲沃武公进攻晋侯夺取晋国政权时，栾氏家族就上演了父子各为其主的一幕。“武公伐翼，杀哀侯，止栾共子曰：‘苟无死，吾以子见天子，令子为上卿，制晋国之政。’辞曰：‘成闻之：民生于三，事之如一。父生之，师教之，君食之。非父不生，非食不长，非教不知生之族也，故壹事之。唯其所在，则致死焉。报生以死，报赐以力，人之道也。臣敢以私利废人之道，君何以训矣？且君知成之从也，未知其待于曲沃也，从君而贰，君焉用之？’遂斗而死。”（《国语·晋语一》）栾共子的父亲栾宾是曲沃武公老臣，而栾共子则效忠晋哀侯，并为其战死，可谓父子各为其主。对这一历史事件，《左传》注者杜预曰：“父子各殉所奉之主。”（见《左传·桓公三年》杜注）

更有甚者，为了效忠主子可以连君王的命令都不执行。如昏庸的楚平王“使城父司马奋扬杀大子，未至而使遣之。三月，大子建奔宋。王召奋扬，奋扬使城父人执己以至。王曰：‘言出于余口，入于尔耳，谁告建也？’对曰：‘臣告之。君王命臣曰：事建如事余。臣不佞，不能苟贰，奉初以还，不忍后命，故遣之，既而悔之,亦无及已。'王曰:'而敢来,何也?对曰:'使而失命,召而不来,是再奸也。逃无所入。'"(《左传·昭公二十年》)当然,各为其主是随着时间、环境、地点变化而变化的。因此,当晋公子重耳复国做了晋文公后,责怪当年奉晋侯命对自己穷追不舍的寺人披道:"蒲城之役,君命一宿,女即至。其后余从狄君以田渭滨,女为惠公来求杀余。命女三宿,女中宿至。虽有君命,何其速也!夫袪犹在,女其行乎!"寺人披大义凛然地回答说:"君命无二,古之制也。除君之恶,唯力是视。蒲人狄人,余何有焉。今君即位,其无蒲狄乎?齐桓公置射钩而使管仲相。君若易之,何辱命焉!"(《左传·僖公二十四年》)表达了自己对执行主子命令忠心耿耿的决心和不同时期都尊奉主子的卫主赤诚之心。重耳也因此认可并接受了这种忠的解释。

(二)为臣忠谏的臣子义务

臣子享君禄,谏诤就是做臣子的分内之事。自古以来就有臣子谏诤的优良传统。据《吕氏春秋·不苟论》载,"尧有欲谏之鼓,舜有诽谤之木,汤有司过之士,武王有戒慎之鼗"。关于谏诤的传统,在春秋典籍中很多很多。

> 在舆有旅贲之规,位宁有官师之典,倚几有诵训之谏,居寝有亵御之箴……恐其荒失遗忘,故使朝夕规诲箴谏,曰:"必交修余,无余弃也。"(《国语·楚语上》)
>
> 工诵箴谏,大夫规诲,士传言,庶人谤。(《左传·襄公十四年》)

忠谏不仅仅是为社稷、为君主负责的行为,更具有忠德的内在价值,所谓"君所谓可,而有否焉,臣献其否,以成其可。君所谓否,而有可焉,臣献其可,以去其否。是以政平而不干,民无争心"(《左传·昭公二十年》)。"故兴王赏谏臣,逸王罚之。"(《国语·晋语六》)因此,聪明的君主都是鼓励臣子积极进谏的。某种程度上,忠谏已经成为臣子的首要义务和基本准则。"下有直言,臣之行也。臣行君明,国之利也。"(《国语·晋语三》)反之,"有纵君而无谏臣,有冒上而无忠下。君臣上下各厌其私,以纵其回,民各有心而无所据依。以是处国,不亦难乎!"(《国语·晋语一》)春秋时涌现出赵盾、臧孙伯、鬻拳、伍子胥等谏诤忠臣,也不乏"懦而不强谏"(《左传·僖公二年》)的宫之奇之属。不过,不强谏也分不同情况,懦而不强谏是一种情况,还有一种就是谏而不从则去。这后一种方式为孔子所推重,后面还会论及。

忠臣谏诤除了直谏、强谏,还有兵谏、尸谏等极端形式。兵谏的代表是楚国的鬻拳。据《左传·庄公十九年》载,楚文王"大败于津,还,鬻拳弗纳,遂伐黄，败黄师于踖陵，还及湫，有疾。夏六月庚申，卒。鬻拳葬诸夕室，亦自杀也，而葬于绖皇。初，鬻拳强谏楚子，楚子弗从，临之以兵，惧而从之。鬻拳曰：'吾惧君以兵，罪莫大焉。'遂自刖也。楚人以为大阍，谓之大伯，使其后掌之。君子曰：'鬻拳可谓爱君矣，谏以自纳于刑，刑犹不忘纳君于善。'"这里肯定了鬻拳能忠谏，且不忘以自残为奴（春秋时阍人多为刑奴）的方式维护臣子对君主应有的敬畏和尊重。尸谏的代表则是卫国的史鰌（即史鱼）。据《新序·杂事一》载，"卫灵公之时，蘧伯玉贤而不用，弥子瑕不肖而任事。卫大夫史鰌患之，数以谏灵公而不听。史鰌病且死，谓其子曰：'我即死，治丧于北堂。吾不能进蘧伯玉而退弥子瑕，是不能正君也，生不能正君者，死不当成礼，置尸于北堂，于我足矣。'史鰌死，灵公往吊。见丧在北堂，问其故。其子以父言对灵公。灵公蹴然易容，瘝然失位，曰：'夫子生则欲进贤而退不肖，死且不懈，又以尸谏，可谓忠而不衰矣。'于是乃召蘧伯玉，而进之以为卿，退弥子瑕。徙丧正堂，成礼而后返，卫国以治"。《孔子家语》对此事的记载与《新序》内容大同小异，只是增加了孔子的评价。"孔子闻之曰：'古之列谏之者，死则已矣，未有若史鱼死而尸谏，忠感其君者也，不可谓直乎？'"（《孔子家语·困誓》）一个借卫灵公之口，感叹史鰌"忠而不衰"；一个借孔子之口，赞扬史鱼"忠感其君"。史鱼为人忠直，为世人所称道，孔子曾说过："直哉史鱼！邦有道如矢，邦无道如矢。君子哉蘧伯玉！邦有道则仕，邦无道则可卷而怀之。"（《论语·卫灵公》）这样一个忠直如矢的人，其做出尸谏的举动就不足为奇了。

兵谏、尸谏毕竟是较为极端的行为，后代史家对此意见也不一致。如对鬻拳兵谏，宋儒就颇有微词，指斥其"谏不以道"。"人臣之忧，在于谏之未善，不在于君之未从。谏之道难以哉！……臣之纳（疑为"进"之误）谏也，苟尤君而不尤己，不能导君使自从。其流弊终至于鬻拳胁君而止耳。"[①]在这里，吕东莱实际上是强调臣子忠谏要有度，主张"兵谏不可以训"。这体现了不同时代的人对忠谏特别是兵谏的不同理解。

在等级森严的宗法社会里，臣子进谏不仅是一种为臣义务，同时也担着一定的政治风险。君王威胁臣下"谏者有刑"（《左传·桓公十三年》）绝不是偶然的抓狂之语，而是为上者的普遍心态。听得顺耳则纳谏，听不顺耳就拒谏，甚至威刑加于忠谏者之身。在春秋时期，伍子胥的忠谏其下场是最悲惨的。伍氏家族的忠谏应该是有传统的。其祖父伍举曾讽谏楚灵王营章华之台。其曰：

---

① （宋）吕祖谦：《东莱博议》，北京：中国书店1986年版，第105—106页。

今君为此台也，国民罢焉，财用尽焉，年谷败焉，百官烦焉，举国留之，数年乃成。……臣不知其美也。夫美也者，上下、内外、小大、远近皆无害焉，故曰美。若于目观则美，缩于财用则匮，是聚民利以自封而瘠民也，胡美之为？……若敛民利以成其私欲，使民蒿焉忘其安乐，而有远心，其为恶也甚矣，安用目观？……若君谓此台美而为之正，楚其殆矣！（《国语·楚语上》）

伍举的儿子伍奢继承了忠谏传统，谏楚平王勿信费无极谗言而被杀。伍奢次子伍员逃到吴国，帮助吴王阖闾打败楚国，报了家仇。作为吴国忠臣，伍员多次对吴王直言进谏。吴王夫差非但不听伍子胥的忠谏，还逼迫伍子胥自杀，将其尸盛以鸱鵊投入江中。忠谏尽管有风险，但为臣不谏则不为忠臣。“君昏不能匡，危不能救，死不能死，而知匿其昵，其谁纳之！”（《左传·襄公二十五年》）

（三）臣子的去留选择

春秋时期臣子如果与君主道不同，大体有两种选择：一是理性的、双向度的自主选择，即合则留，不合则去；二是非理性的绝对效忠，即无论何种情况，臣子都不得背叛或者逃避，而应该“忠贞不贰”“有死无贰”。

所谓合则留、不合则去的臣子选择，其前提必是基于道义，所谓“违而逆，从而逆。君子之行，欲行其道也。故进退周旋，唯道是从”（《国语·楚语上》）以及“事君者从其义，不阿其惑”（《国语·晋语一》）。“唯道是从”和“从其义”都是将道义置于片面迎合君主意愿至上。范蠡在功成身退时，面对越王勾践软硬兼施的挽留，道出了“君行制，臣行意”（《国语·越语下》）的主张，最终按照自己的意愿泛舟五湖，避免了兔死狗烹的悲惨结局。正是这种君臣之间的“隙地”，使得臣子可以在一定限度地拒绝君主的无理要求。如陈敬仲就公然拂君主的意，扫君主的兴。庄公二十二年，陈敬仲“饮桓公酒，乐。公曰：‘以火继之。’辞曰：‘臣卜其昼，未卜其夜，不敢。’”（《左传·庄公二十二年》）在保持臣子相对独立性的观念主导下，有的人并不主张直谏、强谏，如果君主不听谏，则可选择离去，时谚所谓“臣一主二”（《左传·昭公十三年》）。对此，杜预注曰：“道不合，得去事他国。”可见，与君道不同、谋不合，臣子可投他国，乃时俗惯例。如鲁成公十七年，晋国发生内乱，长鱼矫因晋厉公不听从自己的建议而出奔狄。在时人眼里，“何所无君？”（《左传·哀公十四年》）君臣不合，臣子不愁没有去处。

另一方面，春秋时期已经出现“大者天地，其次君臣”（《国语·晋语五》）的认知，也催生了“有死无贰”的绝对效忠精神，某种程度开启了后世愚忠的先河。晋国太子申生即是愚忠愚孝的例子。当士蔿劝申生逃走避祸时，申生回答说："为人子者，患不从，不患无名；为人臣者，患不勤，不患无禄。"(《国语·晋语一》)太子申生的愚忠愚孝观念是受到周围谋士影响的。当申生面临生死抉择时，羊舌大夫告诫他："违命不孝，弃事不忠，虽知其寒，恶不可取。子其死之！"(《左传·闵公二年》)其师傅杜原款在被晋献公赐死前，还特意让人谆谆教导申生："守情说父，孝也。杀身以成志，仁也。死不忘君，敬也。孺子勉之！死必遗爱，死民之思，不亦可乎？"(《国语·晋语二》)正是这些人的忠孝说教将申生逼上了绝路，使他迂腐地拒绝出奔建议，认为"逃死而怨君，不仁。有罪不死，无勇。去而厚怨，恶不可重，死不可避，吾将伏以俟命"(《国语·晋语二》)。

愚忠的传统在晋国是有传统的。晋国大臣荀息也是竭力事君乃至于愚忠。"吾闻事君者，竭力以致事，不闻违命。君立臣从，何贰之有？"(《国语·晋语一》)最终在未完成晋献公托孤之命时自杀。不止是晋国，春秋时期各国都不乏愚忠者，如卫宣公的儿子急子的命运及个人选择也和晋太子申生差不多。

> 卫宣公烝于夷姜，生急子，属诸右公子。为之娶于齐而美，公取之，生寿，及朔，属寿于左公子。夷姜缢，宣姜与公子朔构急子，公使诸齐，使盗待诸莘，将杀之。寿子告之，使行，不可。曰："弃父之命，恶用子矣！有无父之国则可也。"(《左传·桓公十六年》)

像申生、急子这样以死尽忠的愚忠思想绝非个例。春秋时相当一部分人已经认同于"死君命可也"(《左传·文公十八年》)、"君赐臣死，死且不朽"(《左传·成公十六年》)、"有死不贰……下不可以贰上"(《国语·晋语一》)等观念。

应该说这种不违君命、忠君不贰、以死效忠的观念已成为春秋时期的一种普遍观念。在时人看来，不贰乃是天道。郑国原繁就曾说过，"社稷有主而外其心，其何贰如之？苟主社稷，国内之民，其谁不为臣？臣无贰心，天之制也"(《左传·庄公十四年》)。不仅如此，不贰亦是自古以来的通理。"君命无二，古之制也。"(《左传·僖公二十四年》)因此，不贰就成了臣子事君的明训。"事君不贰是谓臣，好恶不易是谓君。君君臣臣，是谓明训。"(《国语·晋语四》)晏子论礼时就将"君令臣恭"作为礼的重要内容，并进而解释说："君令而不违，臣共而不贰。"(《左传·昭公二十六年》)将"臣共而不贰"锁定为臣子之德。

事君无贰会受到表彰和颂扬，反之，如果臣子有贰心、不忠诚是要受到惩罚的，所谓“傅暇贰，国有常刑”（《左传·庄公十四年》），“有君不事，周有常刑”（《左传·昭公三十年》）。而“恤病讨贰”（《左传·宣公十二年》）更是成为诸侯国之间的一种盟誓约定，并成为诸侯征伐他国的借口，如楚庄王灭陈就是借口陈国发生夏征舒弑君这样的违反事君不贰的恶性事件。

事君不贰体现了忠顺的义理，所谓“从君之命，顺也”（《左传·哀公六年》）；反之，违背君命则是大逆不道的行为，为人神所共愤，所谓“有臣不顺，神之所恶也”（《左传·哀公十四年》）。史黯谏赵简子时也说：“君行臣不从，不顺。”（《国语·晋语九》）在春秋时期已经出现了“君忧臣劳，君辱臣死”（《国语·越语下》）的观念，并大量出现了为人臣者效忠尽节的例子，如弘演纳肝等。

如果说，在君主危难之际用生命捍卫君主是一种忠诚，那么，君主死后为君主殉葬则超出忠的理性范畴，而是向愚昧和不文明回归。楚灵王众叛亲离、走投无路时，申亥收留了他。申亥效忠楚灵王的理由是“吾父再奸王命，王弗诛，惠孰大焉！君不可忍，惠不可弃，吾其从王”（《左传·昭公十三年》）。后来楚灵王自缢而死，申亥以其二女殉而葬之。但总地来说，君死臣殉当时似乎并不被人们所认可。特别是秦穆公以“三良”为殉还遭到舆论的否定，史家以此将秦穆公排斥在五霸之外。①

(四) 君权式微与弑君、逐君、废立

不管是为民立君还是为社稷立君，从理论上讲，君在地位上都是高高在上、具有王者威仪的。北宫文子在回答卫侯“何谓威仪”的问话时说：

> 有威而可畏，谓之威。有仪而可象，谓之仪。君有君之威仪，其臣畏而爱之，则而象之，故能有其国家，令闻长世。……《卫诗》曰：“威仪棣棣，不可选也。”言君臣上下，父子兄弟，内外大小，皆有威仪也。……故君子在位可畏，施舍可爱，进退可度，周旋可则，容止可观，作事可法，德行可象，声气可乐，动作有文，言语有章，以临其下，谓之有威仪也。（《左传·襄公三十一年》）

这是春秋时期对威仪的全面概况和理论总结。春秋时人认为国君的威仪来自于国君至高无上的权力。

---

① 参见桑东辉：《“春秋五霸”与战略格局的嬗变》，《军事历史研究》2006年第3期。

威权在君。(《国语·晋语八》)
夫君人者,其威大矣。(《国语·鲁语上》)
君之于臣,其威大矣。(《国语·鲁语下》)

天子、国君的威仪是神圣不可侵犯的,即使是诸侯霸主也不敢对抗周天子的威仪。葵丘会盟时,周天子派宰孔赐霸主齐侯胙,齐侯将下拜。宰孔曰:"天子使孔曰:'以伯舅耋老,加劳赐一级,无下拜。'"齐桓公坚持下拜,所谓"天威不违颜咫尺。小白余敢贪天子之命,无下拜,恐陨越于下,以遗天子羞,敢不下拜!"(《左传·僖公九年》)

相对于君主的威仪,做臣子的则要做到忠敬。"夫敬,文之恭也;忠,文之实也。象天能敬,帅意能忠。"(《国语·周语下》)忠与敬是臣事君的重要内容。"失忠与敬,何以事君?"(《左传·僖公五年》)至于何谓敬,时人也认为与忠君密切相关,所谓"死不忘君,敬也"(《国语·晋语二》)。忠敬是下级对上级的义务,即使贵为一方诸侯,也不能对周天子失敬。僖公十一年,"天王使召武公、内史过赐晋侯命,受玉惰。过归,告王曰:'晋侯其无后乎?王赐之命而惰于受瑞,先自弃也已,其何继之有?礼,国之干也。敬,礼之舆也。不敬则礼不行,礼不行则上下昏,何以长世?'"(《左传·僖公十一年》)忠敬乃臣德,这是不言而喻的。"为臣必臣,为君必君。宽肃宣惠,君也;敬恪恭俭,臣也。"(《国语·周语中》)

正因为君有至高无上的权威则臣不可不敬。但在春秋之世,这种君臣之间的威与敬遭到极大的破坏。从周郑交质到周郑交恶,从繻葛之战祝聃射王中肩到楚庄王问鼎之轻重,周天子的威权日渐削弱,诸侯对周王的敬畏之心大打折扣。同样,从先轸的"不顾而唾"到鲁国几代国君被"三桓"架空,诸侯的威权也已不复如往昔。这正是王政下移、礼坏乐崩的结果。但这一过程也不是一蹴而就的,经历了一个由"礼乐征伐自天子出",到"自诸侯出",再到"自大夫出",乃至"陪臣执国命"的过程。在春秋初年,祝聃射王中肩后,郑庄公晚上还是要派人去看望并慰问周天子,因为"君子不欲多上人,况敢陵天子乎!"(《左传·桓公五年》)晋国元帅先轸虽为了国家利益而不顾君臣尊卑,怒气冲冲地说:"武夫力而拘诸原,妇人暂而免诸国,隳军实而长寇雠,亡无日矣!"且"不顾而唾"。但事后还是深悔自己一时的失礼,"匹夫逞志于君,而无讨,敢不自讨乎!"(《左传·僖公三十三年》)免胄入狄师,死焉。以战死疆场来赎自己违背君臣尊卑礼仪之罪过。鲁三桓、晋六卿、郑七穆、齐崔杼等权臣即便是掌控了其所在国的实权,把国君当成傀儡,也不敢冒天下之大不韪轻易废君自立。即使弑君、废君、逐君,也还是要立新君的,而不敢贸然窃据大位。这些都说明君主的威权虽然今不如昔，臣子的忠敬也是有名无实，但还没有到荡然无存的地步。因此，詹父以王师伐虢、元咺诉卫侯虽然理直，却都得不到认可，时人仍坚持"君臣无狱"(《国语·周语中》)、"君父之命不校"(《左传·僖公五年》)的尊卑惯例。

随着春秋时期礼坏乐崩、僭礼越制的加剧，使得"荜门闺窦之人而皆陵其上，其难为上矣"(《左传·襄公十年》)。"难为上"的结果必然是上陵下替、贵贱无序，严重时甚至发生弑君、逐君、废立等极端行为。所谓"春秋之中，弑君三十六，亡国五十二，诸侯奔走，不得保其社稷者，不可胜数"(《史记·太史公自序》)。说的就是这种情况。"君退臣犯"(《左传·僖公二十八年》)的事例屡见不鲜，究其根源是等级尊卑的社会秩序出现了问题。

按照周初确立的等级分封制，从周天子到庶人是等级森严的，所谓"天有十日，人有十等"。周礼就是维系这套等级秩序的规范。"礼也者，小事大、大字小之谓。"(《左传·昭公三十年》)春秋时期，还将等级尊卑明确为事君之礼，所谓"国之大节有五……畏君之威，听其政，尊其贵，事其长，养其亲，五者所以为国也"(《左传·昭公元年》)。正因为尊卑是顺逆的根本，所以石碏总结六顺、六逆曰："贱妨贵，少陵长，远间亲，新间旧，小加大，淫破义，所谓六逆也。君义，臣行，父慈，子孝，兄爱，弟敬，所谓六顺也。"(《左传·隐公三年》)"不顺必犯。夫下事上，少事长，所以为顺也。"(《国语·周语上》)而且春秋时人把"贵贱不愆"(《左传·昭公二十九年》)作为政治稳定的基础，而把"并后、匹嫡、两政、耦国"作为"乱之本"(《左传·桓公十八年》)，将"训上下之则，制财用之节"和"正班爵之义，帅长幼之序"(《左传·庄公二十三年》)作为道德教化的根本。在这种尊卑等级制度下，任何的僭礼越制都是对君权的威胁和挑战。当年北宫文子就是因为见到楚国令尹围的威仪，才发出"令尹似君矣，将有他志"(《左传·襄公三十一年》)的警示。在君权至上的宗法社会中，任何有违尊卑、威胁君主至上威权的都要受到打压和惩处，以至于"衣服礼秩如嫡"的僖公母弟夷仲年难以为国君所容(《左传·庄公八年》)，这也是郑国共叔段"多行不义必自毙"的再版。

综观春秋之世的政治生态，一方面是强势国君对并后、匹嫡的打压，另一方面是强势的公族或卿大夫士对君权的侵凌，甚至弑君、逐君、废立。晋国有曲沃的坐大最后取晋侯而代之，齐国有齐崔杼弑君而盟诸大夫的悖逆。其实，冰冻三尺，非一日之寒，"臣弑其君，子弑其父，非一朝一夕之故，其所由来者渐矣"(《易·坤·文言》)。很多有违尊卑的事都是先有端倪，后来愈演愈烈，而其根源就在于君主威仪丧失。春秋中后期，"君对臣已无威仪，臣对君也不再畏而爱之”。[①]这种情况下僭礼越制的尊卑易位现象就不足为奇。

对于弑君，时人是大加贬斥的。如哀公四年蔡昭侯被杀，“《经》曰：蔡公子辰出奔吴”（《左传·哀公四年》）。杜预注曰：“弑君贼之党，故书名。”一语道破《春秋》在贬斥弑君方面的微言大义。《左传·桓公二年》有言：“书曰：‘宁喜弑其君剽。’言罪之在宁氏也。”可见，时人还是将上下尊卑看作是社会的道德秩序，弑君者是会被钉在耻辱柱上的。如齐崔杼、晋赵盾都是炙手可热的权臣，史官犹书其“弑君”，而崔、赵却无可奈之何。由此可见，弑君乃悖逆之事，“弑王不祥”（《左传·襄公十六年》），人所共弃，无可遮掩。即便是用小斗进大斗出收买人心多年的齐国陈氏在弑君后也得不到国人的一致支持，史载“陈恒弑其君，民之不与者半”（《左传·襄公十四年》）。

春秋之世，臣子驱逐诸侯国君的事情也时有发生，但人们对逐君的行为并不看好。鲁昭公被三桓联手驱逐后，叔孙昭子指责季平子说：“人谁不死？子以逐君成名，子孙不忘，不亦伤乎！”（《左传·昭公二十五年》）在传统观念中，逐君是要受到惩罚的，甚至死后会变成厉鬼。卫国人对孙氏逐君的诅咒就是明证，所谓“亲逐而君，尔父为厉”（《左传·襄公十七年》）。可见，弑君、逐君不仅在伦理道德上缺乏依据，而且在社会舆论上也不得人心。

在春秋之世，忠君是次于忠社稷的。鉴于春秋时期政变频仍、战乱频繁，这种社会变动所带来的“社稷无常奉，君臣无常位”（《左传·昭公三十二年》）的残酷社会现实，使得臣子在忠君还是忠社稷的问题上，产生了严重分歧。有的人坚持追随效忠于君主个人。如鼓国之臣夙沙釐带着家眷追随被俘国君，服务于国君。而另一种情况则是忠于社稷高于忠君。崔杼弑君，晏子道出了“君为社稷死，则死之。为社稷亡，则亡之”（《左传·襄公二十五年》）的臣子之忠的底线和原则。正因为晏子始终忠于社稷，所以才被崔杼视为“民之望也”“忠臣也”（《史记·齐太公世家》）而不敢加害。

在对弑君、出君的责任分析上，当时人也并非一味地将责任简单地归于臣子一方，而是加以理性分析。如晋侯问师旷“卫人出其君，不亦甚乎”，但师旷并没有逢迎晋侯的观点，而是从君臣产生的历史、功能出发，对君臣关系做了非常透彻、理性的分析，指出“或者其君实甚”，主张对于“匮神乏祀，百姓绝望，社稷无主”的昏虐君主，“将安用之，弗去何为？”（《左传襄公十四年》）

春秋时期君臣关系最理想的状态是“君明臣忠”。惟其如此，才能做到

---

① 陈来：《古代思想文化的世界——春秋时期的宗教、伦理与社会思想》，北京：生活·读书·新知三联书店2002年版，第202页。

国泰民安，霸业有成。晋国之所以能长期垄断霸主地位，一个重要原因就是“君明臣忠”。在春秋242年间，[1]晋国涌现出晋献公、晋文公、晋襄公、晋悼公等有为君主，贡献出五霸之一的晋文公，出现过晋悼公复霸的强盛局面。像晋灵公这样的昏君（关于晋灵公是否昏庸，也有人提出异议，认为是赵盾专权导致晋灵公与赵盾之间矛盾，引发弑君惨剧）在晋国史上并不多见。晋国臣子中不乏栾共子、赵衰、狐偃、狐毛、先轸、魏绛、赵盾、士匄、叔向等忠臣，由此成就忠臣云集、灿若星辰的局面。有研究者注意到诸侯国的忠德状况与霸业成败之间的正比关系。[2]

第四节　战国时期：忠君观念的强化

如果说春秋时期开始打破西周建立起来的礼乐秩序，开启了社会转型的序幕，战国时期则加剧了社会的转型。随着王权式微，到了战国时期，周王朝实际上已经丧失掉天下共主的领导力和号召力，代之而起的是诸侯国群雄逐鹿，问鼎中原。为了在争霸中占得优势，力压群雄，各国纷纷变法。特别是秦国推行军功受爵，加速了宗法社会世卿世禄制的瓦解。加之，战国时期对停止战乱、一统天下的吁求和呼声越来越强烈。这些都为强有力君主的产生创造了条件，并客观地推动了君权的强化和忠君的一元化。

一、社会转型中社会结构的变化及对忠君观念的影响

以血缘关系为基础的宗法分封制度，在东周时期，随着礼崩乐坏、王政下移而日益瓦解，血缘纽带的约束力已经不适应社会发展需要。随着周代血缘宗法制度的解体，统治秩序开始分化、动摇，维系宗法秩序的世卿世禄制也随之开始崩解。早在春秋末期，很多贵族集团已经“降在皂隶”（《左传·昭公三年》），这反映出社会阶层和结构变化之快。及至战国，社会转型的加剧更加速了世卿世禄制的土崩瓦解，推动了统治阶级内部的分化和流动，促进了士阶层的重构和壮大。

战国时期的社会转型集中反映在社会结构和统治集团的内部身份变化

---

① 这是按照孔子编订《春秋》的说法，即从鲁隐公元年（前722年）到鲁哀公十四年（前481年）。一般认为春秋时期从平王东迁（前770年）就已经开始了，其结束时间说法不一，但也都晚于《春秋》结束的鲁哀公十四年。

② 在王子今的《“忠”观念研究——一种政治道德的文化源流与历史演变》和王成的《中国古代忠文化研究》中，都对春秋时期地域与忠的关系有所论及。

上。从社会治理结构方面，宗法分封制加速向郡县制转变。郡县的长官主要从具有一定功绩（特别是军功）的人员中产生，属于军功授爵制度的一部分。这也就从根本上瓦解了西周的世卿世禄制，带来了贵族统治集团权力和利益的重新分配。简言之，一方面，处于贵族阶级底端的士人得以靠军功战绩晋位；而另一方面，没有了血缘宗法制的荫庇，那些没有军功的卿、大夫等旧贵族，则失去世袭爵位，沦落为士阶层甚至更低的地位。

在战国时期，各国此起彼伏的变法运动也客观上对世卿世禄制的土崩瓦解起到了推波助澜作用。如商鞅变法的核心就是推行了军功授爵，彻底打破了传统的“世卿世禄”制，从根本上动摇了宗法血缘关系的政治结构，为士人进入政治核心打开了大门。[①]战国十分盛行养士风气，公子贵胄通过豢养的士人与这些食客形成了一种含有功利互市意蕴的契约式的人身依附关系。“战国时期，契约关系似乎已经取代家族关系。……君臣关系看来是自愿的，但与家族成员由于血缘结合形成的义务关系相比，远没有这么明确和恒定。因此，契约关系使得社会流动加大。”[②]与此同步，在影响社会政治生活的首要道德规范方面，依靠血缘纽带、体现父子相亲的血缘关系和亲亲原则的孝道，逐渐被依靠策名委质、体现食禄豢养的契约关系和尊尊原则的忠君道德所取代。与此同时，春秋时期所确立的全含性、泛主体的忠德在战国时期发生转向，忠由广义而狭隘化成忠君道德。

传统忠德的这种狭隘化的转向在传世文献中多有佐证。在《战国策》、战国诸子的著作以及战国竹简中，频频出现忠，而且这些“忠”字大多是从忠君意义上来讲的。如范雎劝秦王“废太后，逐穰侯”的依据是“穰侯为国谋不忠”（《战国策·秦策三》）。张仪也指出：“弗知而言为不智，知而不言为不忠。为人臣不忠当死，言不审亦当死。”（《战国策·秦策一》）其他如“敦敬忠信”乃“臣下之常”（《管子·形势解》）、忠乃“逆命而利君”（《荀子·臣道》）以及强调“为人君必惠”“为人臣必忠”的双向性（《墨子·兼爱下》）、揭示“人主莫不欲其臣之忠”与“而忠未必信”（《庄子·外物》）的二律背反等。此外，出土的战国时期简帛中，亦不乏忠君之论，如郭店楚简《六德》有“忠者，臣德也”的表述。以上种种，表明战国时期的忠德已经被狭隘化成忠君道德，当时人们所谈论的忠绝大多数情况下是站在忠君的角度来说的。

当然，在这种谈忠多为忠君之义的多数情况之外，那种溢出君臣关系之

---

① 参见徐复观：《两汉思想史》（第一卷），第53—55页。

② 许倬云：《中国古代社会史论——春秋战国时期的社会流动》，桂林：广西师范大学出版社2006年版，第184页。

外的、泛主体的“与人忠”“为人谋忠”，在战国时期也有一定的市场。在战国时期，那种“与人忠”“为人谋忠”的平等主体之忠与忠君卫主的委质食禄之忠，借助养士、蓄士之风而结合成一种游侠的忠义精神，并作为忠君道德的补充形式而存在。在战国养士的社会风气影响下，这种游侠之忠既有食客对主子的那种报恩效忠，也有对知己间的一种竭心尽力，所谓“侯嬴重一言”“士为知己者死”等都表达了这种游侠的忠义精神。这方面比较典型的例子如信陵君、春申君、孟尝君、平原君等战国四公子与他们豢养的门客之间的故事，其中既有反映食客对主子的豢养加以报答的忠报，也不乏知己相酬、意气相投、舍生取义的忠义精神。

如果说，张孟谈（赵襄子的门客）全心全意以固赵宗、豫让（智伯门客）漆身吞碳以报主仇等都还主要局限在家臣卫主的忠报精神层面，那么，与燕太子丹并无委质食禄关系的义士荆轲行刺秦亡、与严仲子乃朋友之交的屠夫聂政刺杀韩相侠累，就完全体现的是知己相酬、意气相投那种侠肝义胆的忠义。“这种品格绝不能简单地等同于‘忠君’观念。”[①]不管是为知己复仇的聂政，还是为故主报仇的豫让，“他们并不关心所谓知己者与政敌结怨的原因，也不过问彼此间的是非曲直，更不考虑自己刺杀对方所造成的严重后果，对他们来说，受人肯定就有一分知遇之情，报答知遇，惟命是从，没有考虑余地，死而后已，没有转圜余地，他们行事这样直接而痛快”。[②]

尽管侠义之风在战国时盛行一时，但游侠所表现出的忠义精神并非战国时期忠德的主要表现形式。从当时社会道德看，忠君是践行忠德的主要形式和忠德的核心价值。从战国开始，忠德就主要集中凸显其忠君的价值。秦汉时期沿着战国开辟的这一理路不断发展，并随着两汉时期“三纲”地位的确立而将忠君推崇到无以复加的地步，并贯穿中国古代君主专制社会的始终。

二、战国君臣关系及忠君道德

战国时期，“上无天子，下无方伯”（《战国策·叙》），君臣关系也因此显得错综复杂。复杂的君臣关系直接影响到忠德的向度，并加速了忠德向忠君的片面化转向。

（一）战国时期的君臣关系

战国的君臣关系主要表现在两方面：一方面表现在周天子与诸侯国国

---

① 张锡勤、柴文华主编：《中国伦理道德变迁史稿》上卷，第151页。

② 戴琏璋：《策名委质与诚身明善——概述“忠”德义蕴的演变》，第243页。

君之间，一方面表现在诸侯国君与其国内臣民之间。

在周天子与各诸侯国国君之间，原有的君尊臣卑秩序遭受猛烈冲击和彻底破坏。平王东迁就已经开始的王权式微，到了战国时期则削弱得几近荡然无存。在周赧王统治时期，秦国、齐国等霸主先后兴兵求九鼎，公然挑战周王朝的权威。这表明：周天子作为天下共主的权威已大为削弱，维系血缘宗法制和分封制的制度基础以及道德约束都已经被彻底动摇，诸侯国不再是效忠周王室的藩屏和拱卫。在这种社会现实面前，需要确立新的君臣关系和政治及社会道德约束。

战国初年还发生了韩、赵、魏三家分晋的事。晋为西周初年由周成王分封的姬姓诸侯国，但在公元前403年（周威烈王二十三年），晋大夫韩虔、魏斯、赵籍分别自立为诸侯。对于这件挑战周王权威的事，周天子无力阻止，只能承认。翦伯赞认为："三家分晋，彼此争战，秦得以操纵其间，蚕食诸侯，故三家分晋，在当时政治上实一大变局。司马光《资治通鉴》即托始于是年，以此为战国时期之始。"[①]而实际上，司马光之所以将《资治通鉴》起笔于这一年，更多的是基于司马光的忠德观。司马光的忠德观决定了其对君臣关系极为看重，这也是他编撰《资治通鉴》的初衷和重点所在。司马光指出：

> 天子之职莫大于礼，礼莫大于分，分莫大于名。何谓礼？纪纲是也；何谓分？君臣是也；何谓名？公、侯、卿、大夫是也。……是故天子统三公，三公率诸侯，诸侯制卿大夫，卿大夫治士庶人。贵以临贱，贱以承贵。（《资治通鉴·周纪一》）

对于司马光的良苦用心和微言大义，元人胡三省有比较精准的剖析。在《资治通鉴》注中，胡三省指出："三卿窃晋之权，暴蔑其君，剖分其国，此王法所必诛也。威烈王不惟不能诛之，又命之为诸侯，是崇奖奸名犯分之臣也。《通鉴》始于此，其所以谨名分欤！"战国时期，周室本已式微，地削人寡，实际上已经几乎沦为弱小诸侯国的地位。到了战国后期，本已衰弱的宗周在韩、赵两国的操纵下，又一分为二，分裂成西周和东周，就更加弱小了。如此一来，作为傀儡的周天子被强大诸侯国灭亡只是一个时间早晚问题。

在各诸侯国君与其国内臣民之间，其内部君臣关系也发生了变化。一般来说，从君臣关系的发展趋势上看，君尊臣卑的等级秩序越来越严格。这一时期，有一个现象非常值得注意，那就是出于争霸的需要，战国时期的人

① 翦伯赞主编：《中外历史年表》，北京：中华书局1961年版，第72页。

才流动非常活跃。而流动的主体是士这个社会群体。在徐复观看来，随着贵族阶层的衰败，士逐渐演变成参与政治的预备军。并且随着孔子等儒家对士赋予了特殊的含义和责任，促进了士向“古代知识分子”的过渡。[①]战国时期，随着士阶层的崛起和人才社会流动性的活跃，士阶层对各国政治乃至整个“国际”社会的影响力也达到前所未有的程度。《孟子·滕文公下》对战国时期士的作用和影响有一个基本的概括，其曰：“公孙衍、张仪岂不诚大丈夫哉！一怒而诸侯惧，安居而天下熄。”无独有偶，刘向在《战国策·叙》中亦为我们描绘了战国之士“生从横短长之说，左右倾侧。苏秦为从，张仪为横；横则秦帝，从则楚王；所在国重，所去国轻”的场景。

士阶层活跃于各国政治舞台并频繁流动，客观上影响了战国时期各诸侯国乃至整个社会的君臣关系。一方面，由于人才流动频繁，加之对战国社会政治的强大影响力，士往往以一种出售智力换取富贵的交易与合作态度来对待各国君王，而不是将自己的人身依附到某个国家、某位君主身上。这种人身依附关系的疏淡客观上高扬了士的群体价值和个体自信，甚至有人发出了“士贵耳，王者不贵”(《战国策·齐策四》)的大胆呼声。另一方面，面对士阶层的价值和作用，君主们往往用其所长，但在君臣尊卑问题上绝不假以辞色。据《战国策·秦策五》载，“秦王与中期争论，不胜。秦王大怒”，因而动了杀机，想杀掉敢于与自己争论的中期。

战国时期君臣关系整体上表现为君王对臣下的要求越来越绝对化，对臣子的威慑越来越强有力。甚至于对那些不问世事、隐居山林的隐士，也因为其不臣于君王、不能为君王所用，必欲除之而后快。譬如，蛮横霸道的赵威后曾对齐国使臣指手画脚地指责道：“於陵子仲尚存乎？是其为人也，上不臣于王，下不治其家，中不索交诸侯。此率民而出于无用者，何为至今不杀乎？”(《战国策·齐策四》)於陵子仲是齐国有名的隐士，而赵国的统治者对这样一位与自己毫无关系的隐士，却因其“不臣于王”而质疑齐国何以让他存活于世间。君王的霸道和残酷从史书中可见一斑。

战国时期，有一个特别悖谬的现象，那就是各诸侯国对周天子极尽不尊不忠之能事，但却要求自己的臣子要绝对地忠于自己。这种双重标准的君臣关系理论，在战国时期却大行其道。赵武灵王就极其重视君臣关系，主张“家听于亲，国听于君，古今之公行也；子不反亲，臣不逆主，先王之通谊也”，“事君者，顺其意而不逆其志”(《战国策·赵策二》)。在这种强调臣不逆主、顺君之意的思想主导下，君主对臣下践行忠君道德要求也变得愈加苛刻，愈

---

① 参见徐复观：《两汉思想史》(第一卷)，第53页。

加极端，所谓“令诽在己，誉在上”（《战国策·东周策》）。也就是说，作为忠臣，要做到归恶于己、推美于君。此外，忠臣不可以结党，所谓结党则营私，营私则威胁君主统治。所谓“下比周，则上危”；反之，“下分争，则上安”（《战国策·楚策一》）。这种观点已经具有十分浓重的法家忠君思想的意味。

在这种强势的君臣关系之下，对敢于犯上作乱者必然是高压政策，严惩不贷，所谓“子弑父，臣弑君，有常不赦”（《战国策·魏策四》）。不仅弑君不赦，对一切威胁君主权威的都要极力打压。信陵君围魏救赵，立下奇功，但因骗得虎符擅自用兵而得不到君王谅解，不得已流亡他国。有复国大功的田单也遭到小人进谗，被人构陷“其志欲为不善”，并编造田单对齐王无君臣之礼，污蔑田单与齐王间“君臣无礼而上下无别”（《战国策·齐策六》），因而遭到齐王猜忌。

（二）忠向忠君的片面化转向

在中国政治史中，战国时期是一个重要的转型时期。这一时期，不仅加速了国家治理方式上由分封制向郡县制的转变，而且在政治伦理上推动了泛主体之忠向单向度忠君的转变。从某种意义上而言，忠君几乎成为忠德代名词。相比较而言，春秋时期所提倡的“上思利民”和“忠于民”的在上者忠德几乎不见踪影；而“与人忠”的践行承诺之忠也由一种普遍的人际交往伦理窄化为游侠践诺蹈信之忠义精神。

首先，忠臣成为践行忠德的绝对主体。“忠”字在春秋时期甫一出现，很快就与相关道德单字组合成新的道德词汇，如忠敬、忠信、忠贞、忠恕等。但终春秋之世，“忠臣”一词极为罕见。[①]到了战国时期，“忠臣”一词如井喷一般频繁出现于这一时期的文献中。如“忠臣”一词12见于《墨子》“三十六篇”、6见于《荀子》、17见于《韩非子》、4见于《庄子》、16见于《管子》、20见于《吕氏春秋》、12见于《晏子春秋》、7见于《商君书》、5见于《慎子》。此外，在《战国策》中也出现20次“忠臣”。战国简帛中亦多有“忠臣”出现，如仅郭店

---

① 现存有关春秋文献中，只见到两处出现“忠臣”的地方。一是《国语·越语下》中有“忠臣解体”一词，二是《老子》中有“国家昏乱有忠臣”之语。但《老子》的“忠臣”很可能是“贞臣”二字。为什么这么说呢？据马王堆汉墓出土的帛书《老子》甲、乙本中均写作“贞臣”，同时甲、乙本中均有“夫礼者，忠信之泊（薄），而乱之首也”。显见，在帛书《老子》中不存在任何避讳“忠”字或异体字、同义字替代的问题。也就是说，《老子》通行本中的“国家昏乱有忠臣”在帛书《老子》中就是“邦家（昏）乱，案有贞臣”，而乙本做“国家（昏）（乱），安有贞臣”。因此，或许《老子》一书根本没有出现“忠臣”一词。退一步讲，即便真如通行本《老子》所谓“国家昏乱有忠臣”，但不少研究者认为《老子》成书于战国，是战国时作品。若如此，则春秋时期“忠臣”一词仅《国语·越语下》1见，且出现在春秋末期。

楚简《鲁穆公问子思》就4次出现了“忠臣”的字样。[①]

从战国时期典籍频繁出现“忠臣”一词可见，这一时期的忠德已经变成了忠君道德。“‘忠臣’的观念已经被社会生活所广泛接受和认可，这也同时说明‘忠’作为臣德也已经深入人心了。”[②]仔细检阅有关战国文献，有一个明显感觉就是：战国时人所说的“忠”往往是从忠君的臣德角度而言的。

其次，绝对忠君是富国强兵、实现大一统的迫切要求。我们知道，一方面，道德是现实需要的反映；另一方面，它又对社会现实起到促进和推动作用。综观战国这段历史，在推行变法方面，哪个国家做得最彻底，哪个国家的君权就最得以强化，进而这个国家的集权统治就最牢固，同时国力也会变得强盛。战国早期，魏文侯用李悝进行变法，魏国国力迅速飙升，成为当时横行一时的强国；而楚王用吴起进行变法，收到了“南收扬越，北并陈蔡”（《战国策·秦策三》）和“却三晋，西伐秦”（《史记·吴起列传》）的效果，成为一时霸主。这些史实证明：凡是积极变法的，最终都实现富国强兵、称雄于世的目的；反之，那些拒绝变法，包括那些变法半途而废的，则大多遭致政治危机、国家贫弱、饱受侵凌的厄运。“楚不用吴起而削乱，秦行商君而富强”（《韩非子·问田》），说到底都是这个道理。在南方，楚国贵族杀死变法者吴起、废除变法，而实力大损。在西北，秦国虽车裂变法者商鞅，但并没有停止变法步伐，还广泛延纳韩非子、李斯等法家才俊，将变法不断引向深入，从而进一步强化了君权，打牢了专制集权的统治根基。

历史实践证明，隆显君权、提倡忠君道德对秦国强化集权专制、实现富国强兵和一统寰宇的伟业发挥了不可或缺的作用。据学者统计，在《战国策》里总共出现过97次“忠”，从各国策中“忠”字的占比看，《秦策》达到32％，居诸国策之首。[③]某种意义讲，秦国灭六国、一统天下，得益于秦王倡忠德、隆君权，为富国强兵打下了君威臣忠的坚实政治基础。“‘忠’的理论在战国时期的进步，是以当时政治生活的特殊形势为条件的。”[④]也就是说，忠君是实现“大一统”的客观要求，忠君是强化君主集权专制的标配。尽管大一统会压缩知识分子的自由空间，但相对战乱不休的诸侯混战，人们包括思想界还是希望出现强权的君王来实现一统。这不仅是法家的要求，儒家也同样希望一统。只不过儒家赞成一统而不赞成极端专制，这是与法家根本

① 参见裴传永《中国传统忠德观的历史性考察》，山东大学博士论文2006年。

② 张锡勤、柴文华主编：《中国伦理道德变迁史稿》上卷，第139—140页。

③ 王成：《中国古代忠文化研究》，第95页。

④ 王子今：《“忠”观念研究——一种政治道德的文化源流与历史演变》，第76页。

不同的地方。[①]但战国时期的大一统实践更多地落实了法家的大一统观念。因此，这种加强中央集权的大一统实践必然凸显法家韩非子那种单向度的绝对忠君，而不是儒家的双向度忠君道德。

再次，忠谏成为践行忠君道德的重要内容。战国时期继承了臣子忠谏的传统，进一步将忠谏上升为臣子忠君的绝对义务。据郭店楚简《鲁穆公问子思》载，"鲁穆公问于子思：'何如而可谓忠臣？'子思曰：'恒称其君之恶者，可谓忠臣矣。'"在这里，子思所说的"恒称其君之恶"实际说的就是忠谏。在《战国策》中所记载的策士言论中，忠谏越来越多地被人们视为臣子的应尽义务，所谓"竭意不讳，忠也。上无蔽言，明也。忠不辟危，明不距人"（《战国策·赵策二》）。这里的"竭意不讳"的臣子之忠无疑是一种忠谏。

这一时期开始对忠谏的对象提出要求，即所谓的"上无蔽言"和"君仁则臣直"（《资治通鉴·周纪一》）。如蔡泽就主张臣忠取决于君明；反之，没有明君，必然是"比干忠，不能存殷；子胥知，不能存吴；申生孝，而晋惑乱。是有忠臣孝子，国家灭乱，何也？无明君贤父以听之"（《战国策·秦策三》）。蔡泽的观点无疑是从儒家的双向度来看待君臣关系和谏诤的。但如果遇到君主是昏庸刚愎的暴君时，做臣子的是否还要尽忠？是否还要"竭意不讳"地进谏呢？对此，战国时期的政治舆论导向是：不论君王如何，臣子必须绝对忠于君主，始终保持忠谏的品格，所谓"夫为人臣者，言可必用，尽忠而已矣"（《战国策·韩策一》）。特别是对于暴虐昏庸君主，臣子就更不应该明哲保身，隐忠不谏。《战国策·赵策二》就数言"隐中（通忠）不竭，臣之罪也""臣无隐忠，君无蔽言，国之禄也""隐忠不竭，奸之属也"。对于那些在国难当头时，束手无策、"无以谏之"的臣子，则"非忠臣也"（《战国策·燕策一》）。谏诤的方式也较为丰富，既有中期那样的直谏，也有邹忌那样的讽谏。据《战国策·赵策二》所载，赵武灵王曾描绘了理想中的竭诚善谏的忠臣标准，即"竭意尽力"。如"微谏而不哗，应对而不怨，不逆上以自伐，不立私以为名"。通过"子道顺而不拂"和"子用私道者家必乱"的正反两方面譬喻，赵武灵王意在凸显"臣行让而不争"的忠臣操守，揭示"臣用私义者国必危"的危害。总地看，谏诤已经成为战国时期臣子忠君道德的基本要义，而且越来越背离了"君仁臣直"的双向度而凸显了臣子尽忠极谏的单向度义务。

在战国时期，由于道德的政治化越发明显，忠君与否更是成为一个人安身立命的根本。范雎就是借口"为秦谋不忠"（《资治通鉴·周纪五》）来攻击并除掉自己的政敌穰侯的。而一旦为人臣子，则要终身事之，即便不得已离开故国

① 参见徐复观：《两汉思想史》（第一卷），第78页。

也不能做背叛祖国的事。在这点上,忠君又与忠国统一起来,实现了视域融合。如燕国大将乐毅被君王猜疑而出亡赵国,燕王担心乐毅助赵侵燕,乐毅则表示:"臣闻古之君子,交绝不出恶声,忠臣去国,不洁其名。臣虽不佞,数奉教于君子矣。唯君王之留意焉!"(《资治通鉴·周纪四》)这说明,不管臣子受了多大的委屈,也不能做有损故国和君王的事。乐毅当年曾率燕军几乎灭亡了齐国,对燕国来说,乐毅是功高盖世的栋梁之臣,但仍难免于谗言构陷。即便如此,受到猜忌和迫害的忠臣在出奔时,也要保持"忠臣去国,不洁其名"的忠之品德。当然,也有研究者认为以君主专制社会的"忠臣"标准来衡量,"乐毅虽然以忠臣自命,但显然不是一个忠臣"。为什么这么说呢?是因为"封建时代的'忠'与专制时代的'忠'并不是同样的意思"。[①]这里所说的封建时代是说的周代分封制,而专制时代则是秦以后我们所谓的"封建社会"。而乐毅所处的战国正处于由"封建时代"向"专制时代"演进的嬗变期,乐毅的"忠"符合"封建时代"先秦儒家孔孟的双向度"忠臣"标准,而不符合"专制时代"儒家(包括先秦法家)的单向度的"忠臣"标准。

在战国时期,忠君道德不仅是臣子的道德操守,即便是布衣之士也要保持忠君的气节。在刘向的《说苑·立节》中,记载了齐国布衣王歜殉国的故事。故事大意是:乐毅伐齐,齐闵王亡。燕人以齐邑人王歜贤,欲以其为将,并以屠杀全邑百姓来要挟。王歜曰:"忠臣不事二君,贞女不更二夫。齐王不听吾谏,故退而耕于野。国既破亡,吾不能存,今又劫之以兵,为君将,是助桀为暴也,与其生而无义,固不如烹。"遂悬其躯于树枝,自奋绝脰而死。《说苑》虽为杂史小说家言,但毕竟刘向辑录《说苑》时有所本,该书是有一定史料价值的。且王歜殉国之事在《资治通鉴》等史籍中亦有记载,可视为战国时期的史事。透过王歜"忠臣不事二君,贞女不更二夫"的观念,"说明当时已经出现了不事二君的道德观念,但王歜主要想的是亡国之痛,不肯背叛祖国去帮助敌人。所以他讲的'忠',更主要的还是忠于国家"。[②]

总地看,尽管绝对忠君的铁幕已笼罩战国时期的政治氛围,但忠于社稷和在上者爱民利民之忠也不是绝对的湮没无闻,如郭店楚简《忠信之道》中就有言:"忠积则可亲也,信积则可信也。忠信积而民弗亲信者,未之有也。"这也就"对当政者提出了忠、信的道德要求"。[③]这种要求在上者践行忠信的思想在郭店楚简中仍有一定的体现。

① 熊逸:《春秋大义——中国传统语境下的皇权与学术》,西安:陕西师范大学出版社2007年版,第373页。

② 陈瑛主编:《中国古代道德生活史》,北京:中国社会科学出版社2012年版,第59页。

③ 韩星:《儒法整合:秦汉政治文化论》,北京:中国社会科学出版社2005年版,第48页。

第五节　先秦主要思想流派的忠德观

晚周时期，天下道裂，百家争鸣。到了战国时期，更是诸子百家竞相发展，形成了儒、道、墨、法、名、兵、农、阴阳、杂家等诸多思想流派。[①]绝大多数的诸子都对忠德有所论述，忠在先秦诸子那里成了高频词。如《墨子》出现39个“忠”字，《庄子》出现23个“忠”字，《管子》出现34个“忠”字，《荀子》出现67个“忠”字，《韩非子》出现96个“忠”字、《吕氏春秋》出现68个“忠”字，甚至连佚失太半的辑本《慎子》《尸子》也分别提到17、13个“忠”字。有的诸子著作还有论述忠德的专章，如《慎子》专辟《知忠》一篇，《韩非子》有《忠孝》篇，《吕氏春秋》有《至忠》《忠廉》两篇。应该说，忠德已经普遍流行于先秦百家思想流派中。在此，主要以儒、墨、道、法、杂诸家学派为例，择其要者，简要分析一下先秦诸子的忠德观。

一、儒家的忠德观

研究先秦儒家忠德观主要依据《论语》《孟子》《荀子》等儒家经典，以及《诗》《书》《易》《春秋》《孝经》以及“三传”“三礼”等反映先秦儒家思想的经典和相关简帛资料。概言之，先秦儒家的忠德观主要集中在两个方面。

（一）交往伦理中的忠

先秦儒家中的孔子和孟子较为重视人际交往中的忠，并把忠作为一个人道德修养的重要内容。前面我们多次提到的孔子关于“与人忠”“言忠信，行笃敬”以及曾子所谓的“为人谋而不忠乎”“夫子之道，忠恕而已矣”等，都代表了早期儒家思想中的人际交往的忠德观。

1. 关于忠信

忠和信在儒家思想中本来都是重要的教化内容，“子以四教：文、行、忠、信”。但忠与信组合成新的德目——忠信，则主要体现的是平等主体之间的人际交往原则，如“主忠信，无友不如己者”“十室之邑必有忠信如丘者焉”。此外，忠信更多地体现在言谈上，所谓“言忠信，行笃敬”。《仪礼·士相见礼》中也记载，“与众言，言忠信慈祥”以及“与居官者言，言忠信”等。因此，忠信又是礼的重要内容。《礼记·礼器》曰：“忠信，礼之本也。”“忠信之人，可以学礼，苟无忠信之人，则礼不虚道。”不仅如此，忠信还是一个人崇德、进德的根

---

① 虽然在春秋时期就出现了孔子为代表的儒家和老子为代表的道家等思想巨擘，但诸子百家盛行于世主要是在战国时期。

本前提和路径。《易·乾·文言》曾记载了孔子的一句话，即“君子进德修业。忠信所以进德也。修辞立其诚，所以居业也”。清人李光地在《周易折中》中综罗各家观点，对这句话进行了较为透彻的解析。如俞琰曾指出：“‘德’与‘忠信’皆主于心者也；业与辞皆见于事者也。事已成谓之业。”蔡清也认为：“诚即‘忠信’。向也诚存于心，而今则见于事，而诚有立矣。”[①]可见，忠信是一个人从内心提升自己的道德水平；而忠信又是诚，修辞是一个外在的言，业则是社会实践内容和成果。因此，修辞、立诚、居业，体现就是忠在言行上的践履，是“忠信以进德”的道德实践。不仅如此，在《易传》作者眼里，整个一部《易经》就是“进德修业”的指导纲领，即“夫易，圣人所以崇德而广业也”（《易·系辞传下》）。这里所谓的“崇德”和“广业”实际上就是乾卦《文言》中所说的“进德”与“修业（或居业）”。“联系《颜渊篇》的‘主忠信，徙义，崇德也’可知，《易传》将忠信作为崇德的重要手段。”[②]

忠信在先秦儒家是非常重要的道德规范，所谓“儒有不宝金玉，而忠信以为宝”，“儒有忠信以为甲胄”（《礼记·儒行》）。在体现先秦儒家思想的郭店楚简中也对忠信思想进行了阐发，所谓“不讹不孚，忠之至也。不欺弗知，信之至也。……至忠亡讹，至信不背”（郭店楚简《忠信之道》），并将“忠信”与“圣知”“仁义”同列为六德，强调“忠与信戚矣”（郭店楚简《六德》）。

2. 关于忠恕

忠恕是先秦儒家的重要伦理概念，忠恕之道也是先秦儒家处理人际交往的重要准则。早在春秋时期，曾参就曾经将孔子的“一贯之道”概括为“忠恕”二字，其曰：“夫子之道，忠恕而已矣。”忠恕是孔子伦理思想的核心内容，被抬高到“一以贯之”的道的地位。如果一个人做到了忠恕，就离道不远了，所谓“忠恕违道不远”（《礼记·中庸》）。

关于忠恕的界定问题，有学者认为：“‘忠’是尽心诚意，为自守之德；‘恕’是尊敬对方，为待人之德。”[③]孔子还将恕提升到终身坚守的行为圭臬。面对子贡关于“有一言而可以终身行之乎”的问题，孔子的回答是“其恕乎！己所不欲，勿施于人”。在儒家思想体系中，忠恕之道是人际交往伦理中的重要准则，其核心在于换位思考，将心比心，乐于助人，而不是损害他人利益。

有研究者将孔子“忠恕之道”与《大学》的“絜矩之道”和《中庸》的“诚身有

---

① （清）李光地编纂、刘大均整理：《周易折中》，成都：巴蜀书社2006年版，第628—629页。

② 桑东辉：《〈易传〉与传统忠观念》，载梁枢、张其成主编：《国学博士论坛征文集》，北京：中国书籍出版社2014年版，第120页。

③ 李零：《丧家狗——我读〈论语〉》，太原：山西人民出版社2007年版，第108页。

道，不明乎善，不诚乎身"联系起来，认为"《中庸》由忠恕而申论诚身、明善，是在'忠'的基本义上向前拓展了一大步。儒家由此而开出明善、诚身以致忠的义理"，并进而指出忠恕之道与"古代君臣关系中所认定的忠德，显然异趣"。[①]实际上，孔子的忠恕之道体现的就是与政治伦理之忠相区别的人际交往伦理之忠，其核心是践行一个"仁"字。"'忠恕'是孔子用来处理人与人之间的关系的。而'忠恕'的内容则是仁义。"[②]曾参将孔子一以贯之的道解释为忠恕是符合孔子思想主旨的，而且其打通了"道"与"仁"的进路，使得"忠"直接与"仁"发生关系。钱世明先生曾指出："对人忠诚，帮别人或给别人办事竭心尽力，是仁德内容，也是仁德表现。故，忠不离仁义，离仁义无忠。"[③]史华兹也曾指出"仁"与一组德性相关，包括"正直"（义）、"诚实"（忠）、"可信赖"（信）以及恭、敬等。[④]也即是说，忠与恕是用来实践儒家"仁"的道德理念的，其中，"己欲立而立人，己欲达而达人"之忠体现的是从积极方面正向践行仁德，而"己所不欲勿施于人"之恕则是从消极方面反向防范不仁倾向和苗头。忠与恕合成为对仁的践行，代表了儒家"推己及人"的仁学道德实践哲学精髓。"仁的实践有其推广原则，解决如何推己及人，这就是忠恕之道。"[⑤]

对于"己欲立而立人，己欲达而达人"的积极忠道，孔子是大力倡导的，其曰"与人忠"就是一种积极的立人、达人行动，表现了现实生活中君子为他者着想的精神。所谓"居处恭，执事敬，与人忠。虽之夷狄，不可弃也"（《论语·子路》）。"与人忠"有很多具体表现，如帮助他人尽心谋划。作为儒门的实践者，曾子的"每日三省"就把"为人谋而不忠乎"作为一个重要的自我省察内容。"与人忠"不仅要为人忠谋，不仅要忠而诲人，而且要用这种谋、这种诲导人于正途，使人趋向于善，处于正道，所谓"忠告而善道之"（《论语·颜渊》）。孟子更明确指出："教人以善谓之忠。"（《孟子·滕文公上》）与勒维纳斯将善建立在对弱者的欲望、对责任的欲望基础上，从而将善作为"自我"与"他者"伦理关系的价值指向[⑥]不同，儒家的"与人忠"是建立在平等主体之间的自愿帮助而非责任义务关系上。因此，儒家的"与人忠"更多的是一种美

---

① 戴琏璋：《策名委质与诚身明善——概述"忠"德义蕴的演变》，第242页。

② 金景芳、吕绍纲、吕文郁：《孔子新传》，长春：长春出版社2006年版，第93页。

③ 钱世明：《说忠孝》，第8页。

④ ［美］本杰明·史华兹：《古代中国的思想世界》，程钢译，刘东校，南京：江苏人民出版社2004年版，第80页。

⑤ 陈来：《中华文明的核心价值：国学流变与传统价值观》，北京：生活·读书·新知三联书店2015年版，第43页。

⑥ 参见孙庆斌：《勒维纳斯：为他人的伦理诉求》，哈尔滨：黑龙江大学出版社2009年版，第185页。

德伦理而非责任伦理,[1]其中没有严格的责任义务约束。所以,孔子主张一个人应为他人出谋划策,竭心尽力地提出自己的"忠告"。

(二)政治伦理中的忠

政治伦理中的忠主要表现在君臣关系上,是一种标准的臣德。在先秦儒家看来,这种君臣之间的忠德是来自于父子之间的孝道。有西方学者指出:"中国人从来不强调私人与公共领域之间的区分。因为家庭是所有关系类别——包括在臣民中通行的'非家族性'(nonfamilial)的关系,君臣之间的关系——的模型,所以实际并不存在公共领域。"[2]"家"作为一个伦理实体,不仅是整个社会最基本的单位,而且是一切社会制度和文化价值所由产生的最终泉源。作为一个小社会和伦理实体,构成家的最基本关系是父子,由此而产生的最重要伦常规则是孝道。尊长的权威,天子的尊严,乃至个人安身立命的根本,都集中在"孝"的上面。在儒家看来,将孝和忠视为立人之本,就是完全顺理成章的事。[3]概言之,儒家对中国传统政治伦理的贡献主要就在于将血缘家庭关系中父子之间的孝,推扩到政治君臣关系中的忠,论证了"孝慈为忠""移孝作忠"的道德转化过程。

在先秦儒家看来,忠是出自孝的,孝是涵盖忠的。在《孝经》的"开宗明义章"中就交代了孝与忠的关系,即"夫孝,始于事亲,中于事君,终于立身"。其中,"中于事君"的"孝"实际上就是"忠"。在家国同构、君父一体的血缘宗法社会中,政治伦理上的忠是由家族中事亲的孝向外推扩的结果,是孝延伸到政治生活的结果。对于孝与忠之间的义理联系,《孝经·士章》指出:"资于事父以事母,而爱同;资于事父以事君,而敬同。故母取其爱,而君取其敬。兼之者,父也。故以孝事君则忠,以敬事长则顺。忠顺不失,以事其上。"在《孝经·广扬名章》中还记载了一句孔子关于忠孝关系的话,即"子曰:'君子之事亲孝,故忠可移于君。'"不仅《孝经》体现了先秦儒家的忠孝观念,在有关礼的经典中也不乏先秦儒家忠观念的记载。《礼记·祭统》有言:"忠臣以事其君,孝子以事其亲,其本一也。"此外,《大戴礼记》中也保存了一些曾子的忠孝观念。如《大戴礼记·曾子立孝》载:"君子立孝,其忠之用,礼之贵"以及"君子之孝也,忠爱以敬,反是乱也"。又,《大戴礼记·曾子大孝》强调"事君

---

① 如果说"上思利民"的在上者之忠和忠君卫主的在下者之忠,主要体现的是责任伦理,那么,"与人忠"的平等主体之忠,则主要凸显的是美德伦理。

② [美]郝大维,安乐哲:《先贤的民主:杜威、孔子与中国民主之希望》,何刚强译,刘东校,南京:江苏人民出版社2010年版,第130页。

③ 参见梁治平:《寻求自然秩序中的和谐》,北京:中国政法大学出版社2002年版,第126—128页。

不忠，非孝也”。而《大戴礼记·曾子本孝》更是将忠看作是“礼之本”。[①]应该说，《孝经》《礼记》《大戴礼记》等典籍所记载的有关忠孝关系及移孝作忠的义理反映了先秦儒家忠孝观念，其中除了孔子本人对孝和忠的阐发，有些则是孔门弟子对孔子忠孝观念的继承和发展。如《孝经》的“夫孝，始于事亲，中于事君”和《礼记》的“忠臣以事其君，孝子以事其亲，其本一也”等观念，就与孔子的“迩之事父，远之事君”（《论语·阳货》）观点一脉相承。而《大戴礼记》将忠看作“礼之本”，又在理论上与孔子弟子有若将孝弟作为“仁之本”有异曲同工之妙。在《论语·学而》中，有若认为“其为人也孝弟，而好犯上者，鲜矣。不好犯上而好作乱者，未之有也”，并将孝弟看作是“为仁之本”。“明白了孝的这种重大意义——不仅构成了仁的本根，而且构成了忠的前提。”[②]

对于君臣关系而言，“孔子认为君臣关系是一种道德关系，不是一种利害关系，也不是一种赤裸裸的权力制约关系”。[③]孔子主张“君使臣以礼，臣事君以忠”，强调君君臣臣父父子子，其核心在于君要有君样，臣要有臣样。相对于在上者而言，“其身正，不令而行；其身不正，虽令不行”。基于双向度君臣关系，孔子始终坚持君臣之间的有限权利义务论，不仅对朋友忠告要“不可则止，毋自辱焉”，而且对君王的忠谏也要如此。“所谓大臣者，以道事君，不可则止。”有西方学者曾指出：在先秦礼制中，平等的相互性（reciprocity）占据了主导的地位。“可以肯定，等级制并不能排除相互性的存在。儿女对父母有尽孝的义务，父母对于儿女有慈爱的义务。臣子对其统治者有服从与忠诚的义务，因而统治者在对待他的臣子时，也‘应该接受礼的规章的指导’（君使臣以礼）。”[④]

孔子的这种双向度的忠君观念被孟子所继承。孟子也倡导忠君，对无父无君的杨朱和墨子进行口诛笔伐，但反对臣子无条件地屈从于君王。“君之视臣如手足，则臣视君如腹心；君之视臣如犬马，则臣事君如国人；君之视臣如土芥，则臣事君如寇雠。”（《孟子·离娄下》）对于暴君，孟子赞成汤武革命，所谓“贼人者谓之贼，贼义者谓之残，残贼之人谓之一夫。闻诛一夫纣

---

① 在早期儒家思想家中，曾子对孝道以及忠孝关系贡献了很多思想和实践。朱汉民曾指出：虽然“移孝作忠”最终定型于建立中央集权的秦汉以后，但其思想渊源可追溯到春秋战国时期。并特别指出以曾子为首的儒家孝治派，即主张以家庭、家族的孝道服务于国家政治。尽管他们没有直接将孝与忠统一起来，但无疑对后来的“移孝作忠”观念的形成产生了重要影响。（参见朱汉民：《忠孝道德与臣民精神——中国传统臣民文化论析》，第58页）

② 刘清平：《忠孝与仁义》，第53页。

③ 欧阳辉纯：《传统儒家忠德思想研究》，第77页。

④ ［美］本杰明·史华兹：《古代中国的思想世界》，程钢译，刘东校，第71页。

矣,未闻弑君也”(《孟子·梁惠王下》)。孟子认同“无罪而杀士,则大夫可以去;无罪而戮民,则士可以徙”(《孟子·离娄下》)。他还提出民贵君轻的主张,所谓“民为贵,社稷次之,君为轻”(《孟子·尽心下》)。孟子的这一思想无疑将忠的义理回归到“上思利民”的忠之本意。也就是说,忠的核心是人民利益,社稷也是为了人民的,君作为社稷主最终也是要爱民、利民的。

相对于孔子和孟子,荀子更注重阐发忠德的忠君义理。荀子的忠君思想主要表现在以下几个方面:其一,“舟与水”“仪与影”的君臣关系。荀子非常重视君臣民等政治关系,并以之作为忠德的政治社会基础。在《王制》中,荀子提出“君者,善群也”的主张,认为“马骇舆则君子不安舆,庶人骇政则君子不安位”,因此要选贤良以治之。对于君与民的关系,荀子赞同“君者,舟也;庶人者,水也”的主张,进而将君臣关系比喻成仪与影、源与流的关系,所谓“君者,仪也;民者,影也”。在《君道》中,荀子进一步指出:“君者,民之原也。”在此,荀子重申了“君者,何也?曰:能群也”的主张,认为若“无君以制臣,无上以制下”(《荀子·富国》),则天下必乱。在这种君臣关系下,荀子主张君主要坚守君德,要“以礼分施,均遍而不偏”;“为人臣”则要“以礼待君,忠顺而不懈”。其二,对臣与忠的等级细分。在《臣道》中,荀子对臣和忠分别进行了等级划分,并予以界定。臣子大概分为态臣、篡臣、功臣、圣臣四类,前两类是否定性的,后两类是肯定性的。其分类标准是忠,即“上忠乎君,下爱百姓而不倦”为忠臣,“上不忠乎君,下善取誉乎民,不恤公道通义,朋党比周,以环主图私为务”为篡臣。虽然荀子没有提到圣臣、态臣的忠否问题,但从圣臣优于功臣,态臣劣于篡臣,不难看出,尊君爱民的圣臣必是忠臣义士,而“巧敏佞说,善取宠乎上”的态臣必为不忠之奸佞。进而,荀子将忠细分为大忠、次忠、下忠。“以德覆君而化之”的是大忠,“以德调君而补之”的是次忠,“以是谏非而怒之”的则为下忠。在“三忠”之外,荀子还列了一格为国贼,即“不恤君之荣辱,不恤国之臧否,偷合苟容,以之持禄养交而已耳”。其三,“忠顺而不懈”的臣子之道。在《臣道》中,荀子提出臣子事君要忠顺,“敬而不顺者,不忠者也;忠而不顺者,无功者也”。有学者基于荀子过于强调“利君”,认为其为后世的“君为臣纲”提供了“完备的思想资料”,“是导致后世愚忠的最初蓝本”。[①]笔者认为,真正将荀子忠顺说发展成“三顺说”,并开后世“三纲”先河者,乃荀子的学生韩非。荀子思想中不仅有忠顺“利君”的思想,也高扬“逆命而利君谓之忠”的争臣,其忠顺思想的核心是“争然后善,戾然后功,出死无私,致忠而公”的“通忠之顺”,荀子整个忠君思

① 陈红太:《儒学与中国传统政治哲学》,北京:现代出版社1997年版,第127页。

想的核心价值也在于“从道不从君”的谏诤精神。其四，“从道不从君”的谏诤精神。“儒学作为一种政治视野，主要的特征之一是对‘谏’(remonstrance)的强调。君臣的共同义务要求臣子不仅作为官员来传达帝王旨意，而且还有责任为帝王献计献策。”[①]在《臣道》篇中，荀子极力颂赞“从道不从君”的争臣，高扬谏争辅拂之臣。[②]同时，荀子也强调谏诤的策略，所谓“事圣君者，有听从无谏争；事中君者，有谏争无谄谀；事暴君者，有补削无挢拂”。也就是说，臣子谏诤主要是针对“中君”而言。对于暴君，荀子主张“调而不流，柔而不屈，宽容而不乱”，强调坚持原则的同时不强谏硬争。荀子的这一忠君思想是对孔孟双向度之忠德的继承，并无后世愚忠的苗头。

二、墨家的忠德观

墨家作为战国时期“显学”，其忠德思想主要体现在《墨子》“三十六篇”中，当然，在后墨所作的《经上》等中也偶有体现。在《墨子》一书中“忠”字凡39见。其内涵具有春秋时期的忠之全含性特点，并凸显了向忠君的嬗变。

(一) 竭己践诺、恪尽职守的全体人之忠

墨家竭己为人的忠德观是建立在爱无等差的兼爱思想上的，所谓“必吾先从事乎爱利人之亲，然后人报我以爱利吾亲也”(《墨子·兼爱下》)。基于兼爱思想，墨家提倡“有力者疾以助人，有财者勉以分人，有道者劝以教人”(《墨子·尚贤下》)的竭己为人的利他精神。同时，墨子还强调践行承诺，恪尽职守。《吕氏春秋·上德》载，墨家巨子孟胜为阳城君守城，虽众寡不敌，但自以“受人之国，与之有符。今不见符，而力不能禁，不能死，不可”，带领墨家一百八十三人一起战死，彰显了墨家“受人之托，忠人之事”的风范。同时，墨家强调上自王公下至百姓，都要竭力做好分内职事，所谓“庶人竭力从事……士竭力从事……将军大夫竭力从事……三公诸侯竭力听治”(《墨子·天志上》)。在《非儒下》中，对于那些“立命而怠事”、渎职无为者，墨子认为“不可使守职”。

---

① [美]郝大维，安乐哲：《先贤的民主：杜威、孔子与中国民主之希望》，第85—86页。

② 《荀子·臣道》曰：“君有过谋过事，将危国家、殒社稷之惧也，大臣父兄有能进言于君，用则可，不用则去，谓之谏；有能进言于君，用则可，不用则死，谓之争；有能比知同力，率群臣百吏而相与强君挢君，君虽不安，不能不听，遂以解国之大患，除国之大害，成于尊君安国，谓之辅；有能抗君之命，窃君之重，反君之事，以安国之危，除君之辱，功伐足以成国之大利，谓之拂。故谏、争、辅、拂之人，社稷之臣也，国君之宝也，明君所尊厚也，而暗主惑君以为己贼也。”

（二）为君必惠、爱民谨忠的君主之忠

在《兼爱》中，墨子反复强调“为人君必惠，为人臣必忠”，“君臣相爱则惠忠”，反之，“君臣不相爱则不惠忠”。墨子将“君臣不惠忠”看作是“天下之害”。在墨子的语境中，君惠与臣忠是相对的。而人君之惠则体现在“爱民谨忠”上。《墨子》指出古者明王圣人都是“说（悦）忠行义取天下”（《墨子·鲁问》），其“所以王天下正诸侯者，彼其爱民谨忠，利民谨厚”（《墨子·节用中》）。《墨子》希望当时的君主能“为君必惠”“爱民谨忠”，体察民情，纾解民患。《墨子》劝告君王要“节于身，诲于民，是以天下之民可得而治，财用可得而足”（《墨子·辞过》），以实现“强本节用，则人给家足”（《史记·太史公自序》）的富强理想。从这点而言，墨子的忠不仅局限于臣对君的竭诚尽力，君对民的竭诚尽力亦称忠。[①]在《墨子》“三十六篇”中，共出现“忠惠”“惠忠”7次，占“忠”字出现频次的21%，足见，墨子对爱民谨忠的君主之忠的重视。

（三）为臣必忠、为臣必谏的臣子之忠

相对于为爱民谨忠、人君必惠，《墨子》更强调“为人臣必忠”（《墨子·兼爱下》）和“君子之必以谏”（《墨子·公孟》）。仅在《墨子》“三十六篇”中就出现了12次“忠臣”，占36%，足见墨子对臣子忠君的重视。墨子忠君思想主要表现在“事上竭忠”（《墨子·非儒下》）上，而“事上竭忠”关键要勇于谏诤，所谓“上有过规谏之”，“闻善而不善，皆以告其上。上之所是，必皆是之；所非，必皆非之。上有过则规谏之，下有善则傍荐之”（《墨子·尚同上》）。对于“弗击不鸣”“有过弗谏”的臣子，在墨子看来，乃“为人臣不忠”的“大乱之贼”（《墨子·非儒下》）。墨子反复强调“闻善而不善，不以告其上，上之所是弗能是，上之所非弗能非，上有过弗规谏，下有善弗傍荐，下比不能上同者，此上之所罚，而百姓所毁也”（《墨子·尚同上》）。在《亲士》中，墨子指斥那种“臣下重其爵位而不言，近臣则喑，远臣则吟，怨结于民心，谄谀在侧，善议障塞，则国危矣”的为臣不忠现象。在墨子眼里，谏诤是衡量一个臣子是否为忠臣的标准，所谓“上有过，则微之以谏，己有善，则访之上，而无敢以告外。匡其邪，而入其善，尚同而无下比，是以美善在上而怨雠在下，安乐在上而忧戚在臣，此翟之谓忠臣者也”（《墨子·鲁问》）。需要注意的是，墨子君惠臣忠的双向度忠君在后墨那里则有单向度的倾向。如《墨子·经上》提到“忠，以为利而强低也”。清人孙诒让释“低”为“氏”，认为此处当作“君”。按照孙诒让的

---

① 张锡勤、孙实明、饶良伦主编：《中国伦理思想通史》上册，哈尔滨：黑龙江教育出版社1992年版，第73页。

阐释理路，一般认为《经上》的“忠，以为利而强低也”强调的是“忠以利君”。

(四) 志功合观、忠信相连的道德践履

墨家非常重视目的与功效之间的必然联系，强调内在动机与实际效果的“合其志功而观”(《墨子·鲁问》)。墨子“志功合观”思想在忠德方面集中反映在“忠信”观念上。《墨子》“三十六篇”中，忠信连用或对称有11处之多，占忠出现总数的28%。《墨子》将“爱民谨忠，利民谨厚，忠信相连”作为古圣先王治国之本，将“所信者不忠，所忠者不信”(《墨子·七患》)列为七患之一。同样是谈忠信，相比较而言，儒家更重心性功夫，强调从内在自觉的“诚”来发扬忠信。而墨子则更重主体的道德践履，从实践功效的“志功合一”来践行忠信。在墨子看来，“言不信者行不果”，“行不信者名必耗”(《墨子·修身》)，主张“言必信，行必果，使言行之合犹合符节也，无言而不行也”(《墨子·兼爱下》)。在《非命》中，墨子还用“三表法”来检验实践效果。“何谓三表？子墨子言曰：有本之者，有原之者，有用之者。于何本之？上本之古者圣王之事。于何原之？下原察百姓耳目之实。于何用之？废(发)以为刑政，观其中国家百姓人民之利。此所谓言有三表也。”通过考察一个人的行为是否符合“三表”，是否“中天、鬼、人三利”，来检验其是否言行一致，忠信相连，志功合一。

三、道家的忠德观

先秦道家以老子、庄子为主。关于“忠”字，《道德经》凡2见，《庄子》凡23见。相对其他先秦思想流派，老庄对忠的论述并不集中，这是与其对道与德的看法以及他们对当时社会道德状况的认识有关。

(一) 老庄的道论与德论

老子和庄子之所以被看作道家学派，即二者都以道为其思想的基础。何谓道？老子认为道是不可名状的，所谓“道可道也，非恒道也。名可名也，非恒名也。无名，万物之始也；有名，万物之母也”(《老子》1章)。尽管道是不可名状、不可捉摸的，但却是世界的本体，即“有物混成，先天地生”的“天下母”(《老子》25章)。也就是说，道是产生万物的根本，是天下万物的孕育者和生成者，所谓“道生一，一生二，二生三，三生万物”(《老子》42章)。庄子继承了老子的道论，也认为道是虚无的，而且是更为绝对的无，即“无无”。同时，道无法言说，所谓“道不可闻，闻而非也；道不可见，见而非也；道不可言，言而非也”。且道无所不在，无所不包。面对东郭子的“所谓道，恶乎在？”的问题，庄子告之以“无所不在”，乃至于“在蝼蚁”“在稊稗”“在瓦甓”

"在屎溺"(《庄子·知北游》)。在庄子看来,世界万物的本质都是道,是"自本自根,未有天地,自古以固存。神鬼神帝,生天生地"(《庄子·大宗师》)。但如果仅从各自不同的角度而言,所看到的只是一个方面,所谓"自其异者视之,肝胆楚越也;自其同者视之,万物皆一也"(《庄子·德充符》)。从本质而言,庄子是赞成"天地与我并生,万物与我为一"(《庄子·齐物论》)的混同太虚之道本的。

老庄都谈道和德,道和德在老子那里是两个单字,庄子有时候把道与德作为单字,有时候又连用道德。关于道家的道与德的关系,学界多有论及。事实上,先秦道家的德并非我们通常所理解的道德,特别是老子的德并非是道德之意。相对而言,老庄所用的道德很多时候是将德作为道的重要内容来用。实际上,老庄的德更接近于德之本字"悳"的本义。德者,得也。而悳的本义是顺循道路的意思,引申为对道的遵循和坚守,体现了道的特性,所谓"道产生万物时,万物皆得到道的一部分作为自己生存和发展的根据,这就是所谓德"。也就是说,"德是道的体现,是人类及其他具体事物各自的物质基础及其本性和自然规律"。[①]关于道与德的关系,沈清松也认为,道家的道"就是万物的存在根源,是存在活动本身;万物由道所生,各有其德,以为其内在能力,可视为万物中的道。德亦是万物和人借以复归于道的内在动力"。[②]

在老子看来,"道生之,德畜之,物形之,势成之"(《老子》51章)。生之,畜之,正是道与德的特性,所以老子主张"尊道而贵德"(《老子》51章)。庄子也指出:"技兼于义,义兼于德,德兼于道,道兼于天。"(《庄子·天地》)在庄子看来,何谓德?"物得以生谓之德。"(《庄子·天地》)如同"生之谓性"一样,庄子也提出"生之谓德"的思想。因此,从老庄的本意看,所谓德主要还是体现道的一种本质属性,是物之理,物之性,而非我们今天所说的道德之谓。[③]这也就是为什么人们用道德来解释老子的"玄德""常德""孔德"等概念难以解释通的问题之所在。

(二) 老庄的道德虚无主义和反智倾向

老庄特别是老子虽然不以"德"或"道德"这样的词语来指代道德,但老庄对世俗的道德是非常关注的,并对世俗道德采取批评和否弃的态度。在老庄的语汇中,往往指斥仁义等世俗道德。在道德批判的角度上,老庄是站

---

① 张锡勤、孙实明、饶良伦主编:《中国伦理思想通史》上册,第106页。

② 沈清松:《沈清松自选集》,济南:山东教育出版社2005年版,第386页。

③ 不排除庄子个别地方使用德时含有道德的意味。

在道德虚无主义立场上的。

老庄面对社会的纷乱无序和道德沦丧，主张复古，主张回到结绳记事的原始社会。即便是有社会组织，老子也希望是“鸡犬之声相闻，民至老死不相往来”的“小国寡民”状态。基于这种复古思想，老庄坚持道德虚无主义，对世俗道德持批判态度。在老子看来，“大道废，有仁义”（《老子》18章），“失道而后德，失德而后仁，失仁而后义，失义而后礼。夫礼者，忠信之薄而乱之首”（《老子》38章）。庄子继承发扬了老子对仁义道德的批判，高扬了道和德的价值。在庄子看来，“道不可致，德不可至。仁可为也，义可亏也，礼相伪也。故曰：‘失道而后德，失德而后仁，失仁而后义，失义而后礼。’礼者，道之华而乱之首也”（《庄子·知北游》）。庄子不仅发扬了老子对仁义等世俗道德的否定思想，而且还在老子“天地不仁以万物为刍狗，圣人不仁以百姓为刍狗”（《老子》5章）的基础上，提出了“大仁不仁，不廉不嗛”（《庄子·齐物论》）的观点，抨击了道德仁义的虚伪。概言之，“道家批评仁义，认为价值是相对的、主观的、囿于形下而不及于道的”。①

老庄的道德虚无主义必然导致认识论、知识论上的反智倾向。老庄都主张反智，提倡“绝仁弃义”的道德虚无主义和“绝圣弃智”的反智主义。在《老子》18章中，老子在提出“大道废，有仁义”后更是指出：“智慧出，有大伪。”他主张无为而治，要求统治者“见素抱朴，少私寡欲”（《老子》19章）。“我无为，而民自化；我好静，而民自正；我无事，而民自富；我无欲，而民自朴。”（《老子》57章）同时，老子强调愚民政策，所谓“恒使民无知无欲，使夫智者不敢为”（《老子》3章），认为“古之善为道者，非以明民，将以愚之。民之难治，以其智多。故以智治国，国之贼；不以智治国，国之福”（《老子》65章）。庄子继承了老子的“为学日益，为道日损”思想主张，提出“吾生也有涯，而知也无涯。以有涯随无涯，殆已”（《庄子·养生主》）。通过对人生的有限性与知识的无限性对比，指出追求知识是徒劳无益的，是违背道的规律，而追求一种“堕肢体，黜聪明，离形去知，同于大通”（《庄子·大宗师》）的坐忘心斋状态。

（三）老庄的忠德观

老子论忠较少，通篇只提到两次，其中“国家昏乱有忠臣”在马王堆汉墓帛书甲乙本中还作“贞臣”，在郭店楚简中则作“安又（有）正臣”，因此，这句话是不是谈忠臣还存疑。相对于老子而言，《庄子》一书出现了23个“忠”字。

在老庄看来，所谓道德恰恰是社会无道、失德混乱的产物。“失道而后

---

① 沈清松：《沈清松自选集》，第419页。

德，失德面后仁，失仁而后义，失义而后礼。夫礼者，忠信之薄而乱之首。”无疑，忠也如同其他仁义道德一样，都是社会混乱的产物，所谓“国家昏乱有忠臣”。任继愈先生指出：老子“以最激烈的言辞，抨击阶级社会带来的弊端，反对忠孝，抨击仁慈，鄙薄礼义，诅咒战争，向往小国寡民的社会”。[①]庄子提到忠的地方较多，但很多都是在讨论场景中出自孔门弟子之口，如《渔父》的对话中，孔门师徒标举“性服忠信”，论及“廷无忠臣”“事君以忠贞”诸语。但总地来说，庄子对忠信、忠贞、忠臣等世俗道德基本是持否定态度的，如其曰：“夫孝悌仁义，忠信贞廉，此皆自勉以役其德者也，不足多也。”（《庄子·天运》）在老庄看来，素朴的社会不需要道德来约束人们的行为，而人们反而相安无事，所谓的仁义道德只是禁锢人性自由的枷锁。“素朴而民性得矣。及至圣人，蹩躠为仁，踶跂为义，而天下始疑矣。澶漫为乐，摘僻为礼，而天下始分矣。……道德不废，安取仁义？性情不离，安用礼乐？”（《庄子·马蹄》）所谓礼乐制度恰恰是忠信等道德灭失而应社会需要产生的。“夫礼者，忠信之薄而乱之首”。而所谓忠的道德又恰恰是人类社会背离无知、无欲、无为之道而产生的，如“大道废，有仁义；智慧出，有大伪；六亲不和，有孝慈；国家昏乱，有忠臣”。

需要注意的是，庄子并没有对忠一概否定。在《庄子·天地》篇中，庄子还利用先贤之口颂赞了“不尚贤，不使能，上如标枝，民如野鹿。端正而不知以为义，相爱而不知以为仁，实而不知以为忠，当而不知以为信，蠢动而相使不以为赐”的上古“至德之世”。在这里，朴实而不自知其为忠的“朴忠”显然是庄子所肯定的。此外，在《庄子》一书中，虽然不乏对“性服忠信，身行仁义，饰礼乐，选人伦。上以忠于世主，下以化于齐民”（《庄子·渔父》）的儒家道德的揶揄，但实际上庄子所抨击的是道德的虚伪性，而非这些道德本身。总地说来，就像徐复观所谓的“庄子是反俗儒之所谓仁义礼乐，而非反仁义礼乐之自身”[②]一样，庄子也并不否定忠本身的价值，[③]但他认为忠处于现实的困境之中。即拿臣子之忠君而言，“人主莫不欲其臣之忠，而忠未必信。故伍员流于江，而苌弘死于蜀，藏其血三年而化为碧”（《庄子·外物》）。先秦道家心目中的圣人是法天贵真的。其用在人事上，则“事亲则慈孝，事君则忠贞，饮酒则欢乐，处丧则悲哀”（《庄子·渔父》），而不假外求，更不需要外在

① 任继愈：《老子新译》，上海：上海古籍出版社1985年版，第22页。

② 徐复观：《中国人性论史》，上海：华东师范大学出版社2005年版，第244页。

③ 庄子在定义诸侯之剑时，提出“以知勇士为锋，以清廉士为锷，以贤良士为脊，以忠胜士为镡，以豪杰士为夹”（《庄子·说剑》），肯定忠在国家政治中的价值，但《说剑》一篇颇不类庄子风格。此处对忠的论述可存疑。

道德的约束。

四、法家的忠德观

先秦时期的法家代表人物主要有李悝、吴起、商鞅、申不害、慎到、韩非、李斯等，传世的先秦法家著作主要有《韩非子》《商君书》以及《慎子》辑佚本等。

(一)法家忠德观主要建立在自私人性论上

法家认为人性是自私自利的，所谓“喜利畏罪，人莫不然”(《韩非子·难二》)。在法家眼里，人与人的关系也被看作建立在彼此的利害算计基础上的，无论是“棺匠之心”，还是“舆人之志”，无一例外都是出于“为己”的私心。“韩非把一切都浸入冷冰冰的利害关系的计量中，把社会的一切秩序、价值、关系，人们的一切行为、思想、观念以至情感本身，都还原为、归结为冷酷的个人利害。”[①]有的学者将韩非的人性论称为“性好利论”，以区别荀子的性恶论[②]，但从目的上讲，韩非阐扬人性的负面不像荀子的人性恶那样为了“化性起伪”，而是为了祭出法制的大旗来构建社会新秩序。

韩非所构建的社会秩序是建立在自私自利人性基础上的功利社会秩序。他既反对儒家的伦理人性，也否定道家自然人性。“他坚决反对伦理人性向自然人性的消极回归，而是主张以积极的功利人性代替传统的伦理人性。”[③]在韩非所构建的功利秩序中，君臣关系无疑构成了其中最重要的环节。基于自私自利人性论下的功利秩序体系，传统的“以义合”的君臣关系也不可避免地要变为赤裸裸的“互市”交易。《韩非子·外储说右下》所谓“主卖官爵，臣卖智力”。在《难一》篇中，韩非子亦曰：“臣尽死力以与君市，君垂爵禄以与臣市。君臣之际，非父子之亲也，计数之所出也。”《韩非子·饰邪》所谓“君臣之交，计也”以及“君臣也者，以计合也”。在这种人性论基础上，一切君臣关系都是以利益为转移，发自内心的主动道德之忠是不存在的。忠是产生于君臣互市中的利益交换。法家从人性的角度阐析了委质为臣的经济利益关系。按照韩非的观念，忠根本不具备一丝一毫的美德伦理意味，而全是建立在一种交易基础上的被动履职尽责行为，体现了规则伦理的特点。

---

① 李泽厚：《中国古代思想史论》，天津：天津社会科学出版社2003年版，第89页。

② 参见刘泽华：《中国传统政治思想反思》，北京：生活·读书·新知三联书店1987年版，第44页。

③ 李元：《史海心航路》，第197页。

（二）法家忠观念集中定位在尊君卑臣上

按照法家的社会理论，如果不确定一物归属时，就会出现“一兔走街，百人逐之”的情况。为此，就要确立君长。君王的威权在法家的话语里就是“势”。《慎子·德立》曰：“立天子者，不使诸侯疑焉。立诸侯者，不使大夫疑焉。立正妻者，不使嬖妾疑焉。立嫡子者，不使庶孽疑焉。疑则动，两则争，杂则相伤。”“恃君而不乱矣，失君必乱。”君长的作用就像“分马者之用策，分田者之用钩”一样，“大君任法而弗躬，则事断于法矣。法之所加，各以其分”（《慎子·君人》）。在这种情况下，人主居尊位，握大权。韩非子继承发展了慎子关于势的思想，在《难势》篇中，韩非子引述了慎子的势论，所谓“贤人而诎于不肖者，则权轻位卑也；不肖而能服于贤者，则权重位尊也”。说到权势的重要性，慎子用尧和桀的故事，说明为什么“尧为匹夫，不能治三人；而桀为天子，能乱天下”的道理，关键在于“势位之足恃而贤智之不足慕”的道理。所谓“尧教于隶属而民不听，至于南面而王天下，令则行，禁则止”。结论就是一句话，“贤智未足以服众，而势位足以缶贤者也”。此外，韩非子还进一步论述了君王执一以御万的关键，在《扬权》篇中，韩非子强调“事在四方，要在中央。圣人执要，四方来效”。

相对于儒家通过礼来构建社会秩序，法家则通过法来维系社会秩序。在法家看来，忠就是建立在这种君尊臣卑、各安其分基础上的。在慎到看来，所谓“乱世之中，亡国之臣，非独无忠臣也”，之所以会亡国，主要是因为没有建立起各尽其职的尊卑秩序。按照这种秩序，即便是忠臣也“不得过职”。慎到一再强调“治乱不在于忠臣”，治国在于“贤使任职，而不在于忠也”。如果不能“贤使任职”，即便是“忠盈天下”，则反而“害及其国”，所谓“忠未足以救乱世，而适足以重非”（《慎子·知忠》）。韩非子也主张人主以威势御下，但却并不否认忠的作用。他认为臣子各尽所长、各司其职就是忠，所谓“人臣守所长，尽所能，故忠”（《韩非子·功名》）。法家认为“治主无忠臣，慈父无孝子”（《商君书·画策》），强调君王要操刑赏“二柄”来驾驭和管理臣下，而不是一味地用善言来安抚臣下。

（三）法家忠观念核心内涵在于绝对化的忠顺

先秦法家非常重视忠德，《慎子》有《知忠篇》，《韩非子》有《忠孝篇》。法家谈忠主要集中在忠君顺上，正如《韩非子·忠孝》所说的，“臣事君，子事父，妻事夫，三者顺则天下治，三者逆则天下乱，此天下之常道也”。在法家眼里，义乃忠君孝父等长幼尊卑之道，即“所谓义者，为人臣忠，为人子孝，少长有礼，男女有别”（《商君书·画策》）。韩非子对于孔子所倡导的孝悌忠顺予以尖锐的批评。在他看来,"孔子本未知孝悌忠顺之道"(《韩非子·忠孝》)。指出"父之孝子,君之背臣也"(《韩非子·五蠹》)。他反对孟子的诛一夫纣不算弑君的说法,强调"人主虽不肖,臣不敢侵"。在韩非子看来,忠臣就应该是"尽力守法,专心于事主者"(《韩非子·忠孝》),所谓"贤人之为人臣,北面委质,无有二心。朝廷不敢辞贱,军旅不敢辞难,顺上之为,从主之法,虚心以待令而无是非也"(《韩非子·有度》)。

韩非继承发展了荀子的"利君"思想和将忠分为上、次、下的剖析,提出了"大忠""小忠"之辨。他反对层级式的忠主之"小忠",提倡忠于最高君主的"大忠"。通过晋楚鄢陵之战中竖谷阳因忠爱子反而饮之酒导致贻误战机的例子,指出"其(指竖谷阳)心忠爱之而适足以杀之",认为"行小忠,则大忠之贼也"(《韩非子·十过》)。韩非子强调臣子事君要竭尽全部心力,所谓"尽力竭智以事主"(《韩非子·奸劫弑臣》)。

《韩非子》通篇出现96个"忠"字,足见其对忠君道德的重视。一言以蔽之,韩非忠德观的核心意蕴就是绝对地忠君。在韩非的忠德观中既没有孔子那样的"君使臣以礼,臣事君以忠"的双向度的忠君,也没有了其老师荀子的"争臣"谏诤精神,而完全是用竭心尽力尊君和效忠来换得爵禄的契约交易关系,使得忠德从一种兼具美德伦理与规则伦理的道德准则跌落到工具理性的冰冷层面,失却了忠德所应有的温度和质感。

五、杂家的忠德观

先秦时期除了儒、墨、道、法外,还有很多流派和思想家也频频论及忠,限于篇幅不作一一论述,笔者仅就杂家著作《吕氏春秋》的忠德观进行简要辨析。

(一)将忠狭义化为忠君

《吕氏春秋》非常重视忠,专门有《至忠篇》和《忠廉篇》。它继承了韩非子"大忠""小忠"之辨,并以利来喻忠。《吕氏春秋·慎大览·权勋》指出:"利不可两,忠不可兼。不去小利,则大利不得;不去小忠,则大忠不至。故小利,大利之残也;小忠,大忠之贼也。"《吕氏春秋》顺应了先秦时期忠德变迁的趋势,将全含性的忠逐渐狭义化为单纯的忠君。有研究者通过对《吕氏春秋》出现的68个"忠"字进行分析,认为其中63次的"忠"字都是下对上尽忠心,而其中专门指代臣子对君主尽忠心的则达52次之多。该研究者据此指出:"后世'忠'专指忠于君主,正是这种发展趋势的必然结果。"[①]《吕氏春秋》要

---

① 张双棣:《吕氏春秋词汇研究》,济南:山东教育出版社1989年版,第45页。

求臣子要尽己所能,效忠君主,危难时还要挺身而出,以死报效,所谓“苟便于主、利于国,无敢辞违,杀身出生以徇之”。通过卫弘演纳肝的故事,《吕氏春秋》赞扬道:“弘演可谓忠矣,杀身出生以徇其君。非徒徇其君也,又命卫之宗庙复立,祭祀不绝,可谓有功矣。”(《吕氏春秋·仲冬纪·忠廉》)

(二)凸显了忠谏的臣德

强调大忠就必然要求臣子尽心竭力于君主,这不仅要求臣子在危急时刻能一死报君王,更要时时忠谏于君,所谓“忠廉[1]之士,内则谏其君之过也,外则死人臣之义也”(《吕氏春秋·恃君览·恃君》)。《吕氏春秋》列举了谏周厉王监谤的召公、谏赵简子诛尹铎的孙明、谏魏襄王引漳灌邺的史起等臣子忠谏典型,同时提出国君要积极纳谏,所谓“至忠[之言]逆于耳,倒于心,非贤主其孰能听之?故贤主之所说,不肖主之所诛也。……夫恶闻忠言,乃自伐之精也”(《吕氏春秋·仲冬纪·至忠》)。《吕氏春秋》将刚愎拒谏的君王看作是“亡国之主”,认为臣子忠谏和君王纳谏是国家长治久安的重要保障。

(三)保留了忠的双向度

难能可贵的是,《吕氏春秋》虽然强调“死人臣之义”的忠廉,但并没有完全倒向单向度的愚忠,而是主张“臣不遮乎君。君同则来,异则去。故君虽尊,以白为黑,臣不能听”(《吕氏春秋·有始览·应同》)。《吕氏春秋》认为君臣之间就是一个“义”字,所谓“义也者,万事之纪也,君臣上下亲疏之所由起也”(《吕氏春秋·仲秋纪·论威》)。这个“义”是双向度的,一方面君主要“爱士”,而另一方面又盛赞“不臣乎天子,不友乎诸侯”的“士节”(《吕氏春秋·季冬纪·士节》),高扬“夫国士畜我者,我亦国士事之”(《吕氏春秋·孟冬纪·不侵》)的相对独立精神。当然,由于成于众人之手,《吕氏春秋》也存在“臣有义,不两主”(《吕氏春秋·不苟论·当赏》)和“父君虽不惠,臣不敢不事君乎?”(《吕氏春秋·恃君览·行论》)的单向度的忠君思想。

(四)提出了泛孝论主张

《吕氏春秋》非常重视孝,所谓“夫孝,三皇五帝之本务,而万事之纪也。夫执一术而百善至、百邪去、天下从者,其惟孝也”(《吕氏春秋·孝行览·孝行》),并把忠、孝联系起来,提出“先王之教,莫荣于孝,莫显于忠。忠孝,人君人亲之所甚欲也;显荣,人子人臣之所甚愿也”(《吕氏春秋·孟夏纪·劝学》),强调“人臣孝,则事君忠”,“事君不忠,非孝也”(《吕氏春秋·孝行览·孝

① 这里的忠廉是广义的,此处的廉不是我们通常理解的廉洁之义。案《说文解字》及段玉裁注,廉原义是“堂之边”,所谓“隅”“棱”是也,后引申为清、俭、严利等义。

行》)的道理。《吕氏春秋》的泛孝论在隆显孝的同时,也通过忠孝并提,使忠借着孝的名义得以提升,使“孝亲”重于“忠君”的观念发生了微妙变化。[①]面对忠孝冲突问题,《吕氏春秋》借石渚故事[②]阐扬了“不私其亲,不可谓孝子;事君枉法,不可谓忠臣”(《吕氏春秋·离俗览·高义》)的道理,但这实际上是一种逃避矛盾、回避问题的折中主义。[③]从《吕氏春秋》肯定石渚的做法是“忠且孝矣”,我们不难得出这样一个结论。

---

① 参见张锡勤、柴文华主编:《中国伦理道德变迁史稿》上卷,第145页。

② 荆昭王之时,有士焉曰石渚。其为人也,公直无私,王使为政。道有杀人者,石渚追之,则其父也。还车而反,立于廷曰:“杀人者,仆之父也。以父行法,不忍;阿有罪,废国法,不可。失法伏罪,人臣之义也。”于是乎伏斧锧,请死于王。王曰:“追而不及,岂必伏罪哉!子复事矣。”石渚辞曰:“不私其亲,不可谓孝子;事君枉法,不可谓忠臣。君令赦之,上之惠也;不敢废法,臣之行也。”不去斧锧,殁头乎王廷。正法枉必死,父犯法而不忍,王赦之而不肯,石渚之为人臣也,可谓忠且孝矣。(《吕氏春秋·离俗览·高义》)

③ 参见张锡勤、孙实明、饶良伦主编:《中国伦理思想通史》上册,第204页。

第二章 “三纲”的确立与忠君的凸显

秦汉先后建立起君主专制、中央集权的大一统帝国，与此相应，国家在意识形态和社会道德方面也加速了改革和型塑。在两汉时期，基本确立了“三纲”的绝对权威，奠定了“三纲”在中国君主专制社会和国家意识形态中至高无上、不可撼动的神圣地位。进而，作为彰显和落实“君为臣纲”这一首纲的政治道德，忠君也一跃而成为中国君主专制社会的首要政治道德。

第一节 秦和汉初的君臣关系及对忠德的影响

秦汉时期是中国历史上的一大变局，这不仅体现在政治方面的国家政治制度、治理体制、政治伦理等层面的诸多变革，也包括君臣关系的微妙变化，推动忠德向忠君的聚焦和转向。

一、秦代的君臣关系及忠德观

僻处西陲的秦国是靠着法家思想得以富国强兵，建立起统一的秦帝国。法家的君臣关系是一种相互交换的互市关系，同时强调君臣尊卑，即君主“执要”以保持威势，以术来御下，所谓“术者，藏之于胸中，以偶众端而潜御群臣者也”(《韩非子·难三》)。在这种理论指导之下，秦代的君臣关系也失去了“君使臣以礼，臣事君以忠”的双向度，而表现为一种互市交换的豢养与效忠关系。这种关系必然催生出一方赐予、一方尽忠那种看似很符合契约精神但实质上却背离人格平等的尊卑关系。秦朝将“尊卑贵贱，不逾次行”(《史记·秦始皇本纪》)的训诫镌刻在琅邪之石上，昭告于全天下。不仅如此，为了隆显皇帝的权威，严格君臣尊卑，秦始皇还推进了一系列制度改革和创新。比如，与群臣议定了皇帝的称号，并自命为始皇帝；明确了皇帝所下之命为“制”，令为“诏”，天子自称则曰“朕”。为了凸显皇权的威严赫赫，消解臣子对皇权的舆论制约，还叫停了臣下为君主议谥的传统。按照《逸周书·谥法解》,“谥者,行之迹也。号者,功之表也。……是以大行受大名,细行受细名,行出于己,名生于人”。帝谥实际就是对统治者死后的道德评判,秦始皇却认为这有背君臣尊卑,所谓“子议父,臣议君也,甚无谓”(《史记·秦始皇本纪》),从而剥夺了臣下为亡君议谥定论的资格和机会,实际上也无形中消解了臣子对君王的功过善恶进行评判臧否的道德制约,使得君王身后名不受天下万民的评骘。《史记·秦始皇本纪》所谓“秦俗多忌讳之禁”,于此可见一斑。

秦王朝建立后,法家思想也持续创新,为巩固专制君权、倡导绝对的忠君而源源不断地输送理论武器。秦朝的丞相李斯在上秦二世的奏章中,大谈君王御下之术和君臣关系。如君主要严刑苛法,“深督轻罪”;要保持威势,“久处尊位,长执重势,而独擅天下之利……能独断而审督责,必深罚,故天下不敢犯也”。此外还要“独操主术以制听从之臣”。概言之,李斯主张君王以“督责之术”的手段来严密管控臣子,已达到“臣无邪”的目的,进而,“臣无邪则天下安,天下安则主严尊,主严尊则督责必,督责必则所求得,所求得则国家富,国家富则君乐丰”。秦二世听从了李斯的建议,“于是行督责益严,税民深者为明吏”,并刷新了此前关于忠臣的概念认知,提出“杀人众者为忠臣”(《史记·李斯列传》)。因此,不仅对秦末暴政,李斯难辞其咎,而且其思想催生了扭曲变态的忠德观,把杀人多少作为是否为忠臣的判准。

可悲的是,秦王朝扭曲的君臣关系和忠德观还被秦末农民起义军所剿袭,陈胜的张楚政权竟然也“以苛察为忠”(《汉书·陈胜传》)。当然,秦末义军中也不乏坚守忠于社稷、忠于君王的传统忠德观,如周市就坚守“天下昏乱,忠臣乃见”(《史记·魏豹彭越列传》)的古训,拒绝自立为王,而是迎立魏王后人魏咎为魏王。因为在他看来,忠臣是肩负复国重任的,而不是僭越窃据大位。

总地看,秦王朝倡导的忠是非理性的,扭曲且悖谬的,在“臣主之分定,上下之义明,则天下贤不肖莫敢不尽力竭任以徇其君矣。是故主独制于天下而无所制”(《史记·李斯列传》)的政治高压下,秦朝的专制集权和君尊臣卑达到了极致。在这种恶劣的政治生态环境下,“人臣忧死而不暇”(《史记·李斯列传》),战战兢兢,不敢越雷池半步,完全丧失了独立性,臣子之忠也自然丧失了道德理性。做臣子的一味地揣摩上意,不假思索地匍匐于皇帝的脚下,客观上加剧了忠德的扭曲。说穿了,臣子表面效忠,而实际上背离了忠的基本精神,即所谓的“上乐以刑杀为威,天下畏罪持禄,莫敢尽忠”(《史记·秦始皇本纪》)。对此,在《史记·秦始皇本纪》中,司马迁进行了深入的分析,并痛切地指出“当此时也,世非无深虑知化之士也”,但为什么大家都“不敢尽忠拂过”，所谓“天下之士，倾耳而听，重足而立，拑口而不言”。究其原因，主要是因为“秦俗多忌讳之禁”，担心“忠言未卒于口，而身为戮没矣”。太史公最后不由得慨叹道：“是以三主失道，忠臣不敢谏，智士不敢谋。天下已乱，奸不上闻，岂不哀哉！”

从主观上看，任何帝王包括专制帝王，无不要求臣子真心实意尽忠。秦始皇也一样，他命人将“远迩辟隐，专务肃庄。端直敦忠，事业有常”（《史记·秦始皇本纪》）刻进琅邪之石，也意在高扬“端直敦忠”的忠德，但南辕北辙的御下之术必然导致忠臣杜口的悖谬。

尽管忠在秦代政治中已经背离了基本精神，但政敌之间仍把不忠作为相互攻讦的口实，责人以不忠更是暴君佞臣残害忠良的惯用伎俩。如围绕分封制和郡县制孰优孰劣展开争论时，淳于越就以“面谀以重陛下之过，非忠臣”（《史记·秦始皇本纪》）来攻击持不同意见者的周青臣。再比如赵高劝说胡亥杀蒙毅时，也诬蒙毅“不忠而惑主”。当时子婴、蒙毅曾以桀杀关龙逢、纣杀王子比干、楚平王杀伍奢、吴王夫差杀伍子胥、赵王迁杀李牧等历史教训警告二世不要“诛杀忠臣而立无节行之人”，否则，忠臣“身死则国亡”，帝王也将“失其国而殃及其身”（《史记·蒙恬列传》）。而此前，赵高伙同李斯已矫诏杀死了公子扶苏和蒙恬。在伪作的诏书中，指责扶苏“为人子不孝”，指责蒙恬“为人臣不忠”，一并赐死。扶苏以“父而赐子死，尚安复请”（《史记·李斯列传》）而拒绝了蒙恬提出的向秦始皇申述的建议，并选择自杀。随后，蒙恬亦服毒自尽。扶苏、蒙恬这种在忠孝观念重压下自尽的行为，与春秋时期晋太子申生为不违背所谓的“忠”“孝”而愚死的行为，都体现了“君亲无将，将而诛焉”（《公羊传·庄公三十二年》）的理念，实开后世“君让臣死臣不得不死，父叫子亡子不得不亡”之先河。

秦二世不仅以“不忠”名义屠戮忠臣，而且还以此大杀宗室。在秦二世的淫威下，有的宗室担心自己若出逃会连坐自己的族人，而不得已请求以死殉葬秦始皇来表忠心。如公子高就上书请求：“臣当从死而不能，为人子不孝，为人臣不忠。不孝不忠者，无名以立于世，臣请从死，愿葬骊山之足。唯上幸哀怜之！”即便这样，秦二世还担心其中有变诈，问赵高：“此可谓急乎？”赵高回答说：“人臣当忧死而不暇，何变之得谋！”（《资治通鉴·秦纪二》）最后，公子高得以以殉葬换得了自己族人性命之保全。“忧死不暇”也成为秦末臣子普遍心态的真实写照。

秦末政治极其恶劣，即便是竭尽忠诚也难保全身而退，李斯就是个活生生的例子。李斯虽然嫉贤妒能，构陷韩非，且极尽法家督责之严苛，加剧了秦朝的暴虐，但其对秦朝而言，大体还算得上是个忠臣。即使这样，在秦朝恶劣的政治生态环境中，自恃“忠臣不避死而庶几”的李斯也最终死于昏虐的暴君和奸邪的赵高之手。据《史记·李斯列传》载，李斯在被下狱时曾仰天浩叹道：“嗟乎，悲夫！不道之君，何可为计哉！”并以史上有名的忠臣关龙逢、王子比干、伍子胥，来说明“此三臣者，岂不忠哉！然而不免于死，身死而所忠者非也”的道理。李斯认为自己“智不及三子（指关龙逢、王子比干、伍子胥）”，而效忠的秦二世比此三人所效忠的史上暴君更为无道，所谓“夷其兄弟而自立也，杀忠臣而贵贱人，作为阿房之宫，赋敛天下”。面对这样的暴君，“吾以忠死，宜矣”。

尽管李斯指责二世“夷其兄弟而自立”，实际上他也参与了沙丘之变，这也就是笔者说李斯“大体还算得上是个忠臣”的原因所在。若以李斯在沙丘之变中的表现而言，显然其忠是大打折扣的。正因为赵高以扶苏继位则必以蒙恬为丞相而触动了李斯的私心，李斯才与赵高一起设计矫诏杀扶苏和蒙恬。李斯这种违背秦始皇遗旨、矫诏废立的行径无疑是“非人臣所当议”（《史记·李斯列传》）的不忠行为。西汉时人多哀叹李斯忠死，感慨“李斯竭忠，胡亥极刑”（《汉书·邹阳传》），实际上仅以沙丘密谋一事，李斯就不能算是纯正的忠臣。对于汉初时人关于李斯忠否的评价，司马迁持不同的看法。在《史记·李斯列传》的史论部分，司马迁指出李斯作为秦朝三公，“可谓尊用矣”，但李斯“知六艺之归，不务明政以补主上之缺，持爵禄之重，阿顺苟合，严威酷刑，听高邪说，废适立庶”，做了一些助纣为虐的事，直至“诸侯已畔”，李斯才想要谏诤，“不亦末乎”？对于西汉初年流传的李斯“极忠而被五刑死”的观点，司马迁是不赞同的，也不把李斯看作忠臣。

对于李斯是否算是忠臣，西汉末年的扬雄也有微词，他说：“（李斯）用狂人之言，从浮大海，立赵高之邪说，废沙丘之正，阿意督责，焉用忠？”（《法言·重黎》）可见，太史公和扬子云对李斯忠否的质疑主要是集中在其参与沙丘密谋、迎顺帝意而大倡督责苛法等方面。而这一切归根结底，都是由于秦朝君臣关系出现了问题，特别是对忠臣的标准发生了畸变而造成的。正由于忠德观念的混乱，忠臣标准的淆乱，导致汉代人对李斯是否为忠出现了不同的说法。

二、西汉初年的君臣关系与忠德状况

秦末暴政，天下英雄揭竿而起。出身亭长的布衣之士刘邦历经四年楚汉相争，打败项羽，取得天下，建立起大汉帝国。在新旧交替的时代背景和错综复杂的社会关系中，西汉初年朝野上下的君臣关系大体也经历了一个初期较为松散随意，后来逐步规范严格的嬗变发展过程。在此期间，君臣尊卑越来越严格,至上皇权不断得到隆显。

刘邦能以区区亭长而得天下,离不开强有力的老班底和各路英雄的支持。因此,汉政权建立初期,在汉高祖周围大体形成了几股强大的政治势力,主要包括丰、沛同乡故旧,刘氏姻亲,以及投靠来的各路豪杰和昔日六国贵族的后裔。为了羁縻和笼络种种政治势力,在立国之初,刘邦也曾因袭周代的分封制,分封了彭越、韩信、张耳、黥布等一批异姓功臣。这些受封的异姓王割据一方,尾大不掉,对中央集权统治无疑是个威胁。因此,为消除隐患,加强君主专制,刘邦采用各种手段,使得最初分封的异姓八王,或因疑惧被逐,或冠之以叛逆名义诛杀。大多异姓王未得善终,唯赵王张耳和长沙王吴芮得以保其首领以殁。其中,"张耳以智全"(《汉书·韩彭英卢吴传》)。而吴芮王国之所以得以存世,主要在于吴芮封国弱小,而且他本人对上忠顺,不敢有贰心。据《汉书·韩彭英卢吴传》载,"吴芮,秦时番阳令也。……高祖贤之,制诏御史:'长沙王忠,其定著令。'……吴芮之起,不失正道,故能传号五世,以无嗣绝,庆流支庶。有以矣夫,著于甲令而称忠也!"所谓"汉约非刘氏不王,而芮王,故著令中,使特王也。或曰,以芮至忠,故著令也"。由此可见,汉王朝将弱小且不具备威胁的诸侯王吴芮作为一个诸侯国效忠的典型例子写进王朝的著令中,当作地方诸侯忠君的宣传样板。这种榜样的宣传作用非常重要,甚至于在清除掉绝大部分异姓王后,确立了"非刘氏不王"的原则后,吴芮仍得以传国五世。贾谊在指出分封制的弊病时,就分析了诸侯反叛规律是:强者先反,弱者后反。贾谊的言下之意似乎认为吴芮这样的弱小诸侯王太弱了,乃至于不敢反。

西汉初年,政权初创,中央政权与各种势力之间的斗争就从没有间断过。铲除异姓王后,诸吕专权;诛灭诸吕后,同姓王坐大,爆发了吴楚七国之乱。这些不仅给西汉王朝的政治、经济、军事带来极大的冲击,也严重削弱了中央专制集权。[①]汉初影响中央集权专制的因素不仅仅在于地方上存在诸侯王,而且其中央政权体系内部也表现出君臣上下尊卑秩序之混乱。由于汉初功臣群体成分复杂,有的出身低微,文化素养和个人修养参差不齐,因而汉朝初年的君臣关系显得较为散漫,君臣尊卑的秩序也显得混乱无序,专制君主的权威尚未真正树立起来。究其原因是多方面的,比如汉高祖刘邦的个性和品质就是一个重要原因。据史载,刘邦出身亭长,为人狡诈,向无信义,且詈骂臣下,不尊重人,但有时又与近臣狎侮。这些都有损君王威

---

① 参见李玉洁:《中国早期国家性质:中国古代王权与专制主义研究》,开封:河南大学出版社1999年版,第448页。

仪。另一方面,刘邦的同乡故旧也居功自傲,无视尊卑,史载,“高帝悉去秦仪法,为简易。群臣饮争功,醉或妄呼,拔剑击柱,上患之”(《汉书·叔孙通传》)。一句“上患之”说明刘邦对于臣下的无尊卑礼仪很不满。当然,刘邦并没有像陈胜那样采取极端手段来解决故人不重君臣尊卑的问题,而是采取让叔孙通等儒生重建礼仪制度的方式来解决君臣尊卑的无序问题。

在汉初,影响皇帝权威和尊严的不仅因为有相对独立的国中之国——诸侯国,也不只是君臣之间缺乏礼仪约束,还表现在皇帝与作为自己父亲之间的复杂微妙关系上。刘邦虽然当了皇帝,但对待父亲刘太公还是按照孝道的要求,谨遵人子之礼。刘太公也想当然地以父亲自居,没有行君臣之礼。据《汉书·高帝纪下》记载,刘太公的家令劝说刘太公道:“天亡二日,土亡二王。皇帝虽子,人主也;太公虽父,人臣也。奈何令人主拜人臣!如此,则威重不行。”当汉高祖刘邦下次来拜见刘太公时,“太公拥彗,迎门却行”。刘邦大惊,下来扶刘太公,太公曰:“帝,人主,奈何以我乱天下法!”这件事后,刘邦重赏家令黄金五百斤。在家国同构、君父一体的社会中,有鉴于父子乃“人道之极”,刘邦采取尊刘太公为太上皇的方式,巧妙调适了君与父非集于一身所带来的尊卑冲突,维护了宗法礼治社会中君权和父权的威严。

汉代处于中国君主专制社会的初期,君臣尊卑尚在不断强化过程中,虽不及明清那样势同霄壤,但朝廷上下也认同于“履虽鲜不加于枕,冠虽敝不以苴履”(《汉书·贾谊传》)的道理。总地看,汉初的君臣尊卑还不很严苛,也不似秦朝暴君虐臣那样紧张。有什么样的君臣关系,就有什么样的忠君道德。对待礼遇自己的君王,臣子也自然竭尽己忠。反之,如果君王待己无礼,则有的臣下不仅不会竭力效忠甚至还有反叛的可能。这种情况在楚汉战争期间以及西汉建立之初都有所反映。如魏豹就曾因“汉王(刘邦)嫚侮人,骂詈诸侯群臣如奴耳,非有上下礼节,吾不忍复见也”(《汉书·魏豹传》)而离开了刘邦集团。即便是在刘汉政权建立后,因为刘邦“轻士善骂”的恶名远播,也使得商山四皓这样的世外高人为了义不受辱,“恐而亡匿”(《汉书·张良传》),只是在张良的请托下,有感于刘盈的仁厚而出山辅佐之。商山四皓的故事恰好从正反两个方面说明了君臣关系对臣民忠否的影响。当然,商山四皓辅佐刘盈乃是张良用计来鼓动刘邦立刘盈为太子,主要是一种权谋策略,至于其中有多大的君臣之间效忠的成分就不好说了。

汉初统治者基于对秦政失败的反思,大封异姓王和刘氏宗族,造成了“国中有国”的等级君主制。这种等级分封制必然带来“各为其主”的层级效忠关系,而这种层级效忠关系对君主集权专制必然是一种消解。如在杀掉韩信后,刘邦对当年在楚汉相争时曾劝韩信造反的蒯通进行追责。面对刘邦的淫威，蒯通的回答是："狗固吠非其主。当是时，臣唯独知韩信，非知陛下也"(《史记·淮阴侯列传》)。刘邦也不得不接受这番说辞而赦免了蒯通。这种层级式"各为其主"的忠德在汉王朝建立后也存在于各诸侯国中。汉高祖从匈奴围困的白登山解围后路经赵国，赵王张敖(张耳子，刘邦女婿，鲁元公主之夫)对刘邦毕恭毕敬，但刘邦对张敖却"箕踞詈詈，甚慢之"。赵王臣子贯高、赵午对刘邦这种无礼于其君的做法非常气愤，以"帝辱我王"而欲行刺刘邦。事情败露后，刘邦命人押解赵王到长安欲杀之，当初参与谋刺者皆自杀，唯贯高为了帮助赵王洗脱罪名，"自髡钳，为王家奴"，跟到长安。虽受尽酷刑，贯高始终坚称赵王不知情。最后，刘邦被贯高的忠义所感动，不仅相信赵王没有参与谋反，而且下令赦免贯高。但贯高还是自杀了，死前曾说："所以不死一身无余者，白张王不反也。今王已出，吾责已塞，死不恨矣！且人臣有篡杀之名，何面目复事于上哉！纵上不杀我，我不愧于心乎？"(《史记·张耳陈馀列传》)这个故事表明汉初存在"各为其主"的层级式忠君道德。吕思勉先生尝谓："秦汉去封建之世近，故其民犹有各忠其君之心。"①

赵王张敖事件也说明即便贵为天子，口含天宪，乾纲独断，也不能随意侮辱臣下，至于责罚就更不可率意为之。自古就强调"君为元首，臣为股肱"。汉代的三公不仅在政治上有话语权，而且在皇帝面前保持足够的尊严。对于大臣的正当执法行为，皇帝也无权强加干涉。如丞相申屠嘉为人"廉直方正"，直言不讳地批评汉文帝要严肃朝廷礼仪，不可让幸臣恃宠狎侮。汉文帝让幸臣邓通"免冠徒跣"到相府赔罪，申屠嘉仍严厉斥责曰："夫朝廷者，高皇帝之朝廷也。通小臣，戏殿上，大不敬，当斩。"(《史记·张丞相列传附申屠嘉传》)从这个事例中，我们能得出几个结论：一是叔孙通帮助汉高祖订立的那套朝廷礼仪确立了君臣关系和皇帝权威，并成为汉代定制；二是破坏朝廷尊卑礼仪是大不敬的罪名，按律当斩；三是大臣具有依法行政的权威，这种权威甚至不受君王掣肘；四是三公的地位较高，皇帝也要礼让三分，而不可颐指气使。

汉王朝的君臣关系尽管较秦王朝宽和，但毕竟是君主专制帝国。因此，皇帝对丞相等大臣的礼遇也是有限度的。即便是相权重的时代，丞相也要保持对君权的敬畏，不可触碰君尊臣卑这一"高压线"。老臣周勃对汉文帝有拥立之功，做了丞相后不免有些忘乎所以。史称，"(周勃)朝罢趋出，意得甚。上礼之恭，常目送之"。对此，主张"尊卑有序则上下和"的大臣爰盎非常看不惯，指出："绛侯(即周勃)所谓功臣，非社稷臣。社稷臣主在与在，主

① 吕思勉：《秦汉史》，上海：上海古籍出版社1983年版，第524页。

亡与亡。……丞相如有骄主色，陛下谦让，臣主失礼，窃为陛下弗取也。”（《汉书·爰盎传》）并且把这种有违君尊臣卑原则的事情归之于君臣两方面的原因，认为君王和大臣都对这种君臣失礼问题负有责任。经爰盎的提醒，以后朝会时，汉文帝则表现得庄重严肃；而丞相周勃也大加收敛。有趣的是，似乎周氏家族一贯有功高震主、居功自傲的传统，周亚夫也同其父一样，性格桀骜不驯，在参加朝廷赐宴时因案前无箸而对汉景帝表现出强烈的不满。汉景帝也感到“此鞅鞅，非少主臣也！”（《汉书·周勃传附子亚夫传》）由此可见，周勃父子因破坏了君尊臣卑的政治规矩，最终落了个父有囹圄之灾、子遭饿毙之厄的下场。对于周勃被免相位后又以谋反罪下狱羁押一事，其实汉文帝本知道周勃不存在谋反之事但仍让其受点苦头，实际上就是对周勃缺乏君臣尊卑的小惩大诫。同时也杀鸡儆猴，敲打警示有功的老臣们。后人针对周亚夫之死的原因，或归之于命相，或归之于个性太强。究其根源，主要还是周亚夫破坏了君尊臣卑的规矩。

同样的一幕，历史一再重演，汉宣帝的辅政大臣霍光也犯了功高震主的毛病，让君王感觉到威胁和不爽。汉宣帝自己就表达了与霍光一起乘舆外出时，有种芒刺在背、非常不安的不良感觉。“故俗传之曰：‘威震主者不畜，霍氏之祸萌于骖乘。’”（《汉书·霍光传》）在君主专制的社会里，即便是没有野心的兢兢业业之臣也常遭君主的猜忌，何况霍光是大权独揽、跋扈专断之人，更会成为君主忌惮的对象。因此，尽管霍光在废昌邑王、立汉宣帝关键时刻有辅佐兴复之功，但其死后仅三年，霍氏宗族就遭族诛。究其根源，还主要在于霍氏违背了君尊臣卑，威胁了至高无上的专制君主权威，破坏了君主专制政体下君臣之间的游戏规则。

总地来说，西汉初年的君臣关系基本是比较和谐的。刘邦折辱臣子的流氓习性和周亚夫“鞅鞅（亦作‘怏怏’）不臣之气”等都只是个例。从高祖建国到汉武初期，汉朝君臣戮力同心，重建社会秩序，因而这一时期的君臣关系以君明臣忠为主基调。特别是在刘邦死后，陈平、周勃、王陵等老臣与吕后集团进行权力斗争，极力兴复汉室，表现出忠于社稷的品格。文景时期，天下承平，忠德逐渐规范。这一时期，君主相对开明仁和，臣子大都竭忠尽力。如在抑制诸侯王势力、维护王朝大一统方面，贾谊、晁错、主父偃等人都不顾个人安危进退，勠力为国。晁错更是不惜身家性命，力主削藩，尽忠而死。

三、治国理政指导思想的嬗变及对忠君道德的影响

汉代治国理政的指导思想是经过一个不断摸索和变化的过程。汉初统治者在秦朝废墟上建立起汉帝国后，对秦朝灭亡的原因和教训进行了深

刻而全面的反思，一致认为秦朝亡于不施仁义。在汉初，提出行仁义、诗书治国的主要是陆贾，而在礼仪制度上推进实践的则主要是叔孙通。汉高祖刘邦则完全是个政治实用主义者。他有鉴于秦朝专任法家而迅速灭亡，抛弃了法家治国思想，采用了儒家的朝仪和礼乐制度，但在中央和地方官僚体系和法律制度上仍主要沿袭了秦制，同时在秦制基础上力求“简易”，体现了“尚俭”的道家精神。也就是说，在治国理政指导思想方面，汉初统治者抛弃了法家(或者在表面上淡化了法家的色彩)，但也没有直接采用儒家，而是施行了一段道家的黄老之术。汉初之所以以黄老之术作为治国理政的指导思想，首先在于道家看似无为，实际上也是一种“有为”的统治术，即通过清虚简政、欲取先予等策略来恢复民生，实现社会的安定。其次，这种“无为而治”的统治方略对于修复被秦代严刑峻法所破坏的社会关系和生产生活秩序非常有用，可以与民休息，休养生息。再次，汉初统治集团大多尊奉道家，如张良受书黄石公，“治黄帝、老子之术”(《汉书·张陈王周传》)的陈平，萧何、曹参则俱行无为，所谓“萧、曹为相，填以无为，从民之欲，而不扰乱”(《汉书·刑法志》)。汉初的最高统治者也多具有道家色彩，如恶儒服、不事诗书的刘邦，在制度设计之初则“尚简易”。刘邦之后的统治者如汉惠帝、吕后都施行“无为”“拱己”(《汉书·高后纪》)的统治策略。在汉初统治者奉行黄老之术的统治策略之下，轻徭薄赋，法律简省，刑罚罕用，百姓安居，四民乐业，国力恢复。到了文帝、景帝时期，也都是“清静无为”而非强力进取(除了逼不得已的“削藩”)之主，而且薄太后、窦太后也都深信黄老和道家之术。

汉初以道家的黄老之术作为治国理政的指导思想，在汉武帝时期发生了根本性转变，将儒家作为国家意识形态的指导，而施行阳儒阴法的统治方略。“无论是对政治还是对思想而言，武帝时代绝对是西汉历史的一个转折点。”[①]汉武帝采纳了董仲舒提出的罢黜百家、独尊儒术的建议，通过“霸王道杂之”的方式，构建起大一统的中央专制集权统治。当然，汉武帝所尊的儒术，已经不是先秦时期的儒术，而是兼采众家之长的儒表法里。[②]或者如费正清所说的，“汉代的儒家学说是一些思想的奇怪混合物”。[③]汉武帝以降，汉代确立了儒家意识形态的地位。究其原因，主要是相比道、法、墨等流派而言，只有儒家虽经秦末乱世仍为人们内心所依托，特别是儒家的孝悌忠节

---

① 周晓露：《西汉思想与政治》，湖南大学博士学位论文2010年。

② 参见黄留珠：《秦汉历史文化论稿》，西安：三秦出版社2002年版，第376页。

③ [美]费正清、赖肖尔：《中国：传统与变革》，陈仲丹等译，吴世民等校，南京：江苏人民出版社1992年版，第73页。

对于巩固大一统君主专制集权十分有利。因此,儒家代替道家成为帝国统治的指导思想,是一种历史的必然。[①]

汉初治国理政指导思想的嬗变对忠德的发展具有非常重要的意义。当最初施行黄老之术时,虽然汉初统治者也一直致力于构建较为严格的君尊臣卑政治秩序,也不遗余力地宣扬忠君道德,但在制度建设、思想宣传等方面都还相对滞后,不利于忠君道德的发展。这也是与道家主张无为而治、反对过多的道德和法律规制息息相关的。我们知道,先秦道家就反对那种人为地对道德礼义的宣扬,反对所谓的忠孝,认为国家昏乱才有忠臣。而无为而治则天下无事,不需要所谓的忠臣来捍卫。黄老之术虽然与老庄道家还有所区别,但毕竟属于道家一系,在思想主旨上也都反对过多的道德和法律制约,而主张休养生息,与民休息。因此,在这种治国理政指导思想下,虽然始终不乏忠臣烈士,但总地来说不利于忠君道德的发展。比如,晁错父亲反对晁错为了忠于刘氏而自危晁氏的观点就代表了那种无为拱默、清虚自守的黄老精神。显然,这种思想观念是不利于大一统的中央集权专制的。因此,汉武帝要加强中央集权,削弱诸侯王等有损集权精神的势力,建立起大一统的专制秩序,就必然要严格君臣关系,隆显天子的无上权力和尊严。忠君道德迎合了封建帝王的这种政治需要,从而迎来了快速发展的黄金时期。在先秦诸子中,儒家和法家都力倡忠德。尽管二者的忠观念有所差别,但在宣扬忠君上则较为一致。这种宣扬忠君的道德观念在汉武帝推动儒法合流、施行阳儒阴法的统治理念时得到大力的彰显。

第二节　从董仲舒到《白虎通》:忠君道德占据至高无上地位

在中国传统道德变迁史上,两汉的贡献突出表现在构建并确立了与君主专制统治相适应的“三纲五常”道德体系。纵观两汉思想史,从董仲舒到《白虎通》乃“三纲”思想体系确立和完善的重要时期,也是君臣之伦跃居群伦之首、忠君道德跃升众德之冠的重要时间节点。

一、“三纲”的萌芽及其正式提出

追本溯源,早在先秦时期,在法家和儒家的一些论述中,就出现了“三纲”的思想萌芽。韩非子曾提出所谓的“三顺三逆论”,即“臣事君,子事父,

---

① 参见曹聚仁:《中国学术思想史随笔》,北京:生活·读书·新知三联书店1986年版,第93页。

妻事夫，三者顺则天下治，三者逆则天下乱，此天下之常道也”（《韩非子·忠孝》）。《商君书》亦强调“所谓义者，为人臣忠，为人子孝，少长有礼，男女有别”（《商君书·画策》）。在法家看来，社会诸种关系中以君臣、父子、夫妇三对关系为要。在这三对关系里，前者都对后者具有绝对的支配权，而后者则必须绝对服从前者。对这种道德秩序的坚守则体现了“义”的精神。

尽管在很多方面，先秦儒家与法家异趣，甚至针锋相对，但在归纳人伦体系方面却殊途同归，如合符节。先秦儒家也非常重视父、君、夫三权，其中，父权被先秦儒家看作是最根本的，将父子关系看作人伦之本。通过对五伦的梳理，孟子将“内则父子”“外则君臣”“男女居室”这三种关系定性为“人之大伦”。《仪礼·丧服》明确高扬“父至尊也”“君至尊也”“夫至尊也”的“三至尊”说。尽管先秦儒家“三至尊”说仍将父权置于首位，但已经有了“三纲”雏形，故而康有为曾表示：“《仪礼》特立三纲之义，而诸经发挥之。”[①]

对于“三纲”之萌芽，有人狐疑道：“‘三纲’之说到底算儒家呀，还是算法家？”[②]其实，这毫不奇怪。在凸显君、父、夫三者对臣、子、妇三者的支配地位上，先秦时期的儒家和法家是殊途同归的，只是侧重点不同罢了。在《论六家要旨》中，司马谈曾云：“儒者博而寡要，劳而少功，是以其事难尽从，然其叙君臣、父子之礼，列夫妇、长幼之别，不可易也。……法家严而少恩，然其正君臣上下之分，不可改也。”（《汉书·司马迁传》）尽管儒家和法家存在诸多思想分歧和冲突，但在高扬君权、维护君臣大伦问题上却是基本一致的。二者的不同主要表现在：法家基于人性自私论，认为人主必须用赏罚二柄，特别是倾向于用严刑苛法来维系政治和社会秩序。而儒家虽也主张宽猛相济，但更倾向于德主刑辅，主张通过加强礼制建设和通过道德教化提高人们的道德修养，以此来稳固长幼有序、尊卑有等的社会秩序。

中国历史上首次明确提出“三纲”的是西汉董仲舒。“三纲”思想正式出现在西汉武帝时期，这与汉初政治形势和社会发展是分不开的。针对秦朝的暴虐，西汉初年的统治者曾采用无为而治和休养生息的办法来矫治。到了武帝时期，国力不仅恢复，而且达到一个空前强盛的状态。对外要抵抗北部匈奴的侵扰，对内要有效治理庞大的帝国，这时已经不能再无为而治了。而儒家思想较为中和，较黄老更为有为，较法家更为仁恕，这足以纠正法家的严苛少恩和黄老的消极无为。于是，罢黜百家、独尊儒术便成为汉武帝不二之选。但事实上，儒家的仁政德治对于治理汉帝国而言仍嫌不

---

① 康有为：《万木草堂口说》（外三种），北京：中国人民大学出版社2010年版，第26页。

② 熊逸：《春秋大义——中国传统语境下的皇权与学术》，第201页。

足。而法家的法、术、势则更强有力。因此，为了强化君主集权专制，汉武帝表面采纳罢黜百家、独尊儒术建议，实际则德刑兼施，兼采儒法，是阳儒阴法的。这种儒法合流的统治策略客观上推动了融汇儒家“三至尊”说和法家“三顺”说的“三纲”思想的产生。在《春秋繁露》的“基义”篇中，董仲舒在中国历史上首次提出“王道之三纲可求于天”的观点，从而将“三纲”推崇为神圣的王道，上升到天道、天理、天意的理论高度。尽管董仲舒并没有指明“三纲”究为哪“三纲”，但从其一再高扬君权、父权、夫权[①]中可以推知，其“王道之三纲”说的应该就是君臣、父子、夫妇三对主从伦常关系中的主导——君、父、夫。而此前的传统儒家一般提到的是五伦，即君臣、父子、兄弟、夫妇、朋友。“董仲舒更于五种关系之中，提出君臣、父子、夫妇三种，特别强调其统治与被统治关系。这就是所谓‘三纲’：君为臣纲，父为子纲，夫为妻纲。”[②]董仲舒还系统论证了“三纲”，从永恒性、神圣性的角度完成了对“三纲”的理论建构。

二、“三纲”的神圣性与忠君道德的首要性

在两汉，围绕“三纲”理论体系的建构，西汉大儒董仲舒所著《春秋繁露》和东汉班固整理的官方会议文件《白虎通》做出了较大贡献。二者都致力于将“三纲”论证成天道所在、天然合理、不证自明、恒久不变的大道真理，致力于将“三纲”神圣化、绝对化，以此来引导和鼓励人们普遍认同、自觉遵守、努力践行。

在“三纲”神圣性方面，董仲舒和《白虎通》都将天人、阴阳思想作为立论的基础和依据。

一方面，用天人感应的天人观来论证“三纲”的合法性与合理性。在董仲舒看来，天是至高无上的，所谓“天者，百神之大君也”(《春秋繁露·郊祭》)，“天者，万物之祖”(《春秋繁露·顺命》)。相对人来说，“天亦人之曾祖父也”(《春秋繁露·为人者天》)。作为天的副本，人副天数，是天的反映。董仲舒借阐扬天的神圣性，将天之子的皇帝抬高为天命所归、代行天意的最高统治者，将人世道德也归之于天，所谓“仁义制度之数，尽取之天”(《春秋繁露·基义》)，从而不仅将儒家神学化了，也将皇帝神圣化了。[③]与董仲舒一

① 如《春秋繁露·基义》所谓“阴者，阳之合。妻者，夫之合。子者，父之合。臣者，君之合。物莫无合，而合各有阴阳。阳兼于阴，阴兼于阳；夫兼于妻，妻兼于夫；父兼于子，子兼于父；君兼于臣，臣兼于君。君臣、父子、夫妇之义，皆取诸阴阳之道，君为阳，臣为阴；父为阳，子为阴；夫为阳，妻为阴”。

② 冯友兰：《中国哲学史新编》(中)，北京：人民出版社1998年版，第85页。

③ 参见谢天佑：《专制主义统治下的臣民心理》，长春：吉林文史出版社1990年版，第8页。

样,《白虎通》也将天作为人类社会立法的依据,所谓"天者,何也?天之为言镇也。居高理下,为人镇也"(《白虎通·释天地之名》)。这个天也不仅是自然界万物的主宰,还是整个人类社会的主宰。就人伦和社会道德的来源而言,"三纲法天地人,六纪法六合""子顺父,妻顺夫,臣顺君,何法?法地顺天也"(《白虎通·论人事取法五行》)。

另一方面,用阴阳观念来佐证"三纲"的合法性与合理性。董仲舒将阴阳与天道联系在一起,提出"天道之大者在阴阳"(《汉书·董仲舒传》)的观点。具体落实到"三纲"上,董仲舒强调:"君臣、父子、夫妇之义,取诸阴阳之道。君为阳,臣为阴;父为阳,子为阴;夫为阳,妻为阴。"(《春秋繁露·基义》)通过阴阳观念,董仲舒构建起"诸在上者皆为其下阳,诸在下者皆为其上阴"(《春秋繁露·阳尊阴卑》)的理论预设。同样,《白虎通》也强调"一阴一阳谓之道"的阴阳之道,认为"君臣、父子、夫妇"这"六人""所以称三纲何"?主要是因为"阳得阴而成,阴得阳而序,刚柔相配"(《白虎通·三纲六纪》)。

通过天人感应、阴阳观念,董仲舒等论证了"三纲"的神圣性、合法性和永恒性,将"三纲"抬高到天道的高度,认为其是人类社会亘古不易的根本大法,所谓"道之大原出于天",高扬"天不变,道亦不变"(《汉书·董仲舒传》)。在董仲舒看来,"王道之三纲"乃亘古不变、万世不易的真理,所谓"王者有改制之名,无易道之实"(《春秋繁露·楚庄王》)。

必须明确的是,汉代思想界致力于论证"三纲"的神圣性、永恒性和绝对性,其落脚点就在于巩固君主专制政体,维护尊卑有等、长幼有序的社会秩序。通过对"五伦"(父子、君臣、夫妇、长幼、朋友)、"六纪"(师长、诸父、兄弟、父子、诸舅、朋友等)等社会关系的整合,君臣关系在汉代成为最重要的人伦关系。有学者将《白虎通》梳理的"三纲六纪"等九种社会关系归结为政治关系、血缘姻缘关系、交谊关系这三类关系,并将其归纳总结为"君统""宗统"两大类关系。[①]在纲纪关系中,往往是主次分明的,即"纲者,张也;纪者,理也。大者为纲,小者为纪"(《白虎通·总论纲纪》)。"六纪者,为三纲之纪者也"(《白虎通·纲纪所法》)。说白了,"三纲"统率"六纪"。按照天地阴阳观,君臣之纲体现的是"君臣法天,取象日月屈信"(《白虎通·三纲六纪》)的义理,因而,"法天"的君臣之纲要比"法地"的父子之纲和"法人"的夫妇之纲更为首要和根本。也就是说,"君统"优于"宗统"。《白虎通》的核心就是强调君权至上,"君为臣纲"主导和统率"父为子纲""夫为妻纲"。[②]汉代通过重新梳理人伦关系,将君臣置于首纲、

① 参见季乃礼:《三纲六纪与社会整合——由〈白虎通〉看汉代社会人伦关系》,北京:中国人民大学出版社2004年版,第7页。

② 参见王绍玺:《经学思潮》,上海:上海社会科学院出版社2006年版,375页。

首伦,同时,忠君也成为首要的、第一位的政治道德。

在强化“君为臣纲”的同时,董仲舒还阐发了忠君道德的核心内涵和基本要义。

首先,君法天之行,臣行地之道。董仲舒认为“天地之志,君臣之义也”(《春秋繁露·王道通三》)。他主张臣对君要像地对于天那样一心不二,绝对效忠。在《春秋繁露·天道无二》中,董仲舒系统阐释了专一不二、竭心尽力的忠君臣德。董仲舒举了“目不能二视,耳不能二听,手不能二事”的例子来说明“天之常道,相反之物也,不得两起,故谓之一;一而不二者,天之行也”的道理。而这种道理反映到忠德上,就表现为“心止于一中者,谓之忠”;反之,“持二中者,谓之患”。而“患”生于“不一”。而“不一”又是为人们所唾弃的,所谓“君子贱二而贵一”,因此,忠是美德。从文字学的角度看,董仲舒这一阐析路径并非无懈可击,但他的这一阐释核心在于凸显忠的一心不贰,反映他对忠君道德的认知。

其次,尊君卑臣,忠君顺上。董仲舒通过对《春秋》记载的历史事件的剖判,阐发了其忠君观念。围绕楚灭陈、蔡和讨齐庆封的故事,董仲舒认为:“人臣之行,贬主之位,乱国之臣,虽不篡杀,其罪皆宜死。”(《春秋繁露·楚庄王》)围绕赵盾算不算弑君的问题,董仲舒指出:“盾之不讨贼,为弑君也,与止之不尝药为弑父无以异。”(《春秋繁露·玉杯》)类似的评述,在《春秋繁露》这部书中还有不少。从中不难看出,董仲舒将君臣观和忠德观建立在君尊臣卑的基础之上,其核心就在于臣子要忠君顺上。在董仲舒看来,无论是“下犯上”,还是“贱伤贵”,都无疑属于“逆节”,而“(君王)有危而不专救”的臣子更是“不忠”(《春秋繁露·精华》)之甚。

再次,委身致命,事无专制。在董仲舒看来,“臣之义比于地”(《春秋繁露·阳尊阴卑》),臣子不仅要“朝夕进退,奉职应对”,而且还要“竭愚写情,不饰其过”“伏节死难,不惜其命”等,其核心就是“委身致命,事无专制,所以为忠也”。董仲舒极力主张“功成事就,归德于上”(《春秋繁露·天地之行》),其核心就是臣子要扬君美而隐君恶,所谓“君不名恶,臣不名善,善皆归于君,恶皆归于臣”(《春秋繁露·阳尊阴卑》),“功出于臣,名归于君”(《春秋繁露·保位权》)。甚至在谏诤时,臣子也要尽量表现出君主的高明之处,所谓“忠臣不显谏,欲其由君出也”,这才是“为人臣之法”(《春秋繁露·竹林》)。

值得注意的是,董仲舒的尊卑观并非是绝对的、僵化的。以君臣尊卑为例,董仲舒在君尊臣卑的主基调下,特别强调天对君的制衡作用和臣对君的辅佐作用。

在限制君权方面,董仲舒既论证了君主专制政治的合理性,又试图对至高无上、缺乏约束的君权加以适当的限制，以构建一种制衡君权的力量。[①]董仲舒在“诸侯受命于天子，子受命于父，臣妾受命于君，妻受命于夫”的前面，加上了“天子受命于天”，根本就在于“诸所受命者，其尊皆天也”（《春秋繁露·顺命》）。概言之，“以人随君，以君随天”。董仲舒在提出“屈民而伸君”的同时，也强调“屈君而伸天”，并把这看作是“春秋之大义也”（《春秋繁露·玉杯》）。宋人赵彦卫曾分析了董仲舒限制君权的良苦用心。在赵彦卫看来，董仲舒和刘向都对五行灾异很重视，这两位大儒“以为人主无所畏，惟畏天畏祖宗，故委曲推类而言之，庶有警悟”，这实出于“惓惓爱君之心”，“学者未可遽少之也”。[②]换句话说，董仲舒的真正用意在于以“天”和“灾异”来限制君权，这反映出古代思想家为限制君权而绞尽脑汁。[③]

在臣辅助君方面，尽管董仲舒强调“阳贵而阴贱，天之制也”（《春秋繁露·天辨在人》），但如他将阴阳看作主和佐的关系一样，亦将君臣看作是主辅关系，所谓“阴者，阳之合”，君臣之间也必然是“臣者，君之合”（《春秋繁露·基义》）。就像“天使阳出布施于上而主岁功，使阴入伏于下而时出佐阳”以及“阳不得阴之助，亦不能独成岁”（《汉书·董仲舒传》）一样，臣子也要辅佑、助佐君主，所谓“阴者，阳之助”（《春秋繁露·天辨在人》）。理想的君臣关系是君贤臣忠，所谓“君不可以不贤”“臣不可以不忠”（《春秋繁露·天地之行》）。

萨孟武认为董仲舒杂糅了儒家和阴阳家的学说，提出的天道观和君道观，其核心是巩固大一统政治局面，同时限制无限的君权。其曰：

> 汉兴，经高惠吕后文景之治，而至于武帝之世，王国已经摧毁，列侯已经削弱，中央集权的国家已经建设成功，天子独揽大权。如何限制天子的大权，在民主思想尚未发生，而君权主义又有助于国家的安定之时，只有假手于皇天，于是儒家就借用阴阳家的学说，使人主看到阴阳错逆，悚然忧惧，以为上天震怒，而谋所以补过之道。首将儒家与阴阳家两种学说合并起来的，则为武帝时的董仲舒。[④]

一方面，君与臣要像天与地、阳与阴那样，别贵贱，明尊卑，即所谓的“古

① 参见韦政通：《中国思想史》（上），上海：上海书店出版社2003年版，第320页。

② （宋）赵彦卫：《云麓漫钞》卷第十四。

③ 参见祝总斌：《试论我国封建君主专制权力发展的总趋势——附论我国古代的人治与法治》，《北京大学学报（人社版）》1988年第2期。

④ 萨孟武：《中国政治思想史》，北京：东方出版社2008年版，第166页。

者，人君立于阴，大夫立于阳，所以别位，明贵贱”(《春秋繁露·王道》)。因此，君王要法“天之行”，臣子要法“地之道”。即君要保持一定的威严，“君尊严而国安”(《春秋繁露·立元神》)。相对而言，臣子应“竭情悉力而见其短长，使主上得而器使之”(《春秋繁露·离合根》)。

另一方面，尤其难能可贵的是，虽然董仲舒将君臣之纲抬高到万古不易、无以复加的高度，但如果君主无道就意味着违反天道，依据“屈君而伸天”的道理，臣民可以废黜他。董仲舒把“夏无道而殷伐之，殷无道而周伐之，周无道而秦伐之，秦无道而汉伐之”视作“有道伐无道”的“天理”(《春秋繁露·尧舜不擅移汤武不专杀》)。因此，尽管董仲舒首倡“王道之三纲”，也极力高扬臣子忠君道德，但还不宜将董仲舒所谓的君臣关系和臣子忠君思想理解得过于绝对化。

比较而言，《白虎通》虽也大谈君王受命于天，“不敢自专”“以爵事天”，但却更突出君王的“天之子”角色，强调代天行事，“号令臣下”。《白虎通》一再借天地尊卑来强化君尊臣卑的绝对性与合法化，所谓“地之承天，犹妻之事夫，臣之事君也”(《白虎通·总论五行》)，并用一些天道变化比附君臣关系，以凸显君为臣纲。一方面，天道规律代表了人道君臣关系，如“日行迟，月行疾何？君舒臣劳也”(《白虎通·论日月行迟速分昼夜之象》)，“君舒臣疾，卑者宜劳”(白虎通·论天行反劳于地》)；另一方面，天象的反常也是天在告诫人类要施行教化，如“天所以反常行何？亦为阳不动无以行其教，阴不静无以成其化”(《白虎通·论天行反劳于地》)。侯外庐先生曾指出：在宣扬天人感应和五行阴阳及谶纬神学方面，《白虎通》主要是想以天地阴阳来比附“三纲”，其本意并非是用天上神权来配合地上世俗的君权、父权、夫权，而恰恰是以君、父、夫三权来折射出神权。也就是说，不是神创造这个世界，而是世俗统治者创造了宗教。通过《白虎通》，不难发现，自然被人们刻意地摹拟成合乎封建社会需要的等级制。[①]

首先，《白虎通》从称谓、爵禄、谥号等方面来阐释君臣关系。在《论王者接上下之称》篇中，《白虎通》作者解释为什么有的称天子、有的称帝王，前者主要是“接上称天子者，明以爵事天也”；而后者则“接下称帝王者，明位号天下至尊之称，以号令臣下也”。至于臣的称谓也具有政治意义，所谓“臣者，繵坚也，厉志自坚固也”(《白虎通·论六纪之义》)。此外，在对公、侯、伯、子、男等爵位和三公九卿进行界定时，也一再凸显在上者的权力和在下者的义

① 参见侯外庐：《汉代白虎观会议与神学法典〈白虎通义〉》，载《侯外庐学术论文选集》上册，北京：人民文学出版社1987年版，第408页。

务，如“爵者，天子之所有，臣无自爵之义”（《白虎通·论诸侯袭爵》）。“禄者，录也。上以收录接下，下以名录谨以事上”（《白虎通·论制禄》）。至于谥号，则明确指出“幼不诔长，贱不诔贵。……臣当受谥于君”（《白虎通·论天子谥诸侯》）。这样做的目的核心都在于凸显君尊臣卑的道理。

其次，《白虎通》明确了婚丧、飨宴、舆服、执贽等尊卑等级。如明确规定公侯用玉贽，卿用羔贽，大夫用雁贽，士用稚贽，这样的规定其根本目的也是为了凸显忠君的臣德。据《白虎通·论见君之贽》载，因羔具有“群而不党”的习性，故“卿以羔为贽”，以显示“尽忠率下，不阿党”的卿职特质；因雁具有“飞成行，止成列”的习性，故“大夫以雁为贽”，以彰显“奉命适四方，动作当能自正以事君”的大夫职特质；因稚具有“不可诱之以食，慑之以威，必死不可生畜”的习性，故“士以稚为贽”，以凸显“耿介，守节死义，不当移转”的士行。以上，通过卿大夫士三个层级的执贽不同，借用动物特性，以显扬卿、大夫、士所应具有的尽忠率下、不阿党、正以事君、耿介、守节死义等臣子忠君品质。

再次，《白虎通》凸显了扬君美、隐君恶、以礼规谏的忠君观念。《白虎通》主张臣子应隐君恶、扬君美，并将“善称君，过称己”的理论依据，归之于“阴阳共叙共生”的阴阳学说，认为“臣有功，归功于君”就是取法于“归明于日”（《白虎通·论人事取法五行》）的阴阳大道。在忠臣谏诤问题上，《白虎通》主张以礼规谏，并将谏诤方法对应五常之德，所谓顺谏为仁，陷谏为义，窥谏为礼，讽谏为智，指谏为信。

在君主集权专制的初创期，汉代统治者为巩固君主专制统治，迫切需要构建起一套与集权专制相适应的国家意识形态和政治伦理体系。从西汉的《春秋繁露》到东汉的《白虎通》，两汉思想界通过天人感应和阴阳五行等思想，系统论证了“三纲”理论的神圣性、合法性和永恒性，隆显了“君为臣纲”等名教纲常和臣子忠君的政治道德。这对中国政治社会发展和传统道德变迁，都具有十分重大的意义，正如有的研究者所指出的，只有如此，君主专制的统治才能够施行，封建社会的人际关系才能够协调，人们的行为才能够规范，等级秩序才能够安定。①

三、谶纬神学对传统忠德的影响

阴阳五行学说肇始于先秦，盛行于两汉。在两汉时期，阴阳五行思想被广泛应用于政治生活领域，与图谶和纬书等神秘主义形式结合，终成谶纬神学，并对忠君道德产生了深远影响。

首先，以五行之土德来附会忠德。汉代思想家普遍认为，阴阳五行与道

---

① 参见张锡勤、柴文华主编：《中国伦理道德变迁史稿》上卷，第193页。

德纲常是有着对应关系的，如董仲舒即认为“五行者，乃孝子忠臣之行也”(《春秋繁露 五行之义》)。在五行中，对应忠德的是土，所谓“土者，天之股肱也”(《春秋繁露·五行之义》)。按照天人感应说，土为天的股肱，同理，臣也乃君的股肱。通过天人感应说，将土德与臣德联系在一起，并在忠的问题上实现了视域融合，即所谓的“中央者土……至忠厚信，以事其君，据义割恩”(《春秋繁露·五行相生》)。土在五行中最为尊贵，因而忠孝道德尤其是忠德最为高尚，所谓“五行莫贵于土……忠臣之义、孝子之行取之土”“土者，五行最贵者也”“故下事上，如地事天也，可谓大忠矣”(《春秋繁露·五行对》)。汉儒之所以用土德来附会臣德、忠德，主要是看重土的谦卑，所谓“事君，若土之敬天也……是故圣人之行，莫贵于忠，土德之谓也”(《春秋繁露·五行之义》)。五行与道德不仅体现在对应关系上，《白虎通》还将五行生克理论应用到道德哲学中，所谓“臣之谏君何法？法金正木也……臣谏君以义”(《白虎通·论子谏父》)。至于谏而不听则去，依据的也是五行生克的理论，即“臣谏君不从则去，何法？法水润下达于土也”(《白虎通·论人事取法五行》)。这种用阴阳五行(包括四时和方位)来附会忠德、臣德的观念，在汉代颇为盛行，体现了两汉政治伦理中弥漫着的神秘主义色彩。

其次，以阴阳灾异来解析人臣之忠悖。两汉时期，用阴阳灾异等自然现象来比附和剖判国家政治得失以及臣子的忠诚与否已成为一种约定俗成的做法。以《汉书·天文志》为例，像“太白出东方，入咸池，东下入东井。人臣不忠，有谋上者”“东宫苍龙……尾为九子，曰君臣；斥绝，不和”等记载，比比皆是。王公大臣分析灾异现象也往往将政治因素掺和进来，每每论及君臣纲常。如，据《汉书·杜周传附杜钦传》载，杜钦基于“臣者，君之阴也；子者，父之阴也；妻者，夫之阴也”和“日蚀、地震，阳微阴盛也”的天人感应、阴阳灾异理论，结合春秋时期出现日蚀、地震时所对应的“或政权在臣下，或妇乘夫，或臣子背君父”的事例，来说明当时发生的日蚀、地震反映了政治生活中的不忠悖逆现状。无独有偶，“夫日者，众阳之长……人君之表也。……日初出，炎以阳，君登朝，佞不行，忠直进，不蔽障”(《汉书·李寻传》)和“阳尊阴卑，卑者随尊，尊者兼卑，天之道也。是以男虽贱，各为其家阳；女虽贵，犹为其国阴”(《汉书·杜邺传》)，也都表达了天人感应、阴阳尊卑的观念，并以此来比附和评判当时的政治状况。这种将阴阳灾异与政事相联系的观念不惟大臣有之，连皇帝也被深深影响了。汉成帝下诏切责许皇后道：“夫日者，众阳之宗，天光之贵，王者之象，人君之位也。夫以阴而侵阳，亏其正体，是非下陵上，妻乘夫，贱逾贵之变与？”(《汉书·外戚传下》)到了东汉，以阴阳灾异来阐析现实政治的风气逐渐发展成一种批评时政的政治生态。如针对顺帝时的灾异屡见,郎顗就借机指出:“阳无德者,人君恩泽不施于人也。阴僭阳者,禄去公室,臣下专权也。……丑大风,掩蔽天地。风者号令,天之威怒,皆所以感悟人君忠厚之戒。”(《后汉书·郎顗传》)针对延熹九年的太白北走而复出的异象,襄楷借题发挥道:“其占当有大兵,中国弱,四夷强。臣又推步,荧惑今当出而潜,必有阴谋。皆由狱多冤结,忠臣被戮。”(《后汉书·襄楷传》)针对永元四年的日食,丁鸿上书以阴阳灾异来讽谏窦宪兄弟的专权跋扈。

最后,以阴阳灾异来移祸大臣。受阴阳灾异说的影响,统治者往往通过策免三公而移祸大臣。如汉元帝因“春霜夏寒”“日青亡光”而下诏切责丞相于定国,逼迫于定国“上书自劾”,担责辞官(《汉书·隽疏于薛平彭传》)。汉成帝不仅因“变异数见,岁比不登”而策免丞相薛宣(《汉书·薛宣朱博传》),还借“荧惑守心”的天象逼死丞相翟方进。①汉代的阴阳五行、灾异观念催生了谶纬神学,其一方面加固了“三纲”思想的理论基石,另一方面也充斥着政治阴谋的气息。诚如日人沟口雄三所说的,灾异的人事参与部分逐渐加大,同时,灾异等自然现象与政治运作联系紧密,表现为灾异对人事的介入也逐渐增加。②

无论是以五行之土来附会忠德,还是用阴阳灾异来阐析忠悖的政治状况,都反映的是两汉谶纬神学对政治伦理的影响。谶纬神学是一把“双刃剑”:野心家可以利用谶纬为自己宣传造势,表明自己获得上天的庇护,具有合法性;靠谶纬取得成功者还要反过来时刻提防别人也以其人之道还治其身,即也用谶纬来颠覆现政权。因此,统治者对图书谶语是既爱且恨。王莽、刘秀都很大程度上得益于祥瑞、图谶等,不过,一旦政权稳固后,他们都会马上在全国范围内公布图谶,明确这才是唯一合法的图谶,除此而外的任何图谶都是非法的,是犯上作乱的反逆。此外,神学谶纬所强调的“三统说”也是一把“双刃剑”:一方面强调君主“受命于天”,在凸显君权神圣性的同时高扬起“君为臣纲,父为子纲,夫为妻纲”(礼纬《含文嘉》)的大纛;另一方面又冲击了君主的权威,为汉儒的政治批评提供了神圣的理论支撑。③如出现诸如“自古及今,未有不亡之国”(《汉书·楚元王传》)、“当有从匹夫为天子

---

① 需要指出的是,翟方进因天象而自杀是可疑的。有研究者根据天文知识推度荧惑星(即火星)的运行轨迹,发现在绥和二年的整个春天都不可能出现“荧惑守心”的天象,由此得出结论:逼死翟方进的“荧惑守心”天象是伪造的,是人为蓄意渲染和伪造的天象。翟方进之死疑点指向外戚王氏为独揽大权而蓄意打击和陷害。参见黄一农:《社会天文学史十讲》,上海:复旦大学出版社2004年版,第9—18页。

② 参见[日]沟口雄三:《中国的思想》,赵士林译,北京:中国社会科学出版社1995年版,第11页。

③ 参见阎步克:《士大夫政治演生史稿》,北京:北京大学出版社1996年版,第384页。

者”(《汉书·眭弘传》)、“官以传贤”的“官天下”(《汉书·盖宽饶传》)等石破天惊的思想主张。这些大胆言论皆出自“三统说”等谶纬神学。

总地来说,谶纬神学对巩固“三纲”地位和上下尊卑的道德秩序具有非常重要的作用。通过将自然灾异、阴阳五行等与现实政治相附会,极力渲染君、父、夫在纲常体系中的至上性和神圣性,宣扬忠、孝、节等道德具有万古不变之合理性与合法性,从而使得忠君等纲常伦理得以广泛播衍。

第三节 两汉的政治局势及忠德状况

“王道之三纲”虽然在西汉时既已被明确提出来,但作为国家意识形态和社会价值体系,“三纲”最终被全社会普遍认可还要经历一个在现实中不断深化、反复碰撞的过程。

一、“王莽篡汉”的教训与东汉励忠的努力

自西汉董仲舒提出“王道之三纲”并致力于构建“三纲五常”道德体系以来,忠君道德在汉代逐渐凸显出来,并迅速占据国家意识形态和政治伦理思想的首要地位,成为臣民必须遵守的道德规范。但在此后的现实政治实践中,忠君道德的践行情况却较为复杂。遍览从汉武帝到西汉末年的这段历史,在臣子践行忠君道德方面,既有勇于谏诤、一片丹心的骨鲠之臣,也不乏觊觎大宝、外忠内奸的篡立之臣,但更多的则是那些依违两端、庸庸碌碌的自保之臣。这种情况在元、成时期就已经显现端倪,到了哀、平时期则更为严重,乃至于王莽废孺子婴而自立,朝廷上下竟然多为其拥趸者,鲜有不同声音。

西汉末年,外戚王氏擅权,朝野上下皆结舌杜言以自保,忠心为国、直言谏诤之臣寥寥无几,正所谓“王氏世权日久,朝无骨鲠之臣,宗室诸侯微弱,与系囚无异,自佐史以上至于大吏皆权臣之党”(《汉书·杜周传附杜业传》)。尽管西汉末年万马齐喑,但也不乏政治上的清醒者。诸葛丰就曾上书汉元帝,直言:“今以四海之大,曾无伏节死谊之臣,率尽苟合取容,阿党相为,念私门之利,忘国家之政。邪秽浊混之气上感于天,是以灾变数见,百姓困乏。此臣下不忠之效也。”并表达了“谗夫得遂,正直之路雍塞,忠臣沮心,智士杜口”(《汉书·诸葛丰传》)的深切忧患。及至汉成帝时期,王氏权势日熏,王凤专权。据《汉书·李寻传》载,“京兆尹王章坐言事诛灭,智者结舌,邪伪并兴,外戚颛命,君臣隔塞,至绝继嗣,女宫作乱”。此外,梅福、谷永等也先后上书

指出："折直士之节，结谏臣之舌，群臣皆知其非，然不敢争，天下以言为戒，最国家之大患也。"（《汉书·梅福传》）"臣闻事君之义，有言责者尽其忠，有官守者修其职。臣永幸得免于言责之辜，有官守之任，当毕力遵职，养绥百姓而已，不宜复关得失之辞。忠臣之于上，志在过厚，是故远不违君，死不忘国。"（《汉书·谷永传》）但这些忠言对汉成帝来说置若罔闻，毫无反响。

到了哀、平时期，外戚权势日炽。随着王莽篡汉步伐的加快，忠奸之间的斗争也呈现白热化状态。一些刘汉忠臣或谏诤于朝，或武力靖难。申屠刚曾上书汉平帝，提出"建进善之旌，县敢谏之鼓，辟四门之路，明四目之义也"（《后汉书·申屠刚传》）的建议。又如，针对王莽居摄，翟义慨言"父子受汉厚恩，义当为国讨贼，以安社稷"（《汉书·翟方进传附子翟义传》），奋而起兵反对王莽。而另一方面，王莽不仅剿灭武装反抗者，还大杀"汉忠直臣不附己者"。清除了忠臣，扫除了障碍，王莽篡汉得以和平过渡，大臣们顺水推舟改事新朝。

王莽篡汉之波澜不兴，说明"三纲"以及忠君道德在当时并没有发挥应有的作用。当然，受"三纲"和忠君观念影响，也不乏对篡立者持不合作态度者，如蔡勋自言："吾策名汉室，死归其正。昔曾子不受季孙之赐，况可事二姓哉?"遂携带家眷，隐居山林，"与鲍宣、卓茂等同不仕新室"（《后汉书·蔡邕传》）。当王莽派人向自己的姑姑、汉太后王政君索要玉玺时，王太后大骂："人如此者，狗猪不食其余，天下岂有而兄弟邪！"（《汉书·元后传》）

尽管在王莽篡汉的道路上有一些小的波折和微弱的不同声音，但总体上，朝廷上下是一片拥护之声。孔光、师丹等老臣要么随声附和，要么噤若寒蝉。连一向坚守道德的儒者们也对王莽俯首帖耳，效力尽忠，歌功颂德。最突出的是刘汉宗亲、大儒刘歆积极为王莽篡汉做舆论宣传工作，为其寻找理论上的合法性。如当王莽想由"安汉公"变成"假皇帝"时，儒者炮制周公摄政论，将王莽比喻成周公。而当功显君（王莽母亲）去世，按照礼法王莽应该辞官居家服丧三年时，刘歆等又引经据典，帮助王莽曲为解说。史载，"莽遂行焉，凡一吊再会，而令新都侯宗为主，服丧三年云"（《汉书·王莽传上》）。"在这里，人性扭曲了，然而王莽却解脱了。不过，我们在这里倒不必可以去谴责王莽及其同党们，要知道这类事情在以往中国的专制政治时中比比皆是，不足为奇，相反，在这种荒谬的政治中，如果不发生这类事情，那倒是令人骇怪。"①

除了刘歆，当时大儒桓谭也为新莽政权效力，并到各地巡回宣传王莽复

① 李元：《从理想到毁灭——王莽评传》，哈尔滨：黑龙江人民出版社2002年版，第244页。

古改制思想。而曾热衷汉赋讽谏、自命清高的扬雄，也写出了歌颂王莽的《剧秦美新论》。对于扬雄的这一举动，很多后儒以为扬雄失去了气节，成为其一生的污点。实际上，主要是王莽以复兴儒家政治、以“致太平”为己任的政治理想和抱负，让扬雄等这些一直被冷落的儒者，受到了一种精神上的感召。

作为一个君主专制的政权，新莽政权虽只有短短的15年，但其也将忠君道德作为政治伦理思想的核心。在对官职进行大更名的过程中，将河南大尹更名为“保忠信卿”，足见王莽对忠也是非常重视的。王莽政权也不乏自己的忠臣。如大司空王邑的属官范升就曾上书王邑曰：“升闻子以人不间于其父母为孝，臣以下不非其君上为忠。今众人咸称朝圣，皆曰公明。盖明者无不见，圣者无不闻。今天下之事，昭昭于日月，震震于雷霆，而朝云不见，公云不闻，则元元焉所呼天？公以为是而不言，则过小矣；知而从令，则过大矣。二者于公无可以免，宜乎天下归怨于公矣。朝以远者不服为至念，升以近者不悦为重忧。今动与时戾，事与道反，驰骛覆车之辙，探汤败事之后，后出益可怪，晚发愈可惧耳。方春岁首，而动发远役，藜藿不充，田荒不耕，谷价腾跃，斛至数千，吏人陷于汤火之中，非国家之人也。如此，则胡、貊守关，青、徐之寇在于帷帐矣。升有一言，可以解天下倒县，免元元之急，不可书传，愿蒙引见，极陈所怀。”（《后汉书·范升传》）

但王邑胆小怕事、尸位素餐，不想将范升引荐给王莽，害怕因言致祸。总地看，新莽官员大多是庸碌自为之臣，而真正的忠臣忠言则不被重视。但历史上，任何朝廷、任何君王都不乏愚忠殉葬者。当起义军攻入皇宫时，大臣王邑拼死保护王莽，当他看到自己的儿子王睦正换掉官服准备逃跑时，大声痛斥，并拉他回去保护皇帝，结果父子双双为王莽殉葬。

新莽政权也好，此前的西汉政权也罢，尽管统治集团都口口声声宣扬忠君，而实际上臣子少有真正忠君者，多是为稻粱谋者，而一旦国家危亡之际，往往都是明哲保身。尽管忠君道德在西汉末年（包括短暂的新莽王朝）并没有得到很好的贯彻，但不可否认的是，忠君观念在西汉和新莽时期就已经传播到全社会，在广大的民间也得到普遍的认同。就像在秦末大起义中，起义军在思想观念上还是要拥立六国之后一样，在西汉末年的大起义中，反抗王莽的绿林、赤眉等农民起义军也竞相拥立刘汉后人（赤眉拥立刘盆子，绿林拥立刘玄），希望以此表明自己政权的合法性和正统地位。这反映出在人们传统观念中的君臣纲常和忠君道德，所谓“拥百万之众，西向帝城，而无称号，名为群贼，不可以久。不如立宗室，挟义诛伐。以此号令，谁敢不服？”（《后汉书·刘盆子传》）

东汉政权建立后,君臣上下对王莽篡汉进行了自觉反思。其结论是:忠德缺失。即当外戚专权、社稷危殆之时,臣子们多缄默保身,很少有忠贞卫国者。“自成帝以降,至于莽,公卿列侯,下讫令尉,大小之官,且十万人,皆自汉所谓贤明忠正贵宠之士也。莽之篡位,唯安众侯刘崇、东郡太守翟义思事君之礼,义勇奋发,欲诛莽。功虽不成,志节可纪。夫以十万之计,其能奉报恩,二人而已。由此观之,衰世群臣诚少贤也,其官益大者罪益重,位益高者罪益深尔。”(《潜夫论·本政》)

东汉初年,统治者痛心于王公大臣们的背叛,并将这些问题归结为忠君道德的丧失。为避免重蹈西汉灭亡的覆辙,东汉王朝通过旌表赏赐忠臣,大力倡导忠君,劝励臣子尽忠。汉光武帝盛赞王常曰:“此家率下江诸将辅翼汉室,心如金石,真忠臣也。”(《后汉书·王常传》)还封王常为汉忠将军。在褒奖为国忠死的来歙的诏书中充分肯定:“中郎将来歙,攻战连年,平定羌、陇,忧国忘家,忠孝彰著。遭命遇害,呜呼哀哉!”(《后汉书·来歙传》)并给予来氏子弟以优厚封赐。嗣后,政府表彰褒奖忠臣孝子几成定式。

追溯起来,汉代励忠机制最早始自刘邦建立西汉政权,并始终贯穿两汉之始终。概言之,两汉的励忠机制有一个逐渐整合、不断发展丰富的过程,即从功利性激励为主,发展为物质奖励与荣誉激励相结合。在形式上,包括升迁、封子侯和增食邑、赐钱、赐田宅等爵位和物质激励,以及下诏褒扬、彰表门闾等精神激励,实现了励忠手段的多元化、形式的多样化,进一步完善了鼓励臣子尽忠的励忠机制。[①]为了更好地贯彻励忠机制,汉代统治者还将对忠的奖励和惩罚分别纳入官制和法制体系中,一方面建立了比较完善的励忠升迁机制,以此来大力褒扬忠君之臣;另一方面,按照“不忠入罪”的原则,将名目繁多的有损皇权至尊、有损君臣尊卑的行为定性为不忠恶行而入律,并加以严厉惩罚。在汉代,依靠国家政权的强力推行和严厉规制,使得忠作为最重要的政治伦理得以逐渐强化和凸显。[②]

为了进一步统一思想,营造有利于君主专制的舆论宣传氛围,东汉王朝先后召集大臣和贤良在石渠阁、白虎观举行会议,围绕东汉帝国的意识形态问题进行深入讨论,统一思想,形成了《白虎通义》(即《白虎通》)。《白虎通》通过天人感应、阴阳五行等理论,明确君权至上,夯实君为臣纲,凸显忠君道德,鼓励臣子尽忠,以实现汉室江山传之久远的目的。

---

① 参见董晓红、郭淑新:《汉代官吏励忠机制的整合及其效应分析》,《商丘师范学院学报》2015年第11期。

② 参见刘厚琴:《汉代伦理与制度关系研究》,山东大学博士学位论文2006年。

二、东汉政治危机与“尚名节”的社会风气

东汉初年的白虎观会议，从官方角度明确了“三纲”为国家意识形态，重建起君主集权专制的尊卑秩序和纲常伦理等社会道德。但君主集权专制的政体决定其内在矛盾是不会因“三纲五常”“三纲六纪”等纲常伦理的确立而消亡，当社会矛盾达到一定程度，必然再次出现新的政治危机，东汉中后期的严峻政治危机就是社会矛盾累积的结果。

（一）外戚专权与宦官干政

东汉中后期的政治危机集中体现在外戚集团与宦官势力的交替专权和两种势力之间的斗争。从某种意义上讲，外戚与宦官的斗争几乎贯穿了东汉政权的始终，在东汉中后期则愈演愈烈。对于东汉的灭亡，宦官集团与外戚集团之间的内讧和倾轧是重要原因之一。按照时间顺序，专权的东汉外戚主要有窦、邓、梁、何家族，而专权的宦官则主要是和帝时的郑众，安帝时的李闰、孙程，桓帝时的单超、徐璜、具瑗、左悺、唐衡等，以及灵帝时的十常侍。

针对外戚、宦官专权，刘泽华先生指出：表面看是对专制皇权的削弱甚至剥夺，但实质上，外戚和宦官集团与专制皇权并非对立和否定关系。从某种程度上说，其恰恰是中国君主专制集权的“副产品”，是高度中央集权的“派生物”。[①]特别是宦官集团，其本身是野蛮社会制度的牺牲品，但在君主专制的社会中，处于君臣防范猜忌的斗争旋涡中，宦官因随侍君王左右，谄媚逢迎，狐假虎威，反而在政治斗争中起到了翻云覆雨的作用。[②]由于君权与臣权的矛盾冲突根深蒂固，相对而言，君主对身居深宫内院、地位卑微的宦官比较放心和信任。[③]汉元帝之倚重宦官石显，就是基于“中人无外党，精专可信任”（《汉书·石显传》）的观念认识。而且，“对于君主来说，任用他们既不会遇到什么难以容忍的直言切谏，也不会有什么‘芒刺在背’之感，当然谈不上对他们起什么戒心了”。[④]这是专制帝王任用宦官的主要原因。

追本溯源，东汉之所以出现外戚与宦官专权，其核心还在于君主专制。

---

① 参见刘泽华、汪茂和、王兰仲：《专制权力与中国社会》，长春：吉林文史出版社1988年版，第15页。

② 参见骆玉明：《权力玩家》，北京：当代世界出版社2003年版，第23页。

③ 参见余华青：《中国宦官制度史》，上海：上海人民出版社1989年版，第43页。

④ 萧瑶：《关于汉代的宦官》，载许倬云：《中国历史论文集》，台北：台湾商务印书馆1986年版，第600页。

早在汉武帝时期为了削弱相权，架空三公，就在三公等朝堂官僚体系的“外朝”之外，设立了由侍郎等组成的“内朝”。到了光武帝时期，仍将王莽篡汉归咎于三公权重，更加刻意打压三公、抬高“内朝”的地位。“虽置三公，事归台阁。自此以来，三公之职，备员而已。”（《后汉书·仲长统传》）而台阁官员职微权重，自然容易形成专权。东汉的台阁官员多由外戚和宦官担任，这也为外戚与宦官专权以及两大势力集团彼此斗争埋下了祸根。此外，从汉光武帝开始形成了皇室与功臣联姻的传统，这也就决定了东汉外戚被马、邓、窦、梁四大功勋家族所垄断。在这些外戚中，除了汉明帝的马皇后及其父兄谦逊自守外，其他家族均不乏专权擅政的恶名。也就是说，光武、明、章时期，外戚没有成为政治威胁，皇帝也不需要借助宦官力量来与专权的外戚斗争，因此，政治方面较为稳定。但从汉和帝开始，皇帝都是年幼继位，造成母后临朝，外戚专权。另一方面，皇帝长在深宫，亲近宦官，自然倚重宦官与外戚斗争。这些是造成东汉政治危机的深层次原因。

史书不乏对外戚专权和宦官政治的批评。

> 和帝即位，太后临朝，宪以侍中，内干机密，出宣诰命。肃宗遗诏以笃为虎贲中郎将，笃弟景、瑰并中常侍，于是兄弟皆在亲要之地。宪以前太尉邓彪有义让。先帝所敬，而仁厚委随，故尊崇之，以为太傅，令百官总己以听。其所施为，辄外令彪奏，内白太后，事无不从。又屯骑校尉桓郁，累世帝师，而性和退自守，故上书荐之，令授经禁中。所以内外协附，莫生疑异。（《后汉书·窦融传》）
>
> 汉世外戚，自东、西京十有余族，非徒豪横盈极，自取灾故，必于贻衅后主，以至颠败者，其数有可言焉。何则？恩非己结，而权已先之；情疏礼重，而枉性图之。来宠方授，地既害之；隙开势谢，谗亦胜之。悲哉！骘、悝兄弟，季远时柄，忠劳王室，而终莫之免，斯乐生所以泣而辞燕也！（《后汉书·邓禹传》）
>
> 专擅威柄，凶恣日积，机事大小，莫不咨决之。宫卫近侍，并所亲树。禁省起居，纤微必知。百官迁召，皆先到冀门笺檄谢恩，然后敢诣尚书。（《后汉书·梁冀传》）

外戚跋扈如此，宦官集团也好不到哪去，他们“手握王爵，口含天宪”，以致“中外服从，上下屏气。……虽时有忠公，而竟见排斥。举动回山海，呼吸变霜露。阿旨曲求，则光宠三族；直情忤意，则参夷五宗。汉之纲纪大乱矣”（《后汉书·宦者列传》）。

归根结底，外戚、宦官破坏的是君臣关系。而汉朝天子扶持外戚和宦官目的本是强化君权、抑制相权，但其结果不仅没有有效加强君权，反而由于外戚和宦官的存在而架空了君权。同时，由于外戚、宦官的争斗，加剧了政治生态的恶化，破坏了尊卑有序、相对和合的君臣关系。历史就是这样一个规律：君王苦心孤诣、挖空心思要专权，反而被别人专了权，自己成了傀儡。这就是东汉中后期政治生态的实际状况。

（二）东汉思想家的社会批评思想及其忠德观

东汉时期的社会批评直指政治生态。针对后党干政、外戚专权的现象，仲长统批评道：“举用失贤，百姓不安，争讼不息，天地多变，人物多妖。”（《后汉书·仲长统传》）东汉思想家们将政治危机的主要原因归结为群臣的庸庸碌碌和忠臣的被边缘化，即“公卿皆尸禄，无有忠言者”（《后汉书·宦者列传》）。

针对君与臣（包括民）之间的关系，东汉时期的思想家们纷纷提出各自的看法和主张。如王符就把君、臣、民看作是国家构成的最基本要素。“君者，民之统也；臣者，治之材也。”（《潜夫论·本政》）一方面，民是国家的基础，臣是君王的股肱。如果没有臣，则无人辅佐君王治国牧民。“天之立君，非私此人也，以役民，盖以诛暴除害利黎元也。……君以臣为基。”（《潜夫论·班禄》）另一方面，治道如何、百姓能否安居乐业，又一定程度取决于君以及君所选用的臣，所谓“民以君为统，君政善则民和治，君政恶则民冤乱。君以恤民为本，臣忠良则君政善，臣奸枉则君政恶。以选为本，选举实则忠贤进，选虚伪则邪党贡”（《潜夫论·本政》）。王符认为君主并没有多么了不起。在他看来，人君就好像婴儿一样，所谓“婴儿有常病”，“人君有常过”（《潜夫论·忠贵》）。对于君臣之间的政治和道德关系，王符主张君明臣忠的双向度。“夫明君之诏也若声，忠臣之和也当如响应，长短大小，清浊疾徐，必相和也。”（《潜夫论·实贡》）强调“人君之称，莫大于明；人臣之誉，莫美于忠。此二德者，古来君臣所共愿也”（《潜夫论·明忠》）。对于如何才能实现君明臣忠的目标，王符将君主的作用看作主导。他认为，只有君主开诚布公，主动善待臣子，臣子才会竭诚尽忠。王符引用《周易》的“鸣鹤在阴，其子和之”的譬喻，来说明“人君不开精诚以示贤忠，贤忠亦无以得达”和“忠臣必待明君乃能显其节，良吏必得察主乃能成其功”，从反面说明“君不明，则大臣隐下而遏忠”（《潜夫论·明忠》）的道理。

与王符一样，《申鉴》的作者荀悦对君臣之间的理想状态也提出自己的观点，即“君臣亲而有礼，百僚和而不同，让而不争，勤而不怨，无事惟职是司”。在《政论》中，崔寔提醒君王不要失掉威福，要采取刑赏两种手段管理臣下,即“君以审令为明,臣以奉令为忠。故背制而行赏谓之作福,背令而行罪谓之作威。作威则人畏之,作福则人归之。夫威福者,人主之神器也”。总地看,东汉思想家对君臣关系非常重视。王符处于东汉中期,当时的政治尚稳定,危机尚未充分显现,因而他强调的是立君为民,主张帝王应善待臣下。到了东汉末年,外戚和宦官竞相争权,皇帝被架空,崔寔提醒君王要强化权威,不失威福,重建君尊臣卑的等级秩序。

围绕臣德,东汉思想家大多力主忠君。王符将忠君作为政治道德的根本和国家命脉所系,其《潜夫论》专门有《明忠》《忠贵》等篇。在他看来,“夫位以德兴,德贵忠立,社稷所赖,安危是系。非夫谠直贞亮,仁慈惠和,事君如天,视民如子,则莫保爵位,而全令名”(《潜夫论·叙录》)。作为“德义之基”的忠已经发展成“人臣之本”,成为对臣子的基本要求。“忠正以事君,信法以理下,所以居官也。”(《潜夫论·务本》)忠还是官僚体系考课和选任官员的重要内容,所谓“用士不患其非国士,而患其非忠(旧作“中”);世非患无臣,而患其非贤”(《潜夫论·论荣》)。国君只有选贤任能,善于纳谏,才能长治久安,所谓“尊贤任能,信忠纳谏,所以为安也”(《潜夫论·思贤》)。作为辅佐君王牧民的人臣,最基本的必须做到竭诚尽忠,向君王进贤,辅佐君王利民。“人臣受君之重位,牧天之所甚爱,焉可以不安而利之、养而济之哉？是以君子任职则思利民,达上则思进贤,功孰大焉？……是故明主不敢以私爱,忠臣不敢以诬能。”(《潜夫论·忠贵》)

荀悦则更关注于臣子是否恪尽了忠诚的义务。在他看来,“大臣之患”主要表现在“在职而不尽忠直之道”。作为臣子其根本就是要做到“不曰吾君能矣,不我须也,言无补也,而不尽忠;不曰吾君不能矣,不我识也,言无益也,而不尽忠。必竭其诚,明其道,尽其义,斯已而已矣。不已,则奉身以退,臣道也”。荀悦把防、救、戒看作是臣子进忠的三术。此三术具体是指“先其未然谓之防,发而止之谓之救,行而责之谓之戒”。从人臣进忠的“三术”可见,荀悦的臣子忠君观念中包含了先秦时期“从道不从君”的争臣匡救意蕴,所谓“违上顺道,谓之忠臣。违道顺上,谓之谀臣。忠所以为上也,谀所以自为也。忠臣安于心,谀臣安于身”。通过强调臣子忠君,荀悦幻想建立其“下不钳口,上不塞耳”(《申鉴·杂言上》)君明臣忠的理想君臣关系。

面对汉末外戚专权和宦官当政,王节信(王符)、荀仲豫(荀悦)、崔子真(崔寔)、仲公理(仲长统)等思想家、政论家对当时的社会现实做了深刻反思和切中时弊的批评。他们剖析君臣关系,宣扬忠君道德,对汉末的社会风气产生了深远影响。

（三）党锢之祸与“尚名节”的社会风气

吕思勉先生在总结党锢历史时指出：“上刑赏贸乱，则下务立名以为高。上肆其虐，下务其名以相角义气所激，不顾一切以徇之，而天下事不可为矣。历代之党锢是也。”[①]汉末党锢共发生了两次，分别在延熹九年、永康元年。限于篇幅，兹不展开。此处笔者关注的主要是“东汉尚名节”社会风气同“党人”忠义精神二者之间的内在关联。应该说，汉末的“党人”与儒家所提倡的入世观念、所强调的士人责任感都有着十分密切的关系。实际上，处士横议的党人风范在王莽统治时期就已初露端倪。据《后汉书·党锢列传》，“至王莽专伪，终于篡国，忠义之流，耻见缨绋，遂乃荣华丘壑，甘足枯槁”。到了光武中兴，汉德重开，人们重视去就之节。但到了汉桓帝和汉灵帝时，“主荒政缪，国命委于阉寺”，因此，一些有气节的士大夫保持独立人格，“匹夫抗愤，处士横议”，“激扬名声，互相题拂，品核公卿，裁量执政，婞直之风，于斯行矣”。

党锢之祸爆发后，党人领袖们不仅率先垂范，守节不回，而且影响整个社会出现一种“尚节之气”和“婞直之风”。据《后汉书·党锢列传》载，党锢祸起，面对避祸的建议，李膺表示：“事不辞难，罪不逃刑，臣之节也。”自行诣狱而死，其门生故吏均遭禁锢。侍御史景毅之子景顾尝为李膺门徒，因未被记录在案而漏网，但景毅以“本谓膺贤，遣子师之，岂可以漏夺名籍，苟安而已”，主动上表请辞告归，其节义精神亦为时人所称道。建宁二年，逮捕党人的诏书下来，督邮吴导同情党人，闭门痛哭。范滂不想难为吴导而自诣狱，县令郭揖竟“出解印绶”，要带范滂出逃。范滂拒绝出逃，慷慨就义。党人巴肃也诣县自首，县令也像郭揖一样，欲“解印绶与俱去”。巴肃也同范滂一样，坚守“为人臣者，有谋不敢隐，有罪不逃刑。既不隐其谋矣，又敢逃其刑乎”的臣子忠君底线，慷慨赴死。《后汉书·延笃传》记载了坚守“为人臣不陷于不忠，为人子不陷于不孝”操守的延笃，因党锢之祸而遭禁锢。像这样的忠义故事，在党锢之祸中比比皆是，史不绝书。

应该说，汉末党人的责任感已超出狭隘的忠君苑囿，表现出一种心系苍生、心忧社稷的天下情怀。陈蕃在上疏中就明确表示：“臣闻有事社稷者，社稷是为；有事人君者，容悦是为。”按照社稷至上的精神，理想状态的君臣关系应是“君为元首，臣为股肱，同体相须，共成美恶者也”（《后汉书·陈蕃传》）。陈蕃认为，李膺、杜密、范滂这些人都是“正身无玷，死心社稷，以忠忤旨”的响当当忠臣。社会上下对于这些以社稷为重、以名节为重的忠臣义

---

① 吕思勉：《秦汉史》，第324页。

士，普遍表示同情和敬仰。巴肃死后，刺史贾琮为其刊石立铭。延笃也被乡人图画其形于屈原庙。对于逃难在外的党人，人们纷纷施以援手，递相救护。张俭逃难，一路上多有毁家相容者，如孔融母子、兄弟之间因容留藏匿张俭而争相担责。在朝野上下也始终存在为党人鸣不平和平反党人的呼声。张奂借发生灾异而上书皇帝，申述陈蕃的冤屈；皇甫规也在发生日食后上书，替党人叫屈鸣冤。在上书中，皇甫规指出："钩党之衅，事起无端，虐贤伤善，哀及无辜"，导致"前太尉陈蕃、刘矩，忠谋高世，废在里巷；刘祐、冯绲、赵典、尹勋，正直多怨，流放家门；李膺、王畅、孔翊，洁身守礼，终无宰相之阶"。这样的结果就是"群臣杜口，鉴畏前害，互相瞻顾，莫肯正言"。他建议："陛下暂留圣明，容受謇直，则前责可弭，后福必降。"（《后汉书·皇甫规传》）

"东汉尚名节"是后世史家对东汉社会风气的一种共识。赵翼将东汉"尚名节"传统追溯到战国任侠风气以及西汉的节义精神，所谓"贯高、田叔、朱家、郭解辈，徇人刻己，然诺不欺，以立名节"。[①]东汉"尚名节"的社会风气与察举制和党人都有着密切的关联。由于察举制的选任制度，加之以党人之间的互相标榜，一时间"名士"之风乍起，所谓"海内希风之流，遂共相标榜，指天下名士，为之称号"，乃有"三君""八俊""八顾""八及""八厨""八元""八凯"等天下名士（《后汉书·党锢列传》）。之所以出现了"尚名节"的社会现象乃至极端的"矫激"畸形现象，原因是复杂的，其中，既有制度设计问题（如察举制在选人用人方面的弊端），[②]也不乏儒家道德教化导向上的偏颇，同时更离不开两汉"三纲"思想对忠、孝、节的宣扬，所谓"东汉之提倡名节，完全是统治者从思想上加强统治的措施"。[③]

不容否认，在东汉时期，"尚名节"的社会风气曾产生过积极的影响，但到后期也表现出极端和畸形的倾向，所谓许武分产、赵宣行服等"违时绝俗"的"激诡之行"（《后汉书·独行列传》）和沽名钓誉的虚德伪行，表现出不近人情的道德绝对主义倾向。时人讥评道："举秀才，不知书；察孝廉，父别居。寒清素白浊如泥，高第良将怯如鸡"（《抱朴子·外篇·审举》）。这也客观影响到忠德的践行，有些东汉时期所谓的"名士"，其细行或有不堪推敲之处。吕思勉先生曾对"汉末名士"进行了深入细致的剖析，结论是："东汉之末，士之

---

① （清）赵翼：《廿二史札记》卷五《东汉尚名节》。

② 吕思勉就认为"汉世进趋，多由乡曲之誉，故士多好为矫激之行以立名"，见吕思勉：《秦汉史》，第531页。

③ 黄留珠：《秦汉历史文化论稿》，第206页。

矫伪极矣。”[①]其中，不仅有如何武所举荐的“诡众虚伪者”，亦有攀附权贵、沽名绝情的黄允，阳奉阴违、无情无义的李充。为了沽名钓誉，甚至“名士”们互相攻讦，“更相谤讪”，导致诬谤之风盛行，“故盛名之下，必无骨鲠之士”。[②]在“尚名节”背后所暴露出的“矫激”“矫伪”的现象，也给士大夫践行忠德带来困扰和杂音。一方面，一些充沛着忠义之气的党人刚直不阿，守死善道；另一方面，“严气正性”者亦难免遭人诬谤，有的人为了维护自己的盛名，而难以保持气节上的骨鲠。

三、两汉时期忠德的主要特点

两汉时期是忠德发展完善的重要时期。特别是作为践行“君为臣纲”的忠君道德借助“三纲”的神圣化和政治化，而超越诸人伦德目跃居首位。应该说，两汉忠德对此后君主专制社会的政治伦理都具有立基定调的作用。

（一）“孝治天下”成为主基调，协调忠孝关系成为时代课题

汉代开启了我国古代王朝“孝治天下”的先河。作为君主专制王朝，强调孝的目的往往是为了“移孝作忠”。尽管在宗法社会中，忠与孝在很大程度上存在着内容的关联性和目的的一致性，但毕竟忠与孝调整的社会关系不同，在道德实践中，难免面对忠孝冲突的问题。

1.“以孝治天下”的基调确立及其蕴含的忠君内涵

汉王朝建立之初，统治者就从强化专制统治的需要，深刻发掘传统孝道中所蕴含的忠君内涵，在“移孝作忠”的理念下，将“以孝治天下”定为刘汉政权的治国理念。

首先，《孝经》在汉代非常盛行。徐复观先生认为《孝经》在西汉初年成书，在汉武帝时期已广泛通行。到了东汉，《孝经》的地位上升，并与《春秋》《书》《礼》《诗》《易》《论语》等被并称为“七经”。[③]汉代的统治者之所以极力隆显《孝经》的地位，主要是基于孝乃“德之本，教之所由生”。说穿了，是看重了《孝经》泛孝论思想下所包含的忠君内核，强调的是“资于事父以事君而敬同”，“以孝事君则忠，以敬事长则顺，忠顺不失，以事其上”的“移孝作忠”目的。

其次，历代汉皇有以“孝”为庙号组字的传统。除了西汉和东汉的开基皇帝外，两汉历任皇帝的庙谥突出“孝”，比如汉孝惠帝、汉孝文帝、汉孝景

---

① 吕思勉：《吕思勉读史札记》，上海：上海古籍出版社1982年版，第528页。

② 吕思勉：《吕思勉读史札记》，第533页。

③ 参见徐复观：《两汉思想史》（第一卷），第195页。

帝、汉孝武帝等。汉皇庙谥的“孝”字表明汉代以孝治天下的立场。在君王的率先垂范下，诸侯王在议定谥号时也多以“孝”字来定谥，如窦太后宠爱的少子刘武就被定谥梁孝王。

再次，“举孝廉”成为士人晋身的路径。侯外庐先生曾分析，汉朝皇帝下诏举士的名目较多，但“举孝廉”是举士的最主要途径和标准。如汉宣帝时期的举士标准是“孝弟有行义，闻于乡里”；汉哀帝时期的举士标准是“孝弟淳厚，能直言，通政事，延于侧陋，可亲民”；汉章帝时期的举士标准把“孝行”当作最首要的考察内容；汉桓帝举士则重“至孝笃行”者。①

复次，尊老敬齿之风得以推广。汉朝建立之初就非常重视尊老，除了给予老年人以优待，还在举行燕礼、乡射礼等仪式时充分体现尊老敬齿。尊老敬齿的核心是教化，所谓“举民年五十以上，有修行，能帅众为善，置以为三老，乡一人。择乡三老一人为县三老，与县令、丞、尉以事相教”（《汉书·高帝纪》）。

汉代“以孝治天下”对后世影响较大，司马晋、拓跋魏、李唐等朝代的统治者都号称“以孝治天下”。究其原因，主要还是在家国同构、君父一体的社会组织形态下，通过移孝作忠，所谓“求忠臣必于孝子之门”，来倡导忠君道德，维护君主专制统治。这是解读中国专制王朝坚持“以孝治天下”的核心和关键。

2. 忠孝一本的一致性

按照“以孝治天下”“移孝作忠”的政治思维，汉代非常强调忠孝一本，所谓“人纲人纪，不生则已。生则上尊人君，下荣父母”（《汉书·扬雄传下》）。在这里，扬雄把“上尊人君”的忠与“下荣父母”的孝看作人伦纲纪之根本。不仅扬雄有这样的观点，两汉时人多持类似的看法。

> 臣闻忠臣之事君，如孝子之事父也。（《后汉书·傅燮传》）
>
> 夫国以简贤为务，贤以孝行为首。孔子曰：事亲孝故忠可移于君，是以求忠臣必于孝子之门。……忠孝之人，持心近厚。（《后汉书·韦彪传》）

汉代继承了先秦时期的泛孝观念，将孝视为诸人伦道德之始基，视为衍生忠君等诸道德之基础，所谓“不孝，则事君不忠，莅官不敬，战陈无勇，朋友不信”（《汉书·杜周传附杜钦传》）。司马谈临终对司马迁说：“予死，尔必为

① 参见侯外庐等：《中国思想通史》（第二卷），北京：人民出版社1957年版，第49页。

太史;为太史,毋忘吾所欲论著矣。且夫孝,始于事亲,中于事君,终于立身;扬名于后世,以显父母,此孝之大也。”(《汉书·司马迁传》)在这里,司马谈将事亲、事君、立身作为行孝的三阶段,从而将“事君”之“忠”作为孝的中间环节,置于孝道之下。还有人将亲亲与尊尊作为孝与忠的区分,将忠、孝视为并行不悖的德目。即:“亲亲之恩莫重于孝,尊尊之义莫大于忠。”(《汉书·宣元六王传·东平思王刘宇》)“与人子言依于孝,与人弟言依于顺,与人臣言依于忠。”(《汉书·王贡两龚鲍传》)“忠臣之义,孝子之行,取于土。土者,五行最贵者也。”(《春秋繁露·五行对》)

在汉代,孝与忠既因为“家国分离”而在家族和国家中分别发挥着各自作用,又因为“家国同构”而相互作用,相互影响,相互补充。也可以说,“家国同构”的社会结构为“忠”与“孝”的内在逻辑关联打通了进路。[①]特别是董仲舒将忠与孝同归之于五行之土,更是将忠与孝紧紧地联系在一起,并将二者一并抬高到道德的顶峰。

3. 忠孝两难下的抉择取向

尽管两汉时人强调忠孝一本,但在残酷的政治现实面前,却时常面对忠孝冲突、难以两全的考验。大体而言,在汉以前,国家利益与家族利益之间的博弈始终处于胶着僵持状态,更多时候家族利益还略占上风,这就导致了国家利益受损、君权至上落实不到位。[②]而到了汉代,这种忠孝关系开始出现变化。

汉初,在传统观念影响下,面对忠孝冲突,时人仍习惯于重孝,忠君并没有彻底超越孝而成为无可争辩的最高道德准则。《韩诗外传》一方面明确高扬“孝重于忠”,一方面又充分肯定忠君道德。“韩婴的思想反映了汉朝初年重孝传统与忠君新德之间仍存在紧张,是先秦儒学重视孝道和西汉中期以后儒学主动宣扬忠重于孝的思想的过渡。”[③]其实,早在楚汉相争时,就已经出现忠优先于孝的选择。整个两汉时期,忠重于孝逐渐成为一种普遍趋势。从“前四史”、《资治通鉴》以及陆、贾、董、扬等论述中,多数情况孝往往要让位于忠的,这已经成为一种较为普遍的共识。

汉初时期,前有王陵母亲以死激励儿子“毋以老妾故持二心”(《汉书·王陵传》),后有赵苞母亲“人各有命,何得相顾,以亏忠义!”的“大义”,最终成全赵苞的“昔为母子,今为王臣,义不得顾私恩、毁忠节”(《后汉书·独行列

① 参见卢明霞、王立仁:《论汉代孝德教育》,《孔子研究》2010年第3期。

② 参见王成、武晓沙:《汉代主流政治伦理观构造的理路——以“忠”为对象的解读》,《山东大学学报(哲学社会科学版)》2011年第4期。

③ 吴争春、吕锡琛:《论古代忠孝道德困境》,《求索》2010年第4期。

传》)的忠君道德。不仅西汉人认同"已背亲而出身,固当奉职死节官下,终不顾妻子矣"(《汉书·酷吏传》)的处理忠孝冲突的做法,两汉相交时人们也能够坚守"事君者不得顾家"(《后汉书·邳彤传》)、"蒙明公(刘秀)大恩,思得效命,诚不敢内顾宗亲"(《后汉书·李忠传》)的忠重于孝的精神。汉代臣子为了践行忠君卫国的臣德,常常置家族命运于不顾。面对家父以死相逼,力主削藩以安汉室的晁错毫不动摇。晁父不由得哀叹道:"刘氏安矣,而晁氏危,吾去公归矣!"遂服毒自尽(《汉书·晁错传》)。可见,忠在臣子心中位置之重远超过孝。

当然,毕竟两汉时期"三纲"才初步形成,因此对忠孝关系问题特别是忠孝冲突时的艰难抉择,时人有时也持相对宽容态度,允许人有不同的选择。在史书记载中,也偶尔有关于重孝舍忠的个别记载。如西汉王阳因蜀道难而畏险叹息道:"奉先人遗体,奈何数乘此险!"并借口生病没有就任益州刺史,还获得恩准。后来,朝廷任命王尊担任益州刺史。同样面对蜀道之艰险,王尊不惜犯险,他表示:"王阳为孝子,王尊为忠臣。"(《汉书·王尊传》)在这里,两任王姓益州刺史分别诠释了对忠和孝的不同取舍。

在制度设计上,汉代也极力要调和忠孝之间的冲突。一方面,汉代标榜"以孝治天下",故而给予丧亲的官员以宁假,甚至明确规定"长吏以下不为亲行服者,不得典城选举"(《后汉书·刘恺传》);另一方面,三年之丧,颇怠政事,汉代统治者往往因需要对居丧的臣子进行提前释服。如耿恭服母丧时,朝廷"诏使五官中郎将赍牛酒释服"(《后汉书·耿恭传》)。总地看,宁假在两汉时期并未形成一种固定期限的制度,也没有能有效调节忠孝之间的问题。①在法律制度上,儒家"亲亲得相容隐"的法理被纳入汉代的法律制度中。汉宣帝颁布诏令曰:"自今子首匿父母,妻匿夫,孙匿大父母,皆勿坐。其父母匿子,夫匿妻,大父母匿孙,罪殊死,皆上请廷尉以闻。"(《汉书·宣帝纪》)也就是说,"汉代法律允许近亲属之间互相隐瞒犯罪而不受惩罚,法律还不强迫近亲属之间在法庭上提供确认对方犯罪的证据"。②汉代的这种法律制度体现了儒家"亲亲相隐"的法伦理,在忠与孝冲突时确定了孝优于忠的法律原则。当然,这种"亲亲相隐"的法律制度只限于对君主专制统治不构成威胁的犯罪,如果一旦危急社稷安危则不再实行容隐制度。因此,"孝治天下"国策下对孝重于忠的宽容,并不能动摇忠君为首要政治道德这一根本。

---

① 参见安作璋、熊铁基:《秦汉官制史稿》下册,济南:齐鲁书社1984年版,第492页。

② [美]D.布迪、C.莫里斯:《中华帝国的法律》,朱勇译,梁治平校,南京:江苏人民出版社1995年版,第29页。

(二)君臣关系总体看较为宽和,但已显现愈趋严厉之端倪

由于两汉时期,外朝的相权还没有如后世明代那样被侵蚀殆尽,加之,汉人的天下国家观也还遗存了古人那种立君为民的传统思维,在这种天下观念和相权制衡下,汉代的君主对臣下是较为宽容的,但也已经显露出严格君臣尊卑的趋势。

1. 天下观下的君臣关系

天下观在汉代并不完全一致,也存在一些分歧。比如,有的人认为“天下乃天下人之天下”,所谓“天生蒸民,不能相治,为立王者以统理之,方制海内非为天子,列土封疆非为诸侯,皆以为民也。垂三统,列三正,去无道,开有德,不私一姓,明天下乃天下之天下,非一人之天下也”(《汉书·谷永传》)。在他们看来,立君是为了更好地治理天下,管理民众,所谓“夫天生蒸民,立君以牧之。君道得,则民戴之如父母,仰之犹日月,虽时有征税,犹望其仁恩之惠”(《后汉书·宦者列传》)。君主与臣民之间的关系实际上是相须相待、相辅相成的。“帝非人不立,人非帝不宁。夫天之与帝,帝之与人,犹头之与足,相须而行也。”(《后汉书·刘陶传》)这种“立君为民”“天下乃天下人的天下”的观念实际是一种“公天下”的天下观。与此类似,还有一种将天下比喻为“皇天”的天下。如鲍宣就主张“天下乃皇天之天下也,陛下上为皇天子,下为黎庶父母,为天牧养元元,视之当如一”(《汉书·鲍宣传》)。这无疑也是一种假托拟人化的“皇天”的似私实公的“公天下”观。

西汉时期“公天下”的天下观非常盛行,甚至于眭弘因大石自立、僵柳自起而使人上书曰:“汉帝宜谁差天下,求索贤人,禅以帝位,而退自封百里”(《汉书·眭弘传》)。进入君主专制社会后,这种让帝王退位的惊世骇俗之语也就是出现在西汉时期,在别的历史时期是难以想象的。吕思勉将这种“公天下”的天下观,名之曰“官天下”。而到了东汉,“忌讳稍深矣”,“官天下之义之湮晦,盖自新、汉间始”。[①]乃至于对于李云说了句对专制君主大不敬的“帝欲不谛”,曹丕都为古人操心曰:“何得不死?”(《三国志·王肃传》)天下观的这种趋势,也是与两汉时期君主专制强化的进程相一致的。

正如吕思勉先生所说的,在西汉末年新莽前后,出现了一种“天下乃一姓之私”的天下观。这种观点认为,“天下者,陛下之家也”(《汉书·师丹传》)。这种天下观,我们可以称之为“私天下”的天下观。另外,还有一种与“私天下”类似的天下乃开基帝王之天下的观点,即“天下高帝天下,非陛下之天下也”(《后汉书·樊宏传》)。

---

① 吕思勉:《论学集林》,上海:上海教育出版社1987年版,第724页。

尽管汉代的天下观存在分歧,但都没有后世那种以天下为帝王可肆意挥霍之私产的观念。即便提出所谓“天下者,陛下之家也”观点的师丹,也没有说帝王可以任意妄为。不仅臣子如此,汉代的君王对“君人者,视民如父母,有憯怛之忧,有忠和之教,匍匐之救”(《后汉书·章帝纪》)这样一种爱民如子和上思利民的在上者之忠表达了思想上的认同。

在这种观念下,君不独尊,臣不甚卑。不惟君对臣较为宽容,臣也可以从忠于社稷出发,与君王大胆抗辩,而不为君主所屈。以法制为例,汉天子虽口含天宪,独断乾纲,但其仍要受到汉代法律的制约,而不是拥有无限的、不受法律约束的权力。这种对君王法权的抑制和制衡,对构建君明臣忠的政治生态环境十分有利。据史载,廷尉张释之多次违拗汉文帝的旨意,而坚持依法断案,他的理由是“法者,天子所与天下共也”(《汉书·张释之传》)。在人治社会中,所谓“朕即法律”,张释之能坚持“法者,天子与天下共也”的原则,体现了汉初君臣关系的相对和合。

当然,随着君主专制的强化,汉代这种“法者,天子与天下共”的法律思想越来越受到冲击,往往以天子的意志来代替法律的公平,“人治”不断碾压“法治”。如杜周为廷尉,唯上命是从,他的理由是:“三尺安出哉?前主所是著为律,后主所是疏为令。”(《汉书·杜周传》)一语道破了“人治”下的“法治”本质。但我们知道,杜周是酷吏的代表,酷吏是君权借以打压臣下的工具。因此,酷吏以君王意志为法的观点在整个汉代还不足以取代张释之那种为法屈君的传统。总地来说,汉代君臣关系还是较为宽和、相对宽容的。

2. 臣子独立精神之保持

综观两汉时期君臣关系,虽也不乏昏君和佞臣,但总体说来,多数情况下的君臣关系还是较为和谐的。在君主面前,臣子虽然要恭敬有加,但也不至于奴颜婢膝。有的君主甚至对于当面顶撞他的臣子也能宽容。光武帝曾对高获说:“朕欲用子为吏,宜改常性。”高获回答说:“臣受性于父母,不可改之于陛下。”出门而去(《后汉书·方术列传上》)。汉顺帝想征樊英做官,但樊英托病不出,汉顺帝勃然大怒,恫吓道:“朕能生君,能杀君;能贵君,能贱君;能富君,能贫君。君何以慢朕命?”樊英针锋相对、不卑不亢地回答道:

> 臣受命于天。生尽其命,天也;死不得其命,亦天也。陛下焉能生臣,焉能杀臣!臣见暴君如见仇雠,立其朝犹不肯,可得而贵乎?虽在布衣之列,环堵之中,晏然自得,不易万乘之尊,又可得而贱乎?陛下焉能贵臣,焉能贱臣!臣非礼之禄,虽万钟不受;若申其志,虽箪食不厌也。陛下焉能富臣,焉能贫臣!(《后汉书·方术列传上》)

最终,“帝不能屈,而敬其名,使出就太医养疾,月致羊、酒”(《后汉书·方术列传上》)。面对君王的施压,高获、樊英的抗命与董宣“强项令”[①]的抗命,其本质是不同的。前者是君主面前保持臣民独立之精神,而后者则是为了尽忠君王所表现出的一种忠直耿介行为。像高获、樊英那样当面顶撞的狂士若放在明清,早就脑袋搬家,诛灭九族了。总地看,汉代君主对臣子总体上是较为宽和的,对名士也是礼遇有加的。

光武帝对隐士的礼遇是一贯的。他对故友严光就极尽礼遇,乃至“共偃卧,光以足加帝腹上”(《后汉书·逸民列传》)亦不怪罪。正是光武帝的大度宽容,臣子才敢于保持独立个性。建武中,朝廷征王霸,但王霸拜称名,不称臣。其理由是:“天子有所不臣,诸侯有所不友。”就这样一个不臣天子的人,当时的司徒侯霸却争着要让位于他(《后汉书·逸民列传》)。可见,社会上对这种保持独立精神的人,也是较为认可和钦佩的。有的时候,一些臣子想以“大不敬”等不忠罪名来构陷高士,皇帝也能保持清醒的认识。如博士范升曾劝光武帝以“大不敬”的罪名来惩治“不受征召”的周党、王良、王成等人。光武帝却不为所动,下诏曰:“自古明王圣主,必有不宾之士。伯夷、叔齐不食周粟,太原周党不受朕禄,亦各有志焉。其赐帛四十匹。”(《后汉书·逸民列传》)

3. 对破坏君臣尊卑的强力打压

尽管汉代的君臣关系相对宽和,那个时期的君德、臣德也都相对良好,但在等级森严的君主专制统治下,君臣尊卑也是绝对不允许有丝毫僭越的。在外戚窦宪专权时,曾有尚书谄媚地提议群臣在拜见窦宪时要“伏称万岁”。对这种破坏君臣尊卑的僭越不忠提议,大臣韩棱指斥曰:“夫上交不谄,下交不黩,礼无人臣称万岁之制。”(《后汉书·韩棱传》)也就是说,即便是位极人臣也不可以不顾尊卑,僭礼越制,更不可以说出格的话,办出格的事。

宁阳县主簿为县令而诣阙诉冤,因累年不被受理,遂直接上书天子,负

---

① 据《后汉书·酷吏传》载,董宣在任洛阳令时,湖阳公主(汉光武帝姊)的家奴白日杀人,藏匿在公主家,吏不敢上门抓人。后来公主出行,该奴骖乘。董宣趁机拦住公主的马车,“以刀画地,大言数主之失,叱奴下车,因格杀之”。公主向光武帝哭诉,光武帝大怒,要杀董宣。董宣说:“陛下圣德中兴,而从奴杀良人,将何以理天下乎?臣不须捶,请得自杀。”当即以头击楹,流血满面。光武帝有意保护董宣,但也要安抚公主情绪,于是令小黄门带董宣去向公主叩头赔罪,但董宣坚决不叩头,即便小黄门强摁着使其就范,董宣仍执拗地两手按着地,始终不肯低头。公主对光武帝说:“文叔(即光武帝)为白衣时,臧亡匿死,吏不敢至门。今为天子,威不能行一令乎?”帝笑曰:“天子不与白衣同。”于是放了“强项令”董宣,并赐钱三十万。京师号其为“卧虎”。“强项”是汉代对忠耿得近乎执拗的官员的一种通称。如杨震、杨奇的杨氏家族亦被视为具有“强项”的家风。

气地说："臣为陛下子，陛下为臣父。臣章百上，终不见省，臣岂可北诣单于以告怨乎？"(《后汉书·虞诩传》)这样悖谬无礼且大逆不道的气话惹得龙颜大怒，若不是虞诩极力劝谏，这个宁阳主簿的下场不堪设想。一向宽仁的光武帝刘秀对韩歆的直言不讳也不能容忍。有一次，光武帝称赞当年隗嚣、公孙述之文采，韩歆说了一句"亡国之君皆有才，桀、纣亦有才"，光武帝认为韩歆指桑骂槐。这个韩歆仍不知忌讳，又抨击时政，言辞间"指天画地，言甚刚切"，当即被罢免回家，最终韩氏父子被逼自杀(《后汉书·侯霸传》)。可见，专制社会中伴君如伴虎，稍有不慎则遭不虞之祸。

随着君主专制的日益强化，君臣尊卑的日趋严格，汉代政治对臣子的要求也越来越高。按照《易传》所谓"君不密则失臣，臣不密则失身"的义理，汉代臣子要时刻保持慎密戒惧。大臣孔光"典枢机十余年"，为人极其谨慎，每次上奏书后，"辄削草稿"。按他的说法，"章主之过，以奸忠直"，乃"人臣大罪也"(《汉书·孔光传》)。孔光温树更成为臣子谨慎的典故。同朝为官的师丹则没有孔光那么小心翼翼，在文件保密工作方面有疏漏，并因此获罪。在汉代，随着"三纲"思想的确立和忠君道德的隆显，"下不非其君上为忠"(《后汉书·范升传》)逐渐成为社会普遍的共识。

(三) 各为其主和双向度忠君并行，社会认可层级式的忠

两汉建立在短命的秦朝基础上的，无论在制度上还是社会道德上，都处于一个过渡和发展时期。因此，在忠德问题上，两汉继承了春秋、战国时期的一些忠德特点。加之，两汉在郡县制的同时，分封宗室，这就使得两汉时期的忠德表现为各为其主和层级式的忠等样态同时并存，而且在忠君问题上，也还很大程度地保留了双向度的忠之精神。

1. 各为其主

楚汉争霸时，人才的流动较为频繁，双向度的忠盛行。刘邦的大将韩信、季布、彭越包括那个追杀项羽的吕马童等，都是叛楚归汉的。秦汉时期，在君臣道合的基础上，各为其主、忠于主子的行为，不仅被社会所普遍接受，而且决定了人心的向背和政治的成败。在对待一些项羽臣子问题上，刘邦经常借题发挥，以隆显臣子忠德。一方面，刘邦赦免了项羽的大将季布，所谓"季布何罪？臣各为其主用，职耳"(《汉书·季布传》)，有意大力弘扬忠君卫主的忠德；另一方面，刘邦又杀了曾经救过自己的项羽部下丁公，其理由是"丁公为项王臣不忠，使项王失天下者也"，杀丁公是为了"使后为人臣无效丁公也"(《汉书·季布传》)。这种通过赏罚手段来弘扬忠德、贬斥不忠的政治策略成为此后历朝历代的通例。汉景帝时，匈奴王徐卢等五人降汉，汉

景帝打算封这些人为列侯,以鼓励更多的匈奴人降汉。但周亚夫却认为:“彼背其主降陛下,陛下侯之,即何以责人臣不守节者乎?”(《汉书·周勃传附周亚夫传》)

两汉之际的动荡又给各为其主和双向度忠德创造了条件。在当时,臣子具有自由选择主子的权利。当时陇西的马援就表示:“当今之世,非复君择臣,臣亦择君也。”(《后汉书·马援传》)邓禹当时也曾是一方豪杰,很多人向更始帝刘玄推荐邓禹,但邓禹却投奔刘秀,表示:“但愿明公威德加于四海,禹得效其尺寸,垂功名于竹帛耳。”(《后汉书·邓禹传》)

两汉之际乃良禽择木而栖、忠臣择主而事的大变动时期。这期间,既有为主尽节效忠者,也不乏改换门庭、投靠新主者。马援、窦融等原来都是隗嚣的部属,却投奔了刘秀。据《后汉书·窦融传》载,窦融致书刘秀曰:“臣融虽无识,犹知利害之际,顺逆之分。岂可背真旧之主,事奸伪之人;废忠贞之节,为倾覆之事。”这表明:天下纷攘之际,顺逆才是臣子择主的主要因素。臣子应该效忠代表顺的一方,只有顺的一方才是真龙天子。因此,背离代表逆的主子,投靠代表顺的主子,不算不忠。

在新莽大乱、割据势力群雄并起之时,既有马援、窦融那样择主而事者,也不乏为割据雄豪尽节效忠的臣子。隗嚣部将王捷就表示:“为隗王城守者,皆必死无二心!愿诸军亟罢,请自杀以明之。”(《后汉书·隗嚣传》)遂自刎颈死。对于那些心恋旧主的忠臣义士,东汉统治者是较为宽容的,且社会风气也是服膺其品质的。更始帝的旧部鲍永和冯衍在更始帝死后才投到光武帝这边,光武帝刘秀最初对这两个忠于故主、姗姗来迟的更始旧部是心怀芥蒂的,但最后还是认可他们为各为其主的忠臣,没有追究鲍永凭吊更始的责任,且任命冯衍为曲阳令,并认可和称道刘赐(刘秀族兄、当过更始帝的光禄勋)在更始帝死后将更始妻子安顿到洛阳的做法为忠(《后汉书·宗室四王三侯传·安成孝侯赐传》)。刘秀的思想转变反映了在新旧王朝交替的乱世,人们在高扬誓死不贰的忠君道德同时,也对忠于故主的行为表示认同。

2. 双向度的忠

汉初开始,双向度的忠德就被人们所认同。一方面开明君主基于对君明臣忠的认同,主动礼贤下士来争取隐士出仕效忠。另一方面,一些隐士也对君主的礼遇,进行了积极的回应。除了商山四皓被张良、吕后请出来为刘盈做后盾,曹参在齐国为相时,也礼请出齐处士东郭先生、梁石君。

应该说,对双向度君明臣忠的认可,是汉代政治道德的主流。“父不父则子不子,君不君则臣不臣”(《汉书·武五子传·戾太子传》)无疑表达了时人对君臣之间双向度权利义务的基本看法。一方面,做臣子的“怀能而不见,是不忠也”;

另一方面,做君主的“见而不行,主不明也”(《汉书·东方朔传》)。君臣之间的关系是相对的,明君与忠臣是相向而行的。汉代的一些士人也都极力讴歌和颂赞君臣和合的理想场景。在这方面,贾山和王褒都多有论议。

> 古之贤君于其臣也,尊其爵禄而亲之;疾则临视之亡数,死则往吊哭之,临其小敛大敛,已棺涂而后为之服锡衰麻绖,而三临其丧;未敛不饮酒食肉,未葬不举乐,当宗庙之祭而死,为之废乐。故古之君人者于其臣也,可谓尽礼矣;服法服,端容貌,正颜色。然后见之。故臣下莫敢不竭力尽死以报其上,功德立于后世,而令闻不忘也。(《汉书·贾山传》)
>
> 夫贤者,国家之器用也。……世必有圣知之君,而后有贤明之臣。……故圣主必待贤臣而弘功业,俊士亦俟明主以显其德。上下俱欲,欢然交欣,千载一合,论说无疑,翼乎如鸿毛过顺风,沛乎如巨鱼纵大壑。(《汉书·王褒传》)

在这里,贾山把君主礼遇大臣作为臣子报主尽忠的条件,王褒则把上下同欲作为君臣和合的基础。

当然,君明臣忠的双向度始终要以君臣尊卑的等级秩序为前提和基础的。“夫威仪,所以与君臣,序六亲也。若君亡君之威,臣亡臣之仪,上替下陵,此谓大乱。大乱作,则群生受其殃,可不慎哉!”(《后汉书·礼仪志上》)也就是说,在君主专制政体下,君明臣忠的双向度并不意味着臣子可以不顾尊卑。

3. 层级式效忠

层级式的忠往往与各为其主紧密相连。刘邦赦免曾劝韩信持重自立的蒯通和赵王张敖的部下贯高,就是认同了“狗各吠非其主”(《汉书·蒯通传》)的道理。但同时,分封制也加剧了这种层级式的忠。汉代在社会治理结构上实行的是以郡县制为主、分封制为辅的双轨制,导致层级式效忠这一忠德现象的产生。诸侯国的臣子作为诸侯王的属官首先要效忠于该诸侯王,而不能直接效忠汉天子。如伍被等之于淮南王,枚乘、邹阳、严忌等之于吴王、梁王,大率皆此类也。

实际上,在两汉时期,一元化的忠君与层级式的忠主同时并存。这就导致诸侯国的臣属包括郡县的下级属吏在地方与中央的冲突中,也面临一个是忠于皇上还是忠于自己主子的问题。总地来说,汉代特别是“三纲”逐渐被确立为国家意识形态后,宣扬的是一元化的忠于皇帝,但也一定程度上认可层级式的各忠其主的合理性。但随着君主专制的强化,那种一元化忠君与层级式忠主并存的情况开始改变，且向着一元化忠君的方向强化。如光武帝刘秀曾谆谆告诫即将上任的武威太守任延，叮嘱他“善事上官，无失名誉”。任延却回答说：“臣闻忠臣不私，私臣不忠。履正奉公，臣子之节。上下雷同，非陛下之福。善事上官，臣不敢奉诏。”刘秀叹息道：“卿言是也。”(《后汉书·循吏传》)这个事例告诉我们：层级式效忠曾是当时的普遍社会现象，甚至连天子都对这种有损于君王一元化领导的相对忠德不得不认可。同时也揭示了由忠主向忠君的嬗变趋势，任延所谓的“忠臣不私，私臣不忠”和“上下雷同，非陛下之福”的观点无疑已经超越了狭隘的层级之忠，而跃升到丹心忠君的更高层面。但总体来看，终两汉之世，不仅新旧更替的乱世凸显各为其主的相对忠君道德，而且即便是“三纲”确立、明确君为臣纲、大肆宣扬一元化绝对忠君的君主集权专制强化时期，也仍一定程度地存在并认可层级式的相对忠君现象。

两汉时期之所以会出现层级式的忠德观念，除了分封制这个原因，还由于官员选任的察举制而形成门生故吏关系。这就在举荐者与被举荐者之间形成了一种事实上的君臣关系，这些门生故吏对于其举荐者也即老师、主公有一种效忠的义务。如司空袁逢曾举荐了荀爽，尽管荀爽并没有应召，但袁逢死，荀爽主动为之服丧三年。我们知道，三年之丧乃是子对父、臣对君的大丧之服。荀爽为袁逢服丧三年，显然是持一种君臣之礼。“且史书说荀爽的作法‘化以为俗’，成为一种习俗，这反映了当时人普遍认为察举者与受察举者之间有君臣关系存在。”[①]对于这种官僚与属吏之间的君臣关系，汉朝统治者是无奈的，从光武帝与任延的对话中就能感受到皇帝对层级式君臣关系的无奈。

(四)谏诤已经成为臣子忠君道德的基本准则

谏诤是臣子忠德的题中应有之义。早在先秦时期，忠德就与忠谏紧密联系在一起。汉代在丰富和发展忠君道德的同时，极大地彰显了臣子的谏诤义务，并使之成为臣子忠君的基本准则和要求。

1. 君主对谏诤的鼓励

两汉统治者继承了先秦时期的忠谏传统，将谏诤看作是臣子忠德的应有之义。为了更好地吸收臣下的意见，汉代还因袭秦制而加强了谏官的职位设置，所谓“大夫掌论议，有太中大夫、中大夫、谏大夫，皆无员，多至数十人”(《汉书·百官公卿表》)。这里的谏大夫就专司谏诤，其始设立于汉武帝

① 甘怀真：《中国中古时期君臣关系初探》，《台大历史学报》第21期(1997年12月)。

元狩五年,“皆名儒宿德为之”,秩比八百石,隶属于光禄寺。而到了东汉,谏大夫更名为谏议大夫,置30人。比较而言,“秦朝的谏官有名无实,而汉代的中大夫、太中大夫、谏大夫等已开始行使谏官职权”。[①]其实,忠谏不唯谏官的职责,乃是所有策名委质、食君之禄的臣子之共同职责。

就君主求直谏和纳谏的传统而言,每逢天灾异象时君王都要罪己而求谏。如遇到日食时,光武帝刘秀曾下诏曰:“吾德薄致灾,谪见日月,战栗恐惧,夫何言哉!今方念愆,庶消厥咎。其令有司各修职任,奉遵法度,惠兹元元。百僚各上封事,无有所讳。其上书者,不得言圣。”(《后汉书·光武帝纪下》)汉明帝时发生日食,下诏罪己曰:“灾异屡见,咎在朕躬,忧惧遑遑,未知其方。将有司陈事,多所隐讳。”(《后汉书·显宗孝明帝纪》)类似的罪己加求谏的诏书在汉和帝、汉安帝时也如出一辙。从中不难看出,每逢灾异或重大变故,皇帝下诏求忠臣直言几成定式。

2. 忠臣的直言进谏

一方面是君主的积极求谏纳谏,另一方面则是臣子将谏诤作为忠贞卫国的分内之事,自觉主动进谏。汉代臣子对忠谏始终有自觉的认识,所谓“明主不恶切谏以博观,忠臣不避重诛以直谏,是故事无遗策而功流万世”(《汉书·主父偃传》);“忠臣不避重诛以直谏,则事无遗策,功流万世”(《汉书·枚乘传》)。在他们看来,“古之明君,必有辅德之臣,规谏之官,下至器物,铭书成败,以防遗失。故君有正道,臣有正路,从之如升堂,违之如赴壑”(《后汉书·孙穆传》)。

对于谏诤的意义,贾山的思想较有代表性。他主张“忠臣之事君也,言切直则不用而身危,不切直则不可以明道,故切直之言,明主所欲急闻,忠臣之所以蒙死而竭知也”,天子“置直谏之士者,恐不得闻其过也”(《汉书·贾山传》)。贾山认为唯有这样,才能做到江山永固,社稷永保,帝系永延。贾山将秦亡原因也归结为秦朝暴政造成朝无敢谏之忠臣。重视谏诤是汉代臣子的共识,所谓“仁君广山薮之大,纳切直之谋;忠臣尽謇谔之节,不畏逆耳之害。……大臣重禄不极谏,小臣畏罪不敢言,下情不上通,此患之大者”(《后汉书·陈宠传》)。

汉代的忠谏精神不仅在思想上形成共识,而且早在西汉初年就得到很好的落实。如王陵的忠直敢言,周昌的“期期不奉诏”之耿介,晁错的以死建言和推动“削藩”。文景时期出现了君臣道合的良好政治生态,这也使得臣子敢于逆鳞直谏。这种宽松的君臣关系也换得了臣子竭忠尽力,有力促进

① 贾玉英等:《中国古代监察制度发展史》,北京:人民出版社2004年版,第115页。

了社会经济发展，也为西汉盛世奠定了较为坚实的政治基础。

在两汉期间，忠直敢谏之臣和冒死直谏之事不胜枚举，并涌现出汲黯、薛广德、宋均等直言敢谏的名臣，以及朱云折槛等典故。在两汉时期像朱云这样的小臣敢于直言上谏的绝不在少数，所谓位卑未敢忘忧国。“臣闻布谷鸣于孟夏，蟋蟀吟于始秋，物有微而志信，人有贱而言忠。臣虽至贱，诚愿赐清闲，极尽所言。”（《后汉书·襄楷传》）

3. 微谏、讽谏对直谏的补充

谏诤乃忠臣的义务，但围绕谏诤的方式，历来就有不同观点。一种意见坚持犯颜直谏，所谓“忠正之言，非徒誉人而已也，必有触焉”（《潜夫论·贤难》），如汲黯、薛广德、朱云等人。另一种意见强调进谏要讲求策略，如用微谏、讽谏等形式，委婉迂回地进谏。“夫人臣依义显君，竭忠彰主，行之美也。”（《后汉书·曹褒传》）如公孙弘之属。

公孙弘是微谏的代表。公孙弘“每朝会议，开陈其端，使人主自择，不肯面折庭争”（《汉书·公孙弘传》）。事实上，也并非只有直谏才能达到目的。如汉初时期王陵虽然面折庭争，号称直臣、忠臣，但在安定刘氏天下中真正起到关键作用的，还是陈平、周勃这些虽然没有直谏但却在行动上维护汉朝政权的人。

相对于公孙弘的微谏，扬雄则以讽谏见长。其创作《甘泉赋》《上林赋》《子虚赋》等铺排大赋旨在“以讽谏也”。而东方朔则将微谏和讽谏很好地融为一体，以其嬉笑怒骂的诙谐风格，达到进谏的目的。在东方朔看来：“昔者关龙逢深谏于桀，而王子比干直言于纣，此二臣者，皆极虑尽忠，闵王泽不下流，而万民骚动，故直言其失，切谏其邪者，将以为君之荣，除主之祸也。今则不然，反以为诽谤君之行，无人臣之礼，果纷然伤于身，蒙不辜之名，戮及先人，为天下笑，故曰谈何容易！”（《汉书·东方朔传》）

当然，东方朔也不全是诙谐的讽谏和微谏，亦不乏直谏之事。如在阻止汉武帝为安抚馆陶公主而欲在宣室接见董偃。其疾言厉色道：“不可。夫宣室者，先帝之正处也，非法度之政不得入焉。故淫乱之渐，其变为篡，是以竖貂为淫而易牙作患，庆父死而鲁国全，管、蔡诛而周室安。”史称，“朔虽诙笑，然时观察颜色，直言切谏，上常用之。自公卿在位，朔皆敖弄，无所为屈”。但从“朔名过实者，以其诙达多端，不名一行，应谐似优，不穷似智，正谏似直，秽德似隐”（《汉书·东方朔传》）的评价中，还是可以感受到东方朔谏诤的智慧和效果。

4. 忠谏与尽忠职守

忠谏还反映了臣子的职业操守，所谓“食人食者死其事”（《汉书·王莽传下》)。在时人眼中,只要尽到忠谏的职责,即便昏君暗主未采纳忠谏,臣子也可以因此免责。当废黜昌邑王时,昌邑王的身边旧臣“坐在国时不举奏王罪过,令汉朝不闻知,又不能辅道,陷王大恶,皆下狱诛”,但只有王吉、龚遂二人因“忠直数谏”而得以宽赦死罪,髡为城旦(《汉书·王贡两龚鲍传》)。王阳、王式等也因忠谏得以减轻处罚,甚至于像王式那样以微隐的方式委婉劝谏,也被认定为免责的理由。

“昌邑群臣坐陷王于恶不道,皆诛,死者二百余人,唯(龚)遂与中尉王阳以数谏争得减死,髡为城旦。”(《汉书·循吏传·龚遂传》)“(王)式系狱当死,治事使者责问曰:‘师何以无谏书?’式对曰:‘臣以《诗》三百五篇朝夕授王,至于忠臣孝子之篇,未尝不为王反复诵之也;至于危亡失道之君,未尝不流涕为王深陈之也。臣以三百五篇谏,是以亡谏书。’使者以闻,亦得减死论。”(《汉书·儒林传·王式传》)

在日常政治活动中,臣子履行忠谏义务要以维护国家社稷和坚守职责为依归。也就是说,忠臣要以维护社稷的长治久安为目的,进思尽忠,退思补过,忠于职守。当面对喜欢田猎、深夜才返城的光武帝,守城门的郅恽以“火明辽远”无法辨别真伪的理由拒不开门,刘秀只得改从东中门入城。第二天,郅恽上书谏曰:“昔文王不敢槃于游田,以万人惟忧。而陛下远猎山林,夜以继昼,其于社稷宗庙何? 暴虎冯河,未至之戒,诚小臣所窃忧也。”(《后汉书·郅恽传》)刘秀嘉奖了坚持原则、忠于职守的守门官郅恽,而将开门纳己的东中门候予以贬职。

总之,恪尽职守,直言忠谏,都以维护天下社稷为己任,即便是获罪于君也毫无畏惧。两汉时期的忠臣继承发扬了荀子所谓争臣争子精神,并将忠谏纳入忠君道德的范畴之中,极大丰富和完善了忠君的臣德内涵。两汉以后,谏诤逐渐成为忠君道德准则的构成要件和基本要义。

(五)平等主体之间的忠义精神

汉代的忠德,除了凸现忠君、忠主道德,也包含对平等主体的忠。汉代这种平等主体之间的忠实际是对先秦那种“与人忠”的忠义精神传承。这种“与人忠”的品格在汉代民间广为流传,其主要表现在以下三个方面。

1. 为人谋忠

为人谋忠在春秋时期较为盛行,到了汉代,这种精神还仍不同程度的存在。如东汉时期,张玄(字处虚)曾建议司空张温起兵除宦官,张温不用其谋。张玄担心谋泄,欲仰药自杀。张温前执其手曰:“子忠于我,我不能用,是吾罪也,子何为当然! 且出口入耳之言,谁今知之!”(《后汉书·张霸传附张玄传》)无独有偶,凉州从事苏正和秉公执法,将武威太守绳之以法,凉州刺史梁鹄畏惧武威太守的后台贵戚,想杀苏正和来取悦贵戚。一向与苏正和有仇怨的盖勋却认为“谋事杀良,非忠也;乘人之危,非仁也”,极力说服梁鹄释放苏正和。事后,苏正和想致谢盖勋,盖勋避而不见说:“吾为梁使君谋,不为苏正和也。”对苏正和“怨之如初”(《后汉书·盖勋传》)。盖勋的所作所为生动再现了子产那种“为人谋忠”的忠诚精神,并颇有舆骈不以私害公的遗风。①“乘人之危”的成语就出自盖勋的故事,但如果追溯起来,则舆骈公忠无私的故事实为不乘人之危的真正源头。

2. 忠于承诺

除了谋忠外,还要做到忠于然诺,不违背自己的承诺。东汉名士范式(字巨卿)与张劭(字元伯)同游太学,后各归故里。二人相约,两年后范式到张劭家里拜访。等到临近约定时间,张劭告诉母亲设馔待客,张母认为:“二年之别,千里结言,尔何相信之审耶?”张劭表示:“巨卿信士,必不乖违。”结果到了日期,范式果然来拜访张劭。后来,张劭病重,临终时叹息道:“恨不见我死友!”当时同郡的郅君章、殷子徵来探望张劭,子徵曰:“吾与君章,尽心于子,是非死友,复欲谁求?”张元伯回答说:“若二子者,吾生友耳。山阳范巨卿,所谓死友也。”尽心于人尚只许为生友,可见对死友的期许更高。据说,张元伯死后,曾托梦给范巨卿,告知死讯及出殡时间,希望范式来送一程。当出殡之日,张元伯家人送灵柩到墓地后,棺木却怎么也不能进到墓穴里,及至范巨卿赶到后,叩棺而言:“行矣元伯,死生异路,永从此辞。”棺木方进到墓穴。②

这个故事后来被范晔写进《后汉书·独行列传》中。《后汉书》的记载不止于此,续写范式后来因被张元伯誉为死友而闻名,有长沙陈平子虽然与范巨卿没有见过面,但深感范巨卿死友的忠义精神,病重之际告诉妻子:“吾闻山阳范巨卿,烈士也可以托死。吾殁后,但以尸埋巨卿户前。”后来范巨卿回来后,“怆然感之,向坟揖哭,以为死友”,并且“营护平子妻儿,身自送丧于临湘”(《后汉书·独行列传》)。范张死生交的故事后来广为流传。据谭正璧考证,自《搜神记》和《后汉书·独行传》后,主要有元代宫天挺的杂剧《死生交范张鸡黍》、明代焦竑的《焦氏类林》卷之五下《伤逝》,以及《曲海总目提要》卷三《范张鸡黍》等,冯梦龙《古今小说》卷十六的《范巨卿鸡黍死生交》就是根

---

① 子产、舆骈的故事均见本书第一章第三节。

② 事见干宝:《搜神记》,北京:中华书局1979年版,第144—145页。

据汉代这个故事改编的。[①]

在《喻世明言》“范巨卿鸡黍死生交”中，作者借张劭之口，用传统的阴阳五行说来凸显范式的忠信精神，正所谓“人禀天地而生，天地有五行，金、木、水、火、土，人则有五常，仁、义、礼、智、信以配之，惟信非同小可”，而“巨卿乃诚信之士”。张劭表示自己“于国不能尽忠，于家不能尽孝，徒生于天地之间耳。今当辞去，以全大信”。[②]尽管在《喻世明言》中，作者凸显的道德精神是信，但正如作者所指出的那样，忠、孝等纲常精神与仁、义、礼、智、信等五常之性都是一个人安身立命的根本。从内涵上而言，忠与信关联度极高，所谓忠信相连，非忠不立，非信不行。东汉范巨卿与张元伯的死生之交、死友之约凸显的都是忠于诺言，言必信、行必果的忠信精神。

3. 竭己为人

如果说范巨卿是张元伯的死友，那么，作为张元伯的生友之郅恽（字君章）则实为董子张忠义无二之死友。据《后汉书·郅恽传》载，董子张之父为人所杀。董子张临死前遗恨在心，唏嘘扼腕。董的挚友郅恽对他讲：“吾知子不悲天命，而痛仇不复也。子在，吾忧而不手；子亡，吾手而不忧也。”言毕，即带人杀死董氏仇人，董子张了却心愿而死。郅恽以朋友之交为董子张复家仇无疑已经超出了血亲复仇的范围，成为一种朋友之间替代性的血亲复仇，是违反当时法律的。杨鸿烈先生曾指出，复仇乃文化不开化时期人们的自助（Self—help）救济行为。到了国家司法主义时候，复仇就变成不法行为。杨鸿烈先生认为儒家思想助长了复仇这种不法行为。[③]应该说，郅恽代友复仇的行为，是不符合儒家血亲复仇的法理要求的，却体现了儒家伦理中的忠义精神，因此被时人所称道。

纵观郅恽一生的行事，其实就是一个全面践行忠德的人，除了为友复仇的忠义，拒绝为狩猎夜归的光武帝开城门的忠于职守，早在西汉末年他还曾上书王莽力谏劝阻其篡汉，而险遭杀害。就在为董子张复仇后，郅恽也没有逃跑而是诣县自首，对县令说：“为友报仇，吏之私也。奉法不阿，君之义也。亏君以生，非臣节也。”在他眼里，自己作为县令的属吏就形成一种层级式的忠之关系，自己如果逃跑则陷自己上级于不义，是有亏臣节的行为。

到了东汉后期，受政治生态影响，士人们多以义气相激，雅尚名节。这种社会风气在激励忠君道德的同时，也极大地激发了民间忠义精神，乃至于在党

---

① 参见谭正璧：《三言两拍源流考》（上），上海：上海古籍出版社2012年版，第112—115页。

② 冯梦龙：《喻世明言》（上），北京：人民文学出版社1958年版，第259页。

③ 参见杨鸿烈：《中国法律思想史》，北京：中国政法大学出版社2004年版，第199页。

锢之祸蜂起时，为了保护被追捕的党人，大批忠义之士为之挺身而出，破家相容。为了保护党人张俭，孔融和他的母亲、哥哥面对朝廷的追责，“一门争死”，显示出一种充沛着道德正气和侠义精神的忠义品格。[①]因此，从某种程度上讲，东汉末年“尚名节”的社会风气实际上也是一种忠义精神的体现。

① 孔融一家保护张俭的事详见《后汉书·孔融传》。

第三章　社会动荡与忠德沉浮

在我国历史上，魏晋南北朝是一个极其动荡的历史时期。这一时期，国家分裂对峙，政权频繁更迭，民族加速融合。在这种复杂恶劣的政治生态下，两汉确立起的“三纲”秩序遭到强烈冲击，与此同时，忠君道德也进入一个沉沉浮浮、曲折发展的阶段。

第一节　玄学、佛道的相继兴起及对忠德的影响

在社会大动荡、大变革的冲击下，思想界呈现出价值多元的活跃状态。从魏晋玄学的勃兴，到佛、道的各擅胜场，这些都严重冲击了儒家的名教纲常。忠德在理论层面和现实践行上都遭遇了挑战和困境。

一、魏晋玄学的勃兴及其对忠德冲击

魏晋之际，在司马氏与曹氏斗争的险恶政治环境下，思想界回避残酷现实，而将道家的有无观念与儒家的天道性命之学杂糅，形成了魏晋玄学。魏晋玄学的理论基础是无的本体论，认为无是世界的根本。儒家的人伦日用、道德纲常等“有”都是出自自然天道这个“无”的，所谓“名教出于自然”。在魏晋玄学看来，“名教是自然的演变，或没落，或堕落。故名教出于自然。虽为遗憾，但是必然的、必要的。如免去流弊，则亦为应存在的”。[①]换句话说，名分尊卑、等级高下、道德教化、忠孝仁义都是自然之“道”派生出来的，是产生于“无”的，是“朴散”的结果。“若六亲自和，国家自治，则孝慈、忠臣不知其所在矣。鱼相忘于江湖之道，则相濡之德生也。”[②]也就是说，忠孝仁义、礼仪秩序这些名教纲常皆产生于自然秩序的人为破坏。故而，忠孝仁义这些所

---

① 汤用彤：《魏晋玄学论稿》，上海：上海世纪出版集团2005年版，第120页。

② （晋）王弼：《老子注》，四库全书文渊阁本。

谓的“大美”实际上都出自于“人为”，是产生于“六亲不和”“国家昏乱”这样的“大恶”之实。[①]因此，名教是自然的产物，但却存在弊端，只有除去弊端，才有其存在的价值和合理性。

需要注意的是，“名教生于自然”的出发点和落脚点不在于否定儒家伦理道德的“名教”，而是为了给儒家的名分等级、纲常伦理寻找理论上的合理性和天道观念下的合法性。这种将“名教”置于“自然”之下、貌似贬低“名教”地位的做法，实际上是用来巩固“名教”地位的，主观上也是想有助于“名教”的。但客观效果上不得不说，玄学家“尚无”“崇虚”的本体思想极大地冲击了“名教”对社会秩序的规范作用和对道德人伦的约束作用。魏晋玄学是一把“双刃剑”，它一方面阉割了儒家名教纲常之强势；另一方面，又将阉割掉的儒家“名教”硬生生地接续到道家“自然”的根脉上，以调和儒道之间的内在冲突，来磨蚀、销熔先秦道家反礼教的思想锋芒。从本质上看，玄学家们其实并不是要推翻儒学，也不是要彻底废弃纲常伦理。以嵇康为例，他虽然喊出“越名教而任自然”，但他的骨子里却努力在调和“名教”与“自然”。[②]同样，阮籍尽管放荡形骸，不受礼法约束，但从他遭母丧时的反常举止看，其实乃行心丧的孝子，其行为虽不合礼教的形式，但却并不违反儒家孝道的根本精神。据《世说新语·任诞》载，何曾借阮籍母丧而食酒肉，劝司马氏杀掉阮籍。但司马昭却认为阮籍“毁顿如此”，“且有疾而饮酒食肉，固丧礼也！”而没有加害阮籍。阮籍反对儿子效仿自己，告诫其坚守传统儒家道德。同样，嵇康在《家诫》中也以忠孝教子。[③]后来，嵇康之子嵇绍在荡阴之乱时，以身捍卫君王，做了晋朝的忠臣。

---

① 参见柴文华、孙超、蔡惠芳：《中国人伦学说研究》，上海：上海古籍出版社2004年版，第227—228页。

② “嵇康的‘越名教而任自然’说，看似通达和洒脱，崇尚道家的自然无为，抛却儒家的名教，去过一种与世毫无牵挂的退隐生活。但在思想深处和行为表现上，他仍未能摆脱名教的羁绊。……他的骨子里仍是儒家思想的信奉者，老庄思想不过是他儒家思想的一种补充而已。”（高峰：《魏晋玄学十日谈》，合肥：安徽文艺出版社1997年版，第246—247页）

③ 正如鲁迅先生在《论魏晋风度及文章与药及酒之关系》中所指出的：嵇康反对名教是有其政治目的的。“非薄汤武周孔，在现时代是不要紧的，但在当时却关系非小。汤武是以武定天下的，周公是辅成王的；孔子是祖述尧舜，而尧舜是禅让天下的，嵇康都说不好，那么教司马懿篡位的时候，怎么办才是好呢？没有办法。在这一点上，嵇康于司马氏的办事上有了直接的影响，因此就非死不可了。”可见嵇康反对名教主要是针对当时司马氏集团崇奉礼教达到篡位目的的一种反抗。在嵇康、阮籍这些人看来，司马氏以名教名义来打压异己，“亵渎了礼教，不平之极，无计可施，激而变成不谈礼教，不信礼教，甚至于反对礼教——但其实不过是态度，至于他们的本心，恐怕倒是相信礼教，当作宝贝，比曹操、司马懿要迂执得多”。此为确论。

尽管魏晋玄学对传统儒家道德造成了一定的冲击，但忠德等名教纲常仍被士人所坚守。正始名士夏侯玄就主张“夫孝行著于家门，岂不忠恪于在官乎？仁恕称于九族，岂不达于为政乎？义断行于乡党，岂不堪于事任乎？”（《三国志·魏书·夏侯玄传》）

值得注意的是，早在西晋，一些有识之士就开始反思玄学的弊端，批判空谈之无益于治国，针砭私欲横流之有害于当世。潘尼曾撰《安身论》，对“人人自私，家家有欲，众欲并争，群私交伐”的情况予以抨击，提出要释去自私之心，戒掉空谈之风，重建忠孝道德，回归名教纲常。在潘尼看来，一个人只有“忠肃以奉上，爱敬以事亲”（《晋书·潘尼传》），才能得以安身。特别是在“八王之乱”“五胡乱华”后，清谈之士们面对惨痛的教训，也开始反思重玄学、尚清谈的危害和弊端。在国亡被俘后，王衍才幡然醒悟道：“呜呼！吾曹虽不如古人，向若不祖尚浮虚，戮力以匡天下，犹可不至今日。”（《晋书·王衍传》）王济也指出西晋之亡，主要在于冠带之士尚空谈，所谓“夫危而不持，颠而不扶，至于君臣失位，国亡无主，凡在冠带，将何所取哉！”（《晋书·华谭传》）

在时人看来，西晋士大夫集团尚玄虚而不务实，而思想界和社会精英这种脱实就虚的风气所带来的教训是极其惨痛的，直接导致了五胡乱华、西晋灭亡。有鉴于西晋时期“名教”之不振，浮华之盛行，围绕政治秩序和社会道德，东晋朝野有志之士呼吁“表道德之轨，阐忠孝之仪，明仁义之统，弘礼乐之本”（《晋书·熊远传》），主张将儒家伦理道德特别是忠孝作为整顿朝纲、重拾人心、再造社会秩序的基础和依托。

二、沙门不敬王者所引发的僧俗尊君礼仪之争

佛教于汉明帝时传入中国，在两晋南北朝时期得到迅速发展。当然，作为一种与中国传统文化殊然有别的异质文化，佛教在传入我国初期，难免要与我国传统文化特别是伦理道德出现冲突和碰撞。

在中国这样一个强调君统的国度里，佛教的教统与君主专制的君统之间也围绕僧众是否应礼拜君主的问题，发生冲突。魏晋时期，统治者表面上仍提倡儒家伦理纲常，特别是高扬忠孝道德。因此，在世俗统治者看来，佛教徒舍爱割亲，抛家舍业，不孝父母，不敬君王，是有悖伦常的。于是，东晋政府下诏明确要求“沙门应尽敬王者”。同时，庾冰、桓玄等也围绕沙门是否“礼敬王者”的问题，向佛教徒发出诘难。按照《宋书·夷蛮传》的记载，“晋世庾冰始创议，欲使沙门敬王者，后桓玄复述其义”。庾冰指出：名教“因父子之教，建君臣之序”，乃不易之道德准则。沙门虽出世离俗，但也要遵守世俗中的政治和社会秩序。如果允许佛教徒不礼敬世俗统治者，将出现“卑尊不

陈,王教不得(不)一”[①]的局面。

针对世俗集团的诘难,慧远代表僧侣集团做了回应。在《沙门不敬王者论》《答桓太尉书》中,慧远在保持佛教独立性的前提下,立足实际,努力调和僧俗两大阵营在对待王者礼俗方面的矛盾和分歧。在慧远看来,虽然佛、儒异趣,但在本质并无二致,所谓“释迦与尧孔,发致不殊……天地之道,功尽于运化;帝王之德,理极于顺通。”“故虽曰道殊,所归一也”。[②]对于在家修行者而言,要“先奉亲而敬君”,“处俗,则奉上之礼,尊亲之敬,忠孝之义,表于经文。在三之训,彰于圣典。斯与王制同命,有若符契”,[③]根本不存在礼佛与敬王的冲突。出家的佛教徒乃方外之宾,“内乖天属之重,而不违其孝。外阙奉主之恭,而不失其敬”,本质上也不存在不礼敬王者的问题。慧远认为,佛法对世俗统治有益无害,所谓“如令一夫全德,则道洽六亲,泽流天下。虽不处王侯之位,固已协契皇极,大庇生民矣”。[④]依据慧远的说法,不仅在家修行的居士应恪守世俗忠孝道德,而且出家修行的僧侣更体现了最高层面的忠孝之道。从这点看,“慧远基本上认同儒家‘忠’‘孝’伦理的观念”,并“试图调和‘忠’‘孝’与出家之间的矛盾冲突”。[⑤]“佛教这种与儒家伦理道德相结合的倾向,构成了中国佛教道德哲学的根本特点。”[⑥]

慧远的回应暂时缓解了统治者对佛教徒的留难,但实际上并没有根本解决沙门是否应礼敬王者的问题。到了刘宋大明六年,统治者又采纳“沙门接见,比当尽虔礼敬之容”的奏议,但效果并不明显,很快就又复归沙门不礼敬王者的状态。从中不难看出,沙门是否礼敬王者的问题始终存在争论和反复。统治者认为,佛教徒就应该“以谦俭自牧,忠虔为道”,但现实中佛教徒对君王始终保持一种“弗臣”的疏离,这一定程度冲击了君尊臣卑的政治秩序。

相对于南朝的政教之间激烈辩论,北朝僧侣则主动调和佛儒间僧俗礼法的冲突,认同于礼敬王者,并通过与当朝统治者合作来发展壮大佛教。赵郡佛教徒法果不仅颂赞北魏道武帝为人“明叡好道”,而且称其为“当今如来”,要求众沙门“宜应尽礼”。其曰:“能鸿道者人主也,我非拜天子,乃是礼佛耳。”(《魏书·释老志》)正由于法果在调和僧俗、协调君权与教权方面做出

---

① 《弘明集》卷十二《代晋成帝沙门不(此“不”字似应为衍文)应尽敬诏》。

② 《弘明集》卷五《沙门不敬王者论》。

③ 《弘明集》卷十二《答桓太尉书》。

④ 《弘明集》卷十二《答桓太尉书》。

⑤ 陈琼玉:《魏晋忠孝观》,台湾成功大学中国文学研究所硕士论文2004年。

⑥ 方立天:《中国佛教哲学要义》,北京:中国人民大学出版社2002年版,第40页。

的努力,北魏太宗封赐法果为忠信侯。当然,作为释迦弟子,法果并没有接受“忠信侯”的爵位,但从中不难看出,统治者以“忠信”爵号封赐一个佛教徒,已不仅仅是倡导儒家忠德,更反映出试图将儒家伦理渗透进佛教的一种努力,体现了僧俗共同调和佛儒冲突的双边努力。

从根本上讲,佛教教义宣扬慈悲平等,不承认世俗权威,从而造成佛教徒与儒家士人之间屡相辩难。一时间,“蔑弃忠孝”“乖君臣之义”“沙门不敬王者”等对佛教的攻讦甚嚣尘上。但随着佛教的日益中国化,“佛教以帝王为佛的化身或护法的办法,承认了皇权的地位”,[①]逐渐调和了儒释之间、僧俗之间的冲突。

三、鲍敬言的“无君论”与葛鲍君权观念的差异

在《抱朴子·诘鲍》中,鲍敬言对传统的“天生烝民而树之君”观念进行了否定,表达了他对那种“穿井而饮,耕田而食。日出而作,日入而息。泛然不系,恢尔自得。不竞不营,无荣无辱。山无蹊径,泽无舟梁。川谷不通,则不相并兼;士众不聚,则不相攻……”的曩古之世的向往之心。在他看来,曩古之世的美好在于“无君无臣”,而君臣政治以及借以维系君主专制的伦理道德,究其本质都是社会的退化,人心的不古,所谓“夫强者凌弱,则弱者服之矣;智者诈愚,则愚者事之矣。服之,故君臣之道起焉;事之,故力寡之民制焉”。正所谓“天下逆乱焉而忠义显矣”,才导致“六亲不和焉而孝慈彰”。社会上的一切悖乱现象都是君主制造成的,所谓“君臣既立,众慝日滋,而欲攘臂乎桎梏之间,悉劳于涂炭之中”。

鲍氏的无君思想极大地继承和发展了老庄的政治观念,给予君主专制集权以猛烈的抨击,对儒家纲常名教特别是忠君道德给予批判和否定。鲍敬言的无君思想从根本上是要消除“天下逆乱”以及由此产生的“忠义”,“从而恢复人类纯洁无瑕、无为无争、无拘无束的自然人性”。[②]鲍氏无君思想从根本上否定了君主专制集权赖以存在的基础——君权神授说,无情地剥掉了笼罩在君权上的神圣外衣,在客观上对忠德基础造成了一定的冲击。

其实,鲍敬言无君论在魏晋南北朝时期并非空谷足音。萧公权先生曾指出:“王(即王弼)何(即何晏)诸人认政治制度为自然变化之产物,故主有君之必要,而取无为之治术。虽然,既已无为,何用有君?郭象虽加以辩解,终不免有抵牾之嫌疑。阮籍、陶潜、鲍敬言等乃更进一步,发为无君之论。

---

① 参见宁可、蒋福亚:《中国历史上的皇权和忠君观念》,《历史研究》1994年第2期。

② 柴文华、孙超、蔡慧芳:《中国人伦学说研究》,第254页。

于是无为思想逻辑上必然之结果，遂底于成熟”。[1]汤用彤先生在肯定抨击君主专制“最激烈者为鲍敬言无君论”的同时，系统比较了这一时期“虚君”的无为主义，指出所谓的“虚君”主义实际上就是“无君主义”，是“老庄绝圣弃智理想之最高表现”。[2]

对于鲍敬言所倡导的无君论，葛洪是坚决反对的。有研究者分析葛洪之所以反对无君，捍卫三纲五常的“名教”地位，主要有两方面因素：“一则因为玄学中阮籍、嵇康那一派，从崇尚自然走向否定‘名教’，否定君主制；二则因为汉末以来的原始道教，竟成为农民起义的旗帜。正是这两个危及封建统治的大问题，使葛洪感到极有必要把维护三纲五常这个古老的封建道德核心问题重新加以申述。”[3]基于此，葛洪对鲍敬言无君论是坚决反对的。葛洪认为，君主制度、等级秩序、尊卑礼仪等都是自然界和人类社会发展的必然产物，所谓“乾坤定位，上下以形，远取诸物，则天尊地卑，以著人伦之体；近取诸身，则元首股肱，以表君臣之序。降杀之轨，有自来矣”。也就是说，“人伦之体”“君臣之序”是永恒的，不变的。而上古时期“入无六亲之尊卑，出无阶级之等威”的社会状态则导致“私斗过于公战，木石锐于干戈”，必将“噍类尽矣”。是社会进步推动了“设官分职”“贵贱有章”等级社会的建立。

针对鲍敬言的无君论，葛洪则大倡有君说，肯定“夫君，天也，父也”，认为“君而可废，则天亦可改，父亦可易也”（《抱朴子·良规》）。基于有君论，葛洪主张移孝作忠，高扬“移父事君，废孝为忠”（《抱朴子·诘鲍》）的大纛。对于世道乱象，葛洪认为是尊卑失序、君臣易位造成的，所谓“君臣易位者有矣，父子推刃者有矣，然后忠义制名于危国，孝子收誉于败家。疾疫起而巫医贵矣，道德丧而儒墨重矣”（《抱朴子·明本》）。

比较而言，葛氏的有君论更接近于强调三纲五常的儒家，而鲍氏的无君论则远追先秦道家，近宗任自然的嵇、阮。围绕君权，葛洪力主捍卫，弥漫着浓重的忠君意识；而鲍敬言则旨在挖掉忠君的思想根基，不打算给忠君道德留一席之地。

除了鲍敬言无君论，在公认为晋人所作的《列子·杨朱》中，作者也借杨朱之口，对忠德等伦理进行了质疑。《列子·杨朱》指出，不仅君主制束缚戕害人性，而且伦常道德也是伤身害生的凶物，所谓“忠不足以安君，适足以危身；义不足以利物，适足以害生”。恰恰“由于杨朱思想中含有浓厚的鄙视功

---

① 萧公权：《中国政治思想史》上册，北京：商务印书馆2011年版，第365页。

② 汤用彤：《魏晋玄学论稿》，第120－122页。

③ 沈善洪、王凤贤：《中国伦理思想史》中，第139页。

名利禄、无视君主权威的成分,因而儒家孟子等人对杨朱异常不满",[①]孟子曾大声疾呼:"圣王不作,诸侯放恣,处士横议。杨朱、墨翟之言盈天下。天下之言,不归杨则归墨。杨氏为我,是无君也。墨氏兼爱,是无父也。无父无君,是禽兽也"(《孟子·尽心上》)。尽管将杨朱的思想归结为"无君"是显得非常偏狭而不全面的,但反对君主制和忠孝等道德束缚,确实是《列子·杨朱》中包含的思想内容。

第二节　三国争衡对"三纲"及忠君道德的影响

三国时期打乱了大一统局面,拉开了乱世纷争的序幕。尽管这一时期群雄并起,诸侯割据,三国鼎立,给"三纲"秩序和忠德践行带来困境,但总地看,纲常伦理特别是忠君道德仍是人们必须遵守的道德准则。有研究者指出,忠德是三国时期传统伦理观念的重要内容之一,"三国时期的英雄和凡人们,在动荡的年代中,仍用自己的心血,谱写出一曲又一曲忠的赞歌"。[②]

一、复杂政治生态环境下的君臣关系

"中国传统的'家国一体'政治系统和君主专制的政治制度,决定着家族主义、伦理主义臣民文化的生成。"[③]随着专制皇权的强弱变化,君臣关系也随之发生变化。

(一)天尊地卑观念下的绝对君臣关系

三国时期,虽然"三纲"在现实政治生活中遭到肆意践踏,但在官方意识形态中还是始终强调"三纲之道,天地之纪"的,乃至于野心勃勃、擅行废立的权臣董卓也不得不以天地之道、三纲五常来为自己废立皇帝找依据。其曰:"大者天地,次者君臣,所以为治。今皇帝暗弱,不可以奉宗庙,为天下主。欲依伊尹、霍光故事,立陈留王,何如?"(《三国志·魏书·董卓传》)应该说,三国时期虽然世道大坏,但人伦纲常还是人们所普遍认可和尊奉的。而在人伦纲常中,君臣一伦无疑是第一位的。所谓"人伦之大纲,莫重于君臣""君臣之义,义之最重""礼有大伦,君臣之道,不可废也"(《三国志·魏书·管宁传》)等。

---

① 曾广开:《道家学派对忠君观念的审视》,《中国文化研究》2010年夏之卷。

② 刘伟航:《三国伦理研究》,成都:巴蜀书社2002年版,第1页。

③ 朱汉民:《忠孝道德与臣民精神——中国传统臣民文化论析》,第173页。

三国时期可以说是君臣关系较为混乱之世，有时候是暗弱君主与强势臣子之间的君弱臣强关系，有时候则是强势或暴虐的主公占据上风。三国时期，各政权的末代统治者往往不是暗弱就是暴虐。暗弱君主的典型代表是汉献帝。曹操大权独揽，汉献帝沦为傀儡，连自己的皇后都保护不了，眼睁睁看着华歆抓走伏皇后而束手无策。三国时期，暴君的代表当属孙皓。在孙皓治下，君臣关系笼罩着浓浓的血腥气。会稽太守车浚、湘东太守张咏不出算缗，被就地问斩，徇首诸郡；尚书熊睦委婉进谏，被用刀环撞杀，身无完肌。史称："（孙皓）凶顽，肆行残暴，忠谏者诛，谗谀者进，虐用其民，穷淫极侈。"（《三国志·吴书·三嗣主传》）他不仅披人面，刖人足，而且对横睛逆视者，皆凿其眼。这说明在孙吴，君尊臣卑已十分严格，甚至于连臣子看君主的眼神包括视线高度都有严格的规定。

（二）森严等级秩序下的相对君臣关系

三国时期，军阀割据纷争，因此形成了不同的利益集团。在各政治集团内部各层级之间，也形成了相对的君臣关系和层级式的效忠。

在曹魏代汉前，割据政权的臣子首先要忠于主公，然后才轮到对名义上的最高统治者——汉朝皇帝的效忠。当然，当主公站在忠于皇帝一边时，臣子的忠德并不存在忠主与忠君的纠结。但在汉末大乱的残酷现实中，割据政权或拥兵自立，或觊觎大宝，很少有绝对忠诚和捍卫皇权的，因此，这也就造成割据政权的臣子践行忠君道德的困境。

据《三国志·魏书·刘表传》注引《傅子》载，割据荆州的刘表打算派韩嵩出使汉献帝。临行前，韩嵩提出："圣达节，次守节。嵩，守节者也。夫事君为君，君臣名定，以死守之；今策名委质，唯将军所命，虽赴汤蹈火，死无辞也。以嵩观之，曹公至明，必济天下。将军能上顺天子，下归曹公，必享百世之利，楚国实受其佑，使嵩可也；设计未定，嵩使京师，天子假嵩一官，则天子之臣，而将军之故吏耳。在君为君，则嵩守天子之命，义不得复为将军死也。唯将军重思，无负嵩。"刘表答应了。但后来情况发展果如韩嵩所料，"天子拜嵩侍中，迁零陵太守"。韩嵩返荆州后，盛赞朝廷、曹公之德。"（刘）表以为（韩嵩）怀贰，大会寮属数百人，陈兵见嵩，盛怒，持节将斩之，数曰：'韩嵩敢怀贰邪！'众皆恐，欲令嵩谢。嵩不动，谓表曰：'将军负嵩，嵩不负将军！'具陈前言。"后来还是在刘表妻子蔡氏劝说下才没有杀了韩嵩。从中不难看出，作为割据政权的臣子韩嵩无疑是先策名委质于刘表的，因此，他有忠于刘表的义务。而一旦出使京师，被皇帝委任后，韩嵩与刘表之间的策名委质关系就告终结，而与汉献帝之间形成新的策名委质关系，也就要忠于汉献帝。这也就是韩嵩出使前所表达的意思。由此可见,“有君臣之分,才有君臣之义。对韩嵩而言,和汉天子君臣之分的确定,则意味着和刘表君臣之分的解除”。[①]

由于这种层级关系,在统治阶级内部形成了相对君臣关系。这种相对君臣关系虽然也强调上下尊卑,但还没有达到霄壤之别。史载,“太祖性严,掾属公事,往往加杖;(何)夔常畜毒药,誓死无辱,是以终不见及”(《三国志·魏书·何夔传》)。臣子面对暴虐的统治者还可以抗争,保持一定的尊严。概言之,三国时期虽不断强化君尊臣卑,但做臣子的还没有卑贱到匍匐在地的地步。庞统还可以对取得蜀地后沾沾自喜的刘备大泼冷水道:“伐人之国而以为欢,非仁者之兵也。”(《三国志·蜀书·庞统传》)

(三)策名委质下的人身依附关系

三国时期虽为乱世,但仍坚守策名委质的传统,一旦委质为臣,就要保持忠贞不二的臣节。曹爽当权时曾征召羊祜做官,羊祜拒绝,其理由是:“委质事人,复何容易!”一旦委质为臣就要与主子休戚与共,若委质非人,则将陷入效忠与背叛的两难境地。时人往往对那些“委质策名,有死无贰”的忠义之士表示感佩和尊重,如司马懿在清洗曹爽集团时不仅没有杀掉曹爽的谋主杨综,还任命他为尚书郎,就是基于对各为其主价值观念的认同。

委质为臣后的各为其主成为三国时人对忠德的一种共识。据《三国志·吴书·诸葛瑾传》注引《江表传》记载,有人向孙权告发诸葛瑾有背叛之心。孙权坚称:“子瑜(诸葛瑾的字)与孤从事积年,恩如骨肉,深相明究,其为人非道不行,非义不言。玄德昔遣孔明至吴,孤尝语子瑜曰:‘卿与孔明同产,且弟随兄,于义为顺,何以不留孔明?孔明若留从卿者,孤当以书解玄德,意自随人耳。’子瑜答孤言:‘弟亮以失身于人,委质定分,义无二心。弟之不留,犹瑾之不往也。’其言足贯神明。今岂当有此乎?”从中不仅可看出孙权的知人善任,同时也可从诸葛兄弟分事不同阵营而各忠其主看出委质为臣对一个人政治生命的重要性。

对于效忠主子的忠义之士,三国时期是充分肯定其人格价值的。司马懿剪灭曹爽势力时,鲁芝从城中“犯门斩关,驰出赴爽”。曹爽被诛后,鲁芝下狱当死,但“口不讼直,志不苟免”。最终司马懿却赦免了他,理由是“以劝事君者”(《晋书·宣帝纪》)。所谓“世英尽节曹氏,犯门斩关,宣帝收雷霆之威,奖忠贞之烈,岂非既已在我,欲其骂人者欤!”(《晋书·良吏传》)在曹兵北

① 刘伟航:《论三国时期的“君臣之义”》,《史学月刊》2006年第9期。

征辽东公孙渊时，公孙氏的臣子表示："策名委质，守死善道，忠至义尽，为九州表。……臣等闻仕于家者，二世则主之，三世则君之。臣等生于荒裔之土，出于圭窦之中，无大援于魏，世隶于公孙氏，报生与赐，在于死力。"（《三国志·魏书·公孙渊传》注引《魏书》）应该说，在等级社会中，一个人一旦策名委质投靠主公后，就要做到忠贞不渝、守死不贰。

二、多元化的忠之对象

三国时期是一乱世，臣子之忠也是多元化的。从朝代更迭看，有忠于汉献帝的，有忠于曹魏的，有忠于司马氏的。从地域割据看，有忠于曹魏的，有忠于孙吴的，有忠于蜀汉的。此外，袁绍、公孙瓒、刘表、刘璋等割据政权也都不乏忠臣。这主要是由于察举、征辟的选官机制使得封疆大吏与属吏之间形成了一种事实上的君臣关系。对于广大官员来说，面临是效忠汉献帝还是效忠地方州牧等割据豪杰的两种选择。[①]

（一）忠于最高统治者

三国时期虽为弑立无常的乱世，但在曹魏代汉前，汉献帝仍是全天下臣民应竭力效忠的名义上最高统治者。即便汉献帝被野心家挟持成为傀儡，做臣子的也仍要尊奉君命。据《三国志·魏书·刘表传》载，荆州东曹掾傅巽劝说刘琮投降曹操的理由有三，第一点就是君臣顺逆之道。他说："逆顺有大体，强弱有定势。以人臣而拒人主，逆也。"在曹魏篡汉时，杨彪"见汉祚将终，自以累世为三公，耻为魏臣，遂称足挛，不复行"，而且以"尝以汉朝为三公，值世衰乱，不能立尺寸之益，若复为魏臣，于国之选，亦不为荣也"的理由拒绝担任曹魏的太尉（《三国志·魏书·文帝纪》注引《续汉书》）。

常言天道好还，报应不爽，汉献帝的悲惨命运很快就落在曹魏后人身上。司马师派人刺杀了魏国皇帝高贵乡公曹髦，之后还故作姿态，自投于地曰："天下其谓我何！"（《三国志·魏书·三少帝纪》注引《汉晋春秋》）可见，弑君仍为天下人所不齿。与司马师相反，其叔叔司马孚则是彻头彻尾忠于曹魏的忠臣。高贵乡公之死，"（司马孚）枕帝股而哭，哀甚，曰：'杀陛下者，臣之罪也。'"（《三国志·魏书·三少帝纪》注引《汉晋春秋》）司马炎建立晋朝后，司马孚对前曹魏君主陈留王说："臣死之日，固大魏之纯臣也。"临终，遗令以"有魏贞士河内温县司马孚"名义下葬，以示不背曹魏（《晋书·宗室传·安平献王孚传》）。

---

① 参见邓名瑛：《三国时期君臣关系中的道德生活》，《伦理学研究》2009年第6期。

魏晋禅代之际，毌丘俭、诸葛诞、文钦等曹魏忠臣纷纷起兵。习凿齿曰："毌丘俭感明帝之顾命，故为此役。君子谓毌丘俭事虽不成，可谓忠臣矣。夫竭节而赴义者我也，成之与败者时也，我苟无时，成何可必乎？忘我而不自必，乃所以为忠也。"(《三国志·魏书·毌丘俭传》注引《汉晋春秋》)

(二) 忠于割据政权统治者

三国时期多割据政权，因此涌现出很多忠于主公的忠臣义士。如臧洪早年曾做过张超的功曹，后因故滞留在袁绍那里，为袁绍所用。当故主张超被曹操围困时，坚信"唯恃臧洪，当来救吾"。但当时袁、曹方睦，尽管臧洪"徒跣号泣"，请求袁绍借兵，但最终还是没有成功，张超也因外援不至而身死族灭。臧洪"由是怨绍，绝不与通"。面对袁绍大兵围城，臧洪掘鼠煮筋，杀妾以食，"男女七八千人相枕而死，莫有离叛"，后城陷被杀。书生陈容指责袁绍曰："将军举大事，欲为天下除暴，而专先诛忠义，岂合天意！臧洪发举为郡将，奈何杀之！"史载："绍惭，左右使人牵出，谓曰：'汝非臧洪俦，空复尔为！'"陈容回答道："夫仁义岂有常，蹈之则君子，背之则小人。今日宁与臧洪同日而死，不与将军同日而生！"陈容也被袁绍杀死。在坐者无不叹息，窃相谓道："如何一日杀二烈士！"(《三国志·魏书·臧洪传》)从这个故事可以看出，臧洪是非常讲求忠义的，时人也是认可忠义的。臧洪对张超是一种主仆兼朋友的感情，是忠与义的结合。袁绍杀臧洪违背了当时倡导的忠主观念，"袁绍之惭是因为当时士人普遍承认故吏为旧君效忠的价值观"。[①]

袁绍后来虽因不善用人而失败，但受忠义精神影响，其旗下不乏审配、沮授、田丰等愚忠效死者。史称，审配"忠烈慷慨，有不可犯之节"。他虽然与逢纪不和，但逢纪仍称道"配天性烈直，古人之节"。曹操一心想收服审配，对他说："卿忠于袁氏父子，亦自不得不尔也。"但审配毫不屈服，并斥责早降的张子谦说："汝为降虏，审配为忠臣，虽死，岂若汝生邪！"临行刑，叱持兵者令北向，曰："我君在北。"(《三国志·魏书·袁绍传》注)又据《三国志·魏书·袁绍传》载，官渡之战后，袁氏部将焦触、张南决定背袁向曹，韩珩表示："吾受袁公父子厚恩，今其破亡，智不能救，勇不能死，于义阙矣；若乃北面于曹氏，所弗能为也。"后曹操平定袁氏，很敬佩韩珩的忠节，屡次征辟其做官，但韩终生不再出仕，卒于家。

每逢国破家亡、江山易主之时，总不乏忠义之士。吴国被晋国灭亡前，吴丞相张悌尽管深知"吴之将亡，贤愚所知"，但还是主张决一死战，表示"同

---

① 甘怀真：《中国中古时期君臣关系初探》，《台大历史学报》21期1997年12月。

死社稷,无所复恨”(《三国志·吴书·三嗣主传》注引《襄阳记》)。

古人对各为其主的对方臣子,大多将其视为忠臣而加以礼遇。如,刘表大将文聘在刘琮投降后常感愧对故主,迟迟乃降。曹操称赞曰:“仲业(文聘字),卿真忠臣也。”(《三国志·魏书·文聘传》)黄权谏止刘璋迎刘备未果,后“闭城坚守”,刘璋投降后才降,被刘备任命为偏将军,所谓“权既忠谏于主,又闭城拒守,得事君之礼。武王下车,封比干之墓,表商容之闾,所以大显忠贤之士,而明示所贵之旨。先主假权将军,善矣”(《三国志·蜀书·黄权传》注)。后来刘备征东吴,黄权又进忠言未被采纳,后蜀军大败,黄权回蜀国的道路被阻断,不得已投曹魏,但始终念刘备的知遇之恩,保持忠节,为魏文帝曹丕所敬重。

第三节　两晋时期的忠君道德

从公元266年西晋立国到公元420年东晋灭亡,两晋总共存在155年。这期间,除了西晋曾短暂一统外,基本处于分裂状态。两晋上承三国乱世,下启宋、齐、梁、陈递嬗,其君臣关系和忠君道德也处于非常复杂的情况下。

一、两晋时期的君臣关系

两晋时期政局动荡,门阀士族势力崛起,导致这一时期君臣关系较为复杂,君尊臣卑的秩序并不十分严格,从而冲淡了君主的专制集权。

(一)君尊臣卑下的君臣关系

作为君主专制国家,晋朝从立国那天起就始终致力于强化君尊臣卑。即便晋惠帝是个昏庸的“白痴”,做臣子的也要忠心不二,而不可有丝毫的懈怠和失礼。所谓“君虽不君,下安可以失礼?”(《晋书·刘惔传》)甚至对暴君(包括太子)的过分行为也只能隐忍。如舍人杜锡“每尽忠规劝太子修德进善,远于谗谤。太子怒,使人以针着锡常所坐毡中而刺之”(《晋书·滑怀太子传》)。

当然,在尊卑有序的前提下,君臣之间也可以讨论问题。据《晋书·刘毅传》载,晋武帝曾问刘毅说:“卿以朕方汉何帝也?”刘毅回答道:“可方桓、灵。”“吾虽德不及古人,犹克己为政。又平吴会,混一天下。方之桓、灵,其已甚乎!”对曰:“桓、灵卖官,钱入官库;陛下卖官,钱入私门。以此言之,殆不如也。”晋武帝大笑说:“桓灵之世,不闻此言。今有直臣,故不同也。”邹湛接着说:“世谈以陛下比汉文帝,人心犹不多同。昔冯唐答文帝,云不能用颇牧而文帝怒,今刘毅言犯顺而陛下欢。然以此相校,圣德乃过之矣。”晋武帝曰:“我平天下而不封禅,焚雉头裘,行布衣礼,卿初无言。今于小事,何见褒之甚?”邹湛曰:“臣闻猛兽在田,荷戈而出,凡人能之。蜂虿作于怀袖,勇夫为之惊骇,出于意外故也。夫君臣有自然之尊卑,言语有自然之逆顺。向刘毅始言,臣等莫不变色。陛下发不世之诏,出思虑之表,臣之喜庆,不亦宜乎!”

这段记载可看做是晋初君臣之间在尊卑秩序下较为和谐的经典例证。就像邹湛所说的君臣之间是有“自然之尊卑”的,在这种尊卑原则下,臣子的言行也应体现“自然之逆顺”。面对刘毅的直言不讳,晋武帝能不以为忤,反而激赏,这才是邹湛等臣子颂扬晋武帝明君圣德的根本所在。

通观整个两晋君臣关系,像这种君臣和合、君明臣忠的理想状态非常稀见。一方面,君主总想以强势来凌驾臣子,使之屈服;但另一方面,臣子在君尊臣卑的前提下仍能保持相对的尊严和个性独立。据《晋书·王浑传附子济传》载,晋武帝曾对和峤说:“我将骂(王)济而后官爵之,何如?”峤曰:“济俊爽,恐不可屈。”晋武帝于是召见王济责问他:“知愧不?”王济回答说:“尺布斗粟之谣,常为陛下耻之。他人能令亲疏,臣不能使亲亲,以此愧陛下耳。”晋武帝非但没有从气势上压住臣子,反而弄得自己灰头土脸。王济在与晋武帝下棋时,还把脚伸到桌子底下。当时东吴亡国之君孙皓在侧。晋武帝问孙皓:“何以好剥人面皮?”孙皓说:“见无礼于君者则剥之。”以此来影射王济不注重君尊臣卑。由此可见,晋朝的君臣关系真的比东吴孙皓时期好得多,至少臣子还可以保有一定程度的尊严和个性。

随着晋惠帝即位,大权旁落,八王之乱、永嘉之乱相继而起,西晋很快就走向衰败。东晋君臣关系也不比西晋强多少。东晋初建,晋元帝暗弱,大臣王氏兄弟把持朝政,时称“王与马共天下”。王敦、陶侃、桓温、桓玄等权臣飞扬跋扈,严重冲击了君臣尊卑的社会秩序。桓温野心勃勃,“威势翕赫,侍中谢安见而遥拜,温惊曰:‘安石,卿何事乃尔!’安曰:‘未有君拜于前,臣揖于后。’时温有脚疾,诏乘舆入朝,既见,欲陈废立本意,帝便泣下数十行”(《晋书·桓温传》)。懦弱的简文帝也曾借庾阐的“志士痛朝危,忠臣哀主辱”(《晋书·简文帝纪》)诗句,表达主辱朝危的忧患。北魏崔浩将东晋的灭亡归结为“国家主尊臣卑,上下有序,民无异望。唯僭晋卑削,主弱臣强,累世陵迟,故桓玄逼夺,刘裕秉权”(《魏书·崔浩传》)。

两晋之世,除了开国皇帝晋武帝还算强势外,各代君王均不够强势,特别是东晋立国主要依靠中原随迁的士族和江南一带的原有士族,在强大的士族集团势力面前,严格意义上的君尊臣卑始终没有真正建立起来。

（二）极力维护等级秩序

作为封建王朝，晋朝特别重视等级秩序，不仅强调君臣之间的尊卑，各等级之间也明确上下尊卑。在晋朝政治生活中，不仅皇帝是天下臣民的共主，每一层级的长官也都是其下属的主子。陶侃曾任庐江太守张夔的督邮。当夔妻有疾时，陶侃有感于"资于事父以事君。小君，犹母也，安有父母之疾而不尽心乎！"（《晋书·陶侃传》）而连夜顶风冒雪跑数百里地去请医生。当太守杜宣因降职而被同僚轻忽时，其故吏王育执刀叱曰："君辱臣死，自昔而然。我府君以非罪黜降，如日月之蚀耳，小县令敢轻辱吾君！汝谓吾刀钝邪，敢如是乎！"（《晋书·忠义传·王育传》）当太守陈楚面临生命危险时，部下韦忠冒刃伏身捍之，泣曰："韦忠愿以身代君，乞诸君哀之。"（《晋书·忠义传·韦忠传》）

在晋朝，上下级犹如君臣，也具有委质为臣、忠心不二的道德义务。罗企生曾在殷仲堪手下担任武陵太守。当殷仲堪被桓玄击败逃走时，"文武无送者，唯企生从焉"，但被弟弟罗遵生强行拉下马，劝他说："家有老母，将欲何之？"罗企生挥泪说："今日之事，我必死之。汝等奉养不失子道，一门之中有忠与孝，亦复何恨！"（《晋书·忠义传·罗企生传》）可见，罗企生坚守的是忠于故主的忠德。但晋朝人忠于主子也不是毫无原则，如果一旦主子成为威胁朝廷的反逆，故吏亦可不忠不从。乐道融曾任王敦参军，但坚决反对王敦"背恩肆逆，举兵伐主"（《晋书·忠义传·乐道融传》）的悖逆行为。赵王伦曾任命郗鉴为掾属，但郗鉴发现赵王伦有不臣之心，于是称疾辞官，"闭门自守，不染逆节"（《晋书·郗鉴传》），为时人所称道。

（三）巧妙运用赏罚二柄

在君主专制社会里，君主掌握生杀予夺的绝对大权。因此，为了巩固统治，统治者往往以庆赏、刑罚二柄来恩威并重，软硬兼施，迫使臣子尽心尽力地绝对忠于自己。从功能上看，刑罚是限制性的消极手段。对于"为人臣而欺其君者"（《晋书·忠义传·王豹传》），刑罚就发挥着诛罪惩恶的作用。但要充分调动臣子忠君热情，还要靠积极的赏赐手段。

相比较而言，两晋注重通过赏赐和旌表来从正面积极引导臣子践行忠德。在赏赐方面，主要是赏赐爵禄和物质。此外，晋朝还注重采取旌表包括赐谥等形式褒忠劝忠。在晋朝士大夫眼里，谥号与爵位一样重要，所谓"爵以显德，谥以表行，所以崇明轨迹，丕扬徽劭"（《晋书·郗鉴传》）。具体讲，"谥号所以垂之不朽，大行受大名，细行受细名，文武显于功德，灵厉表于暗蔽"（《晋书·忠义传·嵇绍传》）。如果一个官员能够践行忠德则会获得美谥，如“谥所以旌德表行，按谥法一德不懈为简。奕忠毅清直，立德不渝”(《晋书·郭奕传》)。围绕谢石的谥号问题，范弘之曾曰：“古之贤辅，大则以道事君，侃侃终日；次则厉身奉国，夙夜无怠；下则爱人惜力，以济时务。此数者，然后可以免惟尘之议，塞素餐之责矣。今石位居朝端，任则论道，唱言无忠国之谋，守职则容身而已，不可谓事君。”(《晋书·儒林传》)范弘之的议谥标准是严格按照谥法原则进行的，并把大臣是否“以道事君”、是否“唱言忠国之谋”作为评价臣子的重要标准。两晋时期被谥为忠的臣子很多，比较典型的如嵇绍死后被追赠太尉，谥曰忠穆公。

二、两晋时期的忠君道德

两晋时期，“统治者们仍然奉儒家的忠君思想为原则，贯穿于有关君权至上和忠君关系的认识之中”。[①]应该说，有什么样的君臣关系，就有什么样的忠君道德。

（一）弘扬忠义精神中的忠君内涵

晋朝非常重视忠义精神，唐人撰写《晋书》就专门列了《忠义传》，这不仅开创了官修史书为忠臣义士作传的先河，同时也体现了两晋时期传统忠君道德变迁的特点。晋朝时人既重忠又重义，并在言谈中往往忠与义相连。“赴君难，忠也；死王事，义也。惟忠与义，夫复何求！”(《晋书·宗室传·谯刚王逊传附子闵王承传》)

作为臣子，在君主危难时要挺身而出，誓死捍卫君王。在祖约、苏峻之叛时，郗鉴大誓三军曰：“义存君亲，古今一也。今主上幽危，百姓倒悬，忠臣正士志存报国。凡我同盟，既盟之后，戮力一心，以救社稷。”(《晋书·郗鉴传》)正是在忠义精神的感召下，周处在强敌围困、没有后援、弦绝矢尽时，仍坚持：“此是吾效节授命之日，何退之为！且古者良将受命，凿凶门以出，盖有进无退也。今诸军负信，势必不振。我为大臣，以身徇国，不亦可乎！”(《晋书·周处传》)

在晋朝，忠义精神的核心就是忠君，所谓“天子幽逼，社稷危殆，四海臣子，肝脑涂地”(《晋书·温峤传》)。对君主的忠代表的是顺，是正义；反之，则为逆，为非正义。所谓“舍忠与顺，未有不亡者也”(《晋书·王敦传》)。正是基于这种忠顺观念，面对王敦的反叛，虞望力战而死，虞悝被执处死，临刑前，慷慨大言：“人生有死，阖门为忠义鬼，亦何恨哉！”(《晋书·忠义传·虞悝传》)

---

① 刘泽华主编：《中国政治思想史》(秦汉魏晋南北朝卷)，杭州：浙江人民出版社1996年版，第515页。

正因为整个社会都高度认同忠义精神，士人往往宁死也不做违背忠义的事。“五胡乱华”，很多晋朝官吏誓死不做“伪官”，所谓“宁为国家鬼，不为羌贼臣”（《晋书·忠义传·辛恭靖传》）。顺阳太守丁穆被苻坚俘获后，“称疾不仕伪朝”，被杀后，晋孝武帝下诏旌表曰：“力屈身陷，而诚节弥固，直亮壮劲，义贯古烈。”（《晋书·忠义传·丁穆传》）在当时，做了伪官往往被视为奇耻大辱。卢谌号称“才高行洁”，“值中原丧乱，与清河崔悦、颍川荀绰、河东裴宪、北地傅畅并沦陷非所，虽俱显于石氏，恒以为辱。谌每谓诸子曰：‘吾身没之后，但称晋司空从事中郎尔。’”（《晋书·卢钦传附从孙谌传》

对于晋朝士大夫而言，一旦违背了忠义精神，则要背负沉重的精神压力。苏峻反叛时，卞敦“拥兵不下，又不给军粮”。朝廷虽对卞敦加以宽宥，但他过不了自己的心理关，“常怀愧耻，名论自此亏矣。寻以忧卒”（《晋书·卞壶传附从父兄卞敦传》）。忠节与一个人乃至一个家族的荣辱息息相关。在当时，不忠是任何一个人乃至任何一个家族都负担不起的耻辱和心理重负，一旦背上不忠的恶名，则名节污亏如影相随，家门受辱，累世难消。为了保持良好的社会形象，士大夫们必须谨守臣节，践行忠义。一旦做了有亏忠节的事，就要想方设法补救和挽回。最典型的例子是沈劲雪家耻，重振忠门。据《晋书·忠义传·沈劲传》载，沈劲的父亲沈充曾跟随王敦谋反而死。沈劲“少有节操，哀父死于非义，志欲立勋以雪先耻”，后在与慕容恪作战中为国捐躯，一雪家耻。司马光评价说：“沈劲可谓能子矣！耻父之恶，致死以涤之，变凶逆之族为忠义之门。”（《资治通鉴·晋纪二十三》）

（二）凸显委质为臣的忠诚义务

臣子忠君道德来自于委质为臣的责任和义务。委质为臣后就要竭节尽忠，不怀二心。东晋孙盛曾有言：“夫士不事其所非，不非其所事，趣舍出处，而岂徒哉！则既策名新朝，委质异代，而方怀二心生忿，欲奋爽言，岂大雅君子去就之分哉！”（《三国志·魏书·苏则传》注）

委质为臣的人，首先要做到捍卫主子，有死无贰。嵇康之子嵇绍在荡阴之败时，“以身捍卫，兵交御辇，飞箭雨集，绍遂被害于帝侧，血溅御服，天子深哀叹之。及事定，左右欲浣衣，帝曰：‘此嵇侍中血，勿去。’”（《晋书·忠义传·嵇绍传》）西晋亡国时，御史中丞吉朗叹曰：“吾智不能谋，勇不能死，何忍君臣相随北面事贼虏乎！”（《晋书·忠义传·吉朗传》）乃自杀。当刘聪逼迫晋愍帝行酒洗爵时，尚书郎辛宾抱帝大哭而被害。主辱臣死成为西晋灭亡时忠臣无奈的选择。

做臣子除了临难一死报君王，平时更要积极忠谏，所谓“知忠不言，议所不敢”(《晋书·曹志传》)。“臣民能够从道义原则出发,敢于对君主的错误决断和行为进谏”是忠君道德“高一级的要求和实现”。[①]这方面的例子很多。当愍怀太子被废时,阎缵舆棺诣阙为太子鸣冤。其言曰:“臣尝备近职,虽未得自结天日,情同阍寺,悾悾之诚,皆为国计。……臣独以为频见拔擢,尝为近职,此恩难忘,何以报德?唯当陈诚,以死献忠。辄具棺絮,伏须刑诛。”(《晋书·阎缵传》)

忠谏不仅仅是臣对君,下级对上级也要尽到忠谏的义务。郭舒在担任王澄别驾时就因犯颜直谏而遭王澄掐鼻灸眉等酷虐对待,后在王敦手下任从事中郎,仍不改其忠耿个性。在一次切谏时,王敦威胁道:“平子(王澄的字)以卿病狂,故掐鼻灸眉头,旧疢复发邪!”郭舒回答说:“古之狂也直,周昌、汲黯、朱云不狂也。昔尧立诽谤之木,舜置敢谏之鼓,然后事无枉纵。……晏子称:君曰其可,臣献其否,以成其可。是以舒等不敢不言。”(《晋书·郭舒传》)足见其忠耿之气。

(三)高扬乱世板荡中的忠君气节

所谓板荡识忠臣,乱世确实是对臣子忠节的一大考验,“贤人委质,道映陵寒。尸禄观败,吾生未安。卫(卫瓘)以贾(贾后贾南风)灭,张(张华)由赵(赵王伦)残。忠于乱世,自古为难”(《晋书·卫瓘张华传》)。但即便是天下丧乱、国亡君辱的乱世,也不乏忠义之士。“晋时,政乱朝昏,兴废无时。但以死致忠者,亦未绝迹。”[②]《晋书·忠义传》对两晋时期的乱世忠君状况进行了一个概括性的总结,其曰:“晋自元康之后,政乱朝昏,祸难荐兴,艰虞孔炽,遂使奸凶放命,戎狄交侵,函夏沸腾,苍生涂炭,干戈日用,战争方兴。虽背恩忘义之徒不可胜载,而蹈节轻生之士无乏于时。至若嵇绍之卫难乘舆,卞壸之亡躯锋镝,桓雄之义高田叔,周崎之节迈解扬,罗丁致命于旧君,辛吉耻臣于戎虏,张祎引鸩以全节,王谅断臂以厉忠,莫不志烈秋霜,精贯白日,足以激清风于万古,厉薄俗于当年者欤!所谓乱世识忠臣,斯之谓也。”

事实上,在西晋危亡之际,很多有责任感的臣子自觉地扛起忠义大旗。面对暴虐的匈奴兵将,介休令贾浑抗节不降,曰:“吾为晋守,不能全之,岂苟求生以事贼虏,何面目以视息世间哉!”(《晋书·忠义传·贾浑传》)而惨遭杀害。祖逖、刘琨等则积极组织地方武装,抗击入侵的胡人。刘琨被段匹磾拘禁后,自知必死,其曰:“受国厚恩,不能克报,虽才略不及,亦由遇此厄运。人谁不死,死生命也。唯恨下不能效节于一方,上不得归诚于陛下。”表现出

① 朱汉民:《忠孝道德与臣民精神——中国传统臣民文化论析》,第186页。

② 雷学华:《忠——忠君思想的历史考察》,第69页。

壮志未酬的无奈。当“五胡乱华”时，“（刘琨、祖逖）于是素丝改色，跅弛易情，各运奇才，并腾英气，遇时屯而感激，因世乱以驱驰，陈力危邦，犯疾风而表劲，励其贞操，契寒松而立节，咸能自致三铉，成名一时。古人有言曰：‘世乱识忠良。’益斯之谓矣”（《晋书·刘琨祖逖传》）。

尽管两晋不乏忠臣，但乱世中臣子很难做到忠君不贰。王敦之乱，东晋官僚体系就出现很多附逆者。平定王敦叛乱后，东晋朝廷打算以“纲纪除名，参佐禁锢”来处分这些臣僚。对此，温峤主张朝廷应宽宥附逆臣僚。他指出，当王敦权重势炙时，连朝廷都拿他没办法，“处其朝者恒惧危亡，故人士结舌，道路以目，诚贤人君子道穷数尽，遵养时晦之辰也”。因此，对“枉入奸党”者“宜施之以宽”，以显示“陛下仁圣含弘”（《晋书·温峤传》）的圣恩。对此，郗鉴则认为“先王崇君臣之教，故贵伏死之节；昏亡之主，故开待放之门。王敦佐吏虽多逼迫，然居逆乱之朝，无出关之操，准之前训，宜加义责”（《晋书·郗鉴传》）。从以上争论中，足见乱世之中士大夫的生存状况和坚守忠德之艰难。

第四节　南北朝时期忠德的沉沦与忠义之士的坚守

南北朝是承接两晋和五胡十六国之后的南北对峙时期。南朝以正朔自居，统治者极力宣扬忠德等纲常。北方少数民族建立的北朝政权，也都积极汉化，认同于儒家伦理道德。总地看，尽管南北朝时期政局混乱，对忠德造成一定冲击，但忠仍是臣德的核心内容。

一、南朝的忠德状况

南朝[①]虽政权更迭频繁，且偏安江南一隅，但对忠君道德的阐扬和践行仍是政治伦理的核心。

（一）尊卑有等与君臣和合

南朝在君臣尊卑方面也强调君主的神圣不可侵犯。在强调等级尊卑的君主专制社会中，“事君无礼，教道弗容；讪上炫己，人伦所弃”（《宋书·恩幸传》）。王僧达在宋孝武帝召见时，“傲然了不陈逊，唯张目而视。及出，帝叹曰：‘王僧达非狂如何？乃戴面向天子。’后颜师伯诣之，僧达慨然曰：‘大丈

① 严格意义上讲，南朝包括东晋、宋、齐、梁、陈。因东晋内容已体现在上一节中，故本部分所述“南朝的忠德状况”主要以宋、齐、梁、陈为限。

夫宁当玉碎,安可以没没求活!'"(《南史·王僧达传》)后被赐死。南朝重视等级尊卑还延展到名字的避讳上,表现为很多臣子因为与帝王包括前代帝王的名讳相同,而不得已改名或以字行世。如王彧字景文,因"彧"字与宋明帝讳同,故以字行。而王裕之、褚裕之、张裕都因与宋武帝讳同,皆以字行。

尽管南朝不乏暴君,但总地来说,这一时期的君臣关系相对宽和。齐高帝善书法,曾问王僧虔:"谁为第一?"对曰:"臣书第一,陛下亦第一。"帝笑曰:"卿可谓善自为谋。"(《南史·王僧虔传》)臣子敢与皇帝争短长,这其中固然不乏其机警智慧之处,但也说明当时在君臣之间存在一种比较亲近和谐的关系,有时甚至到了君臣嬉戏的程度。有一次梁武帝喝醉酒扔枣打萧琛,酒醉的萧琛也取栗还击,打中帝面。梁武帝感到没有面子,说:"此中有人,不得如此,岂有说邪?"萧琛回答说:"陛下投臣以赤心,臣敢不报以战栗?"(《南史·萧思话传附萧惠开传》)君臣戏谑如此。在君主专制社会中,君臣道合的关键在君。萧衍笃信佛教,因此待臣子较为宽和。

当然,南朝也不乏君臣不和谐的。宋孝武帝有废太子之意,袁顗则盛赞太子好学,反对废太子。帝怒,振衣而入,顗亦厉色而出。这种君怒臣亦怒的情况,在专制社会中是极为罕见的。在南朝,士族可以违拗皇上旨意,如面对皇上提议的联姻,王裕之竟以"臣女幼,既许孔淳之息"(《南史·王裕之传》)的理由加以拒绝,皇帝却无可奈何。南朝君臣关系反映了门阀士族对政治社会的影响。

(二)忠君卫主与废立弑君

一方面,忠君卫主是南朝臣子忠德的主流。社会上普遍认同:"忠臣殉国,不谋其报,临难以干朝典,岂臣下之节邪?"(《宋书·邓琬传》)"子孝奉君,臣忠事主。"(《南齐书·武十七王传》)"尽心事上,知无不为。"(《陈书·姚察传》)"王臣之节,竭智尽公以奉其上。"(《南齐书·崔慧景传》)

忠君的道理在当时是妇孺皆知的普遍常识。王僧辩夫人就曾说过,"人之事君,惟须忠烈,非但保祐当世,亦乃庆流子孙"(《梁书·王僧辩传》)。南朝对忠义精神也做了进一步阐发,所谓"义实天经,忠惟人则"(《宋书·刘劭传》)。臣子更是将尽忠死节视为至高无上的使命和荣誉,所谓"夫唯圣人,乃知天命,守忠之臣,唯知尽死,安顾成败"(《南齐书·崔慧景传》)。

另一方面,废立弑君也是这一时期的政治常态。南朝短短的169年间经历了四个王朝,先后称制的就有30多位(包括一些迅速废立的短命皇帝和偏安一隅的西梁政权)。这一时期由于王朝更迭频繁,王朝内部宫廷政变频仍,废立乃至弑君皆时有发生。宋、齐、梁、陈皆号称禅让,实际上都是掌握军政大权的大臣攫夺了前朝的皇位。这从这四个朝代的禅让诏书之出奇的相似中可见一斑。

废立弑君有时候是政治斗争的结果,有时候也是昏君暴主自取灭亡。如刘宋的前废帝刘昱就是一个虐待狂,常摆放"白棓数十","各有名号,钳凿锥锯,不离左右,为击脑、槌阴、剖心之诛,日有数十。常见卧尸流血,然后为乐",最后因暴虐而被内侍联手杀死。在暴虐程度上,后废帝苍梧王与前废帝比起来是有过之而无不及,最终将刘宋江山拱手让给了萧齐。萧齐后期也是频现昏君,尤以东昏侯萧宝卷为最。陈后主之昏庸又一次演绎了其兴也勃、其亡也忽的历史循环怪圈。因此,南朝的四个王朝的开国君主多为积极有为之君,其末代几位皇帝或昏庸残暴,或懦弱、为傀儡,其命运不是被弑,就是被废,或者国破家亡。

在废立弑君的历史节点,固然有"贼弑君父,何心事之"(《宋书·薛安都传》)、"冠虽弊,可加足乎"(《梁书·王志传》)的正统观念,但更多则是"幼主昏暴,社稷危殆,虽曰天子,事犹独夫。今便指率文武,直造京邑,与群公卿士,废昏立明"(《宋书·邓琬传》)和"今竭力昏主,未足为忠,家门屠灭,非所谓孝,忠孝俱尽,将欲何依"(《梁书·袁昂传》)的说项,将效忠昏主视为不忠,将废昏立明看作为社稷负责。尽管这种说项的背后是各自的政治野心,但也可见南北朝时在废立弑君与忠德之间的张力和融通。

(三)王朝更迭之际臣子的去留生死

废立弑君虽为中国古代政治斗争之常态,但这终究是行非常之事。因而,每每王朝鼎革之日,往往也是考验臣子忠德之时。"当改姓易代之际,不论是明目张胆的篡拭,欲盖弥彰的禅代,还是旧朝崩解群雄逐鹿的乱局,原来上下有序的封建秩序动荡混乱,皇权的绝对性、唯一性被否定亵渎,而皇权的尊崇性则大大贬值。不事二君的忠君观念受到最大的挑战。"[①]每到这种时候,臣子们往往会出现两种情况:一种人改而奉事新朝新皇;另一种人则甘为先朝效尽忠节。当然,也不排除一些人首鼠两端。

忠于前朝者无代无之。刘裕逼迫东晋恭帝禅位时,大臣徐广以"晋室遗老"(《晋书·徐广传》)自居,辞官归乡。萧齐灭刘宋时,宋侍中谢朏拒绝交给齐王玉玺,理由是:"齐自应有侍中。"(《南史·谢朏传》)如果说谢朏是一种非暴力不合作的态度,袁粲则以武力效忠前朝。"时齐高帝方革命,(袁)粲自以身受顾托,不欲事二姓。"(《南史·袁粲传》)起兵反萧,事败,父子俱为刘宋死

---

① 宁可、蒋福亚:《中国历史上的皇权和忠君观念》,《历史研究》1994年第2期。

节。对于这样一个不合作者，萧齐统治者还下诏表彰，并指示沈约在《宋书》中为袁粲立传，因为“袁粲自是宋家忠臣”（《南齐书·王智深传》）。宋齐禅代之际，如袁粲、刘彦节、谢朏者，终为少数，大多数则改事新朝。

有趣的是，忠君不贰成了南朝袁氏世代相传的家风。袁粲为刘宋忠死，袁粲从侄袁昂则誓死忠于萧齐。当齐梁嬗代之际，南齐各州郡唯独袁昂“拒境”抵抗。据《南史·袁昂传》载，南梁灭齐后，梁武帝称赞“袁昂道素之门，世有忠节”。袁昂虽纠结于“非死之难，处死之难”，但最终还是表示“臣生四十七年于兹矣，四十以前，臣之自有，七年以后，陛下所养。七岁尚书，未为晚达”，转而成为“在朝謇谔”的萧梁忠臣。[①]陈郡袁氏素有忠于前朝之传统，袁粲忠于刘宋，袁昂忠于南齐（后又改忠萧梁），袁宪则忠于南陈。隋朝灭陈时，兵卫皆散，朝士各藏，只有袁宪陪侍陈后主。后主对他说：“我从来待卿不先余人，今日见卿，可谓岁寒知松柏后凋也。非唯由我无德，亦是江东衣冠道尽。”（《南史·袁宪传》）隋文帝嘉其雅操，授开府仪同三司、昌州刺史。从陈郡袁氏在南朝历代的表现中可窥见南朝鼎革时期忠德精神的坚守，而袁氏对所奉事的朝廷之忠贞不贰和改事新朝仍秉承忠臣精神，也成为南朝乃至魏晋南北朝时期忠君道德状态的一个缩影。

（四）忠君、忠主与忠社稷的多元并存

在君主专制社会中，南朝臣子之忠对象也是多元并存的。

一是忠君已经成为臣民道德主流。“宋文帝崩，原平号恸，日食麦䴵一枚，如此五日。人曰：‘谁非王臣，何独如此？’原平泣而答曰：‘吾家见异先朝，蒙褒赞之赏，不能报恩，私心感动耳。’”（《南史·孝义传上》）作为普通百姓的原平，其父子行孝，受到宋朝旌表。因此，宋文帝之死，原平很悲痛。这种悲痛表达了报答皇恩的忠君观念。

二是忠于社稷仍不乏其人。作为有职守的臣子，不仅要忠君，更要忠于社稷。针对侯景之乱，一些忠臣都是从挽救社稷危亡出发而抵抗侯景的。如羊鸦仁进攻侯景失败，拒绝做侯景的五兵尚书，理由是：“吾以凡流，受宠朝廷，竟无报效，以答重恩。社稷倾危，身不能死，偷生苟免，以至于今。若

① 袁昂这种忠于前朝，后在朝代鼎革之后又尽忠后朝的行为，在当时也是为世人所接受的。这种忠义对象的变化根源在于君主专制制度下君臣之间的主奴关系。如马仙琕也曾起兵对抗萧衍。在建康城平后，仙琕举哀谓众曰：“我受人任寄，义不容降，今众寡不侔，势必屠灭。公等虽无二心，其如亲老何？我为忠臣，君为孝子，各尽其道，不亦可乎？”于是悉遣城内兵出降，余壮士数十，闭门独守。后被槛送建康。萧衍将马与袁并称为“义士”，不加怪责，反而委以重任。马谢曰：“小人如失主犬，后主饲之，便复为用。”转而效忠萧梁。事见《南史·袁昂传附马仙琕传》。

以此终,没(殁)有余愤。”(《梁书·羊鸦仁传》)后出奔江西。张嵊在侯景之乱时也慨叹:“贼臣凭陵,社稷危耻,正是人臣效命之秋。今欲收集兵力,保据贵乡。若天道无灵,忠节不展,虽复及死,诚亦无恨。”(《梁书·张嵊传》)显然,对社稷的忠是臣子忠德的重要内涵。

三是忠主思想仍有一定的市场。层级式效忠在南朝仍普遍存在。南齐始安王反叛兵败,其掌文记司马端以“身蒙始安厚恩”(《南史·儒林传》)而拒绝逃命,终被杀。司马端为了始安王而不惜与朝廷作对,并以死相报。对于忠主行为,掌权者都是认可和宽容的。刘裕大将朱龄石之父曾为桓温部属,桓氏乃朱氏故主。因此,当刘裕进攻桓玄时,朱龄石以“世受桓氏厚恩,不容以兵刃相向”(《宋书·朱龄石传》)的理由,“乞在军后”,刘裕义而许之。

二、北朝的忠德状况

北朝大多是北方少数民族建立的政权,但在政治制度、伦理道德、社会风俗等方面都已陆续汉化。就忠德而言,“人所贵者忠义也”(《周书·杨纂传》)的观念反映出忠已成为北朝政治伦理的核心内容。

(一)强弱变化的北朝君臣关系

北魏早中期,君主往往胸怀大志,敢作敢为,对臣子也保持强势姿态。如锐意汉化的孝文帝不仅改革鲜卑姓氏、语言、习俗,还顶着重重压力迁都洛阳。对劝阻迁都的大臣王公严加斥责,如对任城王元澄的不同意见,孝文帝勃然大怒道:“社稷我社稷,任城而欲沮众也!”元澄马上说:“社稷诚知陛下之社稷,然臣是社稷之臣子,豫参顾问,敢尽愚衷。”(《魏书·景穆十二王传中·任城王传》)

北朝君主重视君臣关系,主要是防止政权被人篡代,所谓“谅以天尊地卑,君臣道别,宜杜渐防萌,无相僭越”(《魏书·孝文五王传·清河王怿传》)。在北魏强盛时期,也出现了难得的君明臣忠、君臣道合的政治环境。不仅于烈、于忠父子与孝文帝、宣武帝达到了这种关系,其他如崔浩、高允、李冲、高闾、游明根等大臣也得到皇帝的信任。如据《魏书·李冲传》载,李冲“竭忠奉上,知无不尽,出入忧勤,形于颜色……高祖亦深相仗信,亲敬弥甚,君臣之间,情义莫二”。

但到了后期,像道武帝、太武帝、孝文帝、宣武帝这些有为君主日渐其少,多为暗弱无能之主,朝政被强臣所控制。“君弱臣强,全无纲纪”(《魏书·张济传》)是对魏国后期政治状况的精准概括。到了孝庄帝时期,尒朱荣把持朝政,广布亲信,任用官吏皆从己出。在河阴之变中,尒朱荣杀死大批朝臣。孝庄帝又杀尒朱荣，尒朱兆杀孝庄帝。君臣如此，其尊卑何有？在朝廷与尒朱氏的斗争中，高欢崛起，立霸府，消灭尒朱氏，把持朝政，废掉并杀死前废帝元恭。前废帝曾赋诗曰："朱门久可患，紫极非情玩。颠覆立可待，一年三易换。时运正如此，唯有修真观。"（《魏书·前废帝纪》）表达了傀儡的无奈。孝武帝不甘心当高氏傀儡，愤而西走。于是，高氏立孝静帝，成立东魏。西迁后的魏朝依附于宇文氏，建立西魏政权。

实际上，东魏、西魏都分别成为高氏和宇文氏的傀儡。东魏孝静帝被高澄称作"白痴"，甚至当面骂自称朕的孝静帝："朕，朕，狗脚朕！"（《北史·魏本纪第五》）还让人殴帝三拳，并最终鸩杀了孝静帝。孝武帝西迁建立西魏时，曾将从妹平原公主带入关，但宇文泰派人杀了公主。"帝不悦，或时弯弓，或时推案，君臣由此不安平。"（《北史·魏本纪第五》）

魏亡后，代之而起的北齐、北周，其君臣关系也很紧张。北齐暴君高澄、高洋、高殷等暴虐行径令人发指，不仅虐杀大臣，而且手足相残，屠戮宗室，对杨播等忠臣更是极尽虐杀之能事。北周也出现宇文氏集团内部君臣猜忌，发生宇文护擅权而被周高祖诛杀的事件。

在强化君臣尊卑和"事主不以幽贞革心，奉上不以趣舍亏节"（《魏书·于栗磾传附于忠传》）等绝对化忠君的同时，一些臣子也开始自觉思索君臣关系的合理性。北魏高闾就主张："天生烝民，树之以君，明君不能独理，必须臣以作辅。君使臣以礼，臣事君以忠。"（《魏书·高闾传》）把君臣关系说成是双向度的。

（二）忠于君王与各为其主

北朝时期已经逐渐夯实了"干忤之愆实深，然不忠之罪莫大"（《魏书·卢玄传》）以及"忠臣不事二主，自古通义"（《魏书·邓渊传》）等观念，在王朝递嬗过程中，也涌现出大批忠臣群体。但北朝的忠也不仅局限于忠君，还包括忠主。

在时人看来，各为其主也是忠。北魏昭成帝什翼犍曾被人射中眼睛，但他以"彼各为其主，何罪也"（《魏书·序纪》），放了射箭者。对于俘获的萧鸾兵士3000人，北魏皇帝也以"在君为君，其民何罪？"（《魏书·高祖孝文帝纪下》）而将他们放归。据《北史·徐招传》载，北魏将领徐招被尒朱氏俘获，临危不惧道："不亏君命，得死为幸。"尒朱仲远赞叹曰："凡人受命，理各为主。今若为戮，何以劝人臣？"不仅没有杀徐招，还任用他为行台右丞。对于北朝忠臣卫主的历史状况，后世史家曾总结说："自三方（东魏—北齐、西魏—北周、南朝）鼎峙，群雄竞逐，俊能驰骛，各吠非主。争奋厉其智勇，思赴蹈于仁

义。临危不顾,前哲所难。赵善等或行彰于孝友,或诚显于忠概,咸躬志力,俱徇功名。”(《周书·赵善等传》)

北朝政局的动荡与南朝不同,其不仅有新旧交替还有东西分裂。这对臣子的考验更为突出。当高欢与北魏孝武帝决裂时,孝武西出,高欢大杀忠于孝武帝的魏臣。很多臣子为了追随孝武帝连家都不顾了。卢辩随孝武帝入关,事起仓卒,单马而从,有人问他:“得辞家否?”他回答说:“门外之道,以义断恩,复何辞也!”(《北史·卢玄传附卢辩传》)有的则在东西分裂时,家人各在一方。裴让之的二弟裴诹之随孝武帝西迁,高欢拘系裴氏兄弟五人。高欢问裴让之:“诹之何在?”答曰:“昔吴、蜀二国,诸葛兄弟各得尽心,况让之老母在此,君臣分定,失忠与孝,愚夫不为。伏愿明公以诚信待物。若以不信处物,物亦安能自信?以此定霸,犹却行而求道耳。”(《北史·裴让之传》)裴让之的机敏救了一家兄弟的性命。

除了分裂时臣子面临去留问题,改朝换代之际也是考验臣节的关键时刻。北齐取代东魏,裴让之终因忠于魏朝而被杀。同样,在隋朝取代北周时也有不屈节的忠臣。当时掌管玉玺的颜之仪拒绝将符玺交给杨坚,其正色曰:“此天子之物,自有主者,宰相何故索之?”多年以后,隋文帝还夸奖颜之仪说:“见危授命,临大节而不可夺,古人所难,何以加卿!”(《周书·颜之仪传》)周宣帝皇后、杨坚长女杨丽华得知父亲有异图时,“意颇不平。及行禅代,愤惋愈甚。隋文内甚愧之”(《北史·后妃传下》)。杨丽华之忠于北周盖受“君为臣纲”和“夫为妻纲”的双重影响,而以女子出嫁从夫,故没有坚守“父为子纲”。

(三)尽节与忠谏

臣子因怀食禄报恩之心,故而对君主应竭尽忠节,所谓“人生于天,受命于君,岂有利人荣禄,而不忧其祸难?”(《周书·周惠达传》)因此,臣子有感于“世荷朝恩,家传忠义”,则努力“效臣子之节,成富贵之资”(《周书·郑伟传》),乃至于“君父有危,臣子致命”(《魏书·裴骏传》)。为了表示自己的忠诚,崔楷带上全家人一起赴任。他认为:“如一身独往,朝廷谓吾有进退之计,将士又谁肯为人固志也?”在城破在即还将已经逃出城的子女追回。“一朝送免儿女,将谓吾心不固。亏忠全爱,臧获耻之,况吾荷国重寄也!”(《魏书·崔辩传》)城破后,一家人不屈而死,此真所谓“孝行出于忠贞,节义率多果决。德可感义夫,恩可劝死士”(《魏书·路恃庆传附路思令传》)。

臣子之忠还集中表现在谏诤上,而开明君主也大都能虚心纳谏。以孝文帝为例,其诏书中多次提到广开言路,鼓励群臣进谏。在帝王虚心纳谏的感召下,任城王元澄、李冲、高闾等一批骨鲠之臣忠直敢言。终北魏一朝,涌现出柳庆、古弼、高允、宿石、白泽等直言敢谏的忠臣。在北朝时期,忠谏已经成为臣子的义务。特别是谏议官更把忠谏作为自己的职责,所谓"我当休明之朝,掌谏议之职,若不言所难言,谏所难谏,便是唯唯,旷官尸禄。人生有死,死得其所,夫复何恨?"(《魏书·张普惠传》)有的臣子在临终之际仍念念不忘社稷大业。王叡临终前上疏曰:"臣闻忠于事君者,节义著于临终;孝于奉亲者,淳诚表于垂没。……今所病遂笃,虑必不起,延首阙庭,鲠恋终日。仰恃皇造宿眷之隆,敢陈愚昧管窥之见。臣闻为治之要,其略有五:一者慎刑罚,二者任贤能,三者亲忠信,四者远谗佞,五者行黜陟。"(《魏书·恩幸传》)北周的乐运更是把作为一名谏官、从容讽议作为自己的理想,在被奸臣排挤时,则发愤著书,"录夏殷以来谏诤事,集而部之,凡六百三十九条,合四十一卷,名曰谏苑。奏上之。隋文帝览而嘉焉"(《周书·乐运传》)。君王是否纳谏已经成为国家安危的关键因素,坚持"委质事人,本徇名义"的宇文孝伯因忠谏而被赐死,北周益发衰朽。隋文帝代北周后,曾说过:"宇文孝伯寔有周之良臣,若使此人在朝,我辈无措手处也。"(《周书·宇文孝伯传》)

第五节 魏晋南北朝时期的忠德特点

魏晋南北朝时期,中国社会进入一个长期分裂、持续动荡、民族融合的时期。这一时期不仅给"三纲"的至上地位带来不小的冲击,也给传统忠德带来前所未有的巨大挑战。

一、君臣尊卑秩序受到冲击,篡位弑夺成朝代更迭时的常态

魏晋南北朝时期的君臣关系,较之此前和此后的历史时期都要显得无序和混乱。尽管这一时期人们在观念上仍认同"君臣之义,义之最重"(《三国志·吴书·张温传》),在言语中也仍始终高倡"主尊臣卑,上下有序"(《魏书·崔浩传》)的论调,但在实际践行中,却完全是君臣无序、尊卑易位、篡弑无常的乱象。

一方面,昏暴君主残酷对待臣子,率先背弃君臣之义。君主专制集权决定了"其基本点便是君主享有至高无上,超越一切制度、法律的权力"。[①]在

---

① 祝总斌:《试论我国封建君主专制权力发展的总趋势——附论古代的人治与法治》,《北京大学学报(哲学社会科学版)》1988年第2期。

君主专制社会中,"皇帝主宰一切,除了皇帝外,没有独立的个人,没有享受权利的个人,没有被尊重的个人"。[①]历代暴君大多将天下视为一己之私,而视臣子如家奴,视民众如草芥,对臣民随意役使,肆意羞辱,甚至杀戮。魏晋南北朝时期就是一个暴君频出的历史时期,君主残暴对待臣下之事屡见不鲜。如三国孙皓,后赵石虎,前秦苻生,北齐高澄、高洋、高殷,刘宋前废帝、宋明帝、后废帝以及萧齐东昏侯等都是史上有名的无道昏君。这些人在位时,就是人臣的灾难,其君臣之间关系糟糕至极。对臣子残暴的君王不仅严重破坏了君臣之义,而且极大地消解了忠君的臣德义务,冲淡了效忠君王的忠德精神。

另一方面,强臣架空君王,臣子忠君徒有其表。整个魏晋南北朝的三百多年间,强臣震主、篡弑无常的现象非常突出。曹氏父子之于汉献帝,司马氏父子之于曹氏,王敦、陶侃、桓温、桓玄、刘裕等强臣悍将之于司马氏。宋、齐、梁、陈等四朝基本也都有强臣震主、主弱臣强的状态。南朝如此,北朝情况也类似,先是尔朱氏专权,此后高欢立霸府,嗣后东魏和西魏皇帝被权臣欺凌并分别遭北齐、北周篡代,最后北周外戚杨坚篡位,并一统南北。

综观魏晋南北朝的历史,篡弑与武力夺取成为这一时期朝代更迭的常态。不仅改朝换代靠的是篡位和武力,一个王朝的内部传位也往往伴随着血腥和暴力。围绕争夺皇位,各朝代都出现过皇室内部谋杀,以至于兄弟相残,父子反目。这种事情在石赵、苻秦、刘宋、高齐、宇文周时期表现得最为典型。连皇族宗室都血亲相残,没有血缘关系的异姓臣子攻杀、篡位就更为司空见惯。

这一时期,虽然君尊臣卑的等级秩序遭到非常严重的破坏,忠君道德也被篡弑者们扔到了一边,但在整个社会舆论中,忠君仍是被人们所普遍认同和称扬的政治美德。一些跋扈权臣即使弑君篡位也要摆出一副忠于社稷、忠于君主的样子。成济受司马昭指使弑杀曹魏高贵乡公。事后,司马昭虚伪且信誓旦旦地辩称:"臣闻人臣之节,有死无贰,事上之义,不敢逃难。"并以"干国乱纪,罪不容诛"的罪名,将成济灭族,以示对臣子忠君道德的捍卫。但司马昭的这番政治作秀并不能掩盖其弑君的事实,也不能将其篡位企图掩藏起来,这也就是所谓的"司马昭之心,路人皆知"。

在夺取政权后,为了强化统治的合法性,篡弑者既不敢、也不愿、更不可能公然否弃忠德。一方面,他们不敢冒天下之大不韪而否定忠德;另一方面,他们还希望用弘扬忠德来激励臣子效忠以巩固自己的统治。

① 谢天佑:《专制主义统治下的臣民心理》,第20页。

魏晋南北朝时期对君臣尊卑秩序进行挑战的，不只这些所谓的“顺天应人”的篡位者，而且朝廷官员以及士族子弟也敢于与君王辩理，有的甚至公然拒绝皇帝的任命和差遣。东晋蔡谟公然抗拒朝廷任命，所谓“傲违上命，无人臣之礼”“悖慢傲上，罪同不臣”（《晋书·蔡谟传》），但最终还是被提拔为光禄大夫并开府仪同三司。士族张敷可以以“臣性不耐杂”（《南史·张邵传》）拒绝宋文帝要求其搭载和尚并与之交流的旨意。大臣敢于抗拒圣旨竟不受责罚，这表明南朝君尊臣卑等级秩序还不像后世那般森严，同时也反映出门阀士族势力对君臣关系的影响以及政治道德的状况。客观地讲，讲究门第出身的门阀制度有利于维护等级秩序，但士族势力的庞大也对君主专制带来一定的威胁。为了对抗门阀士族，君王不断扶持寒门庶族，借以打压士族，隆显君权，维护君主专制统治。

总地看，魏晋南北朝时期的君臣关系是混乱、无序和颠倒、易位的，这种现象的出现是君主专制政体的本质造成的。戴逸先生等曾一针见血地指出：我们如果翻开二十四史，从中不难发现，所谓“君临天下”的帝王绝大多数不是暴君，就是暗君、辟君，或者懦君。“绝不是历史故意捉弄人，偏偏把这些昏暴庸愚的人物推上皇帝的宝座，而是君主专制的一整套制度，决定了登临大位的人往往难以摆脱全部教养、环境、条件所铸成的性格特征”。[①]

二、分裂多于统一，各事其主具有强烈的现实性

魏晋南北朝时期最主要的特点就是天下大势分分合合，而其中，除了短暂的西晋一统外，基本都处在分裂状态下。在这种局面下，天下没有共主，政权的合法性和君权的唯一性都成了问题，给臣子忠君也带来了多元化、层级化的特点。

一方面，社会对择主而事的选择自由普遍认可。徐晃曾感叹道：“古人患不遭明君，今幸遇之，常以功自效，何用私誉为！”（《三国志·魏书·徐晃传》）应该说，那种“君各茂其德，臣各尽其忠”（《三国志·蜀书·邓芝传》）的君明臣忠还是被时人普遍认同的，在忠君的向度上也表现为单向度与双向度并行、但以双向度为主的特点。东晋的政论家孙盛就大力倡导双向度的忠。他在评价袁绍的谋士田丰、沮授时，曾感慨地说：“观田丰、沮授之谋，虽良、平何以过之？故君贵审才，臣尚量主；君用忠良，则伯王之业隆，臣奉暗后，则覆亡之祸至：存亡荣辱，常必由兹。丰知绍将败，败则己必死，甘冒虎口以

---

① 参见戴逸、李文海、罗明：《论中国历史上的封建君主专制主义》，《社会科学战线》1981年第2期。

尽忠规,烈士之于所事,虑不存己。夫诸侯之臣,义有去就,况丰与绍非纯臣乎!《诗》云‘逝将去汝,适彼乐土’,言去乱邦,就有道可也。”(《三国志·魏书·袁绍传》注)

南北朝时期的分裂混乱,也为双向度忠大行其道创造了条件。所谓“凡立忠抱节,皆应有所至。若奉逆君,守迷节,古人所不为”(《魏书·房伯玉传》)。当然,这一时期也不乏单向度的忠君,只不过从总的趋势来说,双向度之忠占据主流。

另一方面,各为其主成为这一时期忠德常态。三国时期,委质效忠、各为其主的现象就较为普遍。到了晋朝,上下级之间更构成委质效忠的臣属关系。因此,这一时期各为其主的忠德主要体现在下级对上级的忠诚上。罗企生曾在殷仲堪手下做过武陵太守,因此当殷仲堪被桓玄打败后,罗企生坚守“我是殷侯吏”(《晋书·忠义传·罗企生传》)的底线而被桓玄杀死。从理论上讲,这种上下级间的委质效忠关系是不可以超越君臣大义的。也就是说,一旦主公有不忠于朝廷的反逆行径,其属下故吏也应该与主公划清界限,绝不应该附逆。但事实上,在成王败寇的时代,臣子是忠君还是忠主仍存在可以选择的空间。

总地看,这一时期由于国家长期处于分裂状态,造成割据政权之间的臣子各为其主的现实。同时,由于九品中正制和门阀制度的影响,上下级之间的人身依附关系也导致层级式的效忠关系。这种效忠关系要求属下首先要忠于主公,其次才是忠于天子。当然,当主公忠于天子时,臣子的忠并不存在忠君还是忠主的悖论问题。而一旦主公与天子二者之间出现分歧甚至冲突时,则下级臣子就会面临是忠君还是忠主的内在冲突和价值扭曲。

三、改事新君极为普遍,忠君死节者反不多见

臣子忠君的最高境界是为社稷尽忠,为君王死节。但魏晋南北朝时期由于政权更迭频繁,忠君不贰、为君死节实际上很难做到。绝大多数臣子则在江山易主时急于改换门庭,改事新君。尽管这一时期人们仍高扬“委质为臣,有死无贰”的道德大纛,唱着“赴君难,忠也;死王事,义也”(《晋书·宗室传·谯刚王逊传附子闵王承传》)、“守忠之臣,唯知尽死,安顾成败”(《南齐书·崔慧景传》)、“事君之道,唯当竭节尽忠”(《晋书·王濬传》)的高调,但在易代之际鲜有能始终如一践行忠君尽节忠德的臣子。

曹魏篡汉时,杨彪“耻为魏臣,遂称足挛,不复行”,但也没有死节。司马氏篡魏时,司马孚也只是自封为“魏之纯臣”,同样也没有殉节。魏晋易代时,虽有毌丘俭、诸葛诞、文钦等曹魏忠臣进行了以死抗争,但多数魏臣还是

“明智”地选择了投靠司马氏。

南北朝时期政权更迭更为频繁，臣子改事新君更成为一种常态。“由于忠君观念的衰弱，臣子们对君主不仅不给予强有力的支持和捍卫，相反，却在一幕又一幕的禅代戏中，扮演着默认肯定皇权转移的角色，这一点可以从魏晋禅代和汉魏禅代的某些对比中得知。”①在南朝递嬗中，虽然有陈郡袁氏这样的世代忠君之典范，但忠于故国与改事新朝并不存在内在冲突，即便在陈郡袁氏家族内部也是如此。南朝鼎革之际忠臣状况于此可见一斑。北朝与南朝大同小异，在改朝换代之际亦不乏效尽忠节之臣，如元魏的裴让之、北周的颜之仪，但多数时候前朝旧臣都乖乖地改奉新朝。在北朝历史上，无论是北齐代东魏，还是北周代西魏，抑或是隋代北周，基本上都实现了和平过渡，前朝旧臣摇身一变成为新朝臣子。这说明在当时人眼里，并不把改事新朝看作违背臣德的大逆不道，而是视为识时务的明智选择。

还有一些臣子则在南北两方的战乱中“流离播越”（《颜氏家训·慕贤》），如颜之推曾“三为亡国之人”（《北齐书·文苑传》）。像颜之推这样在南北战乱中，被虏获到北方并出仕的臣子比比皆是。如梁元帝中书侍郎庾季才被掳到长安，先后在西魏、北周、隋朝任职。对于这样一个“生于南土，仕于梁朝，忠于梁主的人”，却为何能“欣然出仕异邦”？这些曾经的忠臣在己方失败后，“乃该事新朝，观念上似亦无一丝挂碍”。对于这种角色转换、忠德悖谬现象，当事人是这样解释的。颜之推的理由是“不屈二姓，夷、齐之节也；何事非君，伊、箕之义也”，认为“君臣固无常分矣”（《颜氏家训·文章》）。与颜之推一样，庾季才也将其行为归之于人臣本分，所谓“今郢都覆败，君信有罪，缙绅何咎？”（《隋书·庾季才传》）有研究者针对庾季才的经历，指出：“由梁至隋，中经魏、周，身历四朝，忠心如一，我们从庾季才身上竟看不出政权更迭、民族转换对他有过何等震动。似乎当时南北国土的分治、民族国家的对峙，在庾季才的思想观念中并不存在什么不可逾越的鸿沟。”②

四、褒忠励节力度加大，官方劝忠反衬出忠德的缺失

在君主专制社会中，为了让臣子竭力尽忠于朝廷，君王往往采用庆赏和刑罚二柄，恩威并重、软硬兼施地对待臣子。威和硬的一面主要是从刑罚的角度，来加大对不忠者的惩处。而恩和软的一面则是褒奖和劝励。也就是说，除了对不忠臣子的惩处，统治者还在弘扬忠德、宣传忠君上采取措施，如

① 郝红：《汉魏之际君臣关系的演变及其影响》，《山东大学学报（哲社版）》1999年第3期。

② 许逸民：《读〈庾季才传〉兼论六朝“忠臣”》，《书品》2000年第5期。

组织编撰劝忠书籍，来进行忠君道德的宣传、教化和推广。编撰劝忠书籍成为这一时期的一种风尚，甚至皇帝、王公宗室等都亲自参与或组织人员编撰。如梁元帝编纂三十卷《忠臣传》。魏宗室元怿出于“以忠而获谤”的激愤，“乃鸠集昔忠烈之士，为《显忠录》二十卷以见意焉”（《北史·孝文六王传》）。北齐的赵郡王高睿亦曾“撰古忠臣义士，号曰《要言》，以致其意”（《北史·齐宗室诸王传上》）。此外，北齐的太中大夫李籍之也曾著有《忠诰》。

除了编撰劝忠励忠书籍来高扬忠德，统治者还采取旌表和赏赐等手段来劝忠。这一时期最常见的激励形式就是赐爵禄，赠谥号。魏晋南北朝时期继承了汉代“生则致其爵禄，死则异其礼谥”（《汉书·儒林传》）的传统，凸显“爵以显德，谥以表行”（《晋书·郗鉴传》）的功能，并将忠谥大量地用于给臣子定谥上。尽管魏晋南北朝时期世道浇漓，真正意义上的尽节忠臣并不多，但统治者仍以赐忠谥来激励臣子效忠。这一时期赐忠谥者明显多于两汉。如曹魏的夏侯惇、曹仁都被谥为忠侯，蜀汉的诸葛亮也获谥忠武，东吴的徐温亦谥忠武。两晋时期不仅有获谥忠武（温峤）的，还有获谥忠贞（卞壸），或直接赐谥忠（刘超）的。南北朝时期带“忠”字的谥号就更多了，如忠武、忠穆、忠烈、忠壮、忠肃、忠敬、忠宪等。以忠烈为例，获谥者既有南朝徐湛之、萧恢、王茂、柳元景、成景儁，也有北朝李苗、高岳。

相对于带“忠”字的美谥，朝廷也会以恶谥来羞辱反叛不忠的逆节者。北魏穆崇曾参与了卫王拓跋仪的谋逆。其死后，“太祖惜其功而秘之。及有司奏谥，太祖亲览谥法，至述义不克曰‘丁’。太祖曰：‘此当矣。’乃谥曰丁公”（《魏书·穆崇传》）。丁公是楚汉时期不忠的典型，北魏给穆崇定谥丁公明显是彰其不忠。时人爱惜名誉，因此对谥号也都非常重视，以致有因议谥而产生龃龉和激烈辩论的，也有因此而改谥的。西晋滕修死后，在对其议谥时曾初定为“声”，他的儿子对此不满，上书请求改谥，“帝乃赐谥曰忠”（《晋书·滕修传》）。少年杨素为父争谥惹恼周武帝，被下令处斩。杨素大声喊道：“臣事无道天子，死其分也。”（《隋书·杨素传》）周武帝被其感动，赐其父谥忠壮。

总地来说，在魏晋南北朝三百多年间，一方面，忠德受到猛烈冲击，全社会的忠德状况并不理想；另一方面，统治者采取编撰劝忠书籍、褒奖赏赐忠臣等方式，想方设法、不遗余力地来劝忠励节，以在全社会营造出臣子效忠尽节的舆论氛围。但这一时期由于“三纲”秩序和君臣关系受到冲击，无论靠惩处不忠者的高压手段，还是靠褒忠劝忠的激励方式，都无法改变臣子依违两端、忠德滑坡的乱象。

五、忠优先于孝尚未成为绝对共识，忠孝冲突时仍存在不同选择

受两汉彰显三纲的影响，魏晋南北朝时期人们对维护君臣和父子这两大纲常的忠孝道德极为重视。所谓“百行之本莫大忠孝”(《晋书·隐逸传·龚壮传》)；“夫人道所重，莫过君亲，君亲所系，忠孝而已。孝以扬亲为主，忠以节义为先”(《晋书·儒林传·范弘之传》)。

这一时期，无论是汉人还是少数民族建立的政权，大都继承了汉代的孝治传统。比较突出的如司马晋号称孝治天下，所谓“六行之义，以孝为首，虞舜之德，以孝为称”(《晋书·江统传》)。拓跋魏到了孝文帝时更是将孝治抬高到无以复加的地位。隋朝也强调孝，所谓“夫孝者，天之经，地之义，人之行。自天子达于庶人，虽尊卑有差，及乎行孝，其义一也”(《隋书·经籍志一》)。

必须看到，这一时期统治者高扬“以孝治天下”的真实目的无非是移孝于忠，劝导臣子孝亲尊君，尽忠事主，所谓“夫孝行著于家门，岂不忠恪于在官乎”(《三国志·魏书·夏侯玄传》)、“父子天性，爱由自然，君臣之交，出自义合，而求忠臣必于孝子”(《晋书·庾纯传》)。这一时期，人们大肆宣扬“奉亲能孝，事君尽忠”(《梁书·周舍传》)，肯定“在家则曾子之流，事君则蔺生之匹”(《南史·孝义传下》)的忠孝合一，认为在道理上忠孝是并行不悖的。

统治者提倡孝道，目的在于鼓励忠君，倡导移孝于忠。如郭元贞问少年王纮：“《孝经》云何？”王纮回答道：“在上不骄，为下不乱。”(《北史·王纮传》)无独有偶，当魏文帝问《孝经》之要时，学子长孙澄回答道：“夙夜匪懈，以事一人。”(《北史·长孙道生传附长孙澄传》)由上述事例可见，南北朝的统治者推行孝道、鼓励读《孝经》，其核心目的在于夯实“为下不乱”“以事一人”的忠君道德。

尽管儒家强调“忠孝一也”的忠孝一致性，但在现实中，忠与孝往往存在冲突，比如养老致仕问题、守丧与国家需要的冲突问题等。忠与孝的冲突表面上反映了君权与父权的矛盾，但本质上则是人性的内在冲突心理的表现。“人的属性可以分为自然属性和社会属性，前者是指人的生物和生理的特性，它是人类得以生存和延续的前提条件，而后者则是指人与周围事物发生关系时表现出来的独有的属性。”[①]在面对忠孝两难问题时，魏晋南北朝时人出现了两种选择。

---

① 朱凤祥：《传统中国“忠”“孝”矛盾的理论基因与实践表征》，《云南民族大学学报(哲学社会科学版)》2007年第3期。

第一种选择是孝重于忠。孝治观念已深入人心，当面对忠孝冲突时，有些人自然会首选尽孝的。“徐庶进曹营一言不发”的典故其实反映的就是徐庶囿于尽孝而不得已投靠曹操的无奈。因尽孝而拒不服从君命者亦有之。如晋成帝任命乐谟为郡中正，庾怡为廷尉评时，二人曾“各称父命不就”。

第二种选择则是忠优于孝。在君主制社会中，人们无论是主动还是被动，大多都不得不选择忠优于孝。魏晋南北朝时期的言论中几乎到处充斥着这样的观念。如：“臣之事君，必以杀身靖乱，以功报主也。……夫忧国忘家，捐躯济难，忠臣之志也。”（《三国志·魏书·陈思王传》）“忠孝之道，安得两全！既辞亲事君，父母复安得而子乎？”（《晋书·周处传》）“今为忠臣，不得复为孝子。”（《晋书·潘京传》）“人臣之奉主，毁家光国，竭情无私。”（《宋书·颜竣传》）

受这些观念的影响，臣子多以舍孝全忠为荣。当然，一些臣子选择忠优于孝的舍孝全忠也许是出于其内在充沛的忠义精神，但更多的恐怕还是迫于君主专制的政治压力。

三国时期还发生了一场君父孰先的争论，围绕一粒药丸究竟应该先救父还是先救君的假设，曹丕提出了一个让臣子左右为难的问题。据《三国志·魏书·邴原传》注引《原别传》载，在燕会时，太子曹丕问道：“君父各有笃疾，有药一丸，可救一人，当救君邪，父邪？”众人议论纷纷，邴原回答是：“父也。”太子曹丕对此不满意，但也没有为难邴原。

曹丕作为储君，当然希望臣子认同于君优先于父，但他对邴原先救父的回答也没有责难，这说明当忠孝两难时首孝次忠、父优于君也被时人所认可。

为了解决忠孝两难问题，让臣子甘心情愿地效忠君王，统治者也积极完善相关制度。在完善养亲与仕宦制度基础上，针对丁忧和起复制度也做了调整。黄龙六年，孙权针对官员因奔丧而耽搁工作的情况组织讨论。孙权的观点是：“三年之丧，天下之达制，人情之极痛也。”一方面他主张“世治道泰，上下无事，君子不夺人情，故三年不逮孝子之门”；另一方面在“国家多难”时，“凡在官司，宜各尽节，先公后私，而不恭承，甚非谓也”。对于扔下工作奔丧者，孙权主张处以刑罚，并因此明确了“忠节在国，孝道立家，出身为臣，焉得兼之？故为忠臣不得为孝子。宜定科文，示以大辟，若故违犯，有罪无赦。以杀止杀，行之一人，其后必绝”（《三国志·吴书·吴主传》）。这场讨论后不久，吴国就发生了孟宗丧母私自奔丧的事。处理完母亲葬礼，孟宗“自拘于武昌以听刑”，在陆逊等人的求情下，朝廷做出决定：“减宗一等，后不得以为比，因此遂绝”。魏晋南北朝时局动荡，战乱频仍，不仅弃事奔丧成为罪过,官员守丧三年更是一种奢侈。反之,对守丧官员夺情起复则成为普遍现象。据史载,南朝“内外多难,在丧者皆不得终其哀”(《南史·王弘传》),北朝情况也大体相似。

统治者通过庆赏和刑罚两手来鼓励和引导官员以忠君为重,舍孝全忠,但实际上,在忠君观念尚没有绝对化的魏晋南北朝时期,总有人将父子人伦置于君臣之上,为了尽孝道甚至不惜抗拒君命。卞壸“遭继母忧,既葬,起复旧职,累辞不就”。陈朝的沈君理因丁父忧去职,朝廷“前后夺情者三”,他都没有听令。尽管朝廷明令“长吏以父母疾去官,禁锢三年”,但严刑苛法也难以束缚臣子的孝心。对于山阴令沈淑任的因父疾而自行离职的行为,郑鲜之建议道:“父母之疾而加以罪名,悖义疾理,莫此为大。谓宜从旧,于义为允。”(《南史·郑鲜之传》)自此以后,对二品以上官员因父母(包括为祖父母后者)因墓毁及疾病而离职者不再禁锢。总地看,魏晋南北朝时期,面对忠孝冲突,始终存在两种选择的,对那些因尽孝而离职者,朝廷和社会舆论有时还是认可并予以宽容的。

第四章　忠德的回归与回归进程的中断

隋唐结束了魏晋南北朝长达三百多年的战乱分裂，实现了国家的统一。隋唐一统强化了君主专制，加速了忠德的回归。尽管忠德回归的历程被五代十国的乱世所打破，但这些都为宋明理学的勃兴、"三纲"思想的强化奠定了基础。

第一节　从复兴儒家道统到《忠经》的出现

在儒家思想受到佛、道冲击的魏晋南北朝与儒家纲常名教大盛的宋王朝之间，隋唐五代作为一个过渡时期迎来了儒家道统的复兴，并为宋明理学的兴起发了先声。隋唐复兴儒家道统的努力，为宋代强化"三纲"、凸显忠君道德做了积极的理论探索。

一、隋朝王通调和儒、释、道的尝试

魏晋南北朝时期，思想界非常活跃，新思潮、新观念层出不穷，玄学、佛、道更是你方唱罢我登场。相对而言，儒学则被边缘化，这一时期也没有出现著名儒学思想家。到了隋朝，大儒王通（私谥文中子）以复兴儒学道统为己任，收徒讲学，著书立说，汲汲于重振儒学。

面对佛、道盛行，王通从融合三教入手来振兴儒学。在《中说》（即《文中子》）中，王通从会通儒、释、道出发，创造性地提出"三教可一"的思想主张。王通杂糅、中和了儒、释、道思想，以儒家思想为根基，将佛、道的某些理论附会、改造成儒家的人伦纲常。概言之，一方面，王通传承发展了孙绰所谓"周孔即佛，佛即周孔"[①]的思想，把佛说成与儒家圣人一样，把佛教说成是"西方之教"。另一方面，在肯定佛、道二教价值的同时，王通认为佛、道思想都存

---

① 《弘明集》卷三《喻道论》。

在缺陷，特别是佛教有些方面不适合中国国情，这主要指的是佛教、道教对世俗人伦道德的重视不够。“仁义不修，孝悌不立，奚为长生！”(《文中子·礼乐》)有学者指出，王通“三教可一”思想主张的提出，“主要出于政治的需要，企图建立统一的社会意识形态，并使三教各有适当的社会地位”。①

王通通过“三教可一”来努力消弭儒、释、道之间的理论差异和冲突，从而提升儒学的地位，通过重振纲常名教来重建社会的道德秩序。“大哉乎！君君臣臣、父父子子、兄兄弟弟、夫夫妇妇，夫子之力也，其与太极合德，神道并行乎？”(《文中子·王道》)对此，在《文中子》的“叙篇”自述中，王通明言：“文中子之教，继素王之道，故以《王道》篇为首；古先圣王俯仰二仪，必合其德，故次之以《天地》篇；天尊地卑，君臣立矣，故次之以《事君》篇……”(《文中子·叙篇》)“按照王通的观点，国家盛衰并不直接决定于学术与宗教，而是当权者在实践中能否真正进行礼乐教化，维护君臣父子之道。”②显然，王通强调臣道就是要强化臣子的忠君道德。“忠臣之事君也，尽忠补过。君失于上，则臣补于下；臣谏于下，则君从于上。此王道所以不跌也。”(《文中子·问易》)王通对孝道也十分重视，但他重视孝道实际也含有“移孝作忠”的意蕴。在《周公》篇中，王通认同孝道“始于事亲，终于立身”的观点，提出“孝立则忠遂矣”的主张。

需要特别注意的是，王通忠君观念明显带有双向度忠的倾向。一方面，王通鼓励臣子要勇于“格君心之非”，敢于“正主”；另一方面，坚持“事君也以道，不可则止”的“君明臣忠”之双向度。对昏庸暴虐的专制君主，王通甚至支持大臣“废昏举明”(《文中子·事君》)。

不可否认，王通如同荀子一样，在宋儒眼里是驳杂不纯的，所谓“论政大旨以无为而治为最高之理想，以仁义礼乐为主要之道术，而以爱民厚生为政治之根本”，且其自命圣人，“僭拟圣经”，因此遭到后儒的批评。但这些后儒“不知通生当隋世，衣冠沦丧，声教摧伤之后。孔氏之教，远则见损于魏晋之清谈，近亦未受朝廷之维护。儒学在当时尊严大损，已沦于‘诸子’之列，尚不足与释道争短长。王氏拟经，是否为光大儒学之适当方法，固大可疑。然遽以其自命为圣人而谴斥之，似未得知人论世之实也”。③对于王通对儒学的贡献及其在振兴儒学中的作用，研究者们给予了充分肯定，指出：“王通的道德规范论是对儒家伦理思想的直接继承，本身并没有提出更多的新东西，

---

① 刘文英：《中国哲学史》(上卷)，天津：南开大学出版社2002年版，第400页。

② 刘文英：《中国哲学史》(上卷)，第401页。

③ 参见萧公权：《中国政治思想史》上册，第396页。

尽管如此,在佛教日益强盛的背景下,王通重申儒家的道德规范,对于扩大儒学影响、振兴儒学具有重要意义。"[①]更有学者称道文中子的主要贡献在于"上结六朝谈玄之局,下开宋儒心学之端"[②],为复兴儒家道统起到了承上启下的作用。当然,对儒家道统的承继和开宋代儒学之端,王通实际上也只是个中转站,唐代的韩愈、李翱等人在王通的基础上,使得儒学在隋唐时期薪尽火传,为宋代儒学勃兴保留了火种。

二、唐朝韩愈振兴儒家道统的努力

在佛、道盛行的社会大背景下,王通经过不懈努力,为儒家统续的复兴导夫先路,做出开创性贡献。到了唐代,"文起八代之衰"的韩愈继承王通复兴儒学的路径,积极振兴儒家道统。

在《原道》中,韩愈在儒家思想史上第一次明确提出了儒家道统。在韩愈看来,儒家的道统远追尧舜,所谓"尧以是传之舜,舜以是传之禹",舜之后是禹、汤、文、武、周公,然后的孔子、孟子。但孟子之后,儒家道统中断,不得其传。

在梳理儒家道统的同时,韩愈也对荀子、扬雄等思想家与儒家道统的关系进行了剖判。他认为荀子"大醇而小疵",且认为荀子和扬雄"择焉而不精,语焉而不详",从而将二人排斥于儒家正统体系之外。此外,韩愈还对儒家仁义道德进行了重新解析,所谓"博爱之谓仁,行而宜之之谓义;由是而之焉之谓道,足乎己无待于外之谓德"(《原道》)。朱贻庭先生指出:韩昌黎的"道统"说其所谓"道",实质上就是传统儒家所讲的仁义道德,或者说即"先王之教",抑或说"先王之道"。[③]韩愈一方面将博爱之仁推扩到万民百姓,体现了传统民本主义中在上者"上思利民"之忠的政治伦理。另一方面,又强调"行而宜之"的"义"实际上是一种等级社会秩序,即"君臣、父子、师友、宾主、昆弟、夫妇"(《原道》)。

由此可见,韩愈的仁义博爱其根本就在于构建儒家伦理纲常,其落脚点就在于现实政治生活中的君君臣臣秩序,而维系这种等级秩序的措施就是忠君道德,所谓"君者,出令者也。臣者,行君之令而致之民者也。民者,出粟米麻丝,作器皿,通货财,以事其上者也"。如果说博爱之仁体现的是上对

---

① 柴文华等:《中国人伦学说研究》,第138页。

② 钟泰:《中国哲学史》,北京:东方出版社2008年版,第170页。

③ 参见朱贻庭主编:《中国传统伦理思想史》(第四版),上海:华东师范大学出版社2009年版,第239页。

下的一种仁爱，侧重的是一种美德伦理，那么，韩愈的“义”则体现的是一种下对上的忠孝，强调的是一种应然的、应该的道德义务，侧重于一种规则伦理。朱贻庭先生在指出韩愈具有愚忠倾向的同时，指出韩愈“坚持忠君孝亲之道，对于克服当时由于佛、道蔓延而出现的封建国家内部的离心倾向，削弱拥兵自立的藩镇割据势力，维护和巩固封建大一统的中央政权，无疑有其积极意义”。[①]

在推崇儒家道统、宣扬博爱之仁和忠孝之义的同时，韩愈还大力排佛。与王通的“三教可一”不同，韩愈力主排佛。在韩愈之前，傅奕也曾上疏排佛，认为佛教破坏了忠孝伦常，佛教教义宣扬“不忠不孝，削发而揖君亲”。他还列举了汉以前“皆无佛法，君明臣忠，祚长年久”的例子，以对比说明南北朝的“政虐祚短，皆由佛教致灾也”的道理。在傅奕眼中，“礼本于事亲，终于奉上，此则忠孝之理著，臣子之行成。而佛逾城出家，逃背其父，以匹夫而抗天子，以继体而悖所亲”（《旧唐书·傅奕传》）。韩愈直接将排佛的矛头指向社会和政治秩序，指出佛教教义冲击了君臣尊卑的等级秩序。韩愈撰写《谏佛骨表》，抨击佛教徒的“不知君臣之义，父子之情”。而在《原道》一篇中，韩愈认为若佛法得以大行其道，其结果势必是“弃而君臣，去而父子”，蔑弃人伦。韩愈认为，君臣父子是人之大伦，不可毁弃。而佛教出世修行无疑是弃君无父、灭绝人伦的做法，背离了纲常名教。

尽管傅奕、韩愈等大臣极力反对崇佛，力主排佛，但也有一些臣子主张调和佛教与世俗的冲突，倾向于儒释合流。张士衡就曾认为：“事佛在于清净无欲，仁恕为心。”在他看来，儒家义理与佛教教义在本质上并不冲突，在一些观点上甚至完全一致。他认为佛教也强调仁慈和忠孝，与儒家的仁慈和忠孝差不多。他认为儒释在这点上没有什么根本区别，所谓“为人君父，当须仁慈；为人臣子，宜尽忠孝。仁慈忠孝，则福祚攸永；如或反此，则殃祸斯及”（《旧唐书·儒学传上·张士衡传》）。

韩愈排佛冒了极大的政治风险，彰显了“内怀忠恳，不避黜责”（《旧唐书·韩愈传》）的忠君精神，也反映出其传承儒家道统、振兴名教纲常的一种强烈的道路自信和文化自信。“其目的是为了弘扬儒家文化的基本精神，以儒家仁义之道来抗衡佛老宗教思想的冲击，并力图以圣人之道来排斥以至消灭二教，重新确立儒家思想在社会生活和意识形态领域的主导地位。”[②]实际上，尽管韩愈以及柳宗元、李翱等唐代思想家为振兴儒家道统做出了积极

① 朱贻庭主编：《中国传统伦理思想史》（第四版），第240页。

② 蔡方鹿：《中华道统思想发展史》，成都：四川人民出版社2003年版，第256页。

努力，但尚没有真正实现儒学的重振。不过，不可否认，这些努力为宋代理学大厦的构建奠定了坚实的思想基础。

三、《忠经》的传播及其对忠德的系统阐扬

随着王通对儒家思想的阐扬和韩愈对道统的传承，纲常名教热度再起。特别是出现了《忠经》这样专门宣扬忠德的一部经典。[①]尽管《忠经》产生的具体时间尚不得而知，但在中国传统忠德变迁史上，《忠经》占有重要的位置。

首先，《忠经》全面诠释了忠的基本内涵和内在价值。在《天地神明章》中，开宗明义指出："忠也者，一其心之谓矣。"《忠经》将忠释为一心一意，体现了忠德的原教旨主义，是对忠德原初精神的概括，已经超越了作者所处时代的狭隘忠君局限。《忠经》继承发扬了先秦时期公忠的传统，强调"忠者，中也，至公无私"。《忠经》把忠看作天下之至理、天地之大德。"昔在至理，上下一德，以征天休，忠之道也。""天之所覆，地之所载，人之所履，莫大乎忠。"（《忠经·证应章》）忠不仅超越了百善之首的孝，而且还是孝道施行的保障，所谓"夫惟孝者，必贵于忠。忠苟不行，所犹非其道"，"君子行其孝，必先以忠"（《忠经·保孝行章》）。《忠经》将忠的价值涵盖到从个人到家庭乃至全社会、整个国家的各个层面，所谓"兴于身，著于家，成于国"，"一于其身，忠之始也；一于其家，忠之中也；一于其国，忠之终也"。忠的三阶段划分体现了

---

① 据《隋书·经籍志》载，《忠经》乃马融撰，郑玄注。古今研究者大多不认同这种说法，有研究者发现在《忠经》中，凡是"民"字都写作"人"字，凡是"治"字都写作"理"字，而指出这是作者在避唐朝皇帝李世民和李治的名讳，从而断定《忠经》为唐人所撰。[参见(清)丁晏：《尚书余论》，《续修四库全书》第48册，上海：上海古籍出版社1995年版，第847页]有的则直接认为是唐代马雄所作。一些研究者根据在宋以前的历代《经籍志》《艺文志》中不见《忠经》，认为其不大可能是汉代的马融作品，应为后人伪托所作。也有研究者认为《忠经》是宋时人所著，其依据一是宋代积贫积弱，需要弘扬忠德，二是宋人喜欢讲"理"，《忠经》也频繁出现"理"。(参见王玉德的《〈忠经〉的成书时代及与〈孝经〉之异同》，《中国典籍与文化》2002年第4期)更有学者从时代背景、版本学和《忠经》所反映的思想等方面，分析认为《忠经》乃宋初的作品。(参见王博凯：《〈忠经〉成书年代及相关问题研究》，陕西师范大学硕士学位论文2016年)当然，也有不少古今研究者坚持《忠经》出自东汉马融之手。实际上，自从忠德地位在汉代得以跃升和巩固后，编撰一部像《孝经》那样的《忠经》一直以来就是儒者的一种责任和义务。历史上不仅流传这样一部据说的东汉马融所撰的《忠经》，而且南北朝时期还出现了不少类似《显忠录》等宣扬忠臣的作品，唐代还出现了规范君德、臣德的《帝范》和《臣轨》，据说还有一部海鹏撰写的《忠经》。由此可见，《忠经》的出现是一种历史的必然。基于儒家道统在东汉、魏晋南北朝、隋唐两宋浮浮沉沉的实际情况，笔者倾向于认同《忠经》非东汉马融作的说法，并大致认为此书产生于唐、五代、宋初这一段时间里，但现有资料还难以对《忠经》的具体产生时间做一相对精准的判断。

修身、齐家、治国、平天下的儒家道德修养论，在理论上完成了由《吕氏春秋》《孝经》的“泛孝论”向《忠经》“泛忠论”的跨越。

其次，《忠经》明确了不同地位和身份所应遵守的忠德规范。对践行忠德的义务主体和责任主体，《忠经》进行了具体规定，并明确了不同主体的道德责任和践行规范。如《忠经》创设了从《圣君章》到《兆人章》(中间包括《冢臣章》《百工章》《守宰章》等)包括最高统治者以及臣僚、百工、万民的全含性、无死角的道德义务主体，规定了上自君王、下至百姓的践行忠的义务内容，实现了传统忠德向先秦时期泛主体性的回归。特别是《忠经》提出了君王践行忠德的义务和规范，将秦汉以来被专制帝王所刻意遮蔽从而湮没已久的原初忠德那种在上者之忠，又重新开显出来，主张即便是最高君王也应自觉践行忠德。具体而言，君王践行忠德主要是“上事于天，下事于地，中事于宗庙，一临于人”，其成就主要在于“光祖考”“保社稷”(《忠经·圣君章》)。有学者充分肯定《忠经》对君德的阐扬，乃至认为《忠经》“中心之枢纽为君德”。[①]实际上，《忠经》不仅强调君王践行忠之规范的君德，而且对大臣、百官、百工、兆民等形形色色职业、各个阶层的人也都提出了有针对性的、具体的忠德规范和践行标准。总地来说，《忠经》倡导的“天下尽忠，淳化行也”仍带有明显的阶级性、阶层性的偏狭，是继承了孟子“劳心者”与“劳力者”的身份和道德义务分野，强调所谓的“君子尽忠，则尽其心；小人尽忠，则尽其力”(《忠经·尽忠章》)的道德践履阶级论和身份论。

再次，《忠经》极大弘扬了公忠爱国的优秀品质。在《忠经》作者看来，公忠首先是统治者应该恪守的道德规范，它提醒统治者应以“天下之心为心”，只有这样才能“不私而天下自公”(《忠经·广至理章》)。进而在“天下之心”的“公心”基础上，施行德政仁政，所谓“务于德，修于政，谨于刑”(《忠经·政理章》)，也只有这样才能“固忠”“明信”，实现“私天下”的长治久安。说到底，在君主专制社会中，《忠经》本质上还是为君主专制统治服务的，其强调君王之忠的根本目的也在于以“公忠”来实现专制君王的“一己之私”。除了要求君王要树立天下公心，《忠经》也要求做臣子的要以报答君恩的觉悟来自觉践行恪尽职守、忠于社稷的公忠爱国精神，所谓“官于君，先后光庆，皆君之德。不思报国，岂忠也哉”(《忠经·报国章》)。囿于时代局限，《忠经》仍然将天下社稷、国家与专制君王混而为一，认为臣子忠君不二就是爱国，履职尽责就是报国。而在国家危亡、君主危难之际，臣子则要“尽其心，竭其力，致其命”(《忠经·武备章》)。应该说，《忠经》的忠君爱国思想不排除愚忠

① 萧公权：《中国政治思想史》上册，第503页。

的苗头，但客观上蕴含了公忠爱国的精神基因。

最后，《忠经》着重凸显了臣民的忠君道德。在“口含天宪”“乾纲独断”的专制君王面前，大臣、百官、万民无疑是践行忠君道德的绝对主体。在这个“百官＋兆民”的忠德义务主体中，有职守的官员无疑是践行忠君道德的核心主体，所谓“为臣事君，忠之本也”（《忠经·冢臣章》）。对于隐君恶、扬君美的忠君传统，《忠经》进行了进一步阐析，所谓“君德圣明，忠臣以荣；君德不足，忠臣以辱”。臣子忠君表现在对君主应“不足则补之，圣明则扬之”。（《忠经·扬圣章》）实际上，在君王世袭制下，具有美德的圣君、仁君、明君并不多，充斥的多是暴君、昏君、庸君。即便是仁圣明达之君，也免不了有出错的时候，因此，谏诤自古以来就成了臣子忠君的应有之义，所谓“忠臣之事君也，莫先于谏”，“违而不谏，则非忠臣”（《忠经·忠谏章》）。《忠经》还主张双向度的忠君，将“君能任臣”作为臣子忠君的前提，要求君能识忠辨奸，以此达致“下忠上信”（《忠经·广为国章》）的理想政治。

总地看，在专制政治日益强化的背景下，《忠经》能继承并坚守先秦时期忠德的合理内核，对君王践忠提出要求，同时主张臣子忠君的双向度，是非常难能可贵的。《忠经》对先秦时期传统忠德精神的复归，突破了两汉以来忠德窄化为忠君的苑囿，为二程、朱熹、陈淳等宋儒阐扬忠德思想提供了理论铺垫和舆论先导。总之，《忠经》希望通过倡扬忠德，实现“天下尽忠，淳化行也”的理想。

第二节　隋唐时期的忠德状况

从581年隋朝建立到907年唐朝灭亡的三百多年间，是中国社会告别晋南北朝的动荡冲击，进入到一个融合和沉淀的历史时期。伴随着隋唐一统，忠德也处于一个逐渐规范、日益隆显的过程。

一、隋唐时期的君臣关系

君臣关系是忠君道德的基础，不同类型的君臣关系也决定了忠君道德的程度和方式。概括起来，君明则臣忠，如果遇到昏君，做臣子的就会分化。一部分人仍愚忠直谏，另一部分人则采取微谏、讽谏等方式，还有的人谏而不听则去，甚而至于推翻之。《旧唐书·岑文本传》曰：“人以君为命，故可爱；君失道，人叛之，故可畏。仲尼曰：‘君犹舟也，人犹水也；水所以载舟，亦所以覆舟。’是以古之哲王，虽休勿休，日慎一日者，良为此也。”概括起来，隋唐政治生活一个显著的特点是开明性。[①]特别是在君臣关系方面，一些君王善于纳谏和处理君、臣、民的舟水关系而出现君明臣忠的局面。

隋初的政治较为清明，隋文帝本人励精图治，并深知君臣猜忌的危害，[②]故能信任臣子，其臣子也出现了如高颎、苏绰等忠臣，虽然不乏刘昉、郑译那样"偷安怀禄""靡忠贞之节""愧竭命之诚"（《隋书》刘昉、郑译等传）的奸佞，但总体说来还算是君明臣忠的。到了隋炀帝时期，"炀帝得不以道，便谓人无忠信。父子之间，尚怀猜阻，夫妇之际，其何有焉！"（《隋书·后妃传》）君臣之间可想而知。按照唐人的总结，"周、隋之季，忠臣结舌，一言丧邦，谅足深诫"，所谓"隋末无道，上下相蒙，主则骄矜，臣惟谄佞。上不闻过，下不尽忠，至使社稷倾危，身死匹夫之手"（《旧唐书·孙伏伽传》）。

唐代君臣关系相对而言较为融洽，其中尤以唐太宗时期最为典型。李世民继承了君民如舟水的传统观念，实行开明政治，涌现出了魏徵、房玄龄、长孙无忌、虞世南等忠臣。即便是强悍的女主武则天，也不乏姚崇、宋憬、狄仁杰等忠臣直士。隋唐末代的君臣关系略有不同。隋炀帝暴虐，而唐朝末期的几代皇帝由于宦官专权、藩镇割据，都显得很暗弱。因此，隋末是暴君奸臣当道，而唐末则是君暗臣强，军阀纷争。[③]

开明的君臣关系建立在对君、臣、民的理论溯源上。唐人认同君为民所设，唐德宗尝言："天生蒸人，性命元淳，嗜欲交驰，利害纠纷。无主乃乱，树之以君，九域茫茫，万情云云。……覆之如天，爱之如子，仁心感人，率土自理。"（《旧唐书·马燧传》）所谓立君为民，民为君本，"人以君为天，君以人为本。人安则政理，本固则邦宁"（《旧唐书·魏知古传》）。而对于君臣关系，也基本继承了元首股肱论，所谓"君为元首，臣号股肱，龙跃云兴，不啸而集"

① 参见张怀承、胡勤：《简论隋唐道德生活的特点》，《伦理学研究》2008年第6期；亦载唐凯麟主编：《中华民族道德生活史研究》，第240页。

② 《隋书·长孙览传》记载隋文帝与长孙览的一段对话，隋文帝曰："朕昔在周朝，备展诚节（即忠节），但苦猜忌，每致寒心。为臣若此，竟何情赖？朕之于公，义则君臣，恩犹父子。朕当与公共享终吉，罪非谋逆，一无所问。朕亦知公至诚，特付太子，宜数参见之，庶得渐相亲爱。柱臣素望，实属于公，宜识朕意。"

③ 在《旧唐书·高骈传》中，记载唐僖宗被义军进攻，乃命令中使催促高骈"讨贼"，"冠盖相望"，结果"骈终逗挠不行"。"僖宗知骈无赴难意，乃以宰臣王铎为京城四面诸道行营兵马都统，崔安潜副之，韦昭度领江淮盐铁转运使。增骈阶爵，使务并停。骈既失兵柄，又落利权，攘袂大诟，累上章论列，语词不逊"。由此可见，唐僖宗竟然无力处罚一个不听话的藩镇节度使，还要以诏答之，解释辩驳，一似平等主体间的问答，而全失君尊臣卑之威严。在答诏中，唐僖宗首先肯定"卿一门忠孝，三代勋庸，铭于景钟，焕在青史"，后又针对"卿表云"的内容逐条加以解释，解释内容共计8条，奏章、诏报往还，不复有君主威严。

(《旧唐书·房玄龄传》)。在这种君臣关系理论下,往往追求的是“君臣相得”(《旧唐书·戴胄传附兄子至德传》)、“君臣协德,混一区宇”(《旧唐书·杜希全传》)的理想状态。

开明的皇帝充分重视忠臣对于江山社稷的作用,因此能够礼遇忠臣。如《新唐书·李勣传》载,李勣“既忠力,帝谓可托大事。尝暴疾,医曰:‘用须灰可治。’帝乃自翦须以和药。及愈,入谢,顿首流血。帝曰:‘吾为社稷计,何谢为!’……勣感涕,因啮指流血”,表现出一种君臣和合的状态。对于那些不能把社稷利益放在第一位的,君王也是毫不容情的。如《新唐书·卢祖尚传》载,唐太宗派卢祖尚到交州任职,但卢以“岭南瘴疠,而臣不能饮,当无还理”的理由固辞,惹得李世民大怒道:“我使人不从,何以为天下!”当即斩于朝堂之下。可见,即便是开明君主当政,不服从君主者,其命运也是悲惨的。

人臣不仅要听命于君,而且要做到过归己,美归君。反之,争功诿过甚至将责任推到君王身上,则不为忠臣。如据《旧唐书·刘祎之传》载,司门员外郎房先敏对自己因罪贬官提出申诉,骞味道推诿说:“此乃皇太后处分也。”而刘祎之则主动说:“缘坐改官,例从臣下奏请。”武则天听说后,将善则归己、过则推君的骞味道贬为青州刺史,对推善于君、引过在己的刘祎之加官赐赏。在武则天看来,“夫为臣之体,在扬君之德,君德发扬,岂非臣下之美事?且君为元首,臣作股肱,情同休戚,义均一体。未闻以手足之疾移于腹背,而得一体安者”。武则天还将此事作为忠否的样板,所谓“味道不存忠赤,已从屏退。祎之竭忠奉上,情甚可嘉”。武则天对臣子忠德非常看重,在例行召见举人时问道:“何者为忠?”郑惟忠对曰:“臣闻忠者,外扬君之美,内匡君之恶。”武则天对这个回答很满意,很久后见到郑还说:“朕识卿,前于东都言‘忠臣外扬君之美,内匡君之恶’,至今不忘。”(《旧唐书·郑惟忠传》)并一再给郑惟忠加官晋爵。

总地来说,唐代君臣认同于“君有一德,臣无二心;上播忠厚之诚,下竭股肱之力”“夫君能尽礼,臣得竭忠,必在于内外无私,上下相信。上不信则无以使下,下不信则无以事上”(《旧唐书·魏徵传》)。而这种认同无疑为双向度的忠留有余地。

二、谏诤:君仁臣忠的试金石

隋唐时期,统治者往往将臣忠与谏诤结合起来,所谓“举君过者曰忠,述主美者为佞”(《旧唐书·文苑传上·谢偃传》)。隋祚虽短,亦不乏忠谏之臣。赵绰曾以“执法一心,不敢惜死”的忠直,以死相搏,谏止隋文帝非法擅杀,甚至面对隋文帝的“撼大木不动者,当退”“天子之威,欲相挫耶”的恫吓,仍忠言直谏，绝不退缩。隋文帝"以绰有诚[①]直之心，每引入阁中，或遇上与皇后同榻，即呼绰坐，评论得失"(《隋书·赵绰传》)。隋朝忠谏之臣除了赵绰，还有为杨勇辩诬时大言"今日之事，乃陛下之过，非太子罪也"(《旧唐书·李纲传》)的太子洗马李纲，以及"忠诚慷慨，犯忤龙鳞"而被隋文帝誉为"忧我家事，此亦至诚也"(《隋书·裴肃传》)的裴肃等。

唐代君臣关系的和谐主要体现在君王善于纳谏、臣子积极进谏上。唐太宗对谏诤非常重视，他曾专门宴请谏臣，激励道："朕历观自古人臣立忠之事，若值明王，便得尽诚规谏，至如龙逢、比干，竟不免孥戮。为君不易，为臣极难。我又闻龙可扰而驯，然喉下有逆鳞，触之则杀人。人主亦有逆鳞，卿等遂不避犯触，各进封事。常能如此，朕岂虑有危亡哉！我思卿等此意，岂能暂忘？故聊设宴乐也。"(《旧唐书·杜正伦传》)

正是由于唐太宗虚心纳谏才涌现出魏徵等一批直言敢谏的忠臣。主张"君臣协契，义同一体"的魏徵告诫唐太宗"愿陛下使臣为良臣，勿使臣为忠臣"，所谓"良臣，稷、契、咎陶是也。忠臣，龙逢、比干是也。良臣使身获美名，君受显号，子孙传世，福禄无疆。忠臣身受诛夷，君陷大恶，家国并丧，空有其名"(《旧唐书·魏徵传》)。唐太宗曾感叹道："自古帝王，能纳谏者固难矣。昔周武王尚不用伯夷、叔齐，宣王贤主，杜伯犹以无罪见杀，吾夙夜庶几前圣，恨不能仰及古人。"(《旧唐书·王珪传》)正是有了这种思想认识，唐太宗及其大臣才成就了君臣和合的贞观之治，也迎来了初唐盛世。

遇到明君，谏诤者得申己意；如果遇到昏君或暗主，谏诤者则性命堪忧，故史上历来就有视谏官职位为畏途者。但在忠臣看来，越是艰难险阻就越是臣子尽节显忠之秋。侍御史王义方在上谏前，其母亲鼓励他说："昔王陵母伏剑成子之义，汝能尽忠立名，吾之愿也，虽死不恨！"(《旧唐书·忠义传上·王义方传》)温璋上疏切谏唐懿宗，被贬振州司马，慨叹道："生不逢时，死何足惜？"(《旧唐书·温造传附子璋传》)是夜自缢而卒。作为臣子把忠谏作为义务，即使冒着被贬黜甚至处死的危险也要尽忠言，这正是臣子忠谏的意义所在。反之，如果"谏臣盈廷，忠言未闻于圣听"(《旧唐书·杨虞卿传》)，则乃臣子之羞。合格的谏官往往立身中正，不随声附和，也不顺情谄上。越是群臣阿附皇上，就越能凸显谏官的中流砥柱、横而不流的风采。如唐中宗宴

---

① 诚即忠，避隋文帝杨坚之父杨忠之讳。《隋书》的《诚节传》即历代之《忠义传》。古代帝王避讳甚矣。不仅隋朝要避隋文帝杨坚父杨忠之讳，而改忠为诚。甚至与"忠"同音的"中"字也在避讳之列。如据黄云眉考证："南郡中庐。注：'(颜)师古曰：在襄阳县南，今优有次庐村，以隋室讳忠，故改中为次。'"(见黄云眉：《史学杂稿续存》，济南：齐鲁书社1980年版，第318页)

请臣下,令各为《回波辞》。众皆为谄佞之辞,只有李景伯作辞曰:“回波尔时酒卮,微臣职在箴规。侍宴既过三爵,喧哗窃恐非仪。”惹得皇帝不悦,中书令萧至忠称赞他“真谏官”(《旧唐书·李怀远传附子景伯传》)。有唐一代,谏官虽职位不高,但多骨鲠,所谓“以卑干尊,古来不易,非其忠直,安能若此?”(《旧唐书·张玄素传》)

唐代忠臣之所以不顾身家性命大胆进言,主要是基于对国家民族的高度责任心,“为社稷也、非为君也”成了忠臣尽忠的精神力量,忠直的臣子也往往被称为“社稷臣”。当年李渊曾听信李建成、元吉之言,欲贬李世民,经陈叔达固谏乃止。李世民当皇帝后对陈致谢道:“武德时,危难潜构,知公有谠言,今之此拜,有以相答。”陈的回答是:“此不独为陛下,社稷计耳。”(《旧唐书·陈叔达传》)萧瑀也因公忠被唐太宗称赞为“社稷臣也”,并赐诗“疾风知劲草,版荡识诚臣”(《新唐书·萧瑀传》)以赞誉之。这种为社稷的臣子忠直精神到唐代中后期犹然。唐宪宗时,李绛忧李唐社稷而极论中官纵恣、方镇进献之事,惹得宪宗大怒道:“卿所论奏,何太过耶?”李绛坚持道:“臣所谏论,于臣无利,是国家之利。……臣所以不敢不论耳。使臣缄默,非社稷之福也。”(《旧唐书·李绛传》)

唐代后期,随着君弱臣懦,宦官和藩镇强横,即使忠臣直谏也无补于事。一些忧国忧民之士痛心疾首但又乏救国匡时之良策,只能为之痛哭。史世称唐衢善哭,白居易作诗指明唐衢悲哭,“不悲口无食,不悲身无衣。所悲忠与义,悲甚则哭之”(《旧唐书·唐衢传》)。唐氏后竟一恸而亡,唐朝国势也在忠臣的悲哭中且行且衰且亡。

三、儒家纲常名教对隋唐忠德的影响

隋唐乃开放包容之世,儒释道纷呈。在佛老盛行的同时,朝廷还是很重儒教的。毕竟是君主专制的宗法社会,儒家的君君臣臣父父子子仍是隋唐立国之基。从隋唐时期儒家名教的特点来看,一重尊卑,二重教化,三重忠孝。

首先,君臣上下都极重纲常尊卑。隋朝为整顿尊卑秩序曾下诏指出:“礼有等差,君臣不杂,爰自近代,圣教渐亏,俯仰逐情,因循成俗。”(《隋书·文四子传》)隋唐时期,人们也认为尊卑秩序乃天地造设,所谓“天地之位既分,夫妇之礼斯著,君亲之义生焉,尊卑之教攸设”(《隋书·柳彧传》)、“十伦五教之宏纲,如日月之下临,天地之大德,百王是式,终古攸遵”(《旧唐书·杜佑传》)。而维系尊卑秩序的“立教之方”就在于“君以明制之,臣以忠行之。君以知人为明,臣以匡时为忠”(《旧唐书·文苑传下·刘蕡传》)。隋唐时期的尊卑观念是对汉代以来三纲思想的继承和发展。

其次，将忠作为教化的重要内容。从广义上讲，教化是全方位的，所谓"儒之为教大矣，其利物博矣。笃父子，正君臣，尚忠节，重仁义，贵廉让，贱贪鄙，开政化之本源，凿生民之耳目，百王损益，一以贯之"（《隋书·儒林传》）。但就教化的核心和重点而言，首推忠君。房玄龄注重用忠来教诫子孙，曾云："袁家累叶忠节，是吾所尚，汝宜师之。"（《旧唐书·房玄龄传》）教子以忠在妇人那里也有表现。《隋书·列女传》记载了"赤心向天子。我事三代主，唯用一好心"的高凉洗夫人，以"在官清恪""以身徇国，继之以死"来教子的郑善果之母崔氏，以及以自杀相胁阻止钟士雄附逆的钟母蒋氏。

再次，将忠孝作为旌表褒奖的依据。所谓"忠为令德，孝乃天经，义著君亲，道存爱敬，其或兼者，可不美欤！"[①]统治者希望通过褒奖"累代以勋劳报国，殉节忘生；一门以忠孝承家，推心济物"[②]者，来劝励忠臣孝子。唐代劝励忠孝主要采取旌表、赠谥、赐功臣号和赐姓名等形式。如对平定安史之乱的忠臣，唐朝下诏表彰曰："忠臣事君，有死无贰；烈士徇义，虽殁如存。其李憕、卢奕、袁履谦、张巡、许远、张介然、蒋清、庞坚等，即与追赠，访其子孙，厚其官爵，家口深加优恤。"（《旧唐书·忠义传下·程千里传》）对于"操行岳立，忠厚精至"、尽忠死节的段秀实，不仅赏赐提拔其子嗣，还"以礼葬祭，旌表门闾"，"以彰我有服节死义之臣，传于不朽"（《旧唐书·段秀实传》）。自贞元后唐朝赦书节文褒奖忠烈时，必以段秀实为首。

对于死节忠臣，除了旌表赏赐就是赠忠谥、功臣号，赐姓名。段秀实就因"守人臣之大节，见元恶之深情，端委国门，挺身白刃。誓碎凶渠之首，以敌君父之仇，视死如归，履虎致咥"而赠其谥号忠烈，所谓"见危致命之谓忠，临义有勇之谓烈。……可赠太尉，谥曰忠烈"（《旧唐书·段秀实传》）。赐功臣号和赐姓名在唐末颇为盛行。为了挽救岌岌可危的社稷，李唐朝廷对藩镇豪帅和一些掌权大臣（包括宦官）大量赐予带"忠"字的功臣称号，希望以此来羁縻和激励这些人忠于李唐，保卫江山社稷。如曾赐罗威"忠勤宣力致理功臣"、朱全忠"回天再造竭忠守正功臣"等。对一些能征善战的将帅，特别是一些少数民族首领，朝廷还赐皇姓或带"忠"字的名字，以此来营造上下一家亲的感觉，拉拢这些人效忠李唐王朝。如赐突厥酋豪阿布思先名李献忠，赐归顺朝廷的史思明部将董秦亦名李忠臣。此外，也有人耻于与叛贼同姓而被皇帝赐姓的。如李抱玉本是安兴贵后裔，"以禄山构祸，耻与同姓"

---

① 《册府元龟》卷319《许姚元解职就养制》。

② 《文苑英华》卷458《授李思让延州节度使制》。

(《旧唐书·李抱玉传》)而举宗并赐国姓。

隋唐时期,也面临忠孝两难的问题。这一时期已经普遍认可忠优于孝。李崇年幼时因父勋荫封乃乐县侯,面对亲族来贺,李崇泣下曰:“无勋于国,而幼少封侯,当报主恩,不得终于孝养,是以悲耳。”(《隋书·李穆传》)连幼儿都知报主恩重于孝养亲,重操守的大臣军将就更是自觉将君国大事放在孝亲家事之上。尉迟迥举兵反隋,高颎奉旨平叛,“受命便发,遣人辞母,云忠孝不可两兼,嘘唏就路”(《隋书·高颎传》)。在忠孝问题上,更多臣子则是被迫舍孝全忠的。如太子詹事于志宁遭母忧解官,对于朝廷的起复屡次上表推拒。太宗遣人严厉训诫说:“忠孝不并,我儿须人辅弼,卿宜抑割,不可徇以私情。”(《旧唐书·于志宁传》)于志宁慑于皇权的压力被迫起而就职。

第三节　“五代无全臣”辨

“五代无全臣”是宋代史学家欧阳修在《新五代史》中对五代时期忠德状况做出的基本判断,反映了五代特定的历史环境和恶劣的政治生态。

一、五代时期的忠德状况

五代时期的忠德状况较为复杂,是道德滑坡与道德坚守并存、忠与不忠兼具的时代。造成这种状况的根源在于君主专制本身。

(一)乱世无忠臣

唐末藩镇制度使得藩镇军将势力极大,不仅灭亡了唐朝,而且在五代时期,这种军将势力仍左右政局和朝廷。不仅后梁、后唐是军将起家,后晋、后汉、后周的创立者也都直接就是前朝的军镇大将,如后周郭威的篡立更是兵士推戴的结果。[①]这种国家政治被军将绑架的世道,决定了政权不稳和忠臣难见。出身行伍的安重荣就常常对人说:“天子,兵强马壮者当为之,宁有种耶!”(《旧五代史·安重荣传》)正是有了这些野心勃勃的军将,五代政局才波诡云谲,臣子也难以保其忠诚。《旧五代史·刘鄩传》载,刘鄩为王师范大将,固守孤城,在王师范投降后才出降,梁太祖嘉其节概。但梁亡后,刘鄩又降

① 据《旧五代史·周书一·太祖本纪一·郭威》载,“诸军将士大噪趋驿,如墙而进,帝闭门拒之。军士登墙越屋而入,请帝为天子。乱军山积,登阶匝陛,扶抱拥迫,或有裂黄旗以被帝体,以代赭袍,山呼震地。帝在万众之中,声气沮丧,闷绝数四,左右亲卫,星散窜匿。帝即登城楼,稍得安息,诸军遂拥帝南行”。

于后唐。因此，严格说来，刘鄩算不上纯忠全节的臣子。而这样的臣子在五代比比皆是，难怪欧阳修慨叹："呜呼甚哉！自开平讫于显德，终始五十三年，而天下五代。士之不幸而生其时，欲全其节而不二者，固鲜矣。于此之时，责士以死与必去，则天下为无士矣。"(《新五代史·死事传》)"五代无全臣。无者，非无一人，盖仅有之耳，余得死节之士三人焉。"(《新五代史·梁臣传》)欧阳修所称道的全臣就只有王彦章、裴约和刘仁赡三人。

（二）臣子各为其主

鉴于乱世臣子难以守忠，因此对于那些忠于主子的前朝臣子，统治者们往往加以宽宥，以此来劝励臣忠。唐废帝对"事主不敢二心"(《新五代史·苌从简传》)的苌从简，下令不予追究。唐世宗对"忠于所事"(《旧五代史·王环传》)的后蜀王环，不仅释其罪，还授以将军之职。唐庄宗对抵挡到底的梁将王瓒，也以"人臣各为主耳，复何罪邪"(《新五代史·王珂传》)而加以赦免。各为其主虽然不见得都是忠于正义的一方，或者忠于朝廷正统，但其中也蕴含着一定的道德依据，那就是报恩。滑帅贺瑰对和凝有知遇之恩，和凝以"丈夫受人知，有难不报，非素志也，但恨未有死所"(《旧五代史·和凝传》)，在战场上英勇救主。但也有人将忠君置于忠主之上，如董璋叛唐时，其属下姚洪站在唐朝一方抗拒董璋。面对董璋对姚洪忘恩负义的指责，姚洪坚持"吾忠义之士……可为天子死，不能与人奴苟生！"(《旧五代史·姚洪传》)最后被董璋虐杀。

（三）不乏守节之士

所谓"五代无全臣"只是相对而言，事实上，从唐亡到宋朝建立前始终不乏忠义守节之士。残唐五代之际，群雄竞起，但仍有人忠于李唐王朝。淮安赵匡凝虽也割据，但"尽忠帝室，贡赋不绝"(《旧五代史·赵匡凝传》)，后被后梁讨灭。据《旧五代史·张承业传》引《五代史阙文》，唐代宦官张承业帮助李克用父子对抗后梁意在恢复李唐王朝，及李存勖称帝，张承业力谏李存勖曰："吾王世奉唐家，最为忠孝，自贞观以来，王室有难，未尝不从。所以老奴三十余年为吾王捃拾财赋、召补军马者，誓灭逆贼朱温，复本朝宗社耳。"恸哭曰："诸侯血战者，本为李家，今吾王自取之，误老奴矣！"不食而死。当董昌打算背叛唐朝自立为王时，其属下黄碣、李滔、吴镣等人冒死谏阻，并因此而被杀。除了忠于唐朝的，忠于五代十国各政权的也大有人在。从尽忠死节的角度看，后梁忠臣有敬翔、王彦章；后唐忠臣有裴约、张朗、张源德；刘汉忠臣有刘铢。此外，十国政权也不乏忠臣。如不事二主的南唐刘仁赡，誓死不负杨氏的吴将刘存、陈知新，"不负永陵一抔土"(《新五代史·死事传》)的孙晟，慨言："吾昔不能守秦川，今又奔北，虽人主不杀我，我何面目见蜀人乎！"(《新五代史·后蜀世家》)并自焚而死的高彦俦等。在《新五代史·死节传》中，欧阳修认为五代全节之士唯有王彦章、裴约、刘仁赡三人。

（四）儒家忠观念影响至深

五代十国的一些帝王在戎马倥偬中也没有放弃儒学。据《新五代史·唐明宗家人传》载，后唐明宗对其子李从荣与诸儒讲论经义的做法非常赞同，认为"经有君臣父子之道，然须硕儒端士，乃可亲之"。五代虽为乱世，战乱不休，但儒学并没有因此而断绝，反之，还有向周边扩散之势。一些避祸的中原儒士把儒学带到中原以外的地区，使得偏远民族地区也开始接受儒学。如江西庐陵赤石洞酋豪彭玕颇好儒学，乘"兵荒之岁，所在饥馑"，而"延接文士"。[①]儒学重教化，在朝不保夕的乱世之中，仍有人坚持以儒家忠孝思想教化子弟。如牛存节临终前，"戒其子知业、知让等以忠孝，言不及他"，谆谆教诲子嗣道："忠孝，吾子也。"(《旧五代史·牛存节传》)儒家伦理面临忠孝冲突的选择困境在五代时期仍时有发生，甚至更为惨烈。杨光远拘押李彦珣之母打算招降他，但李彦珣竟为了忠主而亲手射杀其母。无独有偶，乌震讨伐张文礼，张文礼竟以乌震母妻及子十余人为人质，甚至残忍到皆断其手鼻，割而不诛。对此，欧阳修指出："呜呼！忠孝以义则两得……夫能事其亲以孝，然后能事其君以忠，若乌震者，可谓大不孝矣，尚何有于忠哉！"(《新五代史·乌震传》)李彦珣、乌震的舍孝全忠显示出愚忠的倾向。

五代时期尽管十分短暂，期间江山频频易主，臣子反复摇摆，但无论是专制帝王还是儒家教化都时刻没有忽视对臣子忠德的强调和弘扬。"在朝代更替之时，尽管忠君道德有着复杂的政治作用，但是它的最基本功能，仍然是维持专制皇权，这是任何君主都推崇、表彰忠君道德的根本原因。"[②]五代时期的忠德状况为宋儒重振三纲、整肃忠德提供了反面教材，显示出强化忠君道德对巩固君主专制的迫切性和必要性。

二、关于冯道忠否的讨论

冯道是五代时期政坛上臣子明哲保身的一个代表人物。他从后唐时期就在朝为官，此后历经后晋、后汉、后周，经历了4个朝代、10个皇帝。在社稷走马灯般易主的情况下，冯道能像不倒翁一样，始终处于朝堂之上，确实

---

① 载《九国志》卷十一《楚·彭玕传》，转引自陶懋炳：《五代史略》，北京：人民出版社1985年版，第170页。

② 朱汉民：《忠孝道德与臣民精神——中国传统臣民文化论析》，第224页。

有他独特的生存艺术。据《旧五代史·冯道传》,他晚年撰《长乐老自叙》,其曰:“静思本末,庆及存亡,盖自国恩,尽从家法,承训诲之旨,关教化之源,在孝于家,在忠于国。”显然,冯道并不认为自己有违忠孝等儒家道德,其所遗憾的就是没有辅佐君王统一天下。

但史家并不认可冯道的自我评价。与冯道同时代的人包括宋初的人对冯道的评价还算相对客观,他们中的多数人对冯道持三七开。如《旧五代史·冯道传》在总结冯道“历任四朝,三入中书,在相位二十余年”的仕宦经历后,有感于其“持重镇俗”、平生甚廉俭,肯定冯道“郁有古人之风”“深得大臣之礼”。但就冯道忠否的问题,也指出“事四朝,相六帝,可得为忠乎!”无疑,《旧五代史》对冯道忠否的问题是持否定态度的,并进而指出:“一女二夫,人之不幸,况于再三者哉! 所以饰终之典,不得谥为文贞、文忠者,盖谓此也。”可见,《旧五代史》虽不认可冯道是真正意义上的忠臣,却肯定其自身价值和历史功绩。

对冯道渐趋否定是宋初以后,其中批判最烈的是欧阳修、司马光等人。欧阳修在《新五代史·冯道传》中对冯道大肆口诛笔伐。他认为“礼义,治人之大法;廉耻,立人之大节”,“予读冯道《长乐老叙》,见其自述以为荣,其可谓无廉耻者矣,则天下国家可从而知也”。司马光也认为冯道“窃位素餐”,“图全苟免”,“道之为相,历五朝、八姓,若逆旅之视过客,朝为仇敌,暮为君臣,易面变辞,曾无愧怍,大节如此,虽有小善,庸足称乎!”(《资治通鉴》卷二百九十一)宋以后直至清末,士大夫们对于冯道的评价基本就是否定的。当然,也有例外,如异端李贽就为冯道辩解过。李贽在《藏书》“吏隐外臣冯道”中指出:“五季相禅,潜移嘿夺,纵有兵革,不闻争城,五十年间,虽经历四姓,一十二君,并耶律契丹等,而百姓卒免锋镝之苦者,道务安养之力也。”

对冯道评价的争论一直没有断过,时至今日,很多学者仍在重新评价冯道。如有的学者肯定冯道身上具有清廉、爱民、团结、谦让、睿智、能干、果断等优良品质,反对用封建社会愚忠的思维定式来否定冯道的价值。[①]也有的学者敏锐地指出:忠具有复杂的内涵,杀身成仁、舍生取义自然是忠,保全性命、转投新主也未必不忠。历事数君固然是冯道的软肋,但并不是将其压死的最后一根道德稻草。在乱世中冯道活得太自得、太不知愧、太不自省,才是其被钉在道德耻辱柱上的致命之所在。[②]

笔者赞同对历史人物进行“同情的理解”,评价历史人物应将其放在其

① 严修:《重新审视冯道》,《复旦学报(社会科学版)》2006年第1期。

② 关健英:《冯道现象与五代之乱的道德伤痛》,《学术交流》2011年第6期。

所处的特定历史条件下去评判，而不应超越其所处的时代。在冯道所处的五代时期，始终效忠一个王朝确实是对臣子的苛求。毕竟各王朝的气数都不及一个人的政治生命长，往往是人尚在而国已亡。在这种情况下，要想做到宋儒所要求的全忠，除了杀身成仁外，别无他法。而事实上除了国君和社稷，还有黎民百姓需要有良知的臣子关心，以解民于倒悬。辽主耶律德光问过冯道一个问题："天下百姓如何救得？"冯道当时机敏地回答说："此时佛出救不得，惟皇帝救得。"对此，在《新五代史·冯道传》中，一向苛责冯道的欧阳修也不得不承认："人皆以谓契丹不夷灭中国之人者，赖道一言之善也。"

冯道历仕四朝，按照"忠臣不事二主"的要求，肯定不能算是忠，但从他在虎狼丛中为天下苍生曲线救国的做法看，应该算是大忠了。在五代十国，冯道这样的人物并非个例，如郑韬光"自襁褓迄于悬车，凡事十一君，越七十载，所仕无官谤，无私过，三持使节，不辱君命，士无贤不肖，皆恭己接纳"（《旧五代史·郑韬光传》）。如果从大历史的角度审视，五代时期确实"不是大政治家建功立业的际会，甚至也不是忠臣烈士青史留名的机缘，所以在这非常时期，产生了一个冯道，他替一般人民请命，保存了传统统一的政府行政的逻辑"。[①]这个评价相对来说也许更公允，更客观，更具有历史眼光。

三、民族大义[②]下的忠义精神

唐代中后期，契丹人崛起于北方。到了五代时期，契丹不断进逼中原，不仅扶持赵德钧父子的傀儡政权，还助后晋灭后唐，后又直接出兵灭掉后晋。在五代时期，汉族与契丹人的民族冲突愈演愈烈。在民族大义面前，是民族利益高于一切还是卖身投靠成为考验臣子忠德的试金石。石敬瑭、杨光远、杜重威、张彦泽、赵德钧父子等都是后者的代表，是不忠于汉族的卖国贼。

石敬瑭为了夺天下不惜对契丹主自称"儿皇帝"，杨光远曾构契丹入寇。赵德钧、赵延寿父子希望契丹扶持其做中国天子，被契丹太后责问道："汝为人臣，既负其主，不能击敌，又欲乘乱邀利，所为如此，何面目复求生乎？"（《旧五代史·赵德钧传》）投降契丹的杜重威更是遭人唾弃，"每出入衢路，为

---

① 黄仁宇：《赫逊河畔谈中国历史》，北京：生活·读书·新知三联书店1992年版，第145页。

② 当然，这是从汉族与少数民族之间相对而言的民族大义。这种民族大义在宋、辽、金、西夏、元等时期都是存在于汉族忠义之人心中的。但从中华民族来看，这些所谓的民族大义都是属于中华民族内部的矛盾冲突。本文探讨民族冲突主要是以当时历史情况而定，任何思想观念和道德意识都不能超越当时的时代认识水平来评判。这是我们在讨论民族问题与忠义精神时所必须要先予说明的。

市民所诟，俯首而已”。及重威父子被诛，陈尸于通衢，“都人聚观者诟骂蹴击，军吏不能禁，尸首狼籍，斯须而尽”（《旧五代史·杜重威传》）。

与这些卖国的民族败类相比，一些爱国将士和民众则演绎着忠贞不屈的忠义故事。如后唐张敬达被契丹人包围，拒不投降，但却被投敌的部下杀害。契丹主对张敬达充满敬意，称赞道：“为臣当如此人！”（《旧五代史·张敬达传》）后晋祁州刺史沈赟英勇抗击契丹，城陷自刭。后晋的安重荣对朝廷姑息契丹十分不满，尝言“诎中国以尊夷狄，困已敝之民，而充无厌之欲，此晋万世耻也！”（《新五代史·安重荣传》）后晋的王清、后周的史彦超也都在抗击契丹的战斗中，力战而死，殁于战阵。除了忠义武将抗击死节，也有一些文臣以各种不同方式坚守自己的道德底线。后晋皇甫遇在杜重威投降契丹后，私谓人曰：“我身荷国恩，位兼将相，既不能死于军阵，何颜以见旧主！更受命图之，所不忍也。”表示“主辱臣死”（《旧五代史·皇甫遇传》），因绝吭而殒。

民众抗击契丹的热情也很高涨，如云州军民在吴峦“岂有礼义之人而臣于异姓乎”（《旧五代史·吴峦传》）的感召下，阖门拒守。城破后，吴峦投井而死，契丹遂屠其城。在契丹入寇中原之时，虽远在南方的士人亦怀忠义抗敌之心。楚国骑将丁思觐因国主马希范受契丹册命，深耻之，谓希范曰：“今朝廷失守，正忠臣义士奋发之时，使驰檄四方，引军直趋京师，诛仇敌，天子反正，然后凯还，如此则齐桓、晋文不足数矣。时不可失，愿大王急图之。”（《旧五代史·世袭列传·马殷传附子马希范传》注）希范不能用其言，自是思觐常怏怏。

综上所述，五代十国的忠德状况是十分复杂的。大体而言，这个时期纯粹效忠于一家一姓的臣子是非常之少的，因此说“五代无忠臣”是有一定道理的。但再坏的世道中也都有道德坚守者，从这个意义上讲，“五代无忠臣”又是不准确的。其“毫无疑问是以宋儒‘君君臣臣’的观念为主导、以‘忠臣不事二主’的忠臣标准来衡量而得出的结论”。[①]五代道德滑坡和忠德状况对后世启发很大，一定程度地激发并催生了宋儒对三纲五常的隆显。

---

① 张锡勤、柴文华主编：《中国伦理道德变迁史稿》上卷，第348页。

第五章　宋明理学与忠德由隆显走向愚忠

宋元明清是中国思想史上理学和心学勃兴时期。这一时期，宋明理学迅速上升为最高国家意识形态。随着“三纲”再次被反复证明为万古不易、至高无上的天理，维系君臣之纲的忠君道德也被推至“领袖群伦”“统率众德”的地位。但随着君臣之纲的绝对化、忠君道德的极端化，最终导致愚忠等背离道德理性的异化现象。

第一节　宋明理学对“三纲”及忠德的凸显

宋明理学家们通过对“三纲”思想的深入系统论证，使“三纲”在理论上更加完善和精致，在地位上更加凸显和至尊。“君为臣纲”和“君臣之伦”无疑是“首纲”“首伦”，而居于首位的政治道德则非忠君道德莫属。

一、关于纲常即天理的论证

理学也被称为道学，宋明理学家普遍认为，理是世界本原，而且理乃天道自然，是不假安排的“天下万物当然之则”。[①]理学家在本体论层面，通过论证理的神圣性、先验性、绝对性、至上性，将理抬高到至高无上的天理的地步，所谓“天者，理也”[②]。程朱把理奉为宇宙的本原，“天下物皆可以理照，有物必有则，一物须有一理”[③]；“ 未有这事，先有这理”[④]；“天下之物皆能穷，只是一理”[⑤]。程朱一派的观点，可以概括为理本论。

与程朱学派不同，陆王学派则坚持心本论，主张“心外无理”“心外无事”

---

① 《朱子语类》卷一百一十七。

② 《河南程氏遗书》卷十一。

③ 《河南程氏遗书》卷十八。

④ 《朱子语类》卷二十四。

⑤ 《河南程氏遗书》卷十五。

“心外无物”。虽然陆王与程朱在本体上存在主观与客观的区别，但二者都属于唯心主义思想，陆王也和程朱一样认为理是先验的，不证自明的，所谓“人心至灵，此理至明；人皆有是心，心皆具是理”。[①]

理论为现实服务，宋明理学也是为加强君主专制集权提供理论依据。因此，宋明理学基于维护封建等级制度的需要，刻意用理、用天理来论证儒家思想的合法性与合理性，凸显封建纲常的神圣性、绝对性、普遍性、永恒性。概言之，“人伦者，天理也”。[②]君臣、父子、夫妇、兄弟、朋友等世间所有人伦关系都离不开天理的统摄，而且是天经地义、万古长存的。所谓“日用而有天理”，在“君臣、父子、夫妇、长幼之间”，在“应对、酬酢、食息、视听之顷”。这些人伦日用关系中一个出现紊乱，则“天理丧矣”。[③]进而，“所谓天理复是何物？”[④]从本质上讲，即仁、义、礼、智，也即君臣、父子、夫妇、兄弟以及朋友等诸种伦常关系。

作为规范人伦的三纲五常、特别是三纲则更是不假人力创设、先天地而存在的。《朱子语类》卷九十五曰：“未有君臣，已先有君臣之理；未有父子，已先有父子之理。不成元无此理，直待有君臣父子，却旋将道理入在里面！”《宋元学案》卷二十四的附录《记上蔡语》亦曰：“君君臣臣父父子子，自然合做底道理，便是天之所为，更不作用。”

在理学家看来，三纲是天地之理，自然之道，是普遍存在、无可置疑的。“宇宙之间，一理而已，天得之而为天，地得之而为地，而凡生于天地之间者，又各得之以为性，其张之为三纲，其纪之为五常，盖皆此理之流行，无所适而不在。”[⑤]换句话说，三纲五常乃“天理民彝之大节，而治道之本根也”，[⑥]是天地间亘古不易的至理。

综观三纲，君臣之纲和父子之纲最为重要。《朱文公文集》卷十三有言：“仁莫大于父子，义莫大于君臣，是谓三纲之要，人伦天理之至，无所逃于天地之间。”概言之，三纲特别是君臣、父子之纲无疑是绝对真理。《河南程氏遗书》卷十九云：“物物皆有理，如火之所以热，水之所以寒，至于君臣父子间皆是理。”在理学家看来，动物界和植物界也都默契天理，天然体现纲常精神，如蜂蚁知有君臣，虎狼知有父子，豺獭知道报本，雎鸠知道有别，人类相比动

---

① 《陆九渊集》卷二十二《杂著·杂说》。

② 《河南程氏外书》卷七。

③ 《朱文公文集》卷四十五《答廖子晦》。

④ 《朱文公文集》卷五十九《答吴斗南》。

⑤ 《朱文公文集》卷七《读大纪》。

⑥ 《朱文公文集》卷十四《戊申延和奏札》。

物而言乃万物之灵,最为尊贵,就更应该知道君臣父子之理。

与理学家不同,心学家在对世界本体的认识上是将心作为世界本体的,但在论证等级秩序、伦理纲常的问题上,理学与心学却能殊途而同归。心学家虽然大谈吾心和良知,但其目的也是为了论证纲常乃天经地义。心学家认为,在人的本心中,纲常伦理是先验存在的,孟子的四端之心实际上即人之"本心"。"恻隐仁之端也,羞恶义之端也,辞让礼之端也,是非智之端也,此即是本心"。[①]王阳明继承发展了孟子的良知说,提出致良知的思想主张。在王阳明看来,纲常乃存在于人的"本心"之中的先验必然之理。"无善无恶心之体,有善有恶意之动,知善知恶是良知,为善去恶是格物"的王门四句教,其核心是要人向内寻求,从自己的心上去体认。[②]概言之,纲常伦理乃人头脑中先天固有的天理,是无须向外寻求的,只要能发明其本心,采取致良知的方式,就完全可以体认天理,践行纲常。

宋明理学的贡献在于系统论证了天理是绝对的、神圣的、至上的,进而将"三纲"与天理联系在一起,最终将"三纲"中的"君臣之纲"推崇为天下之定理和民彝之大节,为隆显维系君臣之纲的忠君道德做了理论的铺垫。

二、宋明理学对忠的隆显和高扬

理学家们证明三纲为天理,核心是维护君尊臣卑的等级秩序,夯实忠君的理论基础。《宋史·刘爚传》有言:"宋兴,六经微旨,孔、孟遗言,发明于千载之后,以事父则孝,以事君则忠,而世之所谓道学也。"

(一)重视君臣尊卑

宋明理学阐扬天理就是为了维护君臣尊卑的等级秩序。因此,在五伦中,首重君臣之伦和父子之伦,将二者看作是天理所系、治道之本。如《河南程氏遗书》卷五所言,"为君尽君道,为臣尽臣道,过此则无理",强调"君臣父子,天下之定理,无所逃于天地之间"。《朱子大全》卷十四《行宫便殿奏折》亦有言,"夫天下之事,莫不有理。为君臣者有君臣之理"。程朱一再强调"君臣父子,定位不易,事之常也。君令臣行,父传子继,道之经也"。[③]也就是说,君和臣都应该各自恪守本分和功能。在程朱看来,这种不可改变的上下尊卑等级秩序是天理。所谓"君得其所以为君,臣得其所以为臣,父得其所

---

① 《陆九渊集》卷三十六《年谱》。

② 《王阳明全集》卷一《语录一·传习录上》。

③ 《朱文公文集》卷十四《甲寅行宫便殿奏札一》。

以为父,子得其所以为子,各得其利,便是和。若臣处君位,安得和乎?"[①]换句话说,等级次序不变是天理,是和谐;反之,则违背天理,就是破坏和谐。因此,"君尊于上,臣恭于下,尊卑大小,截然不犯,似和不和之甚,然使之各得其宜,则其和也"。[②]

理学家强调君臣、父子伦常等级,意在凸显"君臣、父子皆定分也"[③]的道理,要求人民恪守臣民本分。一方面,理学家承认"君臣之间,君尊臣卑,其分甚严,若以势观之,自是不和"的等级差异;另一方面,又劝人民接受等级差异,所谓"甘心为之,皆合于理,而理自和矣"。[④]一句话,就是各安本分,实际上就是要百姓服从、接受不平等的制度。"天分即天理也。父安其父之分,子安其子之分,君安其君之分,臣安其臣之分,则安得私!"[⑤]

程朱所谓的"存天理,灭人欲"的理欲之辨也意在规范人们的言行,使之符合等级秩序要求,而不去追求超出自己等级地位的东西。理学家要求臣民对君父心甘情愿地忠孝,既不可以有丝毫的懈怠,更不可以对君父权威有丁点的怀疑。"臣子无说君父不是底道理,此便见得是君臣之义处。"[⑥]程颐和朱熹都非常认可韩愈《羑里操》借周文王之口表达的"臣罪当诛兮,天王圣明",肯定其"道得文王心出来。此文王至德处也"。[⑦]当殷周递嬗之际,周文王是否真的说过"天下无不是底君父"是颇可存疑的,但唐宋儒者却把作为古圣先贤忠君的范例,以引导和鼓励臣民绝对地、无条件地忠诚于君主。

(二) 强调忠君顺上

在理学家那里,忠君理论建立在理本体基础上,忠君是天理的自然显现和必然要求。所谓"下顺乎上,阴承乎阳,天下之正理也",[⑧]"阴者,臣道也"。[⑨]故而,"忠者,天理"[⑩]是不证自明,无可怀疑的。在这样一个逻辑论证过程中,忠君显然是天尊地卑、阳尊阴卑的天地阴阳之道在人类社会的投影,是君尊臣卑这一天理的必然要求。在忠君的道德哲学中,理学家刻意把

---

① 《朱子语类》卷六十八。
② 《朱子语类》卷六十八。
③ 《朱子语类》卷六十三。
④ 《朱子语类》卷二十三。
⑤ 《朱子语类》卷九十五。
⑥ 《朱子语类》卷十三。.
⑦ 《河南程氏遗书》卷十八。
⑧ 《周易程氏传》卷第一《履卦》。
⑨ 《周易程氏传》卷第一《坤卦》。
⑩ 《河南程氏遗书》卷第十一。

君比作天。《河南程氏遗书》卷第十一强调“君德即天德”，“君道即天道”，并基于食禄效忠的理论，认为臣子食君之禄，就应忠君不贰。“天子养天下，诸侯养一国，臣食君上之禄，民赖司牧之养，皆以上养下，理之正也。”[①]

宋明理学家继承发扬了先秦儒家的移孝作忠思想，肯定“于亲孝，故忠可移于君；事兄弟，故顺可移于长，便是本”。[②]他们认为，孝悌最终是要化为对君主的忠，从本质上讲，忠君和孝亲都是天理所系，乃“精义致用”的下手处。张载的《经学理窟·学大原下》有言，“得一义须固执，从粗入精也。如孝事亲，忠事君，一种是义，然其中有多少义理也”。在宋明儒家看来，所谓忠孝道德是完全符合天理的。“举天下之事，莫不有理，臣之事君便有忠之理，子之事父便有孝之理。”[③]他们高扬忠君与孝亲二者之间的内在关联性，旨在彰显忠君道德，核心在于维护君主专制的等级秩序。

陆王心学也极力强调忠君顺上。王阳明主张：“心之体，性也，性即理也。”“有孝亲之心，即有孝之理，无孝亲之心，即无孝之理矣。有忠君之心，即有忠之理；无忠君之心，即无忠之理矣。理岂外于吾心邪？”[④]他将“忠之理”看作是人先天固有的，基于此，忠君道德的养成主要是强化人们主观意识中的“忠君之心”。王阳明曾自问自答道：“忠与孝之理，在君亲身上，在自己心上？”结论是：“在自己心上，亦只是穷此心之理矣。”[⑤]在“存天理，灭人欲”问题上，王阳明与程朱理学家保持高度一致，主张“灭心中贼”，“拔本塞源”，不遗余力地宣传忠君顺上，巩固君主专制统治。

（三）提倡忠恕之道

早在先秦时期，忠恕之道就是忠德的重要内涵。战国秦汉以后，片面强调忠君，弱化了忠恕之道。到了宋代，尽管忠君成为忠德的核心，但对于忠恕，宋儒也很重视。他们注重从心性入手寻找忠恕的理论依据，挖掘其时代价值。如在主张气本论的张载看来，虚是忠恕产生的本源。在《正蒙·太和》中，张载指出“合虚与气，有性之名”。在《张子语录中》更明确表示：“天地以虚为德，至善者虚也。”并把虚看作是“忠恕”所生的“仁之原”。

从体用关系的角度，二程对忠恕之道进行了论证。《河南程氏遗书》卷十一有言，“忠者体，恕者用，大本达道也”。并且对“一以贯之”的“忠恕之道”

---

① 《周易程氏传》卷第二《颐卦》。

② 《朱子语类》卷二十。

③ 《朱子语类》卷六十四。

④ 《王阳明全集》卷二《语录二·传习录中》。

⑤ 《王阳明全集》卷一《语录一·传习录上》。

进行了剖判，所谓“忠者天理，恕者人道，忠者无妄，恕者所以行乎忠也”。《河南程氏遗书》卷十八指出“恕不可独用，须得忠以为体。不忠，何以能恕?”以上可见，二程始终把忠看作是体，是根本，恕是忠的用。《河南程氏外书》卷二在“忠者天下大公之道”的基础上，指明“恕所以广之也”。诚如有学者所说的，如果单讲“恕”字，似乎包含了普遍的“人类之爱”这样的意味，但如果视忠君为根本的“天理”，就具有了维护和保持社会秩序常态化运行的现实意义。[①]

对忠恕之道，朱熹也有系统阐释。恕即“推己及人”，“以己之心度人之心”。[②]忠恕之道即“尽己为忠，推己为恕”。[③]在处理忠恕关系问题上，同二程一样，朱熹也认为忠较恕更为重要，是前提，是基础，但忠与恕是相辅相成的。“忠恕两个离不得，方忠时未见得恕，及至恕时忠行乎其间。施诸己而不愿，亦勿施诸人。”“非忠者不能也，故曰无忠做恕不出来。”[④]在《北溪字义·忠恕》中，陈淳也肯定“忠恕只是一物”，“存诸中者即忠，发出外来便是恕”，“发出忠底心，便是恕底事;做成恕底事，便是忠底心”。

有研究者指出:对待忠恕关系，宋儒以忠为前提基础，认为如果没有“尽己之心”的忠，就不会有“推己及人”的恕，“恕自忠出”;同时，恕又体现了忠。[⑤]客观上讲，宋明理学论证和弘扬忠恕，有利于涵养社会风气。在宋明时期，忠恕在民间社会影响极大，几乎与忠君道德比肩，很多儒者也致力于忠恕之道的阐扬和教化。通过宋明理学家的阐扬，作为儒家的成人之道，忠恕成为人们得以安身立命的人际交往准则和成人基点。

三、宋明理学的传播及社会影响

理学在宋代初起，曾有过争论和不同声音，朝野中的某些人甚至将党争和理学扯在了一起。《宋史·刘光祖传》记载，“因恶道学，乃生朋党，因生朋党，乃罪忠谏。嗟乎，以忠谏为罪，其去绍圣几何!”据《宋史·刘爚传》记载，在庆元后，宋代道学遭受打压。“指道为伪，屏其人，禁其书，学者无所依乡，义利不明，趋向污下，人欲横流，廉耻日丧。”

对道学的打压严重影响到士林风气，乃至于士风大坏，气节大沮，忠臣杜口。据《宋史·柴中行传》载，“往年以道学为伪学者，欲加远窜，杜绝言语，

① 参见王处辉主编:《中国社会思想史》，第384页。

②《四书集注·中庸章句》。

③《朱子遗书·杂学辩》。

④《朱子语类》卷六十三。

⑤ 参见张锡勤:《中国传统道德举要》，第163页。

使忠义士箝口结舌，天下之气岂堪再沮坏如此耶？”作为南宋道学的精神领袖，朱熹本人更是遭受大臣弹劾和大肆攻讦，被林栗指斥为“道学植党”，韩侂胄也污道学为伪学。朱熹终遭放逐，道学被宣布为伪学，史称庆元党禁。客观地讲，尽管理学产生和兴起于宋代，但在两宋时期，统治者在很长时期里并没有对理学（即道学）给予足够的重视，而是频频打压，直至南宋时期开禧北伐的失败，以及权相韩侂胄的失势被杀后，才逐渐解除了对理学的限制，迎来了理学的春天。嘉定末年，朝廷对北宋五子和南宋三大家等去世的道学大家赐予美谥，朱熹的四书学不仅在私人书院中传授，而且在官方学校中也广为流行。[①]端平二年，南宋统治者批准胡瑗、邵雍、二程等十位宋儒从祀孔庙。到了淳祐元年，朝廷批准朱熹从祀孔庙。理学作为儒学正统，牢牢地占据意识形态的顶峰。

蒙元铁骑南下，赵宋政权灭亡，但却促成了理学的北上，并使得南宋时期对立的朱子理学与象山心学出现了合流的态势。蒙古统治者“一方面采取中国传统的统治方式，以建立中央集权的政权；另一方面，在意识形态上采取儒家的理学作为统治思想”。[②]他们极其重视理学的道德教化和稳定社会功能，所谓“儒者之道，从之则君仁、臣忠、父慈、子孝，人伦咸得，国家咸治；违之则人伦咸失，家国咸乱”（《元史·巙巙传》）。元朝建立之初，朝臣中就不断有人呼吁建学校、兴儒学，如不忽木上疏指出，“古之王者，建国君民，教学为先”。“人伦者，王政之本，风化之基”（《元史·不忽木传》），建议兴学校，崇儒学。合剌普华也提出“兴学校，奖名节，以励天下之士”（《元史·忠义评判标准一·合剌普华传》）的建议。有一段时间，元朝统治者“尊礼国师”，于是，忽必烈命令大臣廉希宪皈依国师之戒，但廉希宪表示“臣受孔子戒矣”。忽必烈好奇问道：“孔子亦有戒耶？”廉希宪回答说：“为臣当忠，为子当孝，孔子之戒，如是而已。”（《元史·廉希宪传》）在此，廉希宪将孔教奉为圭臬，将忠孝视为儒教的“戒律”。

不仅如此，元朝还将理学中的朱子之学作为科举考试的评判标准。皇庆二年，朝廷明确科举考试必须以朱子的注释为标准答案，并将朱熹的《四书集注》尊奉为“圣经章句”。在元朝，程朱理学在意识形态中占据核心地

① “学校之设，所以教天下之人为忠为孝也。”（《朱子语类》卷一百九）宋代不仅在中央设立有国子监、太学，在地方州县也设有学校。同时，宋明理学家的私人办学风气大盛，并大办书院，在宋代就已经形成了以白鹿洞书院为主的四大书院。官方教育和民间教育的落脚点都在于对人进行道德教化。

② 中国哲学教研室北京大学哲学系：《中国哲学史》，北京：商务印书馆1995年版，第389—390页。

位。有元一代,“海内之士,非程朱之书不读”。[①]

明初,朱元璋大力推行程朱理学,明成祖时期集纂的《四书大全》《五经大全》《性理大全》更成为国家意识形态的总汇,但随着明朝政治的日益黑暗以及社会危机的深化,程朱理学的弊端也逐渐显现。与此同时,在明代中期,出现了阳明心学,也即所谓的“王学”。此后,“王学”大行当世,风靡一时,成为明代中后期当之无愧的显学。有学者指出,王学的勃兴不仅反映程朱理学遇到了危机,而且也表明一种肯定主体独立性的新思潮的到来。[②]

满族入关,建立清朝,也极力尊崇理学,还将理学八股化,使理学走到了“死胡同”。清朝的文字狱,不仅使得文人趋向于考据学,也导致人们不关心时事和经世致用之学。道光年间,姚莹批评士大夫“人心陷溺”,“孝弟忠信礼义廉耻之防荡然无复存者”。[③]姚莹的批评或有夸大其词之嫌,但某种程度击中了清朝知识界的弊端。

总之,理学在宋元明清时期牢牢地占据了国家的意识形态。在宋(辽、金)、元、明、清四朝,随着君主专制程度的不断加深,加之宋明理学对纲常伦理的论证和阐扬,忠君孝父的名教观念已经深入人心,并逐渐成为钳制思想和规范行为的精神枷锁。“三纲之慑人,足以破其胆而杀其灵魂。”[④]纲常伦理的绝对化和极端化加速了道德滑向非理性化和愚化的进程,乃至于越到封建社会后期,就越多地涌现出愚忠、愚孝、愚节等极端畸形事例。

第二节　宋代政治生活中的忠德状况

宋代理学复兴为忠德的发展提供了强大的理论支撑和精神动力,而政治生活中君臣尊卑的不断强化也为忠君道德的发展提供了现实的实践基础。

一、宋代君臣关系和中央集权

宋朝结束了残唐五代的乱世分裂,建立了统一的帝国。赵匡胤建立宋朝后第一件事就是总结唐亡和五代各短命王朝的历史教训,以巩固赵氏江

---

① (元)许衡:《许衡集》卷十三《附录·神道碑(祭酒欧阳玄撰)》。

② 参见展龙、吴漫:《明清文化特征刍议》,《兰州学刊》2006年第12期。

③ (清)姚莹:《中复堂遗稿》卷一《黄右爰近思录集说序》。

④ (清)谭嗣同:《谭嗣同全集》,北京:中华书局1981年版,第348页。

山社稷。

赵宋统治者认识到，唐代之所以亡、五代之所以短命，其重要原因就是藩镇割据。藩镇将领拥有太大的权力，不受中央节制，从而尾大不掉，僭越篡权。因此，宋太祖为了从根本上解决这种体制造成的隐患，一方面撤销藩镇，改革兵制，彻底削除藩镇势力；另一方面"杯酒释兵权"，褫夺大将手中的军权，以富贵换兵权，给予开国元勋优厚待遇，消除了内部潜在的威胁。宋太祖"杯酒释兵权"故事在《宋史·石守信传》中有所记载，在其他一些人的列传中也有类似的事例，如据《宋史·王彦超传》记载，"开宝初，彦超自凤翔来朝，与武行德、郭从义、白重赞、杨廷璋俱侍曲宴。"太祖从容谓曰：'卿等皆国家旧臣，久临剧镇，王事鞅掌，非朕所以优贤之意。'彦超知旨，即前奏曰：'臣无勋劳，久冒荣宠，今已衰朽，愿乞骸骨归丘园，臣之愿也。'

宋太祖的这一套做法取得了预期的效果。"石守信而下，皆显德旧臣，太祖开怀信任，获其忠力。一日以黄袍之喻，使自解其兵柄，以保其富贵，以遗其子孙。汉光武之于功臣，岂过是哉！"(《宋史·石守信传》)相比历代的开基建国，赵宋对待开国元勋的态度和所采取的措施，确实要比此前的汉高祖、此后的明太祖等专制帝王更人性化，但他们之间只是处理方式的不同，其目的都是一样，即都是想方设法除掉对自己政权有威胁的大臣。

一般说来，经过战乱纷争后的新生政权，君主在巩固和加强专制皇权的问题上往往有一个重视君臣关系、强调君臣尊卑的过程。宋朝也不例外。宋开国君主赵匡胤就时刻不忘提醒大臣们自觉注意君臣之道，奉行君尊臣卑，对赵宋王朝纳忠效力。据《宋史·薛居正传》载，赵匡胤曾经对大臣薛居正谈起君臣之道，指出："自古为君者鲜克正己，为臣者多无远略，虽居显位，不能垂名后代，而身陷不义，子孙罹殃，盖君臣之道有所未尽。吾观唐太宗受人谏疏，直诋其非而不耻。以朕所见，不若自不为之，使人无异词。又观古之人臣多不终始，能保全而享厚福者，由忠正也。"

在此，尽管宋太祖是从对君和臣双方面要求来谈君臣之道这个问题的，但为君之道的要求只限于"自不为之，使人无异词"，而对臣子之道则凸显的是"忠正"，认为只有忠正才能"保全而享厚福""垂名后代"。

宋代继承了中国传统的天人合一观念，也将君臣尊卑比附于天地之道。叶清臣在论及京师地震时就说："天以阳动，君之道也；地以阴静，臣之道也。天动地静，主尊臣卑。易此则乱，地为之震。"(《宋史·叶清臣传》)正是由于大家普遍认同于君尊臣卑的"天道"，在道德生活中才能做到自觉践履尊君、忠君道德。

宋代君臣都十分重视尊卑秩序，即使是贵为王公大臣也不敢对皇权有丝毫的怠慢和懈惰。如李崇矩在跟随宋太祖讨伐太原班师路上染病，宋太祖特批其乘“凉车”，但李崇矩以“凉车乃至尊所御，是速臣死尔”（《宋史·李崇矩传》）而固辞。李崇矩这种注重君臣尊卑、不敢僭越半步的谨慎态度代表了宋代臣子的普遍心态，这与五代时期僭越成风、弑君易主的乱象成为鲜明对比。出现这种新气象绝不是大臣们的个人人性和政治道德发生了根本性变化，而是宋代君王重视等级尊卑、恩威并重收到的效果。

这种臣子尊君敬上的戒惧态度越到后来越为恭谨。宋太宗时期，君臣之分较太祖时更为严格。如大臣陈恕当面上奏宋太宗，“太宗或未深察，必形诮让。恕敛板踧缩，退至殿壁负立，若无所容。俟意稍解复进，懑执前奏，终不改易，如是或至三四。太宗以其忠，多从之”（《宋史·陈恕传》）。面对专制帝王措辞严厉的“诮让”，大臣只有“敛板踧缩，退至殿壁负立”的份儿。这说明即使是忠臣进谏也不像唐代魏徵等人那样理直气壮，而是显得猥琐怯懦，体现的是君臣关系的变化。再到后来，更是连便殿议事时供大臣坐的座子都撤掉了。面对倨傲端坐、高高在上的帝王，下面的臣子唯有战战兢兢，诚惶诚恐。①

君臣相见之礼也更为悬隔。宋代继承了隋唐时期臣子拜见君主的“舞蹈之礼”，并且执行得比较严格，只有身体原因、年龄原因才可以得到开恩免礼。如《宋史·王能传》载，在外为官的王能在入京朝觐天子时，“以足疾免舞蹈，赐宴”。又如《宋史·晁迥传》载，晁迥“年八十一，召宴太清楼，免舞蹈”。另据《宋史·张昪传》载，张昪在宋英宗时岁数已经很大了，请求致仕，英宗不允，曰：“太尉勤劳王家，讵可遽去？”“但命五日一至院，进见无蹈舞。”这就已经是极大的恩典了。

君主专制是宋代政治的主要趋势，但宋代君主对于臣子较其他朝代还是相对开明和宽容的，除了贬逐和流放，宋代的皇帝很少对大臣处以极刑。对于历朝历代皇帝每遇灾异动辄移祸大臣的传统，宋代予以废止。当遭遇星变时，宋哲宗不仅坚决反对移祸于大臣，还专门下诏规定：“朕尊祖宗遗志，未尝诛戮大臣，释勿治。”②尽管宋孝宗曾提出“国朝以来，过于忠厚，宰相而误国，大将而败军，未尝诛戮”，但史浩等大臣据理力争曰：“太祖制治以仁，待臣下以礼，列圣传心，迨仁宗而德化隆洽，本朝之治，与三代同风，此祖

① 据《邵氏闻见后录》记载，“自唐以来，大臣见君，则列坐殿上，然后议所进呈事，盖坐而论道之义。艺祖即位之一日，宰执范质等犹坐，艺祖曰：‘吾目昏，可自持文书来看。’质等起进呈罢，欲复位，已密令中使去其坐矣，遂为故事”[（宋）邵博：《邵氏闻见后录》卷一，北京：中华书局1983年版，第1页]。

② （宋）邵博：《邵氏闻见后录》卷二，第13页。

宗家法也。圣训则曰'过于忠厚'。夫为国而底于忠厚,岂有所谓过哉?臣恐议者以陛下自欲行刻薄之政,归过祖宗,不可不审也。"(《宋史·史浩传》)终两宋之世,君臣关系较为清明,虽重尊卑而无肆意族诛大臣之血腥。

二、宋代的忠德状况

宋初的忠观念是在对残唐五代政治现象的批判和反思中树立起来的。《宋史·忠义传一》开篇概括道:"士大夫忠义之气,至于五季,变化殆尽。宋之初兴,范质、王溥,犹有余憾,况其他哉!艺祖首褒韩通,次表卫融,足示意向。厥后西北疆场之臣,勇于死敌,往往无惧。真、仁之世,田锡、王禹偁、范仲淹、欧阳修、唐介诸贤,以直言谠论倡于朝,于是中外搢绅知以名节相高,廉耻相尚,尽去五季之陋矣。故靖康之变,志士投袂,起而勤王,临难不屈,所在有之。及宋之亡,忠节相望,班班可书,匡直辅翼之功,盖非一日之积也。"

《宋史》的《忠义传》共有十卷,所列人物众多,无论从规模上还是详略上都远迈前代,这从另一个侧面也说明了宋代忠义状况和忠德的影响。

(一)旌表忠烈,劝奖忠德

宋朝继承了历代褒奖劝忠的传统,通过物质奖励和褒封旌表来劝励忠臣,其中尤以赠官封赏、封妻荫子为最。据《宋史·忠义传一》载,对在抗击契丹战役中战功赫赫的康保裔,宋太祖感叹其父、祖"死疆场,身复战没,世有忠节,深可嘉也",特别指示"赠赏之典,所宜加厚"。对于平叛中死节的马遂,宋仁宗赠其宫苑使,封其妻为旌忠县君、其五个儿子为官。据《宋史·忠义传二》载,程迪也因其父程博古战死永乐,而"以门荫得官"。对于忠死的臣子,朝廷基本都给予赠官、赏赐、封妻、荫子。此外,还采取旌表立庙的方式,褒奖忠君典型,如对于抗金而死的黄友,宋钦宗亲书"忠节传家"四字旌其间;为尽忠死节的封州知州曹觐立庙。另据《宋史·忠义传三》载,宋高宗卫士唐琦殉国后,皇帝下诏立庙,并赐名曰旌忠。徐州知州王复殉国后亦"赠复资政殿学士,谥壮节,立庙楚州,号忠烈,官其家五人"。[①]

宋朝为了笼络臣子和军士保卫赵氏江山社稷,不仅在组织民间义勇时往往冠以忠的字号,[②]而且还通过赐以御笔书法和诗赋等形式,劝励臣子尽

---

① 忠义之士历来为人们所敬重,不仅朝廷表彰,甚至敌国也为之立庙祭祀。如张克戬战败自缢,"金将奉其尸礼葬于后园,罗拜设祭,为立庙"(《宋史·忠义传一》)。

② 如据《宋史·孟珙传》载,宗政招唐、邓、蔡二万余人,号忠顺军;孟珙得息、蔡壮士百余,籍为忠卫军。

忠。如《宋史·赵与懽传》载，皇帝亲书“安贫乐道，植节秉忠”八个字赐赵与懽，后又赐其《忠邪辨》，其意均在劝励人臣尽忠守节。《宋史·吴渊传》亦载皇帝赐大臣吴渊“忠勤楼”大字。《宋史·外戚传》中，宋仁宗书“忠孝李璋”“李珣忠孝”字赐外戚李氏兄弟，宋高宗御书“忠孝之家”四字赐外戚钱忱。

朝廷劝忠收到了明显成效，涌现出大批忠臣志士，如家喻户晓、尽人皆知的范仲淹、岳飞、文天祥、陆秀夫等文臣武将。为了恪尽职守、尽忠于朝廷，有的臣子甚至于病倒朝堂。如大臣李沆在待漏将朝时发病，第二天就死了，终年五十八岁。连皇上也惋惜道：“沆为大臣，忠良纯厚，始终如一，岂意不享遐寿！”（《宋史·李沆传》）更有大臣因丧而病羸，但在忠君的大环境下不得已起复，乃至于在朝堂上连朝笏都拿不住。据《宋史·聂冠卿传》载，“（聂冠卿）母亡，起复……一日，坠笏上前，帝悯冠卿丧毁羸瘠，既退，赐禁中汤剂。未几，告归葬亲，至扬州卒”。朝廷劝忠也对民间忠义精神起到引领和导向的作用。仿效朝廷为忠臣立庙祭祀，民间也多为忠臣立庙，包括祀双庙（即张巡、许远）。即使清理民间淫祠，双庙也不在清理之列。这主要是因为双庙祭祀的是唐代忠臣张巡和许远，这两个人“孤城死贼，能捍大患”。保留代表忠义精神的双庙，目的是“以慰邦人崇奉之意”（《宋史·刘挚传》）。

（二）社稷至上，以身殉国

在宋人看来，忠是一种纯粹的道德情感，所谓“志贵乎洁，忠尚乎精”（《宋史·徐霖传》），任何个人恩怨荣辱都不能影响忠君爱国。据《宋史·李纲传》载，大臣李纲“负天下之望，以一身用舍为社稷生民安危”，即便屡遭贬谪，但仍“忠诚不少贬，不以用舍为语默，若赤子之慕其母，怒呵犹嗷嗷焉挽其裳裾而从之”。李纲的“忠诚义气，凛然动乎远迩”，甚至于金国每见宋使，必问李纲、赵鼎安否，“其为远人所畏服如此”。两宋交替之际，除了李纲还涌现出宗泽、赵鼎等忠臣。“泽之易箦也，犹连呼‘渡河’者三；而鼎自题其铭旌，有‘气作山河壮本朝’之语。何二臣之爱君忧国，虽处死生祸变之际，而犹不渝若是！”（《宋史·宗泽赵鼎传》）岳飞更是精忠报国的典范，无论是“岳母刺字”故事，还是《满江红》的诗词，以及岳飞那句“文官不爱钱，武官不怕死”的名言，都成为历代传颂的忠君爱国精神。

在传统史家看来，“贵为将领者，非取其武勇而已也，必忠以为主，智以为本，勇以为用，及其成功，虽有小大之殊，俱足以尊主庇民也”（《宋史》苗授等传）。也就是说，将士不仅要勇，更要忠，甚至要以尽忠报国为己任。即便是“生无以报国”，死后也“愿为猛将以灭敌”（《宋史·丘崈传》）。在两宋垂亡之际，都涌现出大批忠勇爱国的将士群体。金人内侵，种师中“独以麾下死战”,最后“身被四创,力疾斗死”。刘韐评论种师中“闻命即行,奋不顾身,虽古忠臣,不过也”(《宋史·种世衡传附孙师中传》)。韩世忠曾对家人说:“吾名世忠,汝曹毋讳忠字,讳而不言,是忘忠也。”他性戆直,且勇敢忠义,皇帝尝手书“忠勇”二字,揭旗以赐。史称,“宋靖康、建炎之际,天下安危之机也,勇略忠义如韩世忠而为将,是天以资宋之兴复也”(《宋史·韩世忠传》)。岳飞也以忠孝闻名于世。张浚评价他说:“岳侯,忠孝人也。”张宗元也肯定:“将和士锐,人怀忠孝,皆飞训养所致。”岳飞的战旗有“精忠”旗,金兵一战而溃。史家称岳飞“忠愤激烈,议论持正,不挫于人,卒以此得祸”(《宋史·岳飞传》),并将赵宋杀岳飞比喻成刘宋杀檀道济,皆自毁长城之举。

在抗金斗争中,为国捐躯不仅是武将之责,在二帝北狩的特殊历史时期,很多文臣使节也不乏尽忠死节之士。据《宋史·陈过庭传》载,大臣陈过庭以“主忧臣辱,愿效死”的精神,追随徽、钦二帝,卒于燕山。大臣张叔夜针对“金人议立异姓”的阴谋,表示:“今日之事,有死而已。”(《宋史·张叔夜传》)在被押送北上途中绝不食粟,过界河时矍然起,仰天大呼,次日而卒。王伦出使金国,拒绝金人逼其做官的胁迫,冠带南向,再拜恸哭曰:“先臣文正公以直道辅相两朝,天下所知。臣今将命被留,欲污以伪职,臣敢爱一死以辱命!”(《宋史·王伦传》)与王伦一起出使金国的朱弁也拒绝金人的软硬兼施,保持使者之节,“忍饥待尽,誓不为屈”。“金人知其终不可屈,遂不复强”(《宋史·朱弁传》)。与王伦、朱弁等人一样,洪皓也是出使金国的臣子,被金人流放冷山十五年。返回南宋后,皇帝称赞他道:“卿忠贯日月,志不忘君,虽苏武不能过。”(《宋史·洪皓传》)

(三)君有争臣,不忘忠谏

宋朝不仅完善了台谏制度,而且极大地提升了谏官的使命感和谏诤的自觉性,所谓“人主以兼听为美,必本至公;人臣以不欺为忠,必达大体”(《宋史·陈俊卿传》);“烈士不避铁钺而进谏,明君不讳过失而纳忠,是以怀策者必吐上前,蓄冤者无至腹诽”(《宋史·文苑传四》)。他们把谏臣看作君王的耳目,“谏臣,耳目也;帝王,心也。心所不知,则耳目为之传达;既知之,何以耳目为?”(《宋史·陈次升传》)在官僚体系的行政序列中,谏官职位并不高,但其监督和弹劾的对象和范围却很大,甚至对皇上的做法都可以提出批评,所谓“谏臣非具员,职在谏争,朝政有阙,所当尽言”(《宋史·黄洽传》)。也正是由于谏官可以监督批评百官甚至包括皇上和权贵,也就很容易受到其他官员的排挤,甚而至者因忤君意而获罪。从这点来说,谏官在君主专制时期是属于官职虽不高但其监督弹劾的范围很大、俸禄虽不厚但政治风险极大的高危职业。

宋朝历代皇帝虽然总地来说还算是清明和虚心纳谏的，但对于敢于批鳞直谏的臣子还是感觉不很舒服的。如《宋史·张昇传》载，宋仁宗就曾对张昇的直言忠谏感觉不爽，“以语陈升之。升之曰：‘此忠直之言，不激切，则圣意不可回矣。’帝乃解”。但宋朝皇帝毕竟也是口含天宪、大权独揽的专制君主，当听不进去忠言时，台谏臣恐有贬官降职之虞，如果遇到君主盛怒，进谏者还有性命之忧。对此，一些大臣劝谏君王要虚心纳谏，不罪谏臣。如《宋史·赵屼传》中赵屼曾直言：“台谏之臣，或稍迁其位，而阴夺言责；或略行其言，而退与善地；或两全并立，苟从讲解；或置而不问，外示包容。使忠鲠之士，蒙羞难退，皆朝廷所宜深察也。”为谏官说话，保护台谏官员的目的是维护臣子忠谏的政治生态环境，使得为臣忠谏风气得以发扬。

事实上，忠谏不仅是台谏官的职责，更是所有臣子的应尽义务，所谓“左右前后之人，进忧危恐惧之言者，是纳忠于上也；进燕安逸乐之言者，是不忠于上也。凡有水旱盗贼之奏者，必忠臣也；有谄谀蒙蔽之言者，必佞臣也”（《宋史·谢方叔传》）。宋孝宗尝言伏节死义之臣难得，张栻回答说：“当于犯颜敢谏中求之。若平时不能犯颜敢谏，他日何望其伏节死义？”（《宋史·道学传三》）

（四）辨才用人，忠为标准

在宋代，忠不仅是一个官员的基本道德，而且也成为选人用人的重要标准。“天生人才，自足以供一代之用，惟辨其君子小人而已。忠实而有才者，上也；才虽不高，而忠实有守者，次也。用人之道，无越于此。盖忠实之才，谓之有德而有才者也。若以君子为无才，必欲求有才者用之，意向或差，名实无别，君子、小人消长之势，基于此矣。”（《宋史·崔与之传》）

南宋末年，君子小人之辨、忠奸之分再度成为热门话题，姚希得曾直言君子小人邪正之辨曰：“君子犯颜敢谏，拂陛下之意，退甘家食，此乃为国计，非为身计也。小人自植朋党，挤排正人，甘言佞语，一切顺陛下之意，遂取陛下官爵，此乃为身计，非为国计也。”（《宋史·姚希得传》）

对以忠取士的重视程度往往是伴随政治危机的加剧而提升。靖康之耻后，南宋朝野上下反思北宋灭亡的原因，或将之归结为朋党之争，或将之归结为学术不正，虽然立论出发点不同，但都认为是名节不竞、缺少忠臣所致。《宋史·张忠恕传》载，张忠恕在上疏陈八事时，着重强调“迩来取人，以名节为矫激，以忠谠为迂疏，以介洁为不通，以宽厚为无用，以趣办为强敏，以拱默为靖共，以迎合为适时，以操切为任事。是以正士不遇，小人见亲”。南宋建立以后,宋高宗偏安一隅,不思收复失地和迎回徽、钦二帝。有大臣描绘建炎年间的政治状况曰:“忠佞并驰,而多士解体;刑赏失当,而三军沮气。”(《宋史·滕康传》)因此,忠心耿耿的大臣往往宣扬忠孝名节,意在培养士大夫的忠义气节。如留正曾上言曰:“士大夫名节不立,国家缓急无所倚仗。靖康金人犯阙,死义者少,因乱谋利者多。今欲恢复,当崇尚名节。”(《宋史·留正传》)提倡表彰忠臣,以劝励臣子重名节,蹈忠义。同样,在南宋末年,面对元军的凌厉攻势,有责任心的大臣又一再疾呼要表彰名节,重用忠臣,斥逐奸佞。如《宋史·高斯得传》载,高斯得“痛国事之阽危,疏言诛奸臣以谢天下,开言路以回天心,聚人才以济国事,旌节义以厉懦夫,竭财力以收散亡。忠愤激烈,指陈当时之事无所遗”。

(五)忠爱心理,融入骨髓

通过宋儒的努力,忠、孝、节等道德观念浸入人心,成为人们发自内心认同的“真理”,并使得忠君成为一种自觉心理。张载在《西铭》中将整个社会描绘成一个大家庭。在这个其乐融融的大家庭中,作为家相的臣子理应关心家长,心系朝廷,即使是在外为官或者哪怕是流放蛮貊也要忠于朝廷,而不可有一丝一毫的不满和懈怠。这也就是范仲淹的“居庙堂之上而思其民,处江湖之远而思其君”的“先忧后乐”忠臣情怀。

臣子尽忠首先是对君王全身心的爱。这种对君王和社稷的忠爱已深深浸润到宋朝臣子的血液和骨髓里。《宋史·李彦颖传》记载大儒张栻讲《葛覃》时,言先王正家之道,因及时事,甚至于言辞激烈,皇帝知其忠恳而没有降罪。对此,李彦颖盛赞:“人臣事君,岂不能阿谀取容?栻所以敢直言,正为圣明在上,得尽爱君之诚耳。”将张栻的直言解释成臣子对君主的爱。

在“三纲”为“天理”的语境下,臣子之忠更充沛成一种心理自负和道德自信。据载,被贬筠州的滕元发自豪地说:“天知吾直,上知吾忠,吾何忧哉!”(《宋史·滕元发传》)他的这种自负和自豪心理本质上是建立在对国家社稷和君主个人的无限忠爱的道德自情感基础之上的。这种忠爱进而转化为全身心地、毫无保留地效忠君上的心理快感和道德满足。无独有偶,这种扭曲的心理快感在“今事不谐,不过赤族,为社稷死,岂不快乎”(《宋史·吕颐浩传》)的吕颐浩那里也有体现。臣民的忠君心理往往是自幼养成的。文天祥自幼就仰慕忠义之士,立志要为国尽忠。史载,其自为童子时,见学宫所祠乡先生欧阳修、杨邦乂、胡铨像,皆谥“忠”,即欣然慕之曰:“没不俎豆其间,非夫也。”其殿试考卷也被考官王应麟称为“是卷古谊若龟鉴,忠肝如铁石,臣敢为得人贺”。正是有了这种自幼养成的忠义精神,才能在国破家亡之际写下“人生自古谁无死，留取丹心照汗青”的《过零丁洋》和脍炙人口的《正气歌》。

毕竟君主与臣子是没有血缘的政治关系，因此臣子对君主的爱缺乏心理上的依据。对此，有人将对亲人的孝与对君主的忠联系在一起，通过移孝于忠，将孝亲之爱转移到忠君之爱上，《宋史·孙固传》所谓“以爱亲之心爱其君，则无不尽矣”。总之，不论出于何种心理，宋代的忠君观念大行其道，忠义之士如过江之鲫，前赴后继。即便是鸿篇巨制的《宋史》，其《忠义传》收录的忠义之士尚多遗漏。“汴京之破，失载王履之奉使尽节；南宋之末，失载王坚之守城不降，是其于忠义之士，立功之臣，尚多阙落，尤为疏漏之大者矣。”①

三、朋党之争对宋代忠德观的影响

宋代朋党之争甚烈，先后有元祐党争、崇宣党争等，不亚于唐代牛李党争。可以说，朋党是宋代政治生活的一个特点，与宋代的改革和盛衰密切相关，也直接与臣子的忠德息息相关，以至于党争中，不同利益集团之间都以不忠为攻讦的口实。

中国自古就有“君子不党”“无偏无党”之说，“党”无疑是贬义词。但到了宋代，由于各派政治势力都加入到朋党之争中，因此，“党”的贬义词义开始发生变化。如欧阳修就基于范仲淹之被黜，起而呼应，被人目为“党人”。据《宋史·欧阳修传》载，欧阳修激于义愤，做《朋党论》，并为因党议而罢官的杜衍等人仗义执言，上疏力争。

欧阳修爱憎分明，并特别高扬忠德，这从他主持修《新五代史》《新唐书》中可充分见证这一点。这么一个重视忠德的大臣极力为朋党进行辩争，说明朋党已经成为宋代政治生态环境下的必要生存手段，即使是忠臣也不能无党无偏，否则无以与“奸党”对抗，无法立足于朝廷，也就无从全心全意效忠朝廷。正是出于这一目的，欧阳修才强调“君子之有朋”，在于“所守者道义，所行者忠信，所惜者名节。以之修身，则同道而相益，以之事国，则同心而共济，终始如一”。②当然，朋党之争客观上对国家机器的运转造成很大的负面作用，特别是围绕王安石变法而产生的党争已经偏离了忠社稷、利万民的轨道，而成为政治利益集团角逐的主要方式。

宋代党争并非简单的忠奸斗争，有时候朝臣之间也因党争而彼此攻讦。

---

① 黄云眉：《史学杂稿订存》，济南：齐鲁书社1980年版，第41页。

② 《文忠集》卷十七《朋党论》，四库全书文渊阁本。

“元祐中人，自分两党，其相诋讦。”[①]同为忠臣阵营中也会因党争而闹得你死我活。如主张变法的王安石遭到反对变法的司马光等人的强烈反对，支持派和反对派分裂成两个派别，彼此攻讦，甚至不惜人身攻击。宋代文人包括苏轼等人大都站在反对变法的立场，对王安石一派进行攻击。在宋人笔记中频繁出现对王安石父子的丑化、妖魔化，而完全失去那种为了国家社稷而出以公心之忠的态度和风范。[②]历来党争是把“双刃剑”，其结果往往是两败俱伤。同理，与王安石相比，司马光的命运也好不到哪去，他在死后还曾被打为奸党。[③]有史家认为北宋党争是造成靖康之变、二帝北狩的重要原因，指责党争造成“忠义之士，为之一空，驯致靖康之祸，可胜叹哉”(《宋史》邓绾等传)的严重后果，“不幸而群奸相继用事，在廷忠直之臣，动因事而斥去之，

① 《邵氏闻见后录》卷二，第14页。

② 关于王安石的忠奸问题，历史上是有争议的。总地说，与王安石同时代以及其后的宋朝政治人物和思想界人士多反对王安石变法，进而指斥其为不忠。如吕诲曾上疏弹劾王安石曰：“大奸似忠，大佞似信，安石外示朴野，中藏巧诈。”(《宋史·吕诲传》)乃至于南宋绍兴年间，大臣论及政治衰败时还将其原因归咎于王安石，攻击王安石的政治改革、学术思想，认为其学术思想造成天下士大夫缺少忠义气节。如绍兴六年，陈公辅上疏曰：“今日之祸，实由公卿大夫无气节忠义，不能维持天下国家，平时既无忠言直道，缓急讵肯伏节死义，岂非王安石学术坏之邪？议者尚谓安石政事虽不善，学术尚可取。臣谓安石学术之不善，尤甚于政事，政事害人才，学术害人心，《三经》《字说》诋诬圣人，破碎大道，非一端也。《春秋》正名分，定褒贬，俾乱臣贼子惧，安石使学者不治《春秋》；《史》《汉》载成败安危、存亡理乱，为圣君贤相、忠臣义士之龟鉴，安石使学者不读《史》《汉》。王莽之篡，扬雄不能死，又仕之，更为《剧秦美新》之文。安石乃曰：‘雄之仕，合于孔子无可无不可之义。’五季之乱，冯道事四姓八君，安石乃曰：‘道在五代时最善避难以存身。’使公卿大夫皆师安石之言，宜其无气节忠义也。”(《宋史·陈公辅传》)儒者胡宏也指责王安石蔑弃三纲，摧毁人伦。他说：“王安石轻用己私，纷更法令，弃诚而怀诈，兴利而忘义，尚功而悖道，人皆知安石废祖宗法令，不知其并与祖宗之道废之也。邪说既行，正论屏弃，故奸谀敢挟绍述之义以逞其私，下诬君父，上欺祖宗，诬谤宣仁，废迁隆祐。使我国家君臣父子之间，顿生疵疠，三纲废坏，神化之道泯然将灭。遂使敌国外横，盗贼内讧，王师伤败，中原陷没，二圣远栖于沙漠，皇舆僻寄于东吴，嚣嚣万姓，未知攸底，祸至酷也。若犹习于因循，惮于更变，亡三纲之本性，昧神化之良能，上以利势诱下，下以智术干上。是非由此不公，名实由此不核，赏罚由此失当，乱臣贼子由此得志，人纪由此不修，天下万事倒行逆施，人欲肆而天理灭矣。将何以异于先朝，求救祸乱而致升平乎？”(《宋史·儒林传五》)

③ 绍圣初，御史周秩首论司马光诬谤先帝，尽废其法。章惇、蔡卞请发冢斫棺，帝不许，乃令夺赠谥，仆所立碑。而惇言不已，追贬清远军节度副使，又贬崖州司户参军。徽宗立，复太子太保。蔡京擅政，复降正议大夫，京撰《奸党碑》，令郡国皆刻石。长安石工安民当镌字，辞曰：“民愚人，固不知立碑之意。但如司马相公者，海内称其正直，今谓之奸邪，民不忍刻也。”府官怒，欲加罪，泣曰：“被役不敢辞，乞免镌安民二字于石末，恐得罪于后世。”闻者愧之。(《宋史·司马光传》)

驯致靖康之祸,其所由来远矣”(《宋史》陈次升等传)。尽管欧阳修等力辩朋党非贬义,但传统观念仍视党人为不忠,特别是皇帝更不希望臣子结党,因为结党往往与营私联系在一起。王存曾被人诬为党人,“元丰元年,神宗察其忠实无党,以为国史编修官、修起居注”(《宋史·王存传》)。由此可见,忠实无党才能获得皇上信任。终封建社会始终,朋党毕竟不是一个正面的形象。

围绕朋党之争,必然引出忠奸之辨。党争各派往往借忠奸之名,来赞誉与己者,而攻讦政敌。这其中不乏出于正义而判定忠奸的,如《宋史·黄龟年传》载黄龟年弹劾秦桧曾云:“桧厚貌深情,矫言伪行,进迫君臣之势,阳为面从;退恃朋比之奸,阴谋沮格。上不畏陛下,中不畏大臣,下不畏天下之议,无忌惮如此。欺君私己,有一即可黜,况桧之欺与私显著者为多乎?”前后共上弹劾奏折三次,终将秦桧免职。

在奸臣当道时,权臣与君主有时利益并非一致,甚至有权臣架空君主的情况,而且宋代的朋党政治也加剧了这种权臣专断的情况。南宋秦桧专权时,连皇上都对大臣感叹道:“秦桧炎炎,不附者惟卿(赵逵)一人。”(《宋史·赵逵传》)在奸臣当道、党争频频的宋代政治体制中,是忠于皇上还是忠于权臣已经成为朋党之争和忠奸之辨的关键。如据《宋史·梁焘传》载,宰相蔡确权倾朝野,梁焘弹劾道:“方今忠于确者,多于忠朝廷之士;敢为奸言者,多于敢正论之人。以此见确之气焰凶赫,根株牵连,贼化害政,为患滋大。”当时的情况虽然不一定像有的大臣所说的“忠于陛下者,必见忌大臣;党于大臣者,必上负陛下”(《宋史·郭知章传》)那样极端和骇人听闻,但朋党政治与奸臣当道确实给臣子尽忠造成了践行上的阻隔和迷惘,也严重影响危害到政治清明。

第三节　辽金元等少数民族政权的忠德状况

早在唐代,契丹人就已经开始崛起于北方,并在五代和北宋时期,成为中原政权的强劲对手。此后,女真、蒙古等北方少数民族政权轮番登场,逐鹿中原。这些少数民族建立的政权也对忠德的发展起到了至关重要的推动作用。

一、辽国的忠德状况

契丹贵族建立的辽国在政治制度和思想文化上深受中原汉文化的影

响。特别是为了加强君主专制，契丹统治者大肆宣扬忠君道德，忠德日益成为上自契丹贵族下至全体臣民都普遍认同和尊奉的重要道德准则。

（一）加强君主专制，凸显忠君道德

忠君观念并非是契丹传统习俗所固有的道德观念，而是在与中原地区不断碰撞融合过程中，受汉人的儒家文化影响，所逐渐形成的一种道德观念。据《旧唐书·契丹传》载，到公元六、七世纪时，契丹部族仍过着“逐猎往来，居无常处”的游牧生活，“其君长姓大贺氏。胜兵四万三千人，分为八部，若有征发，诸部皆须议合。不得独举。猎则别部，战则同行”。在《新唐书·北狄传》中亦记载了契丹人的丧葬习俗，即“死不墓，以马车载尸入山，置于树颠。子孙死，父母旦夕哭；父母死则否，亦无丧期”。从上述记载中不难看出，契丹社会当时还没有出现孝、忠等观念。

契丹社会的忠德观是伴随着契丹社会组织由部落联盟向君主专制的过渡而出现的。耶律阿保机成为契丹部落联盟的首领后，破坏联盟诸部大人轮流代立的惯例，尽杀诸部大人，统一契丹各部，并接受汉人关于君主世袭继承制的建议，建立起君主专制统治。忠君道德是厚植于君主专制社会中的政治伦理，因此，阿保机在契丹国实行世袭专制统治，为契丹社会忠德观的产生奠定了坚实的政治基础。

伴随着君主专制的确立，契丹政治组织中尊卑等级秩序迅速建立起来。原来那种不注重等级礼制的行为开始遭到否弃，一些对皇权和皇帝本人不敬的违反礼制行为被指为大逆不道，而加以惩处。辽国缢杀宰相左企弓的理由就集中在有违尊卑秩序、损害皇权威严方面，当时公布了十条罪状，所谓“天祚播迁夹山，不即奉迎，一也；劝皇叔秦晋王僭号，二也；诋讦君父，降封湘阴，三也；天祚遣知阍王有庆来议事而杀之，四也；檄书始至，有迎秦拒湘之议，五也；不谋守燕而降，六也；不顾大义，臣事于金，七也；根括燕财，取悦于金，八也；使燕人迁徙失业，九也；教金人发兵先下平州，十也。尔有十罪，所不容诛”（《辽史·张仓传》）。后几条主要是指责其投降敌国，这固然是叛国不忠之重罪，而前面几条主要集中在冒犯天祚帝的权威。可见，在辽国朝野上下，君主专制、等级秩序已经成为必须恪守的政治规矩。据《辽史·圣宗本纪三》载，谏议大夫马得臣对辽圣宗沉迷击球而指出其“三不宜”，头两条就是针对上下尊卑而发。其曰：“上下分朋，君臣争胜，君得臣夺，君输臣喜，一不宜也；往来交错，前后遮约，争心竞起，礼容全废，若贪月杖，误拂天衣，臣既失仪，君又难责，二不宜也……”契丹民族豪放不羁的风俗逐渐受到汉人儒家礼仪的熏染和改造，代之以君臣尊卑、等级礼仪等制度约束。

（二）忠君观念在政治社会生活中的体现

在辽国，忠孝观念迅速渗透到政治和社会生活中。咸雍年间的《为亡父母造幢记》中，就记载了“于家存孝，于国尽忠”；[①]大康三年的《仁懿皇后哀册》中，亦有“家以孝笃，国以忠全”。[②]值得注意的是，契丹人起名也发生了很大变化，频见道德字句来命名的现象。其中，带“忠”字的就有耶律庶忠、耶律思忠、耶律资忠、萧怀忠等。

随着尚忠观念在契丹社会的播衍，对人物的评鉴也往往以忠或不忠为判准。笔者以《辽史》为例，对品评人物时出现的忠字进行了梳理。（详见表一）

表一：《辽史》中记载涉及忠的人物评价一览表

序号	被评价者	评鉴者	评价内容	出处
1	的鲁	辽太宗	以的鲁子徒离骨嗣为夷离堇，仍以父字为名，以旌其忠。	卷3
2	只剌里	史书记载	只剌里在高丽六年，忠节不屈，以为林牙。	卷16
3	萧奉先	辽天祚帝	闻金兵将近……方悟奉先之不忠。	卷29
4	李处温	耶律淳	淳欹枕长叹曰：“彼忠臣也，焉可杀？”	同上
5	张仓	燕民	公今临巨镇，握强兵，尽忠于辽，必能使我复归乡土，人心亦惟公是望。	同上
6	萧术者	天祚帝	金兵忽至。上徒步出走……无御寒具，术者以貂裘帽进……欲憩，术者即跪坐，倚之假寐……居数日，嘉其忠，遥授以节度使。	卷30
7	耶律必摄	辽穆宗	应历间，族人恒特及萧啜里有罪欲亡，必摄密以闻。上以为忠。	卷64
8	耶律欲隐	辽太祖	太祖始置宫分以自卫，欲稳率门客首附宫籍。帝益嘉其忠。	卷73
9	耶律敌剌	辽太祖	太祖践阼，与敞稳海里同心辅政。太祖知其忠实，命掌礼仪，且诿以军事。	卷74
10	王郁	淳钦皇后	汉人中，惟王郎最忠孝。	卷75
11	耶律屋质	辽世宗	上喜其忠。	卷77
12	耶律贤适	史书记载 史论	贤适忠介卢敏，推诚待人，虽燕息不忘政务。 贤适忠介，亦近世之名臣。	卷79
13	张俭等四人	史论	四人（张俭、邢抱朴、马得臣、萧朴）者，皆以明经致位，忠蓐若此，宜矣。圣宗得人，于斯为盛。	卷80

① 陈述辑校：《全辽文》卷8，北京：中华书局1982年版，第196页。

② 陈述辑校：《全辽文》卷9，第214页。

续表

序号	被评价者	评鉴者	评价内容	出处
14	耶律勃古哲	史论	若勃古之忠……亦彬彬乎一代之良臣矣。	卷82
15	萧干	辽帝	(萧干不从耶律察割叛乱,)上嘉其忠。	卷84
16	萧讨古	史书记载 辽帝	性忠简。应历初,始入侍。会冀王敌烈、宣徽使海思谋反,讨古与耶律阿列密告于上,上嘉其忠。	同上
17	刘景	辽景帝	景宗即位,以景忠实,擢礼部侍郎,迁尚书、宣政殿学士。	卷86
18	萧和尚	史书记载	忠直,多智略。	同上
19	萧阿剌 萧阿剌等	史书记载 史论	性忠果,晓世务,有经济才。 阿剌以谄谀不法折萧革,陶隗以用必基祸言阿思,塔剌葛以忍行不义徒自取赤族之罪责察割,其心可谓忠矣。	卷90
20	耶律义先	萧革	革对曰:“义先天性忠直,今以酒失而出,谁敢言人之过?” 革曰:“义先之才,岂逃圣鉴!然天下皆知忠直……”	卷90 卷113
21	萧革	辽帝	上谓革忠直,益加信任。	卷90
22	耶律敌禄	寿安王	察割作乱,敌禄闻之,入见寿安王,慷慨言曰:“愿得精兵数百,破贼党。”王嘉其忠。	卷90
23	耶律韩八	史书记载	既受诏,愈竭忠谨,知无不言,便益为多。	卷91
24	耶律玦 刘伸	辽道宗 史论 辽道宗 史论 辽道宗	契丹忠正无如玦者,汉人则刘伸而已。然熟察之,玦优于伸。 玦以忠直见称于上。 道宗尝谓大臣曰:“今之忠直,耶律玦、刘伸而已!” 刘伸……至与耶律玦并称忠直,不亦宜乎? 帝曰:“方今群臣忠直,耶律玦、刘伸而已;然伸不及玦之刚介。”	卷91 同上 卷98 同上 卷97
25	耶律铎轸	辽帝	帝愈重之,手书铎轸衣裙曰:“勤国忠君,举世无双。”	卷93
26	萧迂鲁	史论	迂鲁忠勤不伐。	同上
27	耶律速撒	史书记载	性忠直简毅,练武事。	卷94
28	杨绩(父) 杨贵(子)	史论 史书记载	杨绩之忠告,亦贤矣夫! 子贵忠,知兴中府。	卷97

续表

序号	被评价者	评鉴者	评价内容	出处
29	萧兀纳	辽帝	帝嘉其忠,封兰陵郡王……上谓王师儒、耶律固等曰:“兀纳忠纯,虽狄仁杰辅唐,屋质立穆宗,无以过也。……”	卷98
30	耶律撒剌	史书记载	性忠直沉厚。	卷99
31	萧速撒 萧挞不也	史论	速撒、挞不也以忠言见杀,国欲无乱,得乎?	同上
32	萧忽古	史书记载	性忠直,趫捷有力。	同上
33	萧酬斡	史论	酬斡平乱渤海,又以讨叛力战而死,忠可尚矣。	卷100
34	萧陶苏斡	史论	天庆之间,女直方炽,惟陶苏斡明于料敌,善于忠谏;惜乎天祚痼蔽,不见信用。	卷101
35	王鼎	史论	王鼎忠直达政。	卷104
36	耶律氏	史论	耶律氏自洁不嫁,居闺阃之内而不忘忠其君,非贤而能之乎?	卷107
37	张孝杰	耶律乙辛	乙辛荐孝杰忠于社稷,帝谓孝杰可比狄仁杰,赐名仁杰。	卷110
38	耶律察割	耶律屋质	帝曰:“察割舍父事我,可保无他。”屋质曰:“察割于父既不孝,于君安能忠!”	卷112

从表中可见,《辽史》中涉及忠否评价的历史人物共46位、48次,其中绝大多数为正面评价,占46次;不忠的负面评价仅1人次,即萧奉先;还有1人次忠奸评论分歧(即围绕对耶律察割评价问题,辽帝与耶律屋质产生意见分歧)。在表中涉及的46位辽国政坛风云人物中,被史家定为不忠或被列入《逆臣传》《奸臣传》的有萧革、张孝杰、萧奉先、耶律察割4位。其中,除了萧奉先被天祚帝指出其不忠外,萧革、耶律察割都蒙蔽了君主,被辽帝当作忠实可信之人;关于张孝杰“忠于社稷”的评估价则出于奸臣耶律乙辛之口。除此而外的42位被评鉴为忠的历史人物大体都算得上忠臣代表,其中耶律玦被评鉴为忠的频次最高。评论耶律玦之忠在三个不同人物列传中出现过五次,他还被辽道宗推崇为契丹忠的楷模,比仕辽汉人忠臣典型刘伸还要更胜一筹。根据民族出身不同,这46位涉忠人物,契丹人(含奚人)占绝大多数,以耶律氏、萧氏居多,汉人则极少,其他民族尚未发现。根据忠评价的断语分析,单个的“忠”字出现的频次最高。至于涉忠组合评语中,则“忠直”最多,达到12次之多,占全部涉忠评价的1/4,占双字涉忠组合的一半左右。以上可见,在辽代,忠君道德已成为臣子的重要准则和评价标准。

(三)儒家忠德思想对辽国君臣的影响

追根溯源,辽国的忠君观念主要源自汉人的儒家伦理。在与中原王朝连年征战中,契丹统治者逐渐接受了儒家忠观念。一方面,高度肯定和认同忠义之士;另一方面,对变节不忠者非常鄙视。如对于英勇抗辽的后唐张敬达、后晋马胤卿、北宋杨业都表示敬意,而对投降过来的刘仁恭、刘守光、杜重威、张彦泽等中原不忠之臣,则态度极为鄙视。在辽人眼中,忠臣才值得敬佩,不忠之人完全不值得信赖和尊重。辽主自己就说过,“夷狄之人岂能胜中国?然晋所以败者,主暗而臣不忠”。他还对汉人胡峤说:“子归悉以语汉人,使汉人努力事其主,无为夷狄所虏,吾国非人境也。”(《新五代史·四夷附录第二》)可见,辽代统治者正是受到儒家忠义观的影响,而特别重视褒奖忠臣,以维护政权的稳固。

辽朝借鉴和沿袭了中原王朝的褒忠传统,认同“忠良则必示旌褒,凶逆则须行诛伐”,[①]极力褒奖忠臣。在具体方式上,除了加官晋爵、物质奖励外,还大赐功臣号以及赠忠谥号。如萧道宁获赐忠亮佐理功臣,投靠辽国的李继捧获赐推忠效顺启圣定难功臣,耶律贤适获赐推忠协力功臣,耶律海里获赐资忠保义匡国功臣,萧韩家奴获赐资忠保义奉国竭贞平乱功臣,萧孝穆获赐忠穆熙霸功臣等。此外,耶律隆运谥文忠,萧孝先谥忠肃,耶律良谥忠成,耶律俨谥忠懿。整部《辽史》中,被赐予带“忠”字功臣号的共有10人,获得带“忠”字谥号的共有4人。

随着忠孝道德的渗透和传播,丁忧、夺情起复等也进入辽国政治制度中。在《辽史》中,丁忧官员能够服阕终制者寥寥无几,惟刘伸、萧乌野二人得以丁忧服阕后出仕,其他的如刘景、萧孝友、耶律隆运、杨佶、邢抱朴、姚景行、耶律俨等,都被强令夺情起复。这些夺情起复者既有武将,也不乏文臣;既有汉人,也不乏契丹人。这说明丁忧制度在契丹贵族中已普遍流行,契丹贵族已摒弃“无服纪”“无丧期”的传统树葬习俗,逐渐认同汉人的儒家孝道伦理以及丧服制度。辽代的官员更是履行丁忧制度,只是由于民族传统的影响,特别是国事战事的迫切需要,官员在家丁忧往往很短暂并多被强行起复。

忠义观念即便在金灭辽后乃至蒙古灭金后也始终在契丹后人中传承,非但没有湮没在国破家亡的烟尘中,还得到了强化,甚至出现了愚忠的苗头。元太祖所器重的耶律楚材就是一个典型代表。元太祖曾对他说:“辽、

---

① 陈述辑校:《全辽文》卷1,第13页。

金世仇，朕为汝雪之。”孰料耶律楚材却说：“臣父祖尝委质事之，既为之臣，敢仇君耶！”（《元史·耶律楚材传》）他竟然完全没有了复仇复国的想法，而认同于委质为臣、只可忠君、不可仇君的单向度愚忠观念。这也从另一个侧面表明，契丹族群的忠观念到了金、元时期已经基本与汉人的儒家忠德观完全同步，反映了民族融合和文化交流在忠德变迁史上的交融。

二、金国的忠德状况

女真人原臣属于辽国，后来在完颜阿骨打的带领下，奋起反抗并灭亡辽国，建立起金国政权。与辽国一样，金国也仿效中原王朝，建立起君主专制的等级秩序和官僚体系，形成了以儒家忠孝道德为主的伦理体系。

（一）女真政权中央集权的强化与忠德观的形成

作为以渔猎为主的民族，在完颜阿骨打完成对女真各部的统一前，女真人的社会组织还主要是部落联盟。在社会风俗和道德风尚方面，“女直本尚纯朴”（《金史·世宗本纪中》）。其民族道德也是野蛮落后的，如“父死则妻其母，兄死则妻其嫂”[①]“贵壮贱老”[②]等。在女真部落组织中，由于缺少绝对的一元化强权，儒家的忠君观念也难以出现。

女真社会的忠德观产生于与辽、宋的对抗中。在民族对抗中，道德观念也不断碰撞，从而将宋、辽的儒家忠君道德与女真纯朴风尚结合而形成了忠德观念。有学者指出：女真人忠观念在金朝建立后才逐渐形成发展起来。而在金太祖和金太宗时期，严格意义上的忠观念还没有出现。[③]事实上，女真人的忠观念不仅限于忠君，“女直纯实之风”“本尚纯朴”的传统道德包含了朴忠民风。即便建立起君主专制统治，这种朴忠仍有孑遗。如金国大臣颜盏门都“性忠厚谨悫”（《金史·颜盏门都传》），把胡鲁“为人忠实”（《金史·把胡鲁传》），女奚烈守愚“为人忠实无华，孜孜于公，盖天性然也”（《金史·循吏传·女奚烈守愚传》）。这些女真贵族身上的忠厚、忠实的精神气质与其说是来源于民族天性，毋宁说是早期女真人纯朴习俗的遗存。但随着君主专制的不断强化，女真人那种忠厚、忠实的精神气质逐渐被忠社稷、忠君等儒家忠德观所遮蔽，所代替。

起初，金国的最高权力和决策机关是具有贵族合议制特点的勃极烈，地方的管理机构则是具有军民合一特点的猛安谋克。在天眷元年，金熙宗为

---

① 徐梦莘：《三朝北盟会编》政宣上帙卷3，台北：大化书局，1979年，（甲）第23页。

② 徐梦莘：《三朝北盟会编》政宣上帙卷3，（甲）第22页。

③ 参见宋德金：《辽金人的忠孝观》，《史学集刊》2004年第4期。

加强君主专制集权，废除了勃极烈制，模仿汉人政权实行三省六部制，加强汉地枢密院，彻底废止了早期实行的二元化的政治体制。[①]围绕皇位继承问题，废除了谙班勃极烈储君制，确立嫡长子继承制。随着君主专制的强化，凸显君权、强化忠君的政治道德和价值取向逐渐成为政治伦理的主流。

忠君道德是建立在君尊臣卑等级制度基础上的。在女真政权创立之初，君臣尊卑还不很严格。据《金史·撒改传》载，群臣奏事时前面下跪，完颜阿骨打起身哭泣着阻止大臣下跪道："今日成功，皆诸君协辅之力，吾虽处大位，未易改旧俗也。"有一次，在参加臣下召集的宴会时，完颜阿骨打对主人行答拜礼。天辅年以后，金国上下"始正君臣之礼焉"。可见，金国君臣礼制的尊卑分野和强化主要是基于君主专制的不断加强，这种尊卑分野目的在于营造一种臣子忠君的政治生态环境。当然，君臣礼仪在金国并非一蹴而就，而是在与女真旧俗不断斗争中完成的。皇统元年，金熙宗对大臣的进谢仍按照女真习惯起立答谢，宰臣立刻谏阻道："至尊为臣下屡起，于礼未安。"[《金史·始祖以下诸子传·勖(本名乌野)传》]这个例子说明，君臣之礼虽已经确立起来，但有时旧的习俗仍影响着制度的落实。不过这种情况随着时代的发展而得以改变，表现在人臣执礼方面，则规定和限制越来越严格，甚至在大殿上臣子是应该双膝跪还是单膝跪都有较为明确的规定，详见《金史·刘頍传》。

金国强化君主权威就是要让臣子甘心效忠君王，从而维护君主专制统治。伴随着尊卑等级的确立和君主专制的强化，忠君顺上意识迅速深入人心，甚至连妇女都认同忠君不贰的观念。海陵王弑金熙宗篡位，其母徒单氏颇为惊愕地表示："帝虽失道，人臣岂可至此？"(《金史·后妃传上》)金国贵族妇女的这种认识已与腐儒那种君虽不道但臣不可不忠的愚忠观念十分相近。总地看，君臣尊卑的严格，臣子忠君意识的强化，表现出与金政权的加速汉化相同步的特点。

(二) 劝励臣忠的多种形式

为了鼓励单向度的忠君，金朝统治者也以庆赏、刑罚两个手段来驾驭群臣，特别重视正面的劝忠励忠。有大臣基于"兵兴以来，忠臣烈士，孝子顺孙，义夫节妇，湮没无闻者甚众"，建言"遣史官一员，广为采访，以议褒嘉"(《金史·温迪罕缔达传》)。在刘炳上书的十条建议中，也特别强调"褒忠义以励臣节"(《金史·刘炳传》)。金国正面劝忠的方式极其丰富，包括赏赐财

---

① 参见刘浦江：《金朝初叶的国度问题——从部落体制向帝制王朝转型中的特殊政治生态》，《中国社会科学》2013年第3期。

物、加官晋爵、录用子孙、立祠旌表等。据《金史·忠义传一》载,“金代褒死节之臣,既赠官爵,仍录用其子孙”。贞祐以后,对忠臣更加优礼,“立祠树碑,岁时致祭,可谓至矣”。从赏赐名号方面,大体包括赐谥号、赐功臣号、赐姓名。

在赐谥号方面,金朝大量赐臣子以涉忠谥号。如,挞不野谥号为杰忠,完颜宗翰谥号为桓忠,高守约谥号为忠敬,马百禄谥号为贞忠,仆散端谥号为忠正,马庆祥谥号为忠愍,豫王永成谥号为忠献等。有些忠谥甚至多次出现,如获忠肃谥号者就有康公弼、承晖两人,忠毅谥号也赐给乌古论仲温和祁宰,忠简谥号则为程辉和金世宗子越王永功,忠烈谥号给了徒单克宁和完颜宗弼。

在赐功臣号方面,获得与忠有关功臣号的臣子有移剌众家奴、康公弼、国用安等人。其中,康公弼被赐予“忠烈翊圣功臣”,国用安被赐予“英烈勘难保节忠臣”。移剌众家奴、王福等9人同被赐予“宣力忠臣”称号,朝廷在赐封九人的诏书中首先肯定“乃者边防不守,河朔失宁,卿等自总戎昭,备殚忠力”,故“宜膺茅土之封,复赐忠臣之号”(《金史·苗道润传》)。

在赐姓名方面,又分为赐姓和赐名。首先,赐姓主要是赐皇姓完颜氏。受赐皇姓者必须对金国有大功,如完颜仲元、完颜阿邻二人“本姓郭氏,以功俱赐姓完颜”。在赐姓的依据中,忠是最基本、最核心的要件。李咬住和梁佐被“赐姓完颜氏”即因为忠。金朝还明确规定:“自今有忠义如是者,并一体迁授。”(《金史·完颜佐传》)其次,赐名中不乏“忠”字。具体而言,赐名怀忠的有撒八和奚人萧好胡。二者被赐名怀忠。前者因忠于海陵王而获此赐名,后者因告发检举萧裕谋立辽皇后裔有功而获赐怀忠一名。赐姓也好,赐名也罢,实际都只是褒忠、劝忠的手段。金世宗曾一语道破“赐姓一时之权宜”(《金史·逆臣传·完颜元宜传》)。

除了赐功臣号、赐谥号以及赐姓名这些常见的褒忠形式,金朝也采取赐铁券和建褒忠庙的方式,来劝忠励忠。对宗翰、宗弼等功名显赫、忠心耿耿的大臣,朝廷赐铁券,对其本人及家族包括后人给予特殊的犯罪赦免权。“赐宗翰铁券,除反逆外,余皆不问。”(《金史·宗翰传》)但事实上,在残酷的政治斗争中,铁券是否真的能起到保命作用是值得怀疑的。如完颜宗弼(即金兀术)虽被赐予金券,其儿子完颜亨最终还是被海陵王处死。在君主专制统治下,皇帝口含天宪,乾纲独断,掌握生杀大权,即便拥有“贷死誓券”,也不能成为真正的护身符。在暴君面前,铁券根本无法抗拒皇权,保护臣子。

建庙塑像的褒忠形式集中于金朝末年。完颜陈和尚、陀满胡土门都因忠于金国而死,得立像褒忠庙。爱申也因城破自刭,而得以配食褒忠庙(《金史·忠义传三》)。据《金史·忠义传四》载,金哀宗于正大二年下诏褒奖马习礼吉思、王清、程济、李贵、姬芃、王斌等13名死节忠臣,并为他们立褒忠庙,录用其子嗣。

(三)金国臣子的谏诤精神

金国对臣子忠谏也非常重视,开明君王往往鼓励臣子积极进谏,自己也虚心纳谏。对公忠体国的完颜兀不喝,金世宗"嘉其善敷奏,特诏再任,谓宰臣曰:'兀不喝为人公忠,后来有如斯人者,卿等宜荐举之。'"(《金史·完颜兀不喝传》)反之,昏庸刚愎君王则常常归罪谏臣。海陵王将谏阻伐宋的太医使祁宰"戮于市,籍其家产",导致"慕义之士,尽伤厥心"(《金史·祁宰传》)。

面对刚愎自用、喜怒无常的君主,忠臣面折廷争是有生命危险的。因而,进谏方式也变得五花八门,其中,廷谏、疏谏为臣子纳谏的主流形式,此外,还有一些臣子创新了进谏的形式,如诗谏。海陵王尝登楼纳凉,命杨伯雄赋诗。杨伯雄云:"六月不知蒸郁到,清凉会与万方同。"海陵王对左右说:"伯雄出语不忘规戒,为人臣当如是矣。"并盛赞"群臣有干局者众矣,如伯雄忠实,皆莫及也"(《金史·杨伯雄传》)。又如医谏。杨云翼尝患风痹而愈,皇上问他治愈的药方,其对曰:"但治心耳。心和则邪气不干,治国亦然,人君先正其心,则朝廷百官莫不一于正矣。"上瞿然(《金史·杨云翼传》)。《金史·程寀传》记载了一段程寀的以医为谏的话。其曰:"臣闻,善医者不视他人之肥瘠,察其脉之病否而已;善计天下者不视天下之安危,察其纪纲理否而已。天下者人也,安危者肥瘠也,纪纲者脉也,脉不病虽瘠不害,脉病而肥者危矣。是故,四肢虽无故,不足恃也,脉而已矣。天下虽无事,不足矜也,纲纪而已矣。尚书省,天子喉舌之官,纲纪在焉。臣愿诏尚书省,戒励百官,各扬其职,以立纲纪。"

此外还有微谏。如徒单镒以古讽今指出:"光武再造汉业,在位三十年,无沉湎冒色之事。高祖惑戚姬,卒至于乱。"上默然。史称:"镒盖以元妃李氏隆宠过盛,故微谏云。"(《金史·徒单镒传》)

总地来说,臣子进谏、君王纳谏体现了君臣道合的开明政治。据《金史·杨伯雄传》载,海陵王暴虐刚愎,但也清楚"龙逄、比干皆以忠谏而死"是没有遇到明君。金宣宗也极反感臣子的阿谀奉承,曾当面斥责谀臣:"方朕有过,汝等不谏,今乃面讦,此岂为臣之义哉!"(《金史·抹撚尽忠传》)可见,金国统治者充分认识到忠谏的重要性,从另一个侧面反映出传统忠谏观念已经渗透到金国的政治治理体系中。作为忠德的重要组成部分,忠谏对金国的治国理政发挥着重要的作用。

（四）忠孝两难的选择与夺情起复

女真社会在接受儒家忠君道德的同时，也接受了儒家的孝道观，并认同于孝是达至忠的重要路径，所谓“惟忠惟孝，匡救辅益，期致太平”（《金史·纥石烈良弼传》）。在女真贵族看来，忠孝为人之根本，在诸王中，完颜瑰“性忠孝，兄弟中最为善人”（《金史·显宗诸子传·完颜瑰传》）。更有大臣建议仿照汉羽林军皆通《孝经》的管理，在金朝的皇家亲军中，每百户赐《孝经》一部，使之通过阅读《孝经》，恪守臣子之道。皇帝肯定说：“善，人之行，莫大于孝，亦由教而后能。”（《金史·梁肃传》）下诏赐护卫以《孝经》。这足见统治者对孝的重视，以及移孝于忠的目的。

面对忠孝冲突、难以两全时，金国臣子丁忧很少能终制，而夺情起复则较为普遍。笔者对《金史》记载的大臣临丧例子进行了梳理，发现在119起大臣丁忧的事例中，夺情起复者85人，占71.4％；终制者只有26人，占21.8％；还有记载不清、情况不明者7人，占0.06％。更有一例因祈终制不允竟而自行遁去者。这个统计显示，金国臣子大多无法终制，夺情起复是常态。除了张通古丁忧期间因恳请终制未允而自行遁去外，几乎看不到丁忧臣子祈请终制的。有的官员甚至未卒哭就被强行起复，如聂天骥丁母忧未卒哭朝廷就夺哀复职。这其中也不乏丁忧臣子忠心耿耿，在国难当头时自行起复。李演丁父母忧时遇到战事，李演墨衰任济州刺史，被俘后慷慨赴死。

面对国破家亡的极端情况，很多金国臣子选择以国事为重，甚至不惜大义灭亲。金大定四年，江志反叛，曹珪之子曹弼参与谋反。曹珪诛杀了江志，连同儿子曹弼一起杀掉。皇帝下诏表彰：“珪赤心为国，大义灭亲，自古罕闻也。法虽如是，然未足以当其功，更进一官，正班用之。”贞祐二年时，术甲法心镇守密云县，元兵以其家属威胁他：“若速降当以付汝，否则杀之。”法心回答说：“吾事本朝受厚恩，战则速战，终不能降也，岂以家人死生为计耶?”最终城破身死。以上见《金史·忠义传一》。根据《金史》记载，忠孝冲突时，没有一个臣子选择为了亲人而背主叛国，不乏全家殉节者。如左司郎中杨居仁在金国灭亡时，举家跳黄河而死。①

三、元代的忠德状况

蒙古人建立的元朝统治中国长达百余年。其不仅继承了君主专制的政统，而且接受和发展了儒家道统。元代的忠君道德是建立在元朝统治集团

① 刘祁：《归潜志》卷5，北京：中华书局2007年版，第47—52页。

不断强化君主专制和大力倡导儒家伦理基础之上的，是对中国传统忠德的承继和发展。

（一）蒙元政权的建立及对忠德的认同

蒙元帝国是一个典型的多民族的共同体。这种多民族的共同体可以追溯到蒙古人早年间崛起大漠时期。那时，蒙古人就不断吞并和融入不同地区、不同民族的人，这也导致了蒙元文化的多元性，社会道德的多样化。多元文化使得蒙古帝国初期对忠的理解较为宽容和粗放。一方面，忠于本民族、本部落固然为忠，另一方面，对于投靠新主的也不被视为不忠。

铁木真在统一蒙古各部时就非常重视忠德，并作为选人用人的重要标准。如对于乃蛮大汗灭亡后仍然忠于职守的塔塔统阿，铁木真因其忠而加以重用。据载，在铁木真灭亡乃蛮部落后，乃蛮部落有一人怀揣金印逃跑，被铁木真的弟弟合撒儿抓住，问他乃蛮部落都灭亡了，还揣着这个东西往哪里去。那个人回答道："我的祖先是畏兀儿部的百姓，我叫塔塔统阿。我的主人把这个印交给我，叫我执掌钱粮出入的事情。""这是我的职务，应该死守。我要把这颗印送给旧主。"合撒儿"称他为忠孝的人"，并推荐给铁木真，让他掌握印章公文。[①]

再举一个不忠于故主但仍被蒙古人视为忠臣的例子。据《元史·铁哥传》记载，西域的迦叶弥儿国十分弱小，其国有斡脱赤兄弟见世道扰攘，本国将亡，商量着投奔了蒙古，受到元太宗的礼遇。斡脱赤自告奋勇劝降本国，结果被本国国主杀掉。元太宗遂发兵灭掉迦叶弥儿国，并追谥斡脱赤为忠遂。

上述两个事例都是蒙古统治者在对待故国、故主方面的不同态度。而从处理这两种情况的做法可见，蒙古统治者对待臣子之忠是持双重标准的。前者因忠于故主被铁木真称道成"忠孝人"，而后者虽忠于蒙古到却背叛祖国，仍被元朝统治者赐谥为"忠遂"。这表明：在蒙古政权建立之初，对待忠还存在双重标准，在理论层面上也还没有达到完善圆融的程度，在操作层面，更是比较粗糙和实用功利，基本是从是否有利蒙古人统治的角度来对忠否进行判断。实际上，铁木真领导的部落只是一个乞颜部，其最初甚至失去了本部族的部众，他能统一蒙古各部主要是任用了一些不同部族依附过来的人，如木华黎；有的甚至是敌对势力投降过来的人，如者别（也作哲别）等。者别曾跟随泰亦赤兀惕部与铁木真作战，并是在战斗中以箭射伤铁木真的脖子，几乎致命。战后，当铁木真问是谁射的自己时，者别勇敢站出来承认

---

① ［蒙古］策·达木丁苏隆编译：《蒙古秘史》，谢再善译，西宁：青海人民出版社2014年版，第154页。

是自己射的，并表示要杀就杀，如果不杀，将“赴汤蹈火”“全心全意”来“扶保合罕(即可汗)”。铁木真称赞他道：“敌人对杀害人的事情，多隐瞒不露。你不隐瞒杀害人的事情，老实地说出来。这人是可以交朋友的。”并赐其名字为者别。①

在对金、南宋的战争中，蒙古人更加深了对忠德的理解和认知。据《元史·木华黎传》载，金国悍将张铁枪被擒，他拒绝木华黎的劝降，表示：“我受金朝厚恩二十余年，今事至此，有死而已！”木华黎对他敬重有加。元军攻取涿鹿，元太祖对忠贞报国、英勇抗元的金军守将王楫非常赞赏，义而释之。面对优势兵力的蒙古大军，守卫阳罗堡的宋军誓死不降，表示：“我辈受宋厚恩，戮力死战，此其时也，安有叛逆归降之理?”(《元史·伯颜传》)最后，数十万宋军死伤殆尽。在《宋史·忠义传九》中收录了抗击蒙古而殉国的46人传记。此外，那些迫于无奈而降元的宋臣，则始终受到内心的煎熬，对故国仍怀有一颗拳拳赤子之心。据《元史·儒学传二》载，郑陶孙受命编纂《宋史》，当写到德祐末年事时，郑慨言：“臣尝仕宋，宋是年亡，义不忍书，书之非义矣。”郑陶孙的忠义言行受到元世祖的肯定和嘉许。

应该说，正是受到来自于宋、金等敌国忠臣义士的忠君爱国情怀感召，蒙元统治者才更加深刻地认识到儒家纲常特别是忠君道德有利于君主专制统治，从而大力抬高程朱理学地位、大肆宣扬忠君爱国精神。元朝史官脱脱等在编撰前朝国史时，能将金、宋抗元的忠烈之士收入列传，而且这样编撰后的史书还能得到元朝皇帝的审定通过。这足以看出元朝统治者对忠君道德的重视，表明其充分认可和肯定儒家的忠德观。

随着君主专制的不断深化，蒙元统治者开始校正早年间那种对忠君道德所持的双重标准。也就是说，他们不再赦宥不忠的臣子，并通过诛杀不忠之臣劝励臣下忠君。“奴不忠其主，肯忠他人乎?”(《元史·速不台传》)元朝大臣廉希宪对南宋降将刘整就极为鄙视和轻慢，表示：“我是国家大臣，言动嚬笑，系天下重轻。”“(刘)整虽贵，卖国叛臣也，故折辱之，令其知君臣义重。”②经过大肆宣扬和舆论营造，“忠臣不事二主”观念日益深入人心。如木华黎之子有言：“大丈夫受天子厚恩，当效死行阵间，以图报称，安能委靡苟且目前，以隳先世勋业哉！”(《元史·木华黎传附子塔思传》)元末大乱时，被包围的元将火赤哈儿的斤正告劝降者道：“吾闻忠臣不事二主，吾生以此城为家，死以此城为墓。”(《元史·巴而术阿而忒的斤传》)

① [蒙古]策·达木丁苏隆编译：《蒙古秘史》，第79—80页。

② (明)陶宗仪：《南村辍耕录》卷七，四库全书文渊阁本。

回顾蒙元历史，蒙古贵族之所以能一统蒙古各部族，征服金、西夏、南宋以及中亚、西亚乃至欧洲等广大地区，是有多方面因素的，但不可否认的是，其中最直接的原因是蒙古将士的英勇善战和赤胆忠心。忠义精神在蒙元建立之初以及征服中亚、西亚和欧洲的过程中，是极其重要的精神力量，特别是木华黎、博尔忽、博尔术、赤老温等一批“朝夕忠勤”“秉心忠实”“输忠于国”的忠臣楷模，为开创蒙古初期强盛局面，做出了巨大的贡献。

（二）儒家思想在元代的影响

追本溯源，蒙元的忠德观念中除了后天的儒家忠观念渗透外，也包括蒙古民族原本具有的忠厚、豪爽的民族精神气质。如在《元史·博罗欢传》中，史家就将蒙古人的忠归之于天性，称赞博罗欢“勇有智略，战常以身先之，所获财物悉与将士，故得其死力。平居常以国事为忧，闻变即请行，至终其事乃止。其忠义盖天性然也”。随着蒙元政权的不断汉化，忠君等儒家思想也不断渗透和影响蒙古人的道德生活。

在蒙古传统精神意识中，最初他们普遍信仰的是萨满教。随着元帝国的建立，儒学特别是程朱理学逐渐成为国家意识形态。一方面，蒙元统治者大兴学校，提倡儒学，恢复科举取士；另一方面，广泛搜罗儒家人才，为我所用。赵复、许衡、刘因、吴澄等程朱理学的传承人[④]都与蒙元统治者合作。他们希望通过向蒙古统治者灌输儒家治国理念、纲常伦理，来延续儒家道统。也就是说，儒者想借助蒙元统治者来传承和发展儒学，一方面他们将异族建立的元王朝说成是尊奉儒家的正统；另一方面，使得儒家思想特别是纲常伦理等传统道德在朝代切换过程中，仍能得以赓续，保持道统不坠。

必须认识到的是，宋元易代所造成的国家权力递嬗，改变的是家天下的易手等外在表象，不变的则是儒家纲常等内在特质。儒家纲常伦理在宋元易代时期非但未受到冲击，反而得以保存并获得迅速发展壮大。到了元末明初时期，忠君道德更激发无数元朝臣民为了元帝国的危亡而效忠死节，赴汤蹈火而在所不惜。

（三）元代践行忠德的多民族性

元朝虽然存在只有百余年，却极大地推动了儒家道统和程朱理学的发展，特别是在纲常伦理方面更是有了进一步的强化，其忠义精神表现出一种多民族性。

在铁木真时期，就着力在统辖范围内树立忠的观念，要求各族、各部落绝对忠于自己。如对于孛罗忽勒、木合黎（即木华黎）、失吉忽秃忽等人誓死保卫“恩主”合罕，对合罕“敬献忠言，以尽忠诚”的“忠勇的六位大臣”表示赞许,[①]并重点表彰了“很早以前,就为国尽忠的是我的兀良哈歹人者勒蔑”,肯定搠马尔罕“遵旨而勿失,遵令而无误”的忠贞本质,“一生忠贞的我的密友孛斡儿出”等人。[②]有元一代,忠臣义士的范围不仅包括蒙古民族的勇士,实际上各民族都不乏忠于蒙元的忠臣。如女真人、西域各民族、“汉人八种”、原南宋地区的汉人等。蒙元将国人分为四个等级,从高到低依次是蒙古人、色目人、汉人、南人。其中,对蒙元排斥最甚的“南人”在蒙元政权巩固后,也逐渐认同并效忠于蒙元,视元朝为中华正统王朝。连儒家圣人后裔都表示了对蒙元的拥戴,如孔子的后裔孔思晦就被蒙元皇帝加以册封。此外,颜回的后裔颜瑜、宋代大儒石介的后人石珪等都是忠于蒙元的忠臣代表,并被写进《元史·忠义传》。即便朱元璋建立起汉人当政的明政权、并提出“驱除鞑虏、恢复中华”的号召,相当一大批的汉族士人仍坚决奉蒙元王朝为正朔,而视朱元璋、陈友谅、张士诚、方国珍等反元势力为叛贼、逆贼、反贼,坚守对元朝皇帝的效忠。如张昶本为元臣,仕明后他仍心向蒙元,并在牍背写上:“身在江南,心思塞北。”(《明史·扩廓帖木儿传附张昶传》)最后被明太祖所杀。时人认可张昶的忠节,认为张昶虽仕明太祖,实际怀有姜维复国之志,且“能于死生之际明焉,岂非忠于元者乎?”[③]张昶这样的人在元末明初并非个例,蒙古人北遁后拒绝投降明朝、甘心做元朝遗民的汉人知识分子有很多。有研究者曾指出,朱元璋起兵反元时,提出“驱逐胡虏,恢复中华”,以民族大义作为思想舆论武器,但仍遭到忠于蒙元的汉人拚死抵抗,这些汉人甚至不惜为元主死节。[④]可见,在元朝时期,儒家的纲常伦理非常深入人心,这也使得这一时期的君臣大义已经超越了民族大义。

除了汉族人,女真、契丹、回回等各族人等也都忠于元朝。在元代,“食人之食则死其事”[⑤]已经成为各民族臣民的一致共识。忠于元朝、战死处州的石抹宜孙实际是契丹人后裔,他主张“义莫重于君亲,食禄而不事其事,是无君也”(《元史·石抹宜孙传》)。投井自尽的拜住则是康里人。拜住认为自己食君之禄但没有尽到匡扶社稷的责任,枉为人臣,故而自尽殉国。回回人获独步丁也坚持:“吾世食君禄,今虽摄官,若不以死报国,则无以见先人于地下。”(《元史·忠义传四》)孛术鲁远作为女真人的元臣,“以忠义自奋,倾财募丁壮,得千余人”,与义军对抗,最终举家死难(《元史·孛术鲁翀传附孛术

---

① [蒙古]策·达木丁苏隆编译:《蒙古秘史》,第87—89页。

② [蒙古]策·达木丁苏隆编译:《蒙古秘史》,第94、97页。

③ (明)朗瑛:《七修类稿》卷八“国事类”,上海:上海书店出版社2009年版,第81页。

④ 参见张锡勤、柴文华主编:《中国伦理道德变迁史稿》下卷,第57页。

⑤ (元)汪克宽:《环谷集》卷八《师山先生郑公行状》,清庐江刘氏远碧楼刻本。

鲁远传》)。浏阳“南人”周镗自谓“我受国恩,脱不幸,必死”(《元史·忠义传三》)。在元代,“南人”为了蒙元效忠死节的也比比皆是。仅以《元史·忠义传》的记载为例,就包括了聂炳、桂完泽、刘耕孙、俞述祖、刘焘孙等一些“南人”忠义传主。以上说明在元朝,各族臣民普遍认同蒙元统治,并把食禄报恩视为臣子之责,把忠君死节视为臣民之义。在忠义精神感召下,元代忠义群体在元朝灭亡、蒙古人北遁大漠后,仍矢志不渝,誓死效忠蒙元。

(三)儒生殉国现象突出

元末忠臣义士多出于儒门,并将儒者身份的那种豪迈气概充为忠义殉道精神。颜瑜只是一个小小的县教谕,但他自豪地宣称:“我东鲁书生也。”后因拒绝与义军合作而被杀。曹彦可亦因“我儒者,知有君父,宁死耳,岂为汝写旗者耶”之言而被杀。坚持忠义、以身殉道的儒士还有很多,如“教授里巷,不与时俯仰”的王佐、集贤侍讲闵本、鳌溪书院的山长胡斗元、国子助教张岩起、国史院编修黄昪等人。以上忠义事见《元史·忠义传二》。元代士大夫和儒生的忠义现象,引起了后世史家的关注。赵翼撰《廿二史札记》时列“元末死难者多进士”的条目,指出:“(元末)仗节死义者,乃多在进士出身之人。”[①]包希鲁的《守城记》有云:“兵兴以来,凡死节效命,举进士、知经学者为多。”[②]对此,元人李士瞻亦有总结,他将“兵兴十年余,仗节死义之人固不为少”的原因归之于“本朝自立国以来,仁义忠孝之道陶濡百年,士大夫以名节自立者风满天下”。[③]当代研究者也注意到这一现象,有学者指出:元进士在“死节效命”之际常常彰显其进士身份,这既反映出进士应当有超出流辈的气节表现,更主要的表现出知恩图报的心理。[④]也有学者认为,进士身份激发了他们极其强烈的责任意识和使命担当,效忠死节是他们报答君恩最主要的也是唯一的途径。[⑤]

作为科举制的产物,进士是一种功名身份的象征。元朝继续推行科举取士制度,同时极力推崇程朱理学,从而使得元代士人自觉认同报答君恩、杀身成仁等忠君道德。“我元进士蒙恩厚,今天运至此,有死无二”[⑥]似乎已经成为元末乱世知识分子的不二选择。回回人获独步丁三兄弟皆为无官守职

---

① (清)赵翼:《廿二史札记》卷30《元末死难者多进士》。

② (清)许应鑅:《同治南昌府志》卷18,南京:江苏古籍出版社1996年版。

③ (元)李士瞻:《经济文集》卷四《题王彦方小传后》,四库全书文渊阁本。

④ 参见桂栖鹏:《元代进士在元末农民战争时期的动向》,《浙江师大学报(社会科学版)》2000年第6期。

⑤ 参见展龙:《论元末士大夫忠义观念与国家意识》,《北方论丛》2012年第1期。

⑥ 柯劭忞:《新元史》,载《元史二种》上册,上海:上海古籍出版社2012年版,第900页。

责的士人，按理说他们根本无须殉国死节，但三人以“皆忝进士，受国恩四十年”（《元史·忠义传四》）的忠君报恩心理，慷慨赴死，以明志向。

第四节　君主专制集权的强化与明代忠德状况

有明一代是中国君主专制集权进一步强化时期，也是传统忠德向极端化发展的重要时期。明代的忠德状况被打上深深的君主专制烙印和君尊臣卑、忠君不贰的印记。

一、朱元璋强化君主专制集权

在开国立基之初，君主专制集权往往伴随着政权的稳固而日益强化。在打天下时期，朱元璋还是充分信任大将和臣子的，曾肯定徐达“事必禀命”为“忠”，且告之以“将在外，君不御。军中缓急，将军其便宜行之，吾不中制”（《明史·徐达传》）。但夺得江山后，朱元璋也与宋太祖一样，开始不放心大臣，特别是那些功高权重的大臣。

朱元璋一方面仿效宋太祖“杯酒释兵权”，通过和平手段削除开国功臣对江山社稷的威胁。如大将汤和尝上言：“臣犬马齿长，不堪复任驱策，愿得归故乡，为容棺之墟，以待骸骨。”这正好迎合了晚年朱元璋“意不欲诸将久典兵，未有以发也”的心思。史称，“帝大悦，立赐钞治第中都，并为诸公、侯治第”。汤和的主动交出兵权和他晚年“益为恭慎，入闻国论，一语不敢外泄”（《明史·汤和传》）的谨慎性格使得他成为明朝开国功臣中得以善终的少数几个人之一。另一方面，朱元璋开始找各种借口，诛杀开国元勋。他不满足于通过赐铁券和给予优厚待遇来安抚大臣，而是从彻底铲除威胁出发，大肆诛杀功臣。比较有名、且株连较广的当属胡惟庸案和蓝玉案。朱元璋利用胡惟庸案废除了宰相制度，强化了君主独裁，同时诛杀了一批开国文臣；通过蓝玉案，抑制了地方割据势力的形成，诛杀了一批武将。通过胡蓝案，朱元璋对开国功臣群体进行了彻底的清洗，[①]并将两案的相关文书资料编成《昭示奸党录》和《逆臣录》而颁行全国，以统一思想，强化君主专制集权。尽管“洪武功臣之不获保全者，或亦有以自取”（《明史》冯胜等传）者，但总地来说，这么大范围地诛杀功臣，并株连其族属、部下，不能不说是专制皇权加强

① 在胡蓝案中，被牵连而遭到诛杀的有40000人左右。见吴晗：《朱元璋传》，北京：人民出版社1987年版，第245页。

独裁统治的必然结果。正如有研究者所指出的那样,“胡蓝党案中受株连的将相大臣都获有铁券,但结果皆以涉及谋逆罪被灭族抄家,无一能够幸免,朱元璋在颁布铁券时,虽曾立有‘河山之誓’,允诺功臣世代荣贵,许以免死特权,但曾几何时,这些用铁铸成的盟誓都化成一张废纸”。[①]

明太祖时期,在暴虐专制的铁幕下,即使是受宠的大臣活得也不轻松。曾经文思泉涌、出口成章的宋濂,也一改往日的做派,变得世故圆滑,凡事三缄其口。曾撰写《磨兜坚箴》,所谓“磨兜坚,慎勿言,口为祸门。……磨兜坚,言出诸口,祸随其后……”在朱元璋的暴虐恐怖统治下,一些臣子为了保命、保官,往往注意察言观色,依违两端,揣摩上意,逢迎阿谀。即使这样,一旦被发现也以不忠而论罪。如《明史·开济传》记载,御史陶垕仲曾弹劾开济说:“济奏事时,置奏札怀中,或隐而不言,觇伺上意,务为两端,奸狡莫测。”开济随即被下狱并弃市。

二、君主暴虐与臣子愚忠

明太祖朱元璋开创明帝国后,非常重视加强中央集权,整顿吏治,重典治国,对臣子不加慈恩。有明一代,尽管君王暴虐,但臣子们却在纲常的麻痹下,麻木不仁,盲目愚忠。

(一)日益悬隔的尊卑等级

明代君尊臣卑极其严格,黄宗羲《南雷文约·明名臣言行录序》所谓“君亢臣卑,动以法制束缚其手足,盖有才而不能尽也”。一方面,明朝统治者为了维护君主专制独裁,用严刑苛法等手段严厉打压臣子,如剥皮实草、明大诰、十恶重罪等。另一方面,在明代臣子看来,“人君受命于天,与人臣受命于君一也。……臣不能抗君,君不能抗天”(《明史·马经纶传》)。这种受制关系逐渐演变为一种主奴关系。“有明一代君臣关系实同主奴关系,官僚只有望风顺旨,尸位素餐,才能保持禄位。”[②]臣子回答皇上的问话时都非常谨慎,唯恐说错话而遭到灭顶之灾。《明史·蹇义传》载,中书舍人蹇义当皇帝问他是否是春秋时期蹇叔的后人时,他吓得“顿首不敢对”,皇帝反而“嘉其诚笃”,将其原名蹇瑢改为蹇义,并一再赐其“蹇忠贞印”“忠厚宽宏”银章等。在专制的淫威下,做臣子的战战兢兢,如履薄冰,当被皇帝责罚时更是不敢抗辩。戴纶因劝谏明宣宗而被“下锦衣卫狱。帝临鞫之,纶抗辩,触帝怒,立箠死,籍其家”(《明史·戴纶传》)。

---

① 朱子彦:《多维视野的大明帝国》,合肥:黄山书社2009年版,第229页。

② 朱子彦:《多维视野的大明帝国》,第22页。

较之朱元璋,明成祖朱棣更是一个彻头彻底的暴君。为了稳固政权,他残酷清洗建文旧臣,而且对死去的人也不放过。如族诛高翔,发其先冢,亲党悉戍边。并对“诸给高氏产者皆加税,曰:‘令世世骂翔也。’”(《明史·高翔传》)据《明史·郑赐传》载,郑赐被同官赵羾所间,“忧悸卒。帝疑其自尽。杨士奇曰:‘赐有疾数日,惶惧不敢求退。昨立右顺门,力不支仆地,口鼻有嘘无吸。’”可见,在明代,罪不止于一身,即便官员死了,也要开棺戮尸,株连姻党。这导致很多官员终日惶惧,惨遭“吓死”。前面提到的郑赐就是吓死的。据《明史·张紞传》载,张紞作为建文帝的旧臣,被明成祖解职。“紞惧,自经于吏部后堂,妻子相率投池中死。”“当是时(指明成祖时期),宫僚多得罪,徐善述、王汝玉、马京、梁潜辈被谗,相继下狱死。(邹)济积忧得疾。”(《明史·邹济传》)透过史书记载不难发现,实际上张紞、邹济等人都是在恐惧中死去的。

主奴关系尽管是不平等的关系,但还是人与人之间的关系,更有甚者,明代臣子有将君臣关系自比于主犬关系,将君臣关系的不平等性说成是主人与犬的关系,实际上将君臣关系降至人与动物的关系。如据《明史·杭雄传》载,明武宗有一次欲亲自击敌,将军杭雄叩马谏曰:“主人畜犬,不使吠盗,奚用犬为? 愿听臣等效力。”帝笑而止。

如果说唐以前的皇帝还能和三公坐而论道,亦师亦友;到了宋代,宰相在殿上就已经没有了坐处,但仍可受到皇帝礼遇;及至明清,专制尤甚,明臣朝见君王必须下跪,清臣则不仅要下跪,还要自称奴才,大臣的尊严和人格尽失矣。

(二)极具羞辱感的廷杖大臣

廷杖并非始于明朝,但明朝廷杖大臣最为酷烈。

明太祖朱元璋时就开始廷杖大臣,甚至当场杖毙,如其亲侄朱文正就毙命于廷杖之下。“平定天下后,(朱元璋)唯恐廷臣对他不忠诚,便用廷杖来威吓镇压,折辱士气,剥丧廉耻。使当时的士大夫在血肉淋漓之中,一个个俯首帖耳,如犬马牛羊,他这才满足。”[①]随着君主专制的不断加强和明帝国的统治日益稳固,朱元璋开始改变“大臣当诛,不宜加辱”(《明史·刑法志三》)的做法,对于臣子,动辄廷杖。嗣后,“殿陛行杖习为故事矣”(《明史·刑法志三》)。尤其围绕张居正夺情、大礼仪之争等,大臣遭廷杖者累累若市。仅在争大礼中的某一次抗辩就有200多名官员遭到杖责。

明朝君主责罚大臣除了廷杖,还包括枷号、罚跪等侮辱性刑罚和罚俸、

① 吴晗:《朱元璋传》,第208页。

革职、流放等处罚。大臣对廷杖的反对之声一直存在，据《明史·李沂传》载，万历年间，王锡爵上言："廷杖非正刑，祖宗虽间一行之，亦未有诏狱、廷杖并加于一人者。故事，惟资贼大逆则有打问之旨，今岂可加之言官？"明神宗并没有听从王锡爵的建议，廷杖如故。

尽管廷杖、枷号、罚跪作为一种耻辱刑，给明代臣子的威仪带来极大损害，心理造成严重伤害，但在儒家忠君观念影响下，遭受耻辱刑罚的臣子却不敢对皇权产生丝毫不满，他们只能从其他方面寻找内心的平衡。沈德符的《万历野获编》专门有《廷杖》条，其详细分析了受廷杖者的扭曲心理，所谓"有功名教者，虽见辱朝廷，而朝绅视之，有若登仙"。尽管朝堂受辱，但只要有利于纲常名教，当事人竟然获得心理上的满足和快感。"明代的政治暴虐，非但培养了士人的坚忍，而且培养了他们对残酷的欣赏态度，助成了他们极端的道德主义，鼓励了他们以'酷'（包括自虐）为道德的自我完成——畸形政治下的病态激情。"[①]

但毕竟廷杖、枷号、系狱是一种耻辱，有人认为这种耻辱刑对君臣尊卑纲常是一种破坏，从而夺去了臣子本应具有的精气神。"盖当血溅玉阶，肉飞金陛，班行削色，气短神摇。即恤录随颁，已魂惊骨削矣。"[②]北寺之狱，廷杖之辱，"为人君者毁裂纲常之大恶"。[③]虽不乏那种受刑之后有若登仙、愈辱愈忠者，但多数还是被折辱了士气，而不复"上忧君国之休戚，下畏小民之怨谘"。[④]

（三）宦官专权与东林党争

在忠臣们看来，宦官集团多为奸佞小人，他们蛊惑人主，把持朝政，祸国殃民，所谓"刑余之人，其情幽阴，其虑险谲。大奸似忠，大诈似信，大巧似愚。一与之亲，如饮醇酒，不知其醉；如噬甘腊，不知其毒。宠之甚易，远之甚难。是以古者宦寺不使典兵干政，所以防患于未萌也"（《明史·黄泽传》）。因此与宦官斗争就是忠君，就是为国家负责，就是正义与非正义的斗争。在这种心理驱使下，明代的忠臣群体自明初到明末始终在与宦官集团做着艰苦卓绝的斗争。

明初的宦官王振，中期的宦官刘瑾，后期的宦官魏忠贤，都是专权的典型人物。史称，"当成祖时，宦官稍稍用事，宣宗浸以亲幸。泽于十事中此为

---

① 赵园：《明清之际的思想与言说》，上海：复旦大学出版社2010年版，第10页。

② （清）计六奇：《明季南略》卷二，北京：中华书局1984年版，第79页。

③ （清）王夫之：《船山全书》第十册《读通鉴论》卷三十。

④ （清）王夫之：《船山全书》第十册《读通鉴论》卷二。

尤切。帝虽嘉叹,不能用也。其后设内书堂,而中人多通书晓文义。宦寺之盛,自宣宗始"(《明史·黄泽传》)。到了明英宗时,宦官王振专权,以至于"忠谏者死,鲠直者戍;君子见斥,小人骤迁。章奏多决中旨,黑白混淆,邪正倒置"(《明史·胡仲伦传》)。

与宦官斗争在明代比较突出的是武宗、熹宗时期。有明一代的宦官专权以明武宗时期的刘瑾和明熹宗时期的魏忠贤为剧。正德元年,刘瑾逐大学士刘健、谢迁。对此,蒋钦等上书切谏。刘瑾大怒,逮下诏狱,廷杖为民。三天后,蒋钦单独上疏,再杖三十,系狱。又过三日,蒋钦再次上疏曰:"臣与贼瑾势不两立……陛下试将臣较瑾,瑾忠乎,臣忠乎?忠与不忠,天下皆知之,陛下亦洞然知之,何仇于臣,而信任此逆贼耶?臣骨肉都销,涕泗交作,七十二岁老父,不顾养矣。臣死何足惜,但陛下覆国丧家之祸起于旦夕,是大可惜也!陛下诚杀瑾、枭之午门,使天下知臣钦有敢谏之直,陛下有诛贼之明。陛下不杀此贼,当先杀臣,使臣得与龙逢、比干同游地下,臣诚不愿与此贼并生。"据载,当蒋钦起草奏疏时,灯下微闻鬼哭声,但他毫不退缩曰:"业已委身,义不得顾私,使缄默负国为先人羞,不孝孰甚!"(《明史·蒋钦传》)后被廷杖死于狱中。鬼神之哭或为附会,然此处记载恰恰说明了明代政治的险恶与做一个忠臣所要面临的巨大危险。如果没有对社稷的绝对忠心,没有那种委质为臣、有死无二的决心,是难以跻身忠臣之列的。

宦官是依附于封建专制体制上的毒瘤,即使在刘瑾被诛后,宦官专权的情况仍没有实质性好转,史称"刘瑾虽诛,佞幸犹炽,中外谏官被祸者不可胜数"(《明史·张文明传》)。特别是明代末期又出现了权倾天下的魏忠贤阉党专政。魏阉与东林党之间倾轧多年,明末政治几为之毁,虽诛杀了魏忠贤,但明朝的崩颓之势也无法扭转了。

同汉末党人一样,明末东林党也是从忠君、忠社稷出发,与宦官集团做斗争。《明史·顾宪成传》的一些话,道出了东林党的初心宗旨,所谓"官辇毂,志不在君父;官封疆,志不在民生;居水边林下,志不在世道,君子无取焉"。"道德问题为东林党运动提供了思想凝聚力,它产生于儒家基本的君臣纲常。"[①]而儒家君臣纲常最基本的就是忠孝,所谓"人臣避居功,甘居罪,君父有急,袖手旁观,此大乱之道也。惑于其说,孝也不知其为孝,不孝也以为大孝;忠也不知其为忠,不忠也以为大忠。忠孝皆可变乱,何事不可妄为?"(《明史·高攀龙传》)东林党在平日讲学中也将忠君忠社稷作为重要内容,在

---

① [美]邓尔麟:《嘉定忠臣——十七世纪中国士大夫之统治与社会变迁》,宋华丽译,卜永坚审校,北京:中央编译出版社2012年版,第24页。

东林党中形成了重气节、重声誉的传统。

在与魏忠贤奸党斗争中，东林人士多被迫害致死。高攀龙投水自尽，黄尊素、杨涟、魏大中、周顺昌、周起元等皆惨死。所谓“国之将亡也，先自戕其善类”，明末东林党人被魏忠贤阉宦集团迫害，对士人的打击非常大；反过来，东林党也将攻击矛头从宦官集团波及所有持不同政见者。明代后期党争的结果是所有与政治有关的势力都卷入党争，非此即彼，没有中立者能存乎其世。“方东林势盛，罗天下清流，士有落然自异者，诟谇随之矣。攻东林者，幸其近己也，而援以为重。于是中立者类不免蒙小人之玷。核人品者，乃专以与东林厚薄为轻重。”（《明史·崔景荣传》）尽管东林党包括后来复社都以儒家忠义自励，但在党争中也不乏狭隘的打压异己，更存在清谈误国的问题。“关于明代清流的知识分子之攻击污浊势力，辅佐君主，有两种相反对于意见：一则加以贬词，一则加以褒奖。贬之者，谓其株守程、朱狭义的道学，不达权变；这颇著重在手段。褒之者则谓其出死力以争朝廷之得失，实不可及；这颇著重精神。”[①]明末清初很多人在反思明亡原因时也将党争作为一个重要因素。“对东林党必须再认识，明朝之亡，东林党、复社负有不可推卸的责任。明末大思想家王夫之说得好：‘国无党祸而不亡。’”[②]应该说，南明党争确实极大削弱了忠义力量。

（四）臣子愚忠现象

尽管专制君主暴虐残酷，但受忠君观念熏陶的臣子仍效尽愚忠。如面对“治尚刚严”的朱元璋，茹太素始终忠心耿耿。有一天，朱元璋恩赐茹太素饮酒时曾赋半句诗道：“金杯同汝饮，白刃不相饶。”茹太素吓得叩首头谢恩并以续诗表态说：“丹诚图报国，不避圣心焦。”（《明史·茹太素传》）最后丹心报国的茹太素还是被因事处死。

愚忠于皇上的臣子非止茹太素一人，在明代愚忠成为一种时代特点。“太祖英武威断，廷臣奏对，往往失辞。而钱唐、韩宜可、李仕鲁辈，抱其朴诚，力诤于堂陛间，可谓古之遗直矣。伯巨、敬心以缝掖诸生，言天下至计，虽违于信而后谏之义，然原厥本心，由于忠爱。”（《明史》钱唐等传）臣子对皇帝的忠爱是理学阐扬“三纲”持续发酵的结果。纲常道德的深入骨髓和持续发酵，加之专制君主的高压，在臣子心中形成了爱惧至极而愚忠的心理定式，所谓“烈士不惮死亡之诛以极谏”（《明史·张钦传》），“忠臣不计得失，故言无不直；烈女不虑死生，故行无不果”（《明史·周是修传》）。因此，臣子不

---

① 周谷城：《中国通史》下册，上海：上海人民出版社1957年版，第307页。

② 朱子彦：《多维视野的大明帝国》，第372页。

惜牺牲性命也要报答君恩。

严德珉因病辞官而被朱元璋黥面刺配南丹瘴疠之地，但即便到了晚年，严也每每向北边拱手连声说："圣恩！圣恩！"(《明史·严德珉传》)即使那些遭到奸臣陷害被皇帝流放甚至虐杀的臣子，临死时也不忘报皇恩。杨继盛被严嵩陷害入狱，受尽酷刑，临刑赋诗曰："浩气还太虚，丹心照千古。生平未报恩，留作忠魂补。"(《明史·杨继盛传》)更有忠臣虽身死而犹要在地下效忠圣上。据载，浙江按察使周新被明成祖虐杀，临刑大呼曰："生为直臣，死当作直鬼！"后来明成祖恍惚中见人绯衣立日中，曰："臣周新已为神，为陛下治奸贪吏。"(《明史·周新传》)这表明：周新对君王的忠心，不以生死易心，即便是被君王处死，也要虽死无憾。这种愚忠情结，在封建史官的渲染下，更演绎成忠臣被冤死后也要效忠皇帝，在阴间仍要担当为陛下反腐肃贪的任务。

臣子愚忠往往与谏诤联系在一起，明代臣子进谏多不惜身家性命。在臣子看来，只要尽到自己的忠君之心，即使身死族灭也在所不惜。曾翀在遭受廷杖临死之前说："臣言已行，臣死何憾！"(《明史·冯恩传附曾翀传》)死时，神色不变。明朝时期，往往君王越暴，臣子越忠。以嘉靖朝为例，就涌现出顾存仁、高金、王纳言、杨最、冯恩、杨爵、周天佐、沈束、杨允绳、马从谦等犯颜直谏、不避生死的忠臣，史官都不由地慨叹："'君仁则臣直。'当世宗之代，何直臣多欤！重者显戮，次乃长系，最幸者得贬斥，未有苟全者。然主威愈震，而士气不衰，批鳞碎首者接踵而不可遏。观其蒙难时，处之泰然，足使顽懦知所兴起，斯百余年培养之效也。"(《明史》杨最等传)而明代所谓的"直臣"却恰好成为愚忠的注脚。

第五节　明末清初启蒙思潮和清代早中期的忠德状况

明末清初的启蒙思想家对君主专制提出大胆的质疑，对纲常名教特别是忠君道德进行了尖锐的批判。随着清朝统治的巩固，明末清初的社会反思和道德批判被压制，代之以"三纲"思想的强化和乾嘉考据的兴起，忠君道德仍牢牢地占据着社会道德意识的主流。

一、明清之际社会经济状况与启蒙思潮的兴起

秦汉以降，中国君主专制社会逐渐走向鼎盛，达到极致，到了明代开始由盛转衰，走向极端腐朽和没落。

在经济领域，自给自足的自然经济长期以来占据主导地位。但在这种

传统的重农抑商、男耕女织的自然经济结构下，商品经济也出现了萌芽。明朝中期，在东南沿海地区出现了早期商品经济萌芽。松江府的农民把织布作为副业，棉布的销量曾“日以万计”。[①]无锡纺织为业，以布匹易物，“一岁所交易，不下数十万”。[②]随着这一地区商品经济的不断繁荣，逐渐出现了资本主义的早期萌芽。在明成化时期，杭州张毅庵的布匹因质量好、需求旺，很快由一张机扩张到拥有二十张机的巨户，“家业大饶”。[③]明人冯梦龙在《施润泽滩阙遇友》（见《醒世恒言》）中也描绘了拥有三四十张机的吴江机户施复。相对于那些“大机户”，没有或缺乏生产资料的织工则沦为大机户的“机工”，形成了机户与织工之间的雇佣与被雇佣关系，对传统农业生产关系中的人身依附产生了直接冲击。

新的生产关系催生了市民阶层的产生，市民阶层又激活了思想界对传统观念的反思。随着君主专制的极端化，社会矛盾不断加剧。商品经济的活跃，资本主义的萌芽产生，促使一些具有启蒙意识的思想家深刻反思儒家理学内在的弊端，并举起早期思想启蒙的大旗。面对新的生产方式和社会形态，李贽、何心隐等激进思想家对传统的理欲观、义利观进行自觉反思和深刻质疑，“正其谊不谋其利，明其道不计其功”等儒家传统观念遭到驳诘。早期启蒙思潮直指理学压抑人正当欲望的弊端，指出欲望、私心乃人的本性，所谓“夫私者，人之心也。人必有私，而后其心乃见；若无私则无心矣”。[④]他们认为天理实际是离不开人的欲望的，所谓“天理寓于人欲”（王夫之语），“理存于欲”（戴震语）。有的启蒙思想家非常重视安身立命，泰州学派的创始人王艮提出“安其身而安其心者，上也”，[⑤]“若不先晓得个安身，则止于孝者，烹身、割股有之矣；止于敬者，饿死、结缨有之矣”。[⑥]他们反思传统儒家的本体论、心性论，重新审视义利观、理欲观，甚至对《语》《孟》乃至“六经”等儒家经典的权威性和具体内容也提出大胆的质疑。

二、启蒙思想对君主专制制度的抨击

明末清初启蒙思想家的初衷不仅仅局限于对人欲的正视和对以理杀人的抵制，他们更将批判矛头指向君主专制制度，质疑其合法性和神圣性。

① （清）宋如林等：《松江府志》卷五《疆域志·风俗》。

② （清）黄印：《锡金识小录》卷一《备参》上《力作之利》。

③ （清）张瀚：《松窗梦语》卷六《异闻记》。

④ （清）李贽：《李贽文集》第三卷《藏书·德业儒臣后论》。

⑤ （清）王艮：《王心斋全集》卷一《语录》。

⑥ （清）王艮：《王心斋全集》卷一《答问补遗》。

首先，从辨析天下、国家入手，以撼动君主专制之法理基础。启蒙思想家对“公天下”和“私天下”的概念，进行了深入辨析。如，黄宗羲对“君权神授”和君主专制制度的合理性提出系统驳斥。在他看来，国家乃生民之初基于人各自私而造成无序混乱这一残酷现实，为避免因私心而造成无序争斗的产物，所谓“有人者出，不以一己之利为利，而使天下受其利；不以一己之害为害，而使天下释其害。此其人之勤劳必千万于天下之人”。①最初站出来协调社会矛盾和争斗的那个人就是最早的君主。“古者以天下为主，君为客，凡君之所毕世而经营者，为天下也”；“今也以君为主，天下为客”②。正是这种主客倒置的情况使得专制君主想当然地以为天下利害都由君主出，从而把他的大私当作天下的大公，甚至将公天下据为一己之私，传之子孙，世代享用。黄宗羲从公共权力的起源所作的“天下之辨”回顾了国家产生的过程，揭露了君主专制的本质及不合法。王夫之也强烈质疑私天下的合法性，他主张公天下，反对私天下，认为“天下非一姓之私”。③王夫之与黄宗羲的不同在于他主要是从族类主义立场来论说天下、国家概念和君主概念。他认为，国家也好，君主也罢，都是出于族类的生存繁衍需要才产生的。要“保其族”“卫其类”，必须有“圣人”出，“尸天下为之君长”。④相对于“生民之生死，公也”，“一姓之兴亡，私也”。⑤区别于王船山的“族类主义”观念，顾炎武则提出“文化主义”观念，或者说是“道德伦理主义”观念。⑥顾炎武认为所谓亡国、亡天下二者有着根本区别。“异姓改号，谓之亡国。”“仁义充塞而至于率兽食人，人将相食，谓之亡天下。”保国的责任在于“其君其臣肉食者谋之”，保天下的责任在于“匹夫之贱与有责焉耳矣”。⑦也就是说，亡国实际上是一家一姓之改朝换代，因此民众不必为其效忠，只有利益集团才应该为此忧虑，但亡天下则不同，这就需要匹夫匹妇都要警醒和自觉捍卫的。当然，顾炎武的天下观、文化观还没有超越他所处的那个时代，还以儒家文化道德的存续来判断是否属于亡天下。顾炎武的思想核心在于强调对维护中国的文化传统包括礼法、道德、秩序等，人人负有责任。⑧具体而言，顾炎武视清军入关为灭绝仁义、率兽食人的文化悲剧。基于此，他旗帜鲜明地

---

① (清)黄宗羲:《黄宗羲全集》第一册《明夷待访录·原君》。

② (清)黄宗羲:《黄宗羲全集》第一册《明夷待访录·原君》。

③ (清)王夫之:《船山全书》第十一册《读通鉴论》卷末《叙论》。

④ (清)王夫之:《船山全书》第十二册《黄书·原极》。

⑤ (清)王夫之:《船山全书》第十一册《读通鉴论》卷十七。

⑥ 冯天瑜、谢贵安:《解构专制——明末清初“新民本”思想研究》，武汉：湖北人民出版社2003年版，第159页。

⑦ (清)顾炎武:《日知录》卷之十三《正始》。

⑧ 参见张锡勤:《一得集》，哈尔滨：黑龙江大学出版社2010年版，第438页。

号召人们反清，其目的不在于为朱明愚忠效死，而是挽救天下兴亡、使中华文明不至于断绝。

在否定君主专制方面，顾、黄、王等启蒙思想家是殊途同归的，都反对把天下国家据为一家一姓的私有财产，反对君主专制和世袭制度，倡导“公天下”理念，认为“天下者，非一人之天下，天下之天下也”。[①]这彻底否定了君主占有天下的合法性，从根本上动摇了君主专制制度的法理基础。

其次，从揭露君主暴虐入手，发起了对专制君主的声讨。黄宗羲视专制君王如同独夫民贼。“屠毒天下之肝脑，离散天下之子女，以博为一人之产业。”专制君主想当然地将天下利益看作是其“产业之花息”，并肆无忌惮地“敲剥天下之骨髓，离散天下之子女，以奉为一人之淫乐”。[②]王夫之则将批判君主专制的矛头直指理学家“天下无不是底君”的论断，驳诘道：“假令君使我居俳优之位，执猥贱之役，亦将云天下无不是底君，便欣然顺受耶？”[③]王夫之对暴君专制痛恨入骨，呼吁“易吾共主，杀此有司，以抒吾怨”。[④]对异族入侵，王夫之坚持民族主义立场，主张民族大义至上，君臣之义要服从于民族大义。也就是说，整个族类利益高于君主一家一姓利益，所谓“不以一时之君臣，废古今夷夏之通义”（《黄书·宰制》）。按照船山君王“可禅，可继，可革”[⑤]的观点，为避免天下沦为“夷类”统治，可以随时换掉承担不起“固其族”责任的不称职君王。王夫之的这一观点在三纲至上的君主专制社会中无疑是十分大胆且非同凡响的。在明末清初启蒙思想家中，唐甄对专制君主的抨击最为大胆和激进，他不仅认为“天子虽尊亦人也”，甚至提出“抑尊”[⑥]的思想主张，尖锐地指出：“自秦以来，凡为帝王者皆贼也。”[⑦]“乱天下者惟君！”在唐甄不论是什么样的君主，只要是君主就是祸乱天下的根源，即“懦君蓄乱，辟君生乱，暗君招乱，暴君激乱”。[⑧]唐甄还将君主看作是历史祸乱的幕后黑手，在《潜书·室语》中，他指出天下臣民“天子实杀之。杀人者众手，实天子为之大手”。唐甄抨击君主专制虽然其主要目的在于倡扬民本主义而不是彻底否定君主制，但他批判君主专制制度，特别是将君主指斥为“贼”、

① （清）傅山：《霜红龛集》卷三二《读子一》。

② （清）黄宗羲：《黄宗羲全集》第一册《明夷待访录·原君》。

③ （清）王夫之：《船山全书》第六册《读四书大全说》卷九。

④ （清）王夫之：《船山全书》第十一册《读通鉴论》卷二十七。

⑤ （清）王夫之：《船山全书》第十二册《黄书·原极》。

⑥ （清）唐甄：《潜书》上篇下《抑尊》。

⑦ （清）唐甄：《潜书》下篇下《室语》。

⑧ （清）唐甄：《潜书》上篇下《鲜君》。

乱天下的祸首和杀人之幕后“大手”，在中国君主专制社会中应该说是空前大胆的。

再次，从社会关系入手，对君臣等人伦关系进行了辨析。何心隐、黄宗羲以及唐甄等人继承了传统的民本思想，对君、臣、民关系进行了辨析，并提出了新型君臣关系的构想。针对君臣似主奴现状，何心隐倡言以友朋关系来重新构建起新的君臣关系。“君臣友朋，相为表里。”“君臣之道，不有友朋设教于下，不明；友朋之道，不有君臣出政于上，不行。”[①]何心隐提出的君臣友朋理论，一方面表明其以体现平等理念的友朋关系来调整体现不平等理念的君臣关系的努力；另一方面，友朋关系在五伦之中对人身依附的束缚最小，最宽松，以友朋之伦来改善君臣关系，也反映出何心隐试图缓解人身依附极强的紧张君臣关系的愿望。客观地讲，尽管何氏的君臣友朋论并没有真正突破传统五伦的范畴，但其试图以平等的朋友关系改善不平等的君臣关系的努力，无疑是超迈同时代人的。与何心隐的君臣友朋论类似，黄宗羲提出了君臣同事论。黄宗羲将理想君臣关系比喻成一种同事间的合作关系。在黄宗羲看来，治理天下就像是在合力“曳大木”，君臣就是“曳木”的伙伴。“前者唱邪，后者唱许。”“君与臣，共曳木之人也。”毫无疑问，黄宗羲的君臣同事论将君道和臣道归结为合作治天下、惠民生的同事关系，这也就从根本上否定了愚忠的存在价值。黄宗羲认为，臣子如果“不以天下为事”，则无疑乃“君之仆妾”；臣子能“以天下为事”才称得上“君之师友”。对于黄宗羲的君臣观，韦政通先生指出：黄宗羲给臣道设立了一个准则。即凡是背离这一准则的，都不过是“君之仆妾”。这样的臣子即便是忠君，甚至以身殉君，实际上也就是一种愚忠罢了。[②]总地来说，黄宗羲主张君臣如师友似同事，是一种彼此合作的关系。冯天瑜先生指出，黄宗羲的君臣合作观斩断了用来维系君臣之间关系的纲常链条，对三纲五常的基础也起到摇撼作用。[③]概言之，不论主张是君臣友朋论的何心隐还是主张君臣同事论的黄宗羲，他们都将批判的矛头对准君臣如主奴这一现象，在思想意识上冲破传统的君臣乃元首与股肱关系的陈腐观念，旗帜鲜明地主张打破君臣如主奴的不平等关系，建立起平等合作的伙伴、朋友关系。

---

① (清)何心隐：《何心隐集》第三卷《与艾冷溪书》。

② 参见韦政通：《中国思想史》下，第898页。

③ 参见冯天瑜、谢贵安：《解构专制——明末清初“新民本”思想研究》，第178页。

三、启蒙思想家对忠君观念的反思

针对儒家纲常伦理,明清启蒙思想家进行了系统反思,特别针对忠君道德进行了深刻的剖析。

围绕忠与孝的关系,顾炎武从君臣和父子这两对纲常关系入手,主张“父为子纲”是根本,君臣之纲不应凌驾于父子之纲之上。他以魏晋时期嵇康父子为例,指出司马氏杀嵇康,嵇康之子嵇绍不应该囿于“君为臣纲”而效忠司马氏。传统史家大多将嵇绍作为忠臣的楷模,而顾炎武的观点是反传统的。顾炎武一反当时社会流行的君臣之纲第一位的观念,使父子之纲重新回到第一位。与此同时,也在调整忠孝两难的冲突问题上冲击了忠君至上的观念。

围绕忠与仁的关系,启蒙思想家以忠臣食人的事例来揭露其悖谬。针对唐代张巡、许远守城不降乃至发生人相食的惨剧和明将李柡固守贵阳三百天“食死人肉,后乃生食人,至亲属相啖”(《明史·李柡传》)的惨痛历史,启蒙思想家对传统忠观念进行了理性反思和系统驳难。王夫之就质疑张巡、许远忠义行为的价值合理性。他指出:“若巡者,知不可守,自刎以殉城可也。”顾炎武反对为了所谓的忠而无视人的生命、以人相食的极端残酷。“至不仁而何义之足云?”[①]而张巡的殉国之举表面看为忠德的践行,但“其食人也,不谓之不仁也不可”。[②]在儒家伦理纠结中,张巡、许远守城不降乃至人食人的忠与仁的冲突,反映了儒家伦理的内在冲突和悖谬。就张巡、许远而言,关键在于道德选择层面对“忠”和“仁”的轻重抉择。[③]

明末清初启蒙思想家围绕三纲及忠君道德的反思是非常大胆和深刻的,就忠与孝和忠与仁等问题的驳难也可以说点到了忠君道德的死穴。假设不考虑君主专制,体现对人生命尊重的仁和血缘至亲的孝无疑要超越为一家一姓江山而守节尽忠。也就是说,忠于君主和家天下的社稷乃小忠,而关注民生疾苦、尊重人的生命的忠则为大忠。

值得注意的是,明末清初的启蒙思想家在批评“君为臣纲”时,主要抨击的是绝对化的忠君,而实际上并不否定传统忠德,甚至还从理论上来进一步辨析忠的道德本体基础。如顾炎武就曾围绕忠等道德规范的道德本体,而分析了其中所依据的天命论、心性论等理论基础。顾炎武指出:“然则子之

---

① (清)王夫之:《船山全书》第十一册《读通鉴论》卷九。

② (清)王夫之:《船山全书》第十一册《读通鉴论》卷二十三。

③ 参见赵园:《明清之际的思想与言说》,第18—19页。

孝，臣之忠，夫之贞，妇之信，此天之所命，而人受之为性者也。故曰天命之谓性。求命于冥冥之表，则离而二之也。”[①]按照传统的心性论，所谓“尽心知性”，而尽心实际上就是忠，故而在忠德场域中，“尽心知性”就体现了思辨与实践、本体与伦理的理论交集和视域融合。

明清时期启蒙思想家还将君主专制的极端化和纲常伦理的僵化归结为道学的衰微和跑偏。认为在明清时期道学受八股取士的影响，已经变得空疏无用，对社会道德和政治生活产生不好的影响。李贽就曾批评道学“高谈性命，清论玄微，把天下百姓痛痒置之不问”。[②]“平居无事，只解打恭作揖，终日匡坐，同于泥塑”，“一旦有警，则面面相觑，绝无人色，甚至互相推诿”。[③]对于明亡的原因，一些人也认为道学的无用、八股的僵化难辞其咎。在《怅怅集》中，吕留良记载一则轶闻。“崇祯末，有人拟一仪状云：谨具大明江山一座，崇祯夫妇二口，奉申贽敬。晚生文八股顿首。贴于朝堂，亦愤时嫉俗之忠言也。”

从社会影响上看，尽管明末清初启蒙思想深刻而猛烈猛击了君主专制、纲常名教、忠君道德，但其实际影响十分有限。一些启蒙思想家的著述仅局限于精英知识分子的小圈子里，远不为广大民众所知晓，甚至在读书人中流传也不广，船山的著作更是在作者死后几百年才得以刊刻流传。尽管如此，明末清初启蒙思想家的“异端邪说”犹如划过漫漫长夜的一道闪电，又似旱地里的滚滚春雷，在中国思想史上留下了璀璨的一页，成为中国启蒙运动的先驱，并极大地启发和鼓荡了近代启蒙运动以及近代道德革命。从资产阶级维新派的康有为、梁启超、谭嗣同到资产阶级革命派的章太炎、邹容，他们都深受黄宗羲、王夫之、顾炎武这三大启蒙思想家的影响。王夫之的《船山遗书》、黄宗羲的《明夷待访录》等著作在近代得以大量的刊刻和广泛的传播。梁启超曾将《明夷待访录》同卢梭《民约论》相提并论，称赞其为对青年最有刺激力的“兴奋剂”，[④]“于晚清思想之骤变，极有力焉”。[⑤]谭嗣同非常推崇《明夷待访录》，所谓“孔教亡而三代以下无可读之书矣！乃若区玉检于尘编，拾火齐于瓦砾，以冀万一有当于孔教者，则黄梨洲《明夷待访录》其庶几乎！”也非常称道湖湘先贤王夫之的《船山遗书》，认为：“其次为王船山之遗

① (清)顾炎武：《日知录》卷之六《顾諟天之明命》。

② (清)李贽：《李贽文集》第五卷《四书评·大学》。

③ (清)李贽：《李贽文集》第一卷《焚书》卷四《因记往事》。

④ 梁启超：《中国近三百年学术史》，《饮冰室专集》第10册，北京：中华书局1989年版，第39页。

⑤ 梁启超：《清代学术概论》，载《饮冰室专集》第5册，第355页。

书。皆于君民之际，有隐恫焉。”[①]某种程度上讲，近代启蒙运动继承了明末清初启蒙思想家的思想和精神基因，他们循着明末清初启蒙前辈的足迹，将对君主专制、纲常名教的批判引向深入，对忠君道德也进行了更为彻底的反思和批判。

四、清朝早中期对传统忠德的继承和弘扬

清朝是女真后裔建立的政权，其统治中国近三百年。按照历史时段划分，清代在中国历史上跨越古代和近代两个阶段。本章涉及清朝的部分主要是古代社会的清朝，也即清朝早中期（鸦片战争前）。

（一）清兵入关与各地的抵抗运动

1644年李自成攻进北京，崇祯缢死煤山，大明王朝结束了277年的统治，寿终正寝。之后，吴三桂倒戈投清，八旗兵长驱直入，很快击败了各路义军和南明的各个小朝廷，统一了全国。

在清廷建立中央政权，占领全国的过程中，曾遇到了顽强的抵抗。这些抵抗力量有的来自于南明朝廷，有的来自于大顺军、大西军等农民起义军，有的则来自于民间那些不服从“雉发令”的乡绅和百姓。清兵入关后，以区区八旗子弟占领庞大的中国，主要采取的是镇压和安抚两手。

对于反抗者，清廷采取毫不留情的措施，加以镇压。如对待各种抵抗力量，清廷都是加以血腥镇压，如“扬州十日”“嘉定三屠”。关于“扬州十日”，有研究者怀疑其为日人伪造，以激起汉人反满情绪，离间清王朝上下。还有研究者针对当时扬州的人口变化，推断“扬州十日”或不如时议那样骇人听闻。笔者不拟考订“扬州十日”之真伪，只就史上无大争议的“嘉定三屠”作一民间忠德状况之考察。

“嘉定三屠”发生在清军初下江南、明朝影响尚在的复杂时期和犬牙交错地带。当时，江南一带民众反抗清廷薙发令的斗争非常猛烈。在时人看来，薙发是国人的耻辱，体现的是夷夏之大防。也就是说，薙发是由夏变夷，无以立于天地之间。因此，一些民众反清与其说是忠于大明，不如说是忠于祖宗和华夏文明。对待薙发这样击穿当时国人心理底线的强制命令，士人多是抗争的，如陈子龙就曾利用民众反对薙发而领导起反抗运动。当然，除了暴力反抗，也不乏自杀者，如侯峒曾的苏州友人就以自杀来抵制薙发，但侯峒曾对此却不以为然。在他看来，“惜哉！吾友既能死，曷不奋大义，天下

① (清)谭嗣同:《谭嗣同全集》,第338页。

事何遂不可为?"[1]侯峒曾则领导嘉定民众反抗清朝,对抗李成栋军队。事实上,尽管"反抗暴行不代表忠君",但对忠臣来说,"如果他们要想毅然决然地摆脱薙发令,就必须迅速掌握强权,直接同敌人对抗"。[2]谢三宾编撰的《嘉定屠城纪略》对嘉定失败后残酷的杀戮进行了详细的记载和描写,其惨状让人不忍卒读。而领导乡民自卫的侯峒曾、黄淳耀及其家族子弟如侯岐曾、黄渊耀等皆自尽。

除了镇压,清廷还采取拉拢、招降等手段来安抚明臣。多铎就曾晓谕明朝官员们,无论他们是否出仕清廷,都将保持其资产和社会地位不变。通过安抚,很多明朝以及南明臣子都变节投降,如钱谦益、洪承畴、郑芝龙等。

面对清廷的血腥镇压和拉拢安抚,南明抵抗力量内部出现了严重的内讧。如弘光王朝福王朱由崧信任马士英、阮大铖等人,形成了马、阮与东林党复社的内部争斗,最终以史可法扬州殉国而宣告了弘光王朝的失败。此后,鲁王监国、隆武、绍武、永历等政权也不乏内讧造成的力量耗损和离析。南明朝廷中一度出现中兴气象的是永历王朝,这一王朝之所以支撑时间稍长,主要是有三股力量的支持。一是瞿式耜、何腾蛟、堵胤锡、郑成功等一批明朝的坚定拥趸者;二是来自李自成、张献忠的义军余部,如李过、高一功、孙可望、李定国;三是一些降清的将领如金声桓、李成栋(即为清廷镇压嘉定反抗、擒获隆武帝者)等反正。这个政权一度从岭南、云贵北伐,收复湖南等地,但由于瞿式耜等战死,加之内部出现孙可望专权、打压李定国,最终在清军和吴三桂的打击下,最终覆亡。最后郑成功的后人郑克塽降清,南方全部纳入清朝的版图。

(二)"三藩之乱"中汉人忠观念之转变

"三藩之乱"发生在康熙十二年(1673年),持续近十年之久,曾占据南方大片地区,给清廷造成极大的威胁。吴、耿、尚"三藩之乱"失败的原因是多方面的,但有一个重要原因是人们的效忠观念发生了转向。

"城头变幻大王旗",不变的是君主专制统治的内核。在君主专制社会中,人民的反抗和效忠都离不开忠君。在民间,即便是反清复明较为盛行的南方地区,人们对清朝的认知也已经出现了分歧。一部分固守着华夷之辨,怀着驱除鞑虏、反清复明的夙愿无怨无悔地、世代相传地从事着反清活动,至少是不合作态度;而另一部分人,包括儒士、儒官等汉族知识分子、政治精英则逐渐承认清廷统治,在心理上产生认同感和归属感,并自觉地积极入

① (清)侯元瀞:《年谱》,第三卷第10页,载侯峒曾:《侯忠节公全集》,陈乃乾刻印,1933年。

② [美]邓尔麟著,宋华丽译:《嘉定忠臣:十七世纪中国士大夫之统治与社会变迁》,第285—286页。

仕，投身到为清政府效力的官僚体系中，更有很多儒生则自觉地在民间教民化俗，宣扬三纲精神，导引民众践行忠、孝、节三德，并将忠君的对象由明朝皇帝换成清朝皇帝。

围绕效忠清王朝还是效忠明王朝的问题，民间意识和观念出现了严重分歧。一方面，民众中存在的普遍忠明观念支撑着南明政权的苟延残喘，也助力“三藩之乱”的一时星火燎原，但另一方面，随着清朝统治的日益巩固，也出现了民众效忠对象的变化，这进一步加剧了敌对双方力量的对比变化，最终导致了这些反清性质的活动都归于失败。如果说打进山海关、打败李自成大顺军还主要是清八旗主力，而入关后横扫中原，消灭南明几个小朝廷，则大量掺入了投降过来的汉人力量，是满汉合流的力量摧毁了南明反清武装。从《清史稿·忠义传二》中所列在平定“三藩之乱”中的死节忠臣义士看，多数为汉人。也就是说，除了个别一二个满人外，几乎清一色的汉族忠臣。在这些汉族忠臣中，出身汉八旗和中国北部、中部、西部地区的汉人占了一小半，而绝大多数则是长江以南新投降的汉人，他们占整个清军平定“三藩之乱”中死节人数的一大半。这个比例也说明，参与镇压“三藩之乱”的各地力量中，南方汉人也占了绝大多数。

一方面是大量南北方汉人投入到清人队伍中参与镇压反清力量，另一方面则是很多人认同清的统治而拒绝加入反清阵营。如吴三桂起兵时，曾邀清朝汉人官吏朱国治、李兴元、高显辰、刘昆等，“胁之从逆，皆不屈。国治骂贼尤烈，即时遇害。先后殉难者，云贵总督甘文焜，广西巡抚马雄镇、傅弘烈及李兴元”（《清史稿·忠义传二》）。在平定“三藩之乱”时死难的清朝忠臣多为汉人，其中有的是清政府封疆大吏，而有的则只是下级官吏，甚至是还没有取得职务的生员。但无论职务高低或有无，这些汉族官员和知识分子都誓死效忠清王朝，宁死不屈。如马弘儒仅为顺治十八年武进士，吴三桂“素重之，迫共叛，不听，以铁椎椎其齿，齿尽落，囚昆明，不屈死”（《清史稿·忠义传二》）。因不屈从吴三桂而遇害的下级官吏和知识分子还有原任曲靖府教授的周起元、生员身份的唐方龄、张鹍羽等人。甚至于致仕或病休家居、无职守的官员也慷慨赴死，如从四川南川县告休家居的原县令在吴三桂反清时，即采取“北面再拜，自缢死”（《清史稿·忠义传二》）的方式，表达自己对清朝廷的一片赤胆忠心。据《清史稿·忠义传二》载，在三藩之乱中，各地仅诸生殉清的，除了前面提到的曲靖生员唐、张二人，还有湖广生员李廷员、张一元、徐翘楚，潮州贡生林应璧，莆田举人刘渭龙，建宁举人谢邦协，南平举人原任丹徒令邹仪周，清流县诸生李亭等人。这些人都是没有官阶的汉族知识分子，没有为清政府守土尽忠之责，但都义无反顾地投身到保卫清朝政权的斗争中，这其中主要起作用的就是忠君观念。如藤县典史黄新德作为下级官员在城陷被执后，拒绝出任“伪官”，曰：“王彦章且不肯降唐，况天朝臣子从贼乎？”骂不绝口，被刀斧俱下而碎尸，史称其“微官死事，世尤重之。”（《清史稿·忠义传二》）从黄新德这样的芝麻官的话语中，我们不难看出，当时的官员普遍已将清政府视为正统的天朝，而将反清的汉族同胞视为“贼”，说明这个时期阶级矛盾代替了民族矛盾，汉人已经自觉认可满人的统治，将效忠的对象固化为清政权。福建的戴玑在解任归乡后，“督课诸子，教以忠孝大义”。在耿精忠反清时，拒不屈从，幽禁期间“朝夕诵文信公正气歌以自壮”。死前，“命（子）铣扶掖北向再拜，曰：‘臣死，命也，当为厉鬼杀贼！’索纸笔，大书‘惟忠惟孝，可以服人’数字，呕血数升死”（《清史稿·忠义传二》）。福建侯官知县刘嘉猷以“既宰兹土，义不污贼”自励（《清史稿·忠义传二》）。潮州参将李成功面对相应耿精忠的上级总兵刘进忠的拉拢，义正辞严地拒绝说：“禄山叛国，死于猪兒儿；朱泚叛国，死于韩旻；汝今叛国，不知死之将至！我何为从汝？”（《清史稿·忠义传二》）同为潮州守营游击的张善继则劝刘进忠曰：“公不闻晋王敦乎？威势未尝不赫也，兵败身死，发瘗斩尸，未有叛国而克全终者！”（《清史稿·忠义传二》）二人都被刘进忠所杀。从上述这些忠臣义士的口中，可知他们将自己不屈从于“三藩之乱”比附于文天祥、王彦章等历代忠臣，而将三藩之首视为安禄山、朱泚、王敦等历史上的叛逆之流。在这种精神感召下，白虎及白崇质父子慨言：“父为忠臣，子从叛贼，乌乎可？”而英勇赴死，临刑时望北叩首，大言曰：“君臣大义尽于此，父子至情亦尽于此矣！”（《清史稿·忠义传二》）

正是有这些忠心耿耿效忠清廷的汉族各级官吏，清政府才得以镇压了“三藩之乱”，成功化解了清入关后最大的政治军事危机。也正是这种效忠对象分歧后的力量对比变化，不仅帮助清王朝平定了南明小朝廷和“三藩之乱”，也进一步笼络了那些一方面心怀故国、一方面又对清朝心存希冀的观望者。从清朝历史看，尽管清朝入关后各种规模的反抗和骚乱始终不断，但总地看，自平定三藩之乱，清政府迎来了一个长期稳定的统治时期，直到1840年鸦片战争才打破了这种稳定。

（三）清朝早中期忠义群体构成分析

清朝是中国最后一个封建王朝，同时也是中国君主专制集权发展到极致时期。随着君主集权政体的极端专制，三纲五常的国家意识形态也由成熟走向腐朽和衰败，愚忠、愚孝、愚节的现象在清代较为突出就说明了这种趋势。在清朝，“三纲五常”等儒家伦理道德已经成为钳制人们思想的一大枷锁。其对人们思想的影响最为深刻,因此这一时期盲目忠君、愚忠的人数也最多,加之撰写《清史稿》的写作班子拥有较为完备的《清实录》等相关资料。因此,《清史稿》也成为中国古代正史中《忠义传》入传人数最多、规模最庞大的史书。

表二:《清史稿·忠义传一》忠臣群体一览表

<table>
<tr><th>时期</th><th colspan="2">尽忠的事件</th><th>死节人数</th></tr>
<tr><td rowspan="3">努尔哈赤、皇太极时期</td><td colspan="2">降服乌拉、哈达、索伦、叶赫诸部</td><td>特音珠等20人</td></tr>
<tr><td colspan="2">征服朝鲜</td><td>劳汉等10人</td></tr>
<tr><td colspan="2">与明军作战(沈阳、大凌河、皮岛、讼山等战役)</td><td>西佛莱等162人</td></tr>
<tr><td>顺治时期</td><td colspan="2">追击流贼,奠定各省</td><td>恩克伊等1245人</td></tr>
<tr><td rowspan="5">康熙时期</td><td colspan="2">平定三藩及歼灭附逆诸镇将</td><td>索诺穆等947人</td></tr>
<tr><td colspan="2">亲征噶尔丹</td><td>富成额等100人</td></tr>
<tr><td colspan="2">厄鲁特之役</td><td>诺里尔达等55人</td></tr>
<tr><td colspan="2">罗刹、西藏诸役</td><td>纽默淳等7人</td></tr>
<tr><td colspan="2">平定各省土贼及海寇、苗、瑶诸役</td><td>郝尔德等285人</td></tr>
<tr><td rowspan="3">雍正时期</td><td colspan="2">承康熙征厄鲁特之役,用兵准噶尔</td><td>和溥等362人</td></tr>
<tr><td colspan="2">青海之役</td><td>姬等第等14人</td></tr>
<tr><td colspan="2">滇、黔、蜀、桂土司苗乱与台湾土番等役</td><td>刘洪度等213人</td></tr>
<tr><td rowspan="13">乾隆时期</td><td colspan="2">荡平准噶尔部,勘定回疆</td><td>傅泽布等512人</td></tr>
<tr><td colspan="2">湖南苗乱</td><td>李如松等15人</td></tr>
<tr><td colspan="2">广西土贼</td><td>倪国正等10人</td></tr>
<tr><td colspan="2">瞻对土司之乱</td><td>陈文华等13人</td></tr>
<tr><td colspan="2">随傅清、拉布敦同死西藏</td><td>策塔尔等6人</td></tr>
<tr><td rowspan="2">金川用兵</td><td>初定</td><td>杨先春等104人</td></tr>
<tr><td>再定</td><td>占辟纳等805人</td></tr>
<tr><td colspan="2">缅甸用兵</td><td>马成龙等167人</td></tr>
<tr><td colspan="2">安南用兵</td><td>英林等160人</td></tr>
<tr><td colspan="2">廓尔喀用兵</td><td>索多尔凯等76人</td></tr>
<tr><td colspan="2">逆回苏十三、田五之乱</td><td>新柱等110人</td></tr>
<tr><td colspan="2">山东王伦之乱</td><td>音济图等18人</td></tr>
<tr><td colspan="2">台湾林爽文及陈周全之乱</td><td>耿世文等159人</td></tr>
<tr><td rowspan="8">乾隆末年至嘉庆年间</td><td rowspan="8">黔、楚等省苗乱及川、楚、陕三省教匪</td><td>苗乱</td><td>六达色等278人</td></tr>
<tr><td>教匪之乱</td><td>杨治宁等742人</td></tr>
<tr><td>仲苗滋事</td><td>胡庆远等113人</td></tr>
<tr><td>闽、粤洋面蔡牵之乱</td><td>陈名魁等67人</td></tr>
<tr><td>巡洋遇风死者</td><td>黄勇等17人</td></tr>
<tr><td>滑县李文成之乱</td><td>强克捷等63人</td></tr>
<tr><td>追剿陕匪及瞻对永北夷匪等役</td><td>马魁等14人</td></tr>
<tr><td>马营坝抢险</td><td>卢顺1人</td></tr>
</table>

续表

时期	尽忠的事件	死节人数
道光时期	重定回疆一役	刘发恒等206人
	江华瑶滋事	马韬等5人
	陕、甘番滋事	胡文秀等13人
	云南永昌回匪滋事	朱日恭等9人
	台湾嘉义土匪	方振声等7人
	山西曹顺之乱	杨延亮等(人数不详)

上表仅是根据官修史书《清史稿·忠义传一》的概述而形成的鸦片战争前清廷忠义人士简表。表中可以看出，从努尔哈赤崛起于东北一直到清军进入中原，乃至以后的占领全国，一直到鸦片战争前，发生大大小小无数次冲突和战争，每次都会有大批效忠于清政权的忠义之士。

《清史稿·忠义传》中记载的忠臣义士在民族成分上也是十分复杂和丰富的。总地看，整整十卷《忠义传》中所列忠臣义士以满人、汉人居多。在清建国之初，死节的忠臣义士多为满洲勇士，其死节情形多为战殁于阵。如镶蓝旗的完颜特音珠、正黄旗的哲尔德固山、镶白旗的索绰罗纳密达、正黄旗的札库塔书宁阿、正黄旗的赖布穆护萨、镶红旗的科奇理索尔和诺、镶蓝旗的纳喇卓纳等。随着清的强大，在清军中不仅有满族八旗，还有蒙古八旗、汉八旗等。崇德六年，在多尔衮与洪承畴会战锦州时，蒙古镶红旗的巴林同阿尔与同旗同族的僧格及蒙古镶红旗人阿桑布严守阵地，奋勇战死。同时战死的还有蒙古正红旗拜浑岱、正黄旗阿布喇库、镶黄旗布斋。早在清军入关之前，一些东北汉人和被俘的明军就被收编入汉八旗中，为清政权效力。汉军正白旗的董廷元及其弟廷儒、廷柏就追随努尔哈赤参加了沈阳会战、大凌河战斗、旅顺口战斗、江华岛战斗等重大军事行动，在战斗中，董廷元总是“先登陷阵”。在皮岛战斗中，更是“以小舟从北冲入，明兵炮碎之，与家丁六人殁于海。”其弟董廷柏后来在远征湖广时，与何腾蛟作战中阵亡。董廷儒则是在顺治五年清大同总兵姜瓖起兵反清时拒绝参加，“以严词斥之”，“骂不绝口，剖其腹，支解之，并其子开国，男妇二十七人俱被害”(《清史稿·忠义传一》)，可谓为清政府尽忠无贰。许友信本为明军军弁，随将领左梦庚降清，隶属于镶白旗汉军。此后，他便一心一意效忠于清廷，并在与南明桂王朱由榔部作战时，“单骑出战，遇伏死”(《清史稿·忠义传一》)。

清廷入主中原统一全国之后，尽管抵抗运动始终不断，但大多数汉人还是逐渐认同于清朝的统治，逐渐视清廷为正统政权，而自觉维护政权的稳定，践行封建道德三纲五常，并将清政府视为忠德的践履对象。这种情况的出现与清军入关之后的政策有关。对于由少数民族从偏僻的东北入主中原的清王朝来说，其早期最重要的任务就是巩固自己的皇权，于是，"忠"就成为官吏道德的首要标准。分化瓦解原来忠实于明朝的官吏和知识分子，软化、拉拢一批威望较高或态度较缓和的头面人物，坚决打击、消除敌对势力，扶植一批如范文程之类忠于大清皇权的汉族官吏就成了当时清政府统治之初的基本策略。[①]在这种政策下，汉族官吏和知识分子逐渐出现了变化，相当一部分汉族官吏和知识分子转而效忠清朝，而视反清者为悖逆和不忠。这也是为什么在"三藩之乱"时很多汉族士人和儒生并不配合吴三桂，拒绝加入吴三桂的反清阵营、并指斥吴三桂为反贼的原因所在。

总地看，有清一代，为清朝死节的忠义现象呈现出马鞍形特点。第一个忠义死节高峰为清军入关前后，集中出现在入关后在与李自成军队、张献忠军队、南明藩王军队、各地抵抗组织，包括后来的平定"三藩之乱"等作战中。表中可见，顺治时期，入关"追击流贼，奠定各省"就死节1247人，康熙朝平定三藩时又死节近千人。"时天下初定，人心反侧。各省土贼蜂起，或剿或守。在顺治一朝，死者尤夥。"(《清史稿·忠义传一》)此后，清政府的统治相对稳定，除了小规模的起义外，康、雍、乾三朝的作战主要针对回疆和西南各少数民族地区，这一时期死节人数不多。第二个忠义死节高峰主要在近代，这个我们留待下一章再讨论。

(四) 加强对忠君道德的宣教

清军入关，统治无论是人口和地域面积都比自己多得多的汉族地区，确立一适合新形势的、强有力的治国理政基本方针至关重要。作为专制帝王，而且是由东北一隅入主中原，在用武力控制住广大疆域后，自然不能总靠武力去弹压，而要采取安抚和笼络手段来争取广大汉族士人和百姓。清初统治者敏锐认识到：在两千年的专制统治下，中国士人和百姓已经对名教纲常心悦诚服，浸入骨髓了。因此，清入关后也是首先从确立儒家意识形态之绝对地位来强化皇权、加强统治的。而且，在强化君主专制问题上，清朝的统治者因其文化自卑和对汉族士人百姓的内心忌惮，采取了在历史上超强的专制手段，其专制化程度超越了此前的历代专制王朝。有研究者指出："清代前期是中国古代王权的极盛时期，是思想专制最为严厉的时期，其手段之高，法网之密，禁锢之酷，为祸之烈，达到了登峰造极的地步。"[②]这个判断是基本符合清初政治状况的。清朝早中期的专制统治在思想层面上主要采取

---

① 参见陈瑛主编：《中国古代道德生活史》，第532页。

② 方潇、钱苏青：《王道视角下的思想控制：清前期的法律与实践》，《法学家》2011年第5期。

道德教化与文化高压相结合的方式。其中,文化高压即大兴文字狱,这个我们留待下一部分来谈,这里主要探讨道德教化的问题。

清廷非常重视民间宗族组织的力量和作用,继承了明代朱元璋开始的“大诰”“圣谕”等国家意识形态舆论导向在民间的宣化,通过地方官和宗族组织将宣扬忠顺、孝敬、和睦、息讼、罢争等价值观念的所谓“圣谕”推广到城镇、乡村的各个角落,使得全民无死角地接受忠孝节义思想的熏陶,从思想上钳制人民,使之成为愚忠、愚孝、愚节的顺民、良民。应该说,朱元璋从乡里保甲入手,充分发挥民间宗族组织的作用,通过推行“明大诰”,设立“申明亭”“旌善亭”等,采取民间教化和耻辱刑等多种形式,使得国家法与民间法、习惯法相互融合和互相补充,很好地促成了道德自律与法律他律的有机结合,实现了“劝善惩恶”“移风易俗”“正礼义风俗”的目的,节约了国家法律资源,夯实了全民精神层面对儒家纲常的认同。这也是为什么明亡之际不仅出现大量忠臣和遗民,而且很多下层百姓也为明朝殉葬的原因。究其根源,就在于“忠孝节义”已经浸入骨髓,全民儒教化已经成为不争的事实。

清入关后,也从控制基层组织和民众思想意识入手。一方面从基层制度建设层面,在明代里甲制基础上,施行“坊厢里甲制”,赋予地方官吏和宗族组织以基层管理的职能,倡导推行有利于君主专制统治的“乡规民约”,从思想上、地方组织上织密精神控制的罗网,使得人民始终认同于“忠孝节义”,心悦诚服于清朝的君主专制统治。这个工作从顺治入关后就开始进行,在各地推行“六谕”,要求各地方官员和地方乡绅、士人成立“乡约”组织,指派德高望重的族人和士人担任约正和约副的职务,定期组织宣讲,并根据人们日常行为而订立“记善簿”和“记恶簿”,以扬善惩恶,提撕子孙,申明教谕。应该说,清朝将乡约组织作为民间基层组织来构建,体现了官方的意志和行政的功能。史载,“凡直省州县乡村巨堡,及番寨土司地方,设立讲约处所,拣选老成者一人,以为约正,再择朴实谨守者三四人,以为直月,每月朔望,齐集耆老人等,宣读《圣谕广训》、钦定律条,务令明白讲解,家喻户晓”。[1]康熙时期则在顺治圣谕基础上,发展成“圣谕十六条”,明确了“圣谕十六条”的核心和宗旨在于“敦孝悌以重人伦、笃宗族以昭雍睦、和乡党以息争讼、重农桑以足衣食、尚节俭以惜财用、隆学校以端士习、黜异端以崇正学、讲法律以儆愚顽、明礼让以厚风俗、务本业以定民意、训子弟以禁非为、息诬告以全良善、诫匿逃以免株连、完钱粮以省催科、联保甲以弭盗贼、解雠忿以重身命”。以后,还有雍正时期长达万余字的《圣谕广训》,也都是这种

---

① 《大清会典事例》,北京:中华书局1991年版,第167页。

圣谕教化模式的延续。

地方官员在宣讲日要亲自宣讲“圣谕”，这已经成为清朝考课地方官员的重要内容。康熙时期的儒家学者官员李来章就曾在河南省连山知县任上致力于宣讲“圣谕”，教化乡里，并就如何能够使得目不识丁的百姓都能对“圣谕”了解，而采取群众喜闻乐见的形式，撰写了《圣谕衍义三字歌俗解》《圣谕图像衍义》《圣谕宣讲乡保条约》等，大力宣讲“圣谕”。更有地方官员因宣讲“圣谕”的形式和效果好而受到表彰，如安徽太平府繁昌县的知县梁延年发挥才智，用百姓容易听懂、易于接受的生动浅显语言，逐条阐释和解读“上谕十六条”，并配以故事图解，编成《圣谕像解》一书，使得康熙“圣谕”在里坊传播，妇孺皆知，受到康熙皇帝的嘉奖。

清朝“圣谕”教化的核心思想在于“利用宗法关系，通过讲求儒学的纲常名教化导百姓，使人们安分守法。其中最主要的是‘孝’，通过‘孝’架起通往‘忠’的桥梁”。[①]清政府通过地方讲约和旌善纠恶之法，“就是要使封建统治者所提出的伦理道德规范和要求为全国民众所接受，并内化为一种自觉的行动，从而达到正人心，厚风俗，家家衣食丰足，地方秩序安定的目的”。[②]从目的、形式、内容、效果等方面看，清朝继承了明朝的圣谕教化形式，这种形式实际上是一种人治的专制政治在民间教化层面的体现。其在内容上掺杂了道德和法律的内容，但即便是其中的法律内容也是一种民间的习惯法与国家法的结合，仍是一种人治下的法制，是以君主个人意志为中心的法，不是我们今天现代民主意义上的法治。但这种以维护君主专制统治为目的，形式和内容上杂糅了道德、习俗、法律等成分的“圣谕”宣教，其效果还是非常明显的，不仅很快使人们认同和服从于清的统治，使得那些忠于明朝的遗民和志士无以措手足，而且还争取了一些汉族官员和士人的衷心拥戴。

在宣讲“圣谕”，广泛宣扬“忠孝节义”等封建社会核心价值观的同时，清朝统治者对一些违背儒家纲常名教的行为也进行了否定，明确了国家法律规制的“红线”和道德的“底线”，特别是对那些违背忠君道德、危害专制统治的行为则更是加以极力打压。在清朝初期，甚至对那些投降清廷、帮助清廷打下整个江山的前明官员也卸磨杀驴，或杀或贬，甚至在编撰史书和舆论宣传上极力丑诋，刻意丑化，将这些不忠之臣刻在历史的耻辱柱上，其目的是晓谕臣民要永远做一个效忠清廷的臣子。清廷在编撰前朝史书时，一方面，为明朝忠臣史可法、刘宗周、黄道周等立传，还辑录一些忠臣事迹编写了《忠

---

① 张瑞泉：《略论清代的乡村教化》，《史学集刊》1994年第3期。

② 龚小峰：《清代江苏督抚对地方的教化》，《东南大学学报(哲学社会科学版)》2008年第5期。

义传》一一七卷，宣扬这些忠君为主的忠臣。另一方面，组织编撰了《贰臣传》甲乙编，将投降自己、为臣不忠的明朝官员如洪承畴、祖大寿、钱谦益等人编入《贰臣传》，加以丑化和道德鞭挞。在下令编撰《贰臣传》的诏书中，乾隆明确指出这些明朝臣僚“遭际时艰，不能为其主临危受命，辄复畏死幸生，忝颜降附，岂得复谓之完人！”对于先降后叛的金声桓和降后诋清的钱谦益，乾隆认为不可“比于人类”。清廷之所以要丑诋这些大节有亏的明臣，就是“为万世臣子植纲常”，以达到“风励臣节”“崇奖忠贞”的目的。

第六节　宋（辽、金）、元、明、清时期的忠德特点

宋（辽、金）、元、明、清时期，尽管人们仍高扬忠恕、忠信等道德精神，但忠更多地已经窄化为忠君道德，而且越来越走向单向度的极端化。

一、“忠孝节义”获得全民普遍认可，成为封建社会的核心价值观

自汉代确立“三纲”至上的地位后，历代就围绕“三纲五常”的价值进行提炼，并将其凝练成“忠孝节义”。宋朝以后，人们基本就只讲忠孝节义。[①]到了明朝以后，无论在地位还是影响上，“忠孝节义”都已超过五常。[②]人们谈到伦理道德，往往就用“忠孝节义”来概括。[③]

关于“忠孝节义”的最早出处，一般认为首见于宋代洪迈的《夷坚丙志·忠孝节义判官》。[④]实际上，早在南北朝时期，“忠孝节义”一词就已经出现了。据《三国志》裴松之注的记载，东晋时期孙盛提到“忠孝义节，百行之冠冕也”（《三国志·蜀书·姜维传》注）。在这里所说的是“忠孝义节”，其与“忠孝节义”存在一个字序上的微小差异。另据《魏书·礼志四》，在北魏道武帝统治时期，其皇后所乘乾象辇上曾以“先圣贤明、忠孝节义、游龙、飞凤、朱雀、玄武、白虎、青龙、奇禽异兽”作为纹饰。尽管“忠孝节义”的提法在南北朝时期已经出现，在《旧唐书·薛仁贵传》中也关于“忠孝节义”的记载，[⑤]但在宋代以前，“忠孝节义”并没有成为整个社会的普遍共识。究其原因，这主要是由于魏晋南北朝时期天下板荡，政局不稳，加之思想界的多元和儒学的边缘化，使得忠、孝、节等儒家

---

① 张岱年：《中国伦理思想研究》，北京：中国人民大学出版社2011年版，第210页。

② 张锡勤：《论宋元明清时代的愚忠、愚孝、愚贞、愚节》，《道德与文明》2006年第2期。

③ 张锡勤、柴文华主编：《中国伦理道德变迁史稿》下卷，第53页。

④ 陈瑛等：《中国伦理思想史》，贵阳：贵州人民出版社1985年版，第338页。

⑤《旧唐书·薛仁贵传》曰：“移理新城，抚恤孤老；有干能者，随才任使；忠孝节义，咸加旌表。”

纲常伦理在社会上落实得并不好，自然无法成为社会核心价值。

宋朝迎来了思想界的儒家道统复兴，儒家纲常伦理重新占领国家意识形态主阵地，促进了对社会核心价值观的提炼和宣传。宋明以来，“忠孝节义”一词为社会所普遍接受。[①]在广大民间，借助于戏曲、文学等形式，“忠孝节义”更得以广为流传，成为“中国传统社会中为各个阶层以及各家各派共同认可的价值追求”，[②]并成为钳制人心的精神枷锁。

宋、元、明、清时期，统治者还通过旌表、立牌坊等形式大力倡导忠孝节义。如为了弘扬忠孝节义精神，康熙还以“忠孝节义之门”的匾额追赠给抗清的前明庆都知县黄承宗。民间的乡规、民约、族规、家训等也重点强调忠孝节义。“忠孝节义”还频见于官私史书、地方史志、文人笔记文集以及辞赋、戏曲、小说等文化载体中。心学巨擘王阳明就非常重视戏曲在宣扬忠孝节义方面的道德教化功能，强调戏曲应“只取忠臣孝子故事，使愚俗百姓人人易晓，无意中感激他良知起来，却于风化有益”。[③]在这种儒家伦理化的文艺精神影响下，明清文学的创作多以倡导忠孝节义为宗旨。如《型世言》和“三言二拍”等小说其核心都在极力阐发和宣扬忠孝节义。明清时期的通俗小说主要是倡导“忠孝节义”四德。[④]戏曲也往往把忠孝节义作为创作和表现主题，在《比目鱼》的第一回，李渔开宗明义指出：“只是一件，但凡忠孝节义，有关名教的戏文，孩儿便学。那些淫词艳曲，做来要坏廉耻，丧名节的，孩儿断不学他。”焦循对花部剧给予充分肯定，“其事多忠孝节义，足以动人”。[⑤]《五伦全备忠孝记》、《大劈棺》、《秦香莲》、《一捧雪》、《琵琶记》、《跃鲤记》、《未央天》（即《马义救主》）、《清忠谱》、《王宝钏》、《芦花记》、《精忠记》等传统戏曲，核心内容都是在宣扬忠孝节义。有的戏曲甚至直接就以《忠孝节义》为题，如目连戏专有《忠孝节义》的曲目。在过去的老戏台的两侧廊柱上，都

---

① 正如有人所指出的，“核心价值观的培育和践行，是一个逐步积累、逐步认识、逐步形成共识的过程，不可能是朝夕之功。从历史上看，封建社会核心价值观的发育成熟用了上千年”（王晓辉：《积极培育和践行社会主义核心价值观》，载《十八大报告辅导读本》，人民出版社2012年版，第256页）。在宋代，“忠孝节义”定型为封建社会核心价值观距秦汉封建社会产生之时正好为千年左右。

② 梁劲泰：《忠孝节义观从先秦到现代的演变》，西安：陕西人民教育出版社2011年版，第1页。

③《王阳明全集》卷三《语录三·传习录下》。

④ 参见张岱年：《试论新时代的道德规范建设》，《道德与文明》1992年第2期。

⑤ 中国戏曲研究院编：《中国古典戏曲论著集成（八）》，北京：中国戏剧出版社1959年版，第225页。

要悬挂楹联,其中最常见的是劝励忠孝节义的楹联。[①]

二、忠君泛化成全民道德,不受身份、民族限制

按照先秦时期基于委质关系的忠君道德,忠君的践行群体主要应是食朝廷俸禄的有职守之各级官员,但在家天下的君主专制社会里,受君臣大义的影响,忠君道德逐渐泛化成全民性道德约束。

自宋代以后,三纲思想浸润人心,忠君殉国者中,除了有职守的文臣武将,更有诸多下级兵士和黎民百姓。在宋金对战时,宋朝士兵唐琦拒绝降金,表示“死为赵氏鬼”,并呵斥宋降将道:“我月给才石五斗米,不肯背其主,尔享国厚恩乃若此,岂复齿人类哉?”(《宋史·忠义传三》)作为普通针工,太和县的刘士昭写血书以明志:“生为宋民,死为宋鬼,赤心报国,一死而已。”(《宋史·忠义传九》)然后用帛自缢而死。金国的下级兵士为国尽忠而死的也不乏其人,如保甲射生手郭蛤蟆、炮手阿驴和樊乔、射粮卒强伸等。元末忠君现象具有全民性的色彩,《元史》的“忠义传”传主几乎涵盖了各个社会阶层忠君殉国的典型,这其中包括公差冯三、工匠的吴德新、仆人扬儿、常州娼妓徐氏、信州民陈受等。

作为深受儒家文化熏陶的士人,在社稷崩塌、君父危亡的时刻,儒生无疑是践行纲常伦理、一死报君恩的模范群体。每当国破家亡之际,诸生殉国构成了一幅幅蹈死赴义、义无反顾的凄惨画卷。早在宋金时期就出现了诸生殉国的苗头,其势头在元末时转炽,元代进士殉国成为一种政治文化现象。受“心可灭,吾心之正气不可灭”的忠义精神感召,宋(辽、金)、元、明、清的士人们多选择临难死节。而且基于儒家伦理纲常的深刻影响,很多儒生选择自缢于孔庙或明伦堂,表现出恪守儒家忠君道德的精神。明清易代之时,诸生殉国已经成为一种非常普遍的忠义现象。《明史·忠义传》记载了很多忠臣烈士的事迹,如训导王一统“死节明伦堂”,训导冯厚敦“冠带缢于明伦堂”,华亭教谕眭明永也“题诗明伦堂,投缳死”,教谕夏世英则“持刀骂贼,死于明伦堂”。在儒生看来,在江山社稷沦亡之际,明伦者必以死明志。在明伦忠死精神感召下,教谕、训导、诸生等儒士大都能忠君不贰,大义凛然,一死报君。对明末诸生忠难现象,据《明史·忠义传七》的不完全统计,在甲

---

① 如北京广和楼剧场楹联为“学君臣,学父子,学夫妇,学朋友,汇千古忠孝节义,重重演出,漫道逢场作戏;或富贵,或贫贱,或喜怒,或哀乐,将一时悲欢离合,细细看来,管叫拍案惊奇。”(刘东升:《戏曲舞台楹联拾趣》,《人民日报》海外版1999年8月17日)四川新津县城隍庙戏台楹联为“要正人心,多演些忠孝节义;诗从雅颂,少唱点雪月风花。”(李兴玉:《旧时舞台楹联拾零》,《四川戏剧》1990年第1期)

申国变之时，诸生慷慨赴死的，在京师有蔺卫卿等，在大同有李若葵等，在金坛有王明灏等，在丹阳有王介休等，在鸡泽有殷渊等，在肥乡有郭珩等。受忠孝节义思想的深刻影响，甚至于总角之蒙童都慷慨赴死。据彭孙贻《流寇志》载，大顺军攻破北京时，有个儒童正在读书，听说京师陷落，帝后升遐，哭着拜别母亲，出门投水自尽。[①]元明清时期，明伦忠死已经深入士人精神血脉中，将儒士的生命价值与爱国忠君紧密联系在一起，将舍生取义、精忠报国的忠义精神融进个体生命中，溶入精神血脉里，客观上张扬了殉道精神，也加速了忠君滑向愚忠的窠臼。

明清两朝的百姓在三纲思想浸润下，普遍怀着效忠圣上之心，因此在国亡君死之际，忠君自杀现象极为普遍和突出。据《清史稿·忠义传七》载，甲申年北京城坡，范箴听、杨铉、张世禧、李梦禧等京城布衣忠君自杀以殉。另据张怡的《玉光剑气集》记载，在京师陷落、崇祯自缢后，百姓自杀殉节者非常多。其中，东江米巷的一对画士夫妇，痛哭后面对面上吊而死。有一位不知姓氏的卖菜佣，担菜到东华门时，看见崇祯和皇后的棺材，“呼天号恸，叩首，触阶死”。布衣汤文琼，在街市上自刎而死，死前在自己身上写下“位非文丞相之位，心同文丞相之心”。在百川桥下，有一个小乞儿，其题诗“三百年来养士朝，如何文武尽皆逃。纲常留在卑田院，乞丐羞存命一条”后投河死。[②]普通百姓的这些忠君殉国行为，反映了明清之际忠君尽节观念已经深植于百姓心中。

忠君观念不仅对社会各个阶级、阶层的人产生广泛而深远的影响，甚至还超越了民族大义，片面突出君臣大义。[③]随着民族的大融合，狭隘的民族本位不再是判断政权正统性的标准，随之而来的，在政治道德层面则更多地强调“委质策名，有死无贰”的忠君殉节。在宋与辽、宋与金、宋与元等民族之间的对抗和战争中，相当多的生活在辽、金、元的汉人俨然已经视宋国为仇雠，以死效忠其所在国。如汉裔金士魏全被宋军俘获，拒不投降，大骂而死。这种情况也发生在辽金、金元之间，如在辽金对抗中，很多契丹人投靠、效忠金国，如在抗击蒙古中殉国的移剌阿里合、移剌蒲阿等金朝臣子从族裔

① 参见(清)彭孙贻:《流寇志》卷十。

② 参见(清)张怡:《玉光剑气集》卷六。

③ 在这点上，民众的观念与明末清初启蒙思想家是相反的。王夫之、顾炎武等启蒙思想家反对为一家一姓的家天下去效忠殉节，而主张为民族、为中华文化去奋斗，去献身。从民众以君臣大义为重的观念看，宋明理学对人们思想意识和行为取向的影响是非常深的。这也是为什么启蒙思想家要大声疾呼“天下兴亡，匹夫匹妇与有责焉”，主张民族大义至上的道理。

上都是契丹人。相对这些异族忠臣而言,女真人则反倒越来越逊色,到了金哀宗时期甚至有“女直人无死事者”的说法。相对于宋、辽、金,蒙元的有效统治区域最广,其管辖下的民族也最多,民族成分也最复杂,因而其忠臣义士涵盖了多个民族。在元朝的精忠谱中,除了蒙古族人,还包括闻风而降的西域弱小民族,以及抗击蒙古大军最为猛烈、遭受镇压最为残酷的女真人和南宋人(即所谓的“南人”)。随着元朝政权的稳固,这些“南人”也逐渐认同元的统治并效忠元政权。到了元末明初,甚至朱元璋已经建立了汉人政权——明朝,却仍有很多汉族人(包括儒士诸生)誓死效忠元主。《元史·忠义传》记载了大量女真人、契丹人、回回人、高昌人、康里人等忠元义士,以及忠于元朝的“南人”周镗、聂炳、刘耕孙、刘焘孙、桂完泽、俞述祖等人。这表明:这一时期君臣大义超过了民族大义。在这种忠君观念超过民族观念的情况下,土木堡战斗中,抵抗瓦剌的明军中不乏蒙古勇士。比较有名的有吴允诚父子以及脱欢儿子薛寿童等蒙古勇士都战死在土木堡,为明朝尽忠死节。此外,蒙古人毛胜(即元右丞相伯卜花之孙福寿)、忠勇伯蒋信(本名把台也)、焦礼(把思台之子)等也都参加了土木堡战败后的卫护京师战斗。满族人建立的清政权,其忠臣的民族来源也非常复杂多样。在入关前后殉国的清军将士中不仅有大量的满八旗,更有为数众多的蒙八旗和汉八旗将士。概言之,从宋至清,虽然不乏坚守民族大义、具有民族气节者,但总地看,君臣大义逐渐超过了民族大义。面对异族入侵和入主,人们已经不再简单地以蛮夷视之,而是以其是否建立有效的政权为衡量标准。对于君王,不论其为那个民族的,全国各族臣子都要效忠于他。

三、忠君道德加速向愚忠发展

愚忠是一种背离理性的畸形道德现象,是忠君道德走向极端化和片面化的必然结果。尽管愚忠事例自古就偶有发生,但愚忠从一种偶发的个例演变成普遍的社会现象则主要是在明清时期。愚忠之所以在明清大行其道,一方面,纲常名教的极端化、非理性化是主要原因。宋明理学将纲常名教论证为绝对的天理,鼓励为纯粹的道德实现而献身,反映了道德绝对主义向准宗教化方向加速发展的时代特色。[①]正是宗教化儒学过于突出道德的至上性才促使忠君道德加速滑向反理性、畸形的愚忠。另一方面,从宋朝到清朝中国处在整个封建社会由全盛走向衰败的过程之中,三纲、三权、三德的消极腐朽弊端已经开始显现。在纲常体系中,臣、子、妇丧失独立的人格,

---

① 参见陈少峰:《中国伦理学史》上册,第287页。

沦为君、父、夫的附庸和压迫奴役对象，对自己的身体乃至生命都没有支配权，从而催生出林林总总的愚昧畸形行为。[①]愚忠本质上是建立在广大臣民独立人格丧失的基础上。而独立人格之丧失原因很多，其中畏惧和畸爱是值得注意的两种臣民畸形心理。

首先，因畏而愚忠。随着宋、元、明、清时期君臣地位的日益悬隔，在君主面前，臣子越来越卑服。面对口含天宪、乾纲独断、集权跋扈的专制君王，大臣都只能怵惕、颤慄，乃至于匍匐、听命。“上积疑其臣而蓄以奴隶”，“下积畏其君而视同秦越”。[②]在臣民的眼中，君王如同上天一般神圣而令人敬畏。“惟天惟君，是敬是畏”（《元史·忙哥撒儿传》）。臣民视君父如天，绝不敢抗旨不遵、欺君罔上。臣子从心底里畏服专制君主，将忠君死节视为最高价值，把“为官不负民，为臣不负君。忠义诚以尽，生死安足论”[③]当作最基本的臣道。“君臣大义”要求“严万古之纲常，守三尺之法纪”，“君仇必报，君贼必讨”是“臣子身上事”。[④]对于这种因畏而愚的忠德，宗教层面的神道设教也发挥了推波助澜作用。传说宋将吴源战死后，上天感其忠义，封他做了土地神君。[⑤]在君权神授、君主神圣的舆论导向下，“天网虽恢恢，难容不忠族”[⑥]的观念更加剧了对天命和君王的畏惧，助长了愚忠情结。

其次，因爱而愚忠。除了基于对天理、天子的畏惧，受纲常名教的熏染，臣民忠君道德已经内化为一种爱，从而将血亲之间的那种爱推扩到政治关系之中，忠君也因此成为类似血亲之间的一种爱的流露，所谓“以爱亲之心爱其君，则无不尽矣”。宋朝的胡安国虽然多次遭到贬谪，“其爱君忧国之心远而弥笃，每有君命，即置家事不问”（《宋史·儒林传五》）。明代的海瑞不惜舆榇诀妻而谏诤，数次辗转于死亡边缘。即便这样，当海瑞在狱中得知圣上驾崩时，非但没有一点侥幸活命心理，反而如丧考妣，大哭尽哀。不能不说，海瑞的愚忠是情真意切，矢志不渝的。

随着三纲影响的日深，臣民对社稷和君王的忠也日益浸润入骨髓里，那种发自内心、情真意切、真诚无伪的愚忠情结在臣民的心里深深扎根。愚忠集中表现在谏诤和死节这两个方面。

首先，在谏诤方面，愚忠的道德情感一旦发展到极端化，就变得偏执而

---

① 参见张锡勤：《论宋元明清时代的愚忠、愚孝、愚贞、愚节》，张锡勤：《一得集》，第372页。

② 《黄宗羲全集》第一册《子刘子学言》卷一。

③ （清）张怡：《玉光剑气集》卷六。

④ （清）张怡：《玉光剑气集》卷四。

⑤ （清）胡文焕：《稗家粹编》卷一。

⑥ （清）颜钧：《颜钧集》卷七《劝忠歌》。

愚痴。以明朝为例,皇上越是昏庸暴虐,做臣子的就越是忠鲠不屈。以廷杖为例,廷杖越酷烈,谏诤越执着。明太祖时因谏诤而死的臣子不乏其人,即便这样,直言敢谏的忠臣义士仍前赴后继,“原厥本心,由于忠爱”(《明史》钱唐、韩宜可等传赞)。作为暴戾乖张的君王,朱元璋一面严酷对待臣下,一面要求臣下尽忠上谏。朱元璋强调“忠臣爱君,谠言为国”,“爱君者”就应该“有过必谏”“遇事必言”,所谓“谏而不切者,非忠也”“言而不直者,亦非忠也”。[①]也许是畏惧,也许是痴爱,面对冷酷无情、喜怒无常的君王,臣子仍不避斧钺,犯颜直谏,这几乎成了明代政治生活中一个怪现象,所谓“烈士不惮死亡之诛以极谏”(《明史·张钦传》)。不管怎么说,像曾翀、严德珉、杨继盛那样忠而无怨、直言敢谏、愚忠效死者在《明史》中史不绝书。

随着君主专制的日益极端化,愚忠也走向畸形和病态。有学者指出,明朝的暴虐政治生态,不仅培植了士人的坚忍不拔,而且激发了士人对残酷事物的欣赏心理,助长了道德极端主义,鼓励了士人们把自虐看作道德境界的自我提升和完善,反映出畸形政治生态下的病态激情。[②]正如大礼仪之争,君王越专横,臣子越执拗,而且表现得舍生忘死,既愚且狂。《明史·俞敬传》有言:“诸臣迹虽狂悖,心实忠诚。”

其次,在死节方面,忠臣也不仅仅满足于杀身成仁,进而追求一种满门忠烈的极端惨烈的效果。满门忠烈是忠君发展到极端畸形后产生的一种反人性、非理性的表现。在宋代以前,满门忠烈现象还较为少见,但在宋以后在忠孝两全观念和愚忠思想的影响下,臣子们普遍以阖门尽忠、满门忠烈的极端惨烈效果为荣,来彰显自己的赤胆忠心。宋人张克戬、周中、王复、陈隆之、史抗、霍安国等都是阖门忠死的代表。金国臣子也将以身殉国发展成满门忠烈,如左司郎中杨居仁、户部侍郎杨正夫等都是这方面的代表。[③]元明鼎革时期,多有元朝臣民夫妻同缢、父子赴死、一门尽节者。到了明朝,“父死忠,子死孝,妇死节”的满门忠烈受到推崇。到了明亡清兴时候,举家赴死则比比皆是。彭孙贻的《流寇志》所载了很多这样的事例。如榆林被李自成攻陷,都任告诉家人:“死矣,不可污贼手。”之后,全家全部缢死。大同失守,李若葵题字壁上曰:“一门完节。”阖门九口均自缢身亡。广州陷落,霍子衡书写下“忠孝节烈之家”后,带着妻妾和子女全都投井而死。北京城破,卫时春选择投井而死,他的妻子眷属也全部随他自尽。高文采也在北京陷落时

① (明)余继登:《典故纪闻》卷二。

② 参见赵园:《明清之际的思想与言说》,第10页。

③ (金)刘祁:《归潜志》卷五。

带着全家共十七口人全部自杀。大顺军占商丘,周士朴与妻妾、儿子及儿媳同一天缢死。像这样阖家死难的故事在明朝末年是很多的,比较著名的还有内乡"许氏七烈"、嘉定"曾氏五节"等。满门忠烈的精神力量主要是忠君死节等纲常伦理。因而,每遇事不谐、志不遂,则"堂堂丈夫,圣贤为徒,忠孝大节,矢死靡他",带着对君主的绝对之忠阖家忠死,成为满门忠烈。

这里需要注意的是,尽管满门忠烈传承了夫死忠、子死孝、妇死节的忠孝节观念,但如果仔细思考不难发现,满门忠烈的极端愚忠、愚孝、愚节行为是背离儒家所宣扬的"不孝有三,无后为大"。儒家伦理的这种内在悖谬恰恰说明越是到君主专制后期,愚忠就越是甚嚣尘上,乃至于碾压孝道成为绝对的道德选择。

随着君主专制的极度强化,忠君遂演化为病态畸形的愚忠。"晚明出现了大量的畸人或畸儒,因为他们将其所禀赋的个殊性(气质)好好地发展出来,往往广为时人所欣赏。"[①]无论何种道德,一旦走到畸形变态的地步,发展成愚德,就丧失了存在的合理性和内在价值,失去勃勃的道德生机,也终将被人民所摒弃,被历史淘汰。

四、鼎革之际催生遗民群体,遗民心态彰显茕茕孑立之忠节

作为一种政治文化,早在商周之际,伯夷、叔齐就开启了遗民文化的渊源,但遗民成为一种政治现象则主要是在宋元和明清这两次少数民族入主中原取代汉人政权的鼎革时期。在此之前,历史上朝代递嬗包括异族灭掉汉族政权、入主中原后,虽也不乏不与新政权合作的前朝遗民,但都只是个例,没有形成一种遗民现象。

宋元、明清时期遗民现象的出现,不仅与民族冲突、文化冲突有关,也深受忠君道德的影响。具体而言,宋、明均亡于异族之手,而且宋、明两朝都是儒学勃兴、纲常鼎盛。宋明理学不仅牢牢占领了国家意识形态的主阵地,而且极大地推动了忠君道德对民间社会、宗族组织的浸润和影响。因而,面对强悍的蒙古人、满族人,宋末和明末相继涌现出了大批英勇抗敌、誓死效忠的忠臣烈士。当蒙元、清廷建立起稳固的全国政权后,赵宋、朱明的忠臣虽无力挽狂澜于既倒,但拒绝出仕异族,甚至不做异族新王朝的子民,于是以非暴力不合作方式,隐遁山林,做了前朝的遗民。

在宋末元初的遗民中,谢枋得、郑思肖等人最为著名。宋亡后,谢枋得隐姓埋名,元朝征辟赵宋名臣都"以枋得为首"(《宋史·谢枋得传》),但都被

---

① 王汎森:《晚明清初思想十论》,上海:复旦大学出版社2004年版,第96页。

他坚辞。当福建行省参政魏天佑强迫他北上时，谢枋得竟绝食自尽。同样，郑思肖在易代后，侨居苏州。他不仕不娶，养父尽孝。郑思肖所画兰竹，皆不画土根。人们很奇怪，郑思肖回答说："此土非吾有。"[①]

清军入关，很多明臣不愿意入仕清廷，于是出现了大批明遗民。明遗民的构成成分复杂，主要是失败的抗清义士，其中，著名的有顾炎武、张慎言、王夫之、傅山、曾灿等。这些遗民心恋故国，不肯臣服于清朝，甚至仍坚奉明朝年号。如徐氏在南明弘光改元纪年后，每岁时家祭，仍称崇祯年如故。他慨叹道："嗟乎！称弘光犹不忍，况忍改王氏腊耶？"[②]徐氏这样的遗民连南明政权都不认可，更不会屈从于清廷。黄见泰在南明唐王朱聿键处为官，南明小朝廷灭亡后，黄氏在家设立襄皇帝（即朱聿键）灵位，朔望朝拜。当县役来催租时，黄见泰写道："大明无寸土，博士安有田。"[③]另据《小腆纪传》，明臣姜采被贬到宣州卫，明亡后始终自称明臣，临终前仍言："吾犹罪人也，敢以易代背吾死君哉！"[④]在这里，姜采所说的"罪人"并非全是谦抑之语，实表达了面对国亡君死的丧乱而自己没有慷慨赴死、尽忠死节的一种深深愧疚感。有研究者指出，这些明遗民士大夫为未能尽忠殉国而深感愧疚，为没能践行平日高谈阔论的礼义廉耻而"忧疑惊瞿"终生。[⑤]

明亡清兴，深受儒家纲常伦理熏染的士大夫都面临生死的考验和去留的抉择。有学者指出，一方面，贪生畏死是人之常情，因而人们大多把死节当作难事；另一方面，活下来的人，有的为复国大业奔波劳瘁，有的在清治下守节隐居，备受精神和生活的煎熬。[⑥]

明清易代之际的遗民，与其说是身份表征，而毋宁说是持操守正的心态和标榜气节的自负。满人一统江山，很多识时务者转而效忠清廷，但也不乏贞悫不移者，如顾炎武坚持"人人可出而炎武必不可出"[⑦]。傅山则以出家来抵制清廷的薙发令，即便被清廷强迫进京，也只是午门谢恩，绝不与清王朝进行实质性的合作。明史专家黄云眉曾题赞其友邵氏之七世祖邵农隐曰："有士独行，明亡不仕，幅巾教授，绝迹城市。孤忠耿耿厉秋霜，岂容子孙反颜事仇忘深耻！临殁遗言重叮咛，世世为农勿为士！呜呼，世世为农勿为

---

① （明）李中馥：《原李耳载》卷上。

② （清）钱谦益：《牧斋有学集》卷四十九《书南城徐府君行实后》。

③ （清）屈大均：《翁山文钞》卷四《高士传》。

④ （清）徐鼒：《小腆纪传》卷五十六。

⑤ 参见吴增礼、张坤：《生与死：明遗民的伦理困境》，《伦理学研究》2012年第3期。

⑥ 参见何冠彪：《生与死：明季士大夫的抉择》，台北：联经出版事业公司1997年版，第137页。

⑦ （清）顾炎武：《顾亭林诗文集》《与訒庵书》。

士，子以诏孙孙诏子，屏弃书卷持耒耜，书卷易入功名彀，耒耜无求能足已。春耕夏耘，春稻云委，一犁烟雨，与仇终始。人但知为勤力稼穑之老农，又岂知为血性义民辟而隐此！今日展对七世苦节古须眉，应使二百六十年中衣冠尽愧死！"[①]

不过，随着世事推移，清朝统治日益稳固，社会上下逐渐认同清廷的正统地位，并效忠清廷。由于社会大环境发生了变化，明代遗民的锐气和斗志也渐渐锉钝。面对国人淡忘国恨家仇，在《与邓伯温书》中，张尔岐痛斥同侪"为人事衣食所累，神识趋向，渐异于旧"。[②]对此，黄宗羲也发出感慨："落落寰宇，守其异时之面目者，复有几人？"[③]

---

① 黄云眉：《史学杂稿续存》，第395页。

② （清）张尔岐：《蒿庵集》卷一。

③ （清）黄宗羲：《黄宗羲全集》第十一册《南雷杂著稿·寿徐掖青六十序》。

第六章　近代道德革命对传统忠德的批判与扬弃

自鸦片战争直至五四运动，中国由封建社会进入到半殖民地、半封建社会。开放国门，西学东渐，中国文化在思想、制度、器物这三个层面都发生了天翻地覆的巨变。不可避免，传统忠德也受到前所未有的巨大挑战和冲击，遭受彻底清算和扬弃。

第一节　从改革到维新：对制度化儒学及忠德思想的反思

封建伦理纲常发展到明清时期已经走到了极端化，一些有思想、有见解人士已经开始自觉反思制度化儒学的弊病，掀起了从地主阶级改革派到洋务派、从资产阶级早期维新派到戊戌维新派的维新变法思潮，对“三纲”包括忠君道德做了深刻的反思和辩证的批判。

一、地主阶级改革派对君主专制制度和忠德的认识

在鸦片战争前后，龚自珍、魏源（包括林则徐）等一批有着改革意识的地主阶级改革派思想家，面对内忧外患，一方面开始“睁眼看世界”，一方面则对君主专制制度以及依附于这种制度之上的忠君道德等进行了深刻反思。

（一）龚自珍对君主专制的认识及其忠德观

龚自珍的君臣关系说和臣民道德论是建立在其“明耻论”思想基础上的。他将晚清社会的黑暗、官场的腐败、士风的浇薄统统归之于无耻的社会风气，尤其是官僚士大夫的廉耻心的沦丧。“士无耻，则名之曰辱国；卿大夫无耻，名之曰辱社稷。”社会上上下下包括农工之人、富商巨贾均无耻，“则何以为国”。[①]而造成社会上下无耻的根源在于君主专制。在他看来，君主专

---

① （清）龚自珍：《龚自珍全集·明良论二》，上海：上海古籍出版社1999年版。

制政体下的帝王有意识打压臣子的羞耻之心。“去人之耻，以崇高其身，一人为刚，万夫为柔。”[①]君王用文化专制和尊卑制度等手段戮尽臣子忧国忧民的各种“心”，即“戮其能忧心，能愤心，能思虑心，能作为心，能有廉耻心，能无渣滓心”。[②]在这种专制体制下，官员动辄得咎。一旦国家有急，民族有难，则遇难而退，“纷纷鸠燕逝”。这样就造成了上下无耻，表面忠顺而内心漠然的君臣关系。至于民众对君主的态度，则“开辟以来，民之骄悍，不畏君上，未有甚于今日中国也”。[③]

龚自珍主张治国当“以教之耻为先”，[④]“非礼无以劝节，非节无以全耻”。[⑤]在这里，龚自珍已经朦胧地触及君主专制制度的弊端，对人的尊严所遭受的屈辱抒发出深重的慨叹和不平。[⑥]用梁启超的话说，龚自珍的思想“其于专制政体，疾之滋甚，集中屡叹恨焉”，并将其视为“近世思想自由之向导”。自谓始读定庵集，“其脑识未有不受其激刺者也”，[⑦]“晚清思想之解放，自珍确与有功焉。光绪间所谓新学家者，大率人人皆经过崇拜龚氏之一时期；初读《定庵文集》，若受电然”。[⑧]

毫无疑问，在鸦片战争前的思想界，龚自珍是大胆的，其思想直击君主专制的软肋，但受时代和阶级局限，龚自珍并没有从根本上否定君主专制政体，也没有从根本上否定传统的忠君观念。其思想仍是在传统儒家框架内对君主专制制度的一种改良想法。龚自珍改善君臣关系的出发点首先是从恢复臣子尊严，恢复先秦时期双向度的忠入手的。龚自珍引用贾谊谏汉文帝的那句“主上之遇大臣如遇犬马，彼将犬马自为也；如遇官徒，彼将官徒自为也”的“圣哲之危言，古今之至诫”[⑨]，来宣扬“君使臣以礼，臣事君以忠”的道理。其次，龚自珍告诫君主应从心底里尊敬臣子，他称引战国时郭隗游说燕王的那句“帝者与师处，王者与友处，伯者与臣处，亡者与役处”，主张君主应将德高望重的臣子视为自己的师友。最后，龚自珍提出改革官场礼仪制度，恢复做臣子的尊严。龚自珍改革礼仪制度直指最没有尊严的臣子跪拜

---

① (清)龚自珍:《龚自珍全集·古史钩沉论一》。

② (清)龚自珍:《龚自珍全集·乙丙之际著议第九》。

③ (清)龚自珍:《龚自珍全集·与人笺八》。

④ (清)龚自珍:《龚自珍全集·明良论二》。

⑤ (清)龚自珍:《龚自珍全集·明良论二》。

⑥ 参见李泽厚:《李泽厚集》,哈尔滨:黑龙江教育出版社1988年版,第120页。

⑦ 梁启超:《论中国学术思想变迁之大势》,《饮冰室文集》第2册,北京:北京日报出版社2020年版,第257页。

⑧ 梁启超:《清代学术概论》,《饮冰室专集》第5册,第390—391页。

⑨ (清)龚自珍:《龚自珍全集·明良论二》。

礼。他认为“唐宋盛时，大臣讲官不辍赐坐、赐茶之举，从容于便殿之下”。到了清代，“朝廷一二品之大臣，朝见免冠，夕见免冠”，“朝见长跪，夕见长跪”。大臣失去尊严则势必沦为没有廉耻心的奴仆、牛马、狎客。这样的臣子不仅对人民无责任心，对君主也同样无责任心。[①]

龚自珍的伦理思想还有一个突出特点，那就是他继承了李贽“夫私者，人之心也，人必有私而后其心乃见”的思想，提出“人情怀私”说，并将人的自私之心与忠孝节义等道德联系在一起。他认为，无论是圣君、哲后还是忠臣、孝子、贞妇，本质上都离不开一个“私”字，皆有“慈其亲”和“得财则勤于服役，失财则怫然愠”[②]的私心，并将忠、孝、节等封建道德视为由人性自私所派生的产物，认为忠乃是忠我之君，孝则是孝我之亲，节更是为我夫守节。正是由于这一切都建立在与“我”有密切关系的对象身上，因此忠孝节等道德规范恰恰是为“我”的利益关系服务的，是建立在“我之私”的人性基础上的。龚自珍这种大胆观点实际上否定了传统儒家伦理所宣扬的“大公无私”“公而忘私”“大义灭亲”的道德境界，而将这一切都与道德践履者的个人利益紧密联系在一起。本质上这是对传统儒家忠德理论的冲击，等于剥下忠德上面所覆盖的高尚神圣之外衣，而将其内在之私赤裸裸地呈现在世人面前。这自然有些惊世骇俗，标新立异，而实际在本质上并未触及忠德的根基，其道德起源于私心说无疑在理论上有与韩非子君臣互市说相通或相似的地方。从这个角度说，龚自珍关于忠德与私心的关系说实际上是将“高尚神圣”的忠君观念落实到“现实利益”的层面，是更为接地气的一种阐释路径。

（二）魏源的君臣关系论

相对于龚自珍从社会层面、体制层面抨击君主专制制度，魏源则从思辨层面来解构君臣关系。他继承发展了先哲“无独必有对”[③]的辩证思维，认为宇宙万物都是对立的，君臣、贵贱、官民之间也是对立的。魏源进而提出矛盾对立的斗争与转化，将“和”与“争”的概念引入其中。基于此，魏源首先肯定君臣之间的对立这一客观现实。他虽然不否认君臣对立的事实，但并不是要消灭专制制度，而是基于中国传统的中和观念，主张调和君臣关系。在他看来，“天下其一身与，后（君主）元首，相股肱，诤臣喉舌”。[④]这种关系等于将君主与臣民都视为天下国家之有机组成部分，将天子视为“众人中之一

① 张锡勤、孙实明、饶良伦主编：《中国伦理思想通史》下册，第154页。

② （清）龚自珍：《龚自珍全集·论私》。

③ （清）魏源：《魏源全集》第12册《默觚·学篇十一》，长沙：岳麓书社2004年版。

④ （清）魏源：《魏源全集》第12册《默觚·治篇十二》。

人”，视天下为“天下之天下”。

实际上，魏源一方面反对天子一人独断专权，将天子置于众人之中，否定天子具有独断权；另一方面，他又肯定这种君臣关系是一种社会的现实需要，是君臣万民合力治国的分工需要，这又等于肯定了君尊臣卑的封建纲常礼教。如魏源指出：“乾尊坤卑，天地定位，万物则而象之。此尊无二上之谊焉。是以君令臣必共，父命子必宗，夫而妇必从。”[①]同时，他又提倡重民，他将庶人百姓视为鼻息，肯定“九窍、百骸、四支之存亡，视乎鼻息”[②]。基于君臣民的关系，魏源虽然主张君臣定位，告诫人们守本、知足，反对僭越，认为“不足生觊觎，觊觎生僭越，僭越生攘夺，王者常居天下可忧之地矣”，[③]但极其难能可贵的是，他将一个人的地位与道德结合起来，提出有位且有德的主张，提出“身无道德，虽吐辞为经，不可以信世。主无道德，虽袭法古制，不足以动民”，[④]从而将君与德紧密联系在一起。

与龚自珍提倡私心说来证明君臣关系相似，魏源则从义利观出发，揭示君与臣之间的对立统一关系。他正视国家与臣下存在利益上的冲突，“利国家之公，则妨臣下之私，固古今之通患哉”，[⑤]进而提出“圣人以名教治天下之君子，以美利利天下之庶人”[⑥]的主张。作为旧式知识分子，尽管魏源对“不设君位”“不立王侯”的“西土桃花源”表现出一定程度的羡慕，但现实中他还是主张以儒家伦理纲常来治国的。尽管魏源没有从根本上否定君主制，但他的思想对腐朽的专制主义及“君为臣纲”的道德教条主义不啻为一种大胆怀疑和有力冲击。[⑦]受时代和阶级所限，魏源对君主专制和君臣纲常的怀疑和冲击并没有形成强有力的持续冲击波，最终还是回到君明臣忠的传统框架内，主张在“仁民爱物”的前提下进行适当的改良，使君王做到德位相称。

二、洋务派和资产阶级早期维新派对传统忠德的态度

鸦片战争的失败，使腐朽的清王朝感到危机，清朝统治集团中出现了主张办洋务的洋务派。洋务运动主观上集中在以武器制造为主的现代工业，

---

① (清)魏源:《魏源全集》第12册《默觚·学篇十一》。

② (清)魏源:《魏源全集》第12册《默觚·治篇十二》。

③ (清)魏源:《魏源全集》第12册《默觚·治篇十四》。

④ (清)魏源:《魏源全集》第12册《默觚·学篇二》。

⑤ (清)魏源:《魏源全集》第12册《筹河篇下》。

⑥ (清)魏源:《魏源全集》第12册《默觚·治篇三》。

⑦ 参见唐凯麟:《湖湘学术开生面，睁眼世界第一人——试析魏源的爱国主义思想》，唐凯麟主编:《中华民族道德生活史研究》，第394页。

但客观上促使一些国人接触到西方科技知识以及政治制度、民主思想等，这就必然激发洋务派及资产阶级早期维新派的独立思考，也必然促使他们反思中国两千年来的君主专制和儒家纲常，特别是忠君道德。

（一）洋务派的相关思想

随着洋务运动的不断深入，一些有识之士开始从器物层面到制度层面乃至思想层面，思考中西文化的差异，反思中国君主专制政体的利弊，并对依附于君主专制政体之上的忠德进行重新审视。

兴办洋务在清廷中曾引起轩然大波，在以奕䜣等为代表的洋务派与以大学士倭仁、御史张盛藻等为代表的顽固派之间产生过比较大的分歧和争论。倭仁等主张立国根本在于“尚礼义，不尚权谋”①，主张仁义忠信可以教人人学习，技巧军械万万不可以令人学习。洋务派对这些迂腐观点进行了反驳。奕䜣质疑倭仁这套“以忠信为甲胄，礼义为干橹”的方法是否能收到“折冲樽俎，足以制敌之命”的效果，是难以令人相信的。②与守旧的顽固派相比，洋务派的思想更为符合时代发展需要，但他们也走得并不远，往往停留在器物层面的学习，集中在兴办近代军事工业这一狭窄的范围内。以洋务派元老、号称“中兴名臣”的曾国藩为例，他的思想观念与倭仁等人比起来虽有差异，但无本质不同。

曾国藩是在镇压太平天国农民起义中起家的，从其《讨粤“匪”檄》中可见他痛恨太平天国的一个重要原因是太平天国有力打击了封建纲常名教，而曾国藩起兵就是要扶持纲常，重振名教。曾国藩是坚定的儒者，他将三纲视为“地维所赖以立，天柱所赖以尊”的根本。坚持“君至尊也，父至尊也，夫至尊也。君虽不仁，臣不可以不忠；父虽不慈，子不可以不孝；夫虽不贤，妻不可以不顺”③的传统观念。曾国藩最重视忠德，认为“君子之道，莫大乎以忠诚为天下倡”。④曾国藩的忠观念并没有什么脱离和超越传统忠观念之处。他强调的忠还是那种尽心尽力的忠德，并且带有明清时期普遍流行的愚忠倾向。如他认为“忠，不必有过人之才智，尽吾心而已矣”。这个“尽吾心”的忠应不含任何“巧伪”，而达到一种“能剖心肝以奉至尊”⑤的癫狂境界

---

①《同治六年二月十五日大学士倭仁折》，中国近代史资料丛刊《洋务运动》（二），上海：上海人民出版社、上海书店出版社2000年版，第30页。

②《同治六年三月初六日奕䜣等折》，中国近代史资料丛刊《洋务运动》（二），第33页。

③《曾国藩全集·家书二·谕纪泽》，长沙：岳麓书社1985年版，第936页。

④《曾文正公全集·湘乡昭忠祠记》，长春：吉林人民出版社1995年版，第1637页。

⑤《曾文正公全集·杂著》，第1829页。

和“君虽不仁，臣不可以不忠”的愚忠地步。为了达致“尽吾心”之忠，曾国藩强调道德修养方面的诚。认为诚可以化风俗，聚民心，激忠义。“风俗之厚薄奚自乎？自乎一二人之心之所向而已。民之生，庸弱者戢戢皆是也。有一二贤且智者，则众人君之受命焉，尤智者所君尤众焉。此一二人者之心向义，则众人与之赴义；一二人者之心向利，则众人与之赴利。”[①]曾国藩重视主观精神的“诚”，目的是号召天下“君子”以其“精忠耿耿之存衷”，效忠于封建王朝，为恢复封建等级秩序而竭尽全力。[②]曾国藩组建湘军时选拔人才的标准就是德才兼备。曾国藩所说的德就是“忠义”和“血性”。“带勇之人概求吾党血性男子，有忠义之气而兼娴韬钤之秘者。”[③]“今欲图谋大局，万众一心，自须别开生面，斩新日月，专用新招之勇，求忠义之士将之。”[④]曾国藩的“尽吾心”之忠与其“‘诚意’‘力行’的伦理思想是一致的，目的都是号召人们‘剖心肝以奉至尊’，‘苦筋骸以捍大患’。具备了这二点，就会不顾一切地去舍身卫道，充当封建朝廷的忠臣孝子”。[⑤]

毫无疑问，曾国藩也好，奕䜣、李鸿章也罢，这些洋务派的领袖大都是出自于儒家程朱理学之门的。他们虽然主张兴办近代军事工业，但目的显然不是改变中国的君主专制政体，更非要走资本主义道路，而只是单纯地想“求强”“求富”。虽然洋务派的初衷绝非要否定儒学，但事与愿违，随着洋务运动的不断深入，客观上却“不断危害着儒家秩序的根本支柱”[⑥]，乃至于有人惊呼：“唐虞患洪水，商季患戎狄、猛兽，春秋患乱臣贼子，今日之患未有如侈谈洋务之大者也。”[⑦]

不可否认，洋务运动对中国近代思想界具有一定的启蒙作用，设立同文馆、天文算学馆，翻译学习西方科学知识，为学习西方打开了窗子。随着对西方各种社会思潮的接触，孕育了一批真正具有资产阶级启蒙思想的早期维新派精英。

---

① 《曾国藩诗文集》，上海：上海古籍出版社2005年版，第196页。

② 参见徐顺教、季甄馥主编：《中国近代伦理思想研究》，上海：华东师范大学出版社1993年版，第54页。

③ 《曾文正公全集·书札》，第58页。

④ 《曾国藩全集·复江岷樵中丞》，长沙：岳麓书社1990年版，第366页。

⑤ 徐顺教、季甄馥主编：《中国近代伦理思想研究》，第57页。

⑥ [美]费正清：《中国：传统与变迁》，北京：世界知识出版社2002年版，第409页。

⑦ 《光绪十五年正月十四日翰林院掌院学士麟书等奏》，中国近代史资料丛刊《洋务运动》（一），第251页。

（二）早期维新派的相关思想

受洋务运动的影响，早期维新派也主张学习西方，但他们认为仅仅学习器物层面是不够的，还必须将学习的触角延伸到制度层面。郑观应曾指出：西方国家“治乱之源，富强之本，不尽在船坚炮利，而在议院上下同心，教养得法”。[①]王韬也提出实行“君民共治”制度的主张。[②]马建忠则积极介绍西方立宪制和议会制。陈炽把设立议院看作集合民众情绪抗拒外国列强的最好办法，认为“泰西议院……合君民为一体，通上下为一心”。[③]陈虬在比较中西后得出结论：“泰西富强之道，在有议院以通上下之情。”[④]宋育仁则把设立议院看作“国本之所在”和“国之所在”。[⑤]何启、胡礼垣更直截了当地指出：“新政之行，必设议院而议员俱由民公举者。”[⑥]

早期维新派宣扬学习西方君主立宪制和议会制必然要触及君权、民权等一系列关涉封建君主专制统治基础的关键问题。他们首先将批判的矛头指向君主专制，认为“三代以下，君与民日远而治道遂不古若。至于尊君卑臣，则自秦制始。于是堂廉高深，舆情隔阂，民之视君如仰天，然九阍之远，谁得而叩之！”[⑦]指出那种“君虽至不仁，臣民必顺受无贰”的专制制度没有天理，怒斥道：“呜呼！信如斯也，则是天之立君，专为鱼肉斯民，而天下兆民胥供一人之用，有是理乎？”[⑧]早期维新派反对君主专制，提倡西方的“君民共主”思想只限于制度层面。虽然这些主张背离了传统儒家的治国理念，但他们却不敢将制度层面的革新思想延伸到改变三纲五常这一国家意识形态层面。早期维新派一方面疾呼改革专制政体，实行君民共主的立宪制和议院制；另一方面却仍奉三纲为圣物，盲目认为中国的“礼义纲常之盛，甲于地球诸国”，而视西方“独三纲之训究逊中华”，武断地预言“泰西诸国，虽上下一心，然三纲不明，五伦攸斁，墨氏之教，无父无君，即强盛一时，终不可持久

---

① 郑观应：《盛世危言》自序，《郑观应集》上册，上海：上海人民出版社1982年版，第233页。

② 王韬：《重民下》，载王韬著，楚流等选注：《弢园文录外编》，沈阳：辽宁人民出版社1994年版，第35页。

③ 陈炽：《庸书》，赵树贵、曾丽雅编：《陈炽集》，北京：中华书局1997年版，第107页。

④ 陈虬：《治平通议》卷六，温州瓯雅堂本，1893年，第2页。

⑤ 宋育仁：《泰西各国采风录》，《郭嵩焘等使西记六种》，北京：生活·读书·新知三联书店1998年版，第630页。

⑥ 何启、胡礼垣：《新政真诠·新政论议》，沈阳：辽宁人民出版社1994年版，第160页。

⑦ 王韬：《重民下》，载王韬著，楚流等选注：《弢园文录外编》，第35页。

⑧ 郑观应：《盛世危言·原君》，《郑观应集》上册，上海：上海人民出版社1982年版，第322页。

也”。[①]早期维新派仍视儒家及三纲五常伦理为“阅万世而不变者也”，[②]认为“夫孔之道，人道也，人类不尽，其道不变。三纲五伦，生人之初已具”。[③]这些都暴露出早期维新派思想的内在矛盾和不成熟性。

由于早期维新派自身的不成熟性，他们根本无法调和发展资本主义与维护封建制度的矛盾，特别是无法调和设议院、行立宪与君主专制政体、封建纲常之间的冲突，于是搬出古已有之的“变易说”和“道器说”来弥合这种理论预设上的悖论。李泽厚先生曾指出，无论是王韬、薛福成、马建忠，还是郑观应、陈虬、陈炽等人，他们几乎都排斥和否定西方社会政治和理论思想，无保留地维护中国传统纲常名教。因此，这些人所谓的变法，其哲学依据是循环“变易”观，而远没达到康有为的素朴历史进化论。[④]他们幻想通过改造过的“道器说”来“旧瓶装新酒”，将西方政治经济文化制度纳入到中国传统封建纲常体系架构中。具体说，就是在不根本改变君臣、父子、夫妻这一纲常伦理的框架下，对一些妨碍资本主义发展的制度进行改良。在他们看来，“中国所守者，形上之道；西人所专者，形下之器。中国自以为道，而渐失其所谓器；西人斆力于器，而有时暗合于道”。[⑤]

这种道器说逐渐转向为中体西用说。关于中体西用说在洋务派、早期维新派那里已有萌芽，学界大多将冯桂芬视为中体西用的最初发轫者[⑥]。张之洞将这些类似思想观念整合概括为“中学为体，西学为用”，成为“中体西用”的集大成者。他对中学与西学（有时也称内学与外学，旧学与新学）是这样定义的。“四书五经，中国史事、政书、地图，为旧学；西政，西艺、西史为新学。旧学为体，新学为用。”[⑦]“中学治身心，西学应世事。……以孝弟忠信为德，以尊主庇民为政，虽朝运汽机，夕驰铁路，无害为圣人之徒也。”[⑧]无疑，在张之洞看来，中国传统纲常是中学也即旧学、内学，而一些现代技艺包括政治制度则为西学也即新学、外学。表面上他是主张中西结合，实际上一个内

---

① 薛福成：《出使英法义比四国日记》，蔡少卿整理，长春：吉林文史出版社2004年版，第527页。

② 王韬：《英欲中国富强》，载王韬著，楚流等选注：《弢园文录外编》，第193页。

③ 王韬：《变法上》，载王韬著，楚流等选注：《弢园文录外编》，第20页。

④ 参见李泽厚：《李泽厚集》，第151页。

⑤ 汤震：《危言》卷1《中学》，郑观应、汤震、邵作舟等撰，邹振环整理：《危言三种》，上海：上海古籍出版社2013年版，第274页。

⑥ 中国社会科学院近代史研究所编撰的《中国近代史稿》（第三册）即持这一说法。在刘文英主编的《中国哲学史（下卷）》（南开大学出版社2002年版）中，也认为冯氏《校邠庐抗议》中的“以中国之伦常名教为原本，辅以诸国富强之术”为“中体西用”说之胚胎。

⑦ （清）张之洞：《劝学篇·设学》，《张文襄公全集》卷203，北京文化斋刻本，1928年。

⑧ （清）张之洞：《劝学篇·会通》，《张文襄公全集》卷203。

学、一个外学已将二者分出主次。“讲西学必先通中学,乃不忘其祖也。”[①]“今日学者,必先通经,以明我中国先圣先师立教之旨……然后择西学之可以补吾阙者用之。”[②]张之洞也继承了中国一脉相承的道统说,提倡“以扶持名教,砥砺气节为事”的儒学道统,其“中体西用”说立足点仍是捍卫三纲、四维、五伦等中国封建纲常伦纪。“夫所谓道本者,三纲四维是也。若并此弃之,法位行而大乱作矣;若守此不失,虽孔孟复生,岂有议变法之非者哉!”[③]其立学宗旨在于“忠孝为本,以中国经史之学为基,俾学生心术一以归于纯正,而后以西学瀹其智识,练其艺能,务期他日成材,各适实用”。[④]实际上,中体西用说割裂了制度与意识形态之间的有机联系,成为不伦不类的“牛体马用”。可见,张之洞的“中体西用”与早期维新派的主张是一脉相承的,都是站在实用主义的立场,主张在器物层面、制度层面学习西方,而在思想文化层面固守中国传统伦理纲常。他还在《劝学篇》中特设《明纲》一篇,提出:“故知君臣之纲,则民权之说不可行也;知父子之纲,则父子同罪免丧废祀之说不可行也;知夫妇之纲,则男女平权之说不可行也。”[⑤]并一再表示誓死捍卫以忠、孝、节为代表的、用以维系“三纲”之“三德”。“近日微闻海滨洋界,有公然创废三纲之议者,其意欲举世放恣黩乱而后快,怵心骇耳,无过于斯!”在这点上,张之洞的思想观念仍停留在守旧的层面,不仅远远没有达到维新派和革命派对三纲的认识水平,甚至与顽固派的思想沆瀣一气。守旧的顽固势力大肆攻击“变夷之议”导致“君臣父子夫妇之纲,荡然尽矣。君臣父子夫妇之纲废……悍然忘君臣父子之义,于是乎忧先起于萧墙”,[⑥]使人们“不复知忠孝节义为何事”而“丧其本真,争相趋附”。[⑦]他们提出的“必须修明孔孟程朱四书五经小学性理诸书,植为根柢,使人熟知孝弟、忠信、礼义、廉耻、纲常、伦纪、名教、气节以明体,然后再习学外国文学、言语、艺术以致用”[⑧]的观点与张之洞“以孝弟忠信为德,以尊主庇民为政”,“先以中学固其根柢”“今日学者,必先通经,以明我中国先圣先师立教之旨……然后择西学之可以补吾阙者用之”等观点是一个调子,本质上是别无二致的。

---

① (清)张之洞:《劝学篇·序》,《张文襄公全集》卷202。
② (清)张之洞:《劝学篇·循序》,《张文襄公全集》卷203。
③ (清)张之洞:《劝学篇·变法》,《张文襄公全集》卷203。
④ (清)张之洞:《厘定学堂章程折》,《张文襄公全集》卷61。
⑤ (清)张之洞:《劝学篇·明纲》,《张文襄公全集》卷202。
⑥ 曾廉:《蠡庵续集》卷十三,曾潞堂刻本,1924年,第19页。
⑦《湘绅公呈》,苏舆编:《翼教丛编》,光绪二十四年刻本。
⑧《文悌:严劾康有为折》,苏舆编:《翼教丛编》,光绪二十四年刻本。

总之，早期维新派在反对君主专制和“三纲”思想方面是有局限性的，他们充其量是充当“敢谏之鼓，进善之旌”，并不敢从根本上改变君主专制政体，如主张变法的陈虬始终坚称三纲五常“虽极千祀而难革也”。[①]早期维新派本质上“仍然是为了调和资本主义与封建主义的矛盾，企图在不改变封建统治的条件下实行资本主义。从害怕民主，到保持三纲五常，企图借重封建势力来推行资本主义，就成为早期改良主义者（也即本文说的早期维新派。——笔者注）对待封建主义的态度的主要特征”。[②]尽管有这样那样的局限性，但早期资产阶级维新派主张学习西方先进技术和政治制度，必然导致对西方思想文化领域的了解和学习，事实上不可避免地开启了维新派和革命派对封建伦常的冲击大潮，最终淘空“三纲”存在的根基。

三、资产阶级维新派对三纲及忠君思想的批判

围绕儒家纲常伦理，特别是君臣、父子、夫妇“三纲”和忠、孝、节“三德”，资产阶级维新派（以下简称维新派）进行了深刻反思和批判。

（一）维新派对“三纲”的批判

维新派对三纲的批判发轫于19世纪80年代。当时，针对男尊女卑、君尊臣卑的社会现象，康有为指出：“中国之俗，尊君卑臣，重男轻女，崇良抑贱……至于今日，臣下跪服畏威而不敢言，妇人卑抑不学而无所识，臣妇之道，抑之极矣，此恐非义理之至也，亦风气使然耳。物理，抑之甚者必伸。吾谓百年之后必变三者：君不专、臣不卑，男女轻重同，良贱齐一。”[③]康有为的这个认识是超越那个时代人们的观念认识的，他对君臣尊卑、男女尊卑未来发展变化所做出的预测也是十分大胆的。他的这些论述虽然当时未公开发表，对当时社会还谈不上有多大影响，但对“三纲”的这种大胆质疑开启了资产阶级维新派对“三纲”的反思。具体而言，在批判“三纲”问题上，资产阶级维新派主要从以下几个方面展开。

首先，从起源依据上，维新派否定了“三纲”的神圣性与合法性。康有为大胆揭露“君臣也，夫妇也，乱世人道所号为大经也，此非天之所立，人之所为也”[④]的实质，从而揭穿了三纲乃“创于强者”，充当其倚强凌弱工具的根本性质。在谭嗣同看来，纲常名教并非神秘莫测的“天命”，更非万古不易的

---

① 陈虬：《经世博议》卷一《治平通议》，北京：朝华出版社2018年版，第1页。

② 中国社会科学院近代史研究所：《中国近代史稿》第二册，北京：人民出版社1984年版，第328页。

③ 康有为：《庚子内外篇·人我篇》，载《康有为全集》第1集，北京：中华书局1981年版，第348页。

④ 康有为：《大同书》，上海：上海古籍出版社2009年版，第37页。

“天理”，其不过是在上者钳制在下者的一种思想工具。“嗟呼！以名为教，则其教已为实之宾，而决非实也。又况名者，由人创造，上以制其下，而不能不奉之，则数千年来，三纲五常之惨祸烈毒，由是酷焉矣。君以名桎臣，官以名轭民，父以名压子，夫以名困妻，兄弟朋友各挟一名以相抗。”①

虽然维新派对三纲的起源和本质所做的分析还有不科学、不完善的地方，但它无情地剥去了披在三纲上面的神圣外衣，从根本上否定了三纲的合法性和正当性，这对三纲的冲击无疑是巨大的。②

其次，从进化规律上，维新派否定了“三纲”的永恒性与不变性。维新派运用西方的进化论思想，按照社会进化的理论，对董仲舒的“道之大原出于天”以及“天不变道亦不变”的僵化思想进行批判。在这方面，严复吸收了西方的进化论观念，认为人类社会制度包括刑政、礼俗、治道等，都处于不断进化中。因而，纲常伦理同样也不能固定不变。“若夫君臣之相治，刑礼之为防，政俗之所成，文字之所教，吾儒所号为治道人道，尊天柱而立地维者”乃“因时为制”③，也都处于不断的发展变化之中。同时，康有为也断言“世运既变，治道斯移”。谭嗣同则对“器既变，道也得独不变”提出质疑。梁启超亦主张“变者，古今之公理”，从而否弃“天不变，道亦不变”的迂腐观念。④

再次，从实际危害上，维新派揭露了“三纲”的非人性和残暴性。在维新派眼里，“三纲”是压抑人性、钳制人心的精神枷锁和思想桎梏。“若夫名分之限禁，体制之迫压，托于义理以为桎梏，比之囚于囹圄尚有甚焉。……君主之专制其国，鱼肉其臣民，视若虫沙，恣其残暴。夫之专制其家，鱼肉其妻孥，视若奴婢，恣其凌暴。”在康有为看来，父子之间虽为天性，但子女实际也只是“托藉父母生体而为人，非父母所得专也，人人直隶于天，无人能间制之”，⑤从而从其反人性的角度否定“三纲”价值。谭嗣同更注重揭露“三纲”给人心灵带来的威慑和对人心理造成的伤害。“名之所在，不惟关其口，使不敢昌言，乃并锢其心，使不敢涉想。”基于此，谭嗣同得出的结论就是：“三纲之慑人，足以破其胆而杀其灵魂。”⑥这些批判固然存在斗争需要的夸大其词，但基本反映了“三纲”给人民心理带来的威慑恫吓，造成的钳制、戕害。

① （清）谭嗣同：《谭嗣同全集》，第108页。

② 张锡勤：《儒学在中国近代的命运》，北京：人民出版社2011年版，第105页。

③ 严复：《严复集》第一册《救亡决论》，北京：中华书局1986年版，第50页。

④ 参见张锡勤：《儒学在中国近代的命运》，第104页。

⑤ 康有为：《大同书》，第37页。

⑥ （清）谭嗣同：《谭嗣同全集》，第348页。

(二) 维新派对国民奴隶性的批判

在揭露三纲本质的同时,维新派还将批判的矛头对准国民的奴隶性。在批判国民奴隶性方面,梁启超的思想最具代表性。梁启超按照有破有立、先破后立的策略,批判旧道德,建立新道德,从而将批判三纲与国民道德建设结合起来。梁启超分析了国民劣根性的表现及产生原因,揭露了国民劣根性的核心是奴隶性,号召抛弃奴隶道德,塑造新国民,倡导新道德,提出"新民说"的思想主张。

围绕中国人的国民性,梁启超做过多次概括。如在《中国积弱溯源论》中,梁氏将中国的"人心风俗"概括为愚昧、为我、奴性、怯懦、无动、好伪等。在《论中国国民之品格》中,梁氏又分析了公共心缺乏、爱国心薄弱、自治力欠缺、独立性柔脆等弊端。尽管上述概括的角度不尽相同,但都有一个共同点,那就是国民性中具有较突出的奴性,而且缺乏爱国心。对于产生国民奴隶性的原因,梁启超总结了几点。在《新民说》中,他把"专制政体之陶铸"作为首要原因,此外还包括"学术匡救之无力"等因素。[①]由此可见,梁启超已将奴性心理、盲目愚忠等国民性问题的产生原因指向专制政体和理学名教。而要彻底改变国人的奴隶性格,就必须培育新道德,培养"新民"。

围绕新道德的培育,梁启超超越了非此即彼的偏狭。他主张既要批判继承中国传统道德,也要引进吸收外来的西方道德。"在建设新道德的过程中,固然要引进、借鉴西方道德,但同时也应通过清理、改造,吸取中国古代道德遗产中的精华,通过中西融合而立新。"[②]在阐析国民新道德方面,梁启超指出:"新之义有二:一曰淬厉其所本有而新之,二曰采补其所本无而新之,二者缺一时乃无功。"[③]梁启超将其新民思想与近代对公私观以及利群思想的讨论相结合。梁启超重新界定了公德和私德的概念,"人人独善其身者谓之私德,人人相善其群者谓之公德"。[④]公德还是"人群之所以为群,国家之所以为国"[⑤]的基础。梁启超批判国人的奴隶性,反对私德,主张利群等思想,归根结底是提倡爱国主义。他将臣民对君主"呼之不敢不来,麾之不敢不去,命之生不敢不生,命之死亦无敢不死""俯首屈膝,气下股栗"的奴隶性

---

① 梁启超:《新民说》,《饮冰室专集》第2册,第100—105页。

② 张锡勤:《中国传统道德举要》,第411页。

③ 梁启超:《新民说》,《饮冰室专集》第2册,第6页。

④ 梁启超:《新民说》,《饮冰室专集》第2册,第11页。

⑤ 梁启超:《新民说》,《饮冰室专集》第2册,第11页。

格[1]看作中国贫穷落后的主因，并将缺乏爱国心的原因归之于国人没有民权。"国者何？积民而成也。国政者何？民自治其事也。爱国者何？民自爱其身也。故民权兴则国权立，民权灭则国权亡。……言爱国必自兴民权始。"[2]

梁启超主要揭露了中国封建社会社会后期臣民的扭曲心理和畸形心态。受制于君主专制的极端高压，人民不敢议论朝政，将国事视为君主个人的私事。国人没有自治力，丧失独立权，对强权和统治集团丝毫不敢反抗，练就了唾面自干、犯而不校、百忍成金、以德报怨的"无骨、无血、无气"脾性。客观地讲，从批判奴隶性入手，梁启超极力倡导新民德，以激发国民爱国心，这一点精准切中了当时的社会弊端。在君主专制社会，以伦理为本位的传统文化所陶铸的臣民忠孝观念已经渗透到全体国民的心底，融入人们的思想、意志、情感中，铸造了臣民性格这一国民特征。[3]

在奴隶性的养成过程里，纲常名教起到了重要作用，使得国人成为他人的附属而丧失独立人格。在其中，"专以柔顺为教"的道德教化则，对"卑屈之风，服从之性"的养成起到了推波助澜的作用，从而使得国人"奴隶之性日深一日"。基于此，近代思想界(不仅指资产阶级维新派，也包括资产阶级革命派和新文化运动者)在批判奴隶性的同时，不仅将其与批判君主专制紧密联系起来，而且还与对三纲和旧礼教的抨击和批判紧密相连。[4]从这一点上看，维新派在将近代道德革命不断引向深入方面做出了很多开创性的贡献。

由于受自身的局限性和其思想发展变化的影响，梁启超对奴隶性臣民道德的批判也表现出一定程度的不彻底性。他在1903年10月后出版的《新民说》后半部里，部分改变了新民德建立的路径，主张"今日所恃以维持吾社会于一线者何在乎？亦曰吾祖宗遗传固有之旧道德而已"，[5]并将主张"破坏旧道德"者视为"亡中国之罪人"，"黄帝子孙之公敌"。[6]甚至背离其对君主专制的批判精神，而大赞光绪皇帝，认为光绪皇帝"真能以子弟视其民"，人民"若犹是自居于奴隶，而不自居于子弟，视国事如胡越，视君父之难如路

① 梁启超:《中国积弱溯源论》,《饮冰室文集》第2册，第19页。

② 梁启超:《爱国论》,《饮冰室文集》第1册，第284页。

③ 参见朱汉民:《忠孝道德与臣民精神——中国传统臣民文化论析》,第244页。

④ 参见张锡勤、柴文华主编:《中国伦理道德变迁史稿》下卷，第235页。

⑤ 梁启超:《新民说》,《饮冰室专集》第2册，第111页。

⑥ 梁启超:《中国历史上革命之研究》,《饮冰室文集》第4册，第165页。

人，则真所谓辜负高厚，全无人心者也”。[①]从这段论述看，梁启超批判君主专制、批判忠君等封建旧道德是不彻底的，最终又回归到“君使臣以礼，臣事君以忠”的双向度忠君的老路上了。

（三）维新派对忠君道德的批判

针对“君为臣纲”及忠君道德，维新派展开了猛烈的批判。“在戊戌时期，维新派思想家对君为臣纲和忠君之忠的批判，首先是从否定君权神授入手的。”[②]维新派详细论证了国家的起源、君主的产生，以此来否定君主专制统治的合法性。他们用西方“社会契约论”作为理论武器来批判“君为臣纲”。严复撰《辟韩》一文，系统论证了君王的产生。他认为上古社会其实本没有什么君主，是社会发展导致了君主的产生。也就是说，君主是因“防患害”、“锄强梗”、确保生命财产等社会稳定需要应运而生的，“择其公且贤者立而为之君”。在严复看来，君、臣、兵、刑等国家机器，“缘卫民之事而后有”，实“出于不得已”。[③]围绕君主的产生问题，谭嗣同的观点也很明确。“生民之初，本无所谓君臣，则皆民也。民不能相治，亦不暇治，于是共举一民为君。”谭嗣同坚持“君末民本”[④]的观点。严、谭的上述主张否定了君权神授和君王的神圣性，挖掉了君为臣纲的君尊臣卑理论基础，具有十分积极的启蒙意义，[⑤]有力冲击了依附于君臣之纲上面的忠君道德。按照维新派的主张，君臣之伦乃后天形成，不具有先天神圣性，因而忠君也就不再是毋庸置疑的天理。谭嗣同指出：“君臣之伦盖出于不得已也，唯其不得已，故不足以为道之原。”[⑥]“君臣一伦尤为黑暗否塞，无复人理，延及今兹，方愈剧矣。”[⑦]不仅如此，谭嗣同还大胆抨击专制君主，为那些被专制统治者视为“大逆不道”反叛者大唱赞歌。“彼君之不善，人人得而戮之，初无所谓叛逆也。叛逆者，君主创之以恫喝天下之名。”[⑧]在近代中国，谭嗣同无疑是抨击君主专制最猛烈的斗士。他对君主专制制度、忠君道德的猛烈批判，起到了“冲决网罗”的作用，引起了强烈的社会反响，并对资产阶级革命派以及五四新文化运动等道德革命产生了深远影响。

---

① 梁启超：《爱国论》，《饮冰室文集》第1册，第283页。

② 张锡勤、柴文华主编：《中国伦理道德变迁史稿》下卷，第174页。

③ 严复：《辟韩》，张枤主编：《严复集》第1册，北京：中华书局1986年版，第36页。

④ （清）谭嗣同：《谭嗣同全集》，第339页。

⑤ 参见张锡勤、孙实明、饶良伦主编：《中国伦理思想通史》下册，第227页。

⑥ 严复：《辟韩》，张枤主编：《严复集》第1册，第34页。

⑦ （清）谭嗣同：《谭嗣同全集》，第337页。

⑧ （清）谭嗣同：《谭嗣同全集》，第334页。

梁启超将对忠君道德的批判与国人奴隶性及爱国心缺失联系在一起，指出中国人之所以爱国心缺失，“非其性恶也，愚害之也”。[①]梁启超所说的“愚”无疑是忠德异化造成的一种认识误区，是臣民自以忠君顺上的奴隶心态，视治国平天下为“君及君之一二私人”的事，而自己是没有资格参与的，从而将国事视为主人家私事而处之漠然，只是袖手旁观。对于国，对于人民，国人不敢爱，也不能爱。[②]梁氏主张，爱国是忠德的最好体现。针对梁启超的这些思想，勒文森认为，对忠诚而言，最首要、最必要的是爱国主义，是那种为公众利益而不惜牺牲个人的利益。“这种斗争是文明的母亲、进步的前提。”[③]

比较而言，在批判三纲及忠君道德方面，明末清初的启蒙运动影响主要局限在精英知识分子圈子中的局部，而戊戌维新思潮不仅给社会智识阶层带来强烈震撼，而且在民间社会产生较大的影响，一些并不十分激进的士人也开始抨击纲常名教。宋恕的《六斋卑议》就对宋明理学和三纲五常的残暴虚伪进行大胆的揭露，他的某些观点和思想水平也几乎达到了《大同书》和《仁学》那样的高度。[④]总而言之，戊戌变法虽然失败了，但却在全社会日益形成一种对三纲反思、对三德质疑的思想氛围。有研究者指出，忠、孝、节，作为三纲派生的产物，长期以来被人们视为毋庸置疑的绝对天理，视为至高无上的道德规范。戊戌维新后，随着新学家对三德的剖析和批判，否定了三德的神圣性，并扩大、张扬了自由、平等、博爱精神。[⑤]

（四）维新派的政治实践及与顽固派的思想斗争

资产阶级维新派不仅在思想上充当了反君主专制、反三纲、反三德的急先锋，而且在实践层面也表现出一种对国家、对民族高度负责和献身的爱国精神，而这种爱国精神与他们所批判的忠之间又有着某种亲缘上的联系。康有为、梁启超等坚持变法就如同宋代的王安石变法一样，也是要改变国家治理层面的问题。从出发点而言，康梁变法就是为了挽救国家危亡，是爱国爱民爱种之举。戊戌维新派大多“关心社稷民生，尤其是国家民族的安危存亡，主张变法图强、保国保种”，[⑥]特别是为变法而死的谭嗣同等人就更有古

① 梁启超：《戊戌政变记》附录二《湖南广东情形》，《饮冰室专集》第1册，第109页。

② 梁启超：《爱国论》，《饮冰室文集》第1册，第282页。

③ [美]约瑟夫·阿·勒文森：《梁启超与中国近代思想》，刘伟、刘丽、姜铁军译，四川人民出版社1986年版，第156页。

④ 参见李泽厚：《李泽厚集》，第163页。

⑤ 参见张锡勤、柴文华主编：《中国伦理道德变迁史稿》下卷，第178页。

⑥ 陈瑛主编：《中国古代道德生活史》，第549、550页。

烈士的风采，彰显了爱国主义者忠于社稷、爱民保种的炽烈情怀。

维新派虽猛烈抨击专制和忠君道德，但从本意上讲还是坚守忠君爱国道德的，因此主张依托光绪帝变法维新。对于人们将戊戌变法失败归咎于光绪帝不能毅然下决心清算慈禧太后，黄仁宇指出："殊不知皇帝之存在，并非因藉之以富国强兵；而是君临天下，作忠臣孝子的表率。要是他放弃了传统的使命，也等于否定了本身所扮演的角色。所以问题不在皇帝之决心，而在君主制度。"[①]黄仁宇的这一观点是他所一贯主张的，他在《中国大历史》中，也为"光绪被批评为犹疑胆怯"辩护，认为光绪作为皇帝，代表着传统道德。而遍及村舍里甲乃至整个社会的传统德行，是以"孝"为先的。他或者可以像康有为建议的那样，出走上海。但那样一来，"他既背叛了社会习惯，也逃避了自己的朝代"。[②]此确为不刊之论。

在君主专制尚存的晚清社会，保守势力仍很强大，维新派对三纲的抨击必然遭到顽固守旧势力的反击。编撰于1898年9月的《翼教丛编》就是顽固派反对维新、维护纲常的思想总汇。顽固派视君权为专制制度的根本，他们不遗余力地捍卫忠君观念就是为了维护君权神圣不可侵犯的神话。叶德辉就明确表示："中国自古为君主之国，其权不可下移。"[③]王仁俊也大唱"万世不变者，纲也"的陈词滥调，以此来宣扬其"君为臣纲之实，则民主万不可设，民权万不可重，议院万不可变通"[④]的思想。他们攻击维新派"倡平等""伸民权"的主张是"破纲常名教之防"，乃"倡乱天下"之说也。[⑤]顽固派本能地意识到：一旦纲常名教的网罗被冲破，君主制就保不住了。所以，他们才不遗余力地加以反对。而这恰恰说明：资产阶级维新派倡导民权，抨击纲常，反对旧道德，其进步意义是不容低估的。[⑥]

值得注意的是，不仅顽固派致力于保卫君权和纲常，在参与维新变法的人中对三纲的认识也不统一，不乏主张捍卫君臣之纲者。如唐才常虽主张变法，但对"君为臣纲"是肯定的，认为忠君就等同于爱国，强调君臣大义。他在《正气会序》中写道："夫日月所照，莫不尊亲，君臣之义，如何能废？"《正气会会章》中也规定："共讲爱国忠君之实，以济时艰……妄议君父者，请勿列名会籍。"为了隆显"君统"，他提出了"师统"说，强调尊奉周孔之道。"唐才常的这些思想主

---

① 黄仁宇：《资本主义与二十一世纪》，北京：生活·读书·新知三联书店1997年版，第471页。

② 黄仁宇：《中国大历史》，北京：生活·读书·新知三联书店1997年版，第262—263页。

③ 叶德辉：《〈读西学书法〉书后》，苏舆编：《翼教丛编》，光绪二十四年刻本。

④ 王仁俊：《实学平议》，苏舆编：《翼教丛编》。

⑤ 叶德辉：《〈长兴学记〉驳议》，苏舆编：《翼教丛编》。

⑥ 参见沈善洪、王凤贤：《中国伦理思想史》(下)，第431页。

张，与同时代的其他维新派思想家相比，显然要落后得多，它反映了唐才常思想中保守的一面，也反映了中国民族资产阶级的两面性。”[①]

第二节　民初之社会思想状况与新文化运动对忠君道德的清算

尽管辛亥革命“抉破了历代王朝的更迭机制，否定了皇权体制，因而也触动了传统社会的各条神经”，[②]但对传统观念和封建道德的清算并不彻底。新文化运动就是在辛亥革命推翻帝制后，从思想文化和社会意识层面对“三纲”和忠君道德进行的一次彻底清算和扬弃。

一、民国初年的社会状况与忠君观念的淡化

辛亥革命给中国的社会生活、道德风俗都带来了新的变化，一些陈规陋习被扫进历史垃圾堆，蓄辫、缠足等陋俗被革除，还废除了“三跪九叩”的跪拜礼。民国建立后，冲击传统忠君道德的社会变革主要有以下几个方面：

首先，在政治层面，传统忠君道德失去了存在的基础。1912年元旦那天，孙中山先生正式就任中华民国的临时大总统，从而宣告了君主专制的封建帝制在中国的彻底终结。中华民国实行民选的总统制，没有给君主留下任何位置。忠君之所以称其为一种道德规范，核心就在于君权的至上性，在于君臣关系的不平等性。而中华民国的成立不仅推翻了清王朝，更主要的是从根本上废除了在中国延续数千年的封建君主专制统治，以民选的总统代替了世袭的君主，彻底瓦解了传统忠君道德赖以存在的制度根基和政治基础。辛亥革命虽然没有真正完成反帝反封建的民主主义革命任务，但其推翻了君主专制的封建帝制，使两汉以来确立起的“三纲”变成了“两纲”，也抽去了忠君道德的制度依托，从政治道德层面宣告了忠君道德的消亡。

其次，在法律层面，传统忠君道德丧失了合法地位。辛亥革命前，忠君等伦理纲常早已作为制度规范被纳入中华法系中。民国建立后，旧的法律体系被废弃。在《临时约法》中，“中华民国之主权，属于国民全体”，“中华民国人民一律平等”，被明确提了出来。从法理上对君权合法性进行了否定，

---

① 张锡勤、饶良伦、杨忠文：《中国近现代伦理思想史》，哈尔滨：黑龙江人民出版社1984年版，第119页。

②《近代中国社会的新陈代谢》，载《陈旭麓文集》第一卷，上海：华东师范大学出版社1996年版，第427页。

彰显了天赋人权、主权在民思想。《临时约法》还否定了几千年来为人尊奉的君权神授思想,明确规定了总统要由选举产生。这些以国家根本大法方式确定的国体、政体原则,对旧制度、旧观念造成了毁灭性的打击,宣告传统尊君、忠君理论和制度约束为非法。进入民国后,被名教奉为天经地义、神圣至上的“三纲”以及等级尊卑等,从法律上遭到彻底的否定。[①]

最后,在教育层面,传统忠君道德丢掉了教化阵地。1912年,时任教育总长的蔡元培主持颁布了《普通教育暂行办法》,对小学生读经明令禁止。嗣后,在教育部颁布的《大学令》中又废除了“经学科”。在《对于新教育之意见》一文中,蔡元培指出:“‘满清’时代,有所谓钦定教育宗旨者,曰忠君,曰尊孔,曰尚公,曰尚武。忠君与共和政体不合,尊孔与信教自由相违。”从教育制度层面对“尊孔”“忠君”这些传统的教育宗旨、教育内容进行了彻底否定,而将“五育”(军国民教育、实利主义教育、公民道德教育、世界观教育、美感教育)的教育宗旨和内容注入新的教育制度和教育体系中。“与清末新政的‘癸卯学制’相比,此教育宗旨废除了忠君、尊孔,彻底铲除了封建残余。”[②]在民国的“壬子癸丑学制”中,彻底删除了忠君、尊孔的课程内容。儒家经典从教育领域全面退出,不复为人们必读之经典,中国进入到没有“经典”的新时代。[③]儒学经典在教育领域的退出,彻底宣告忠君宣教阵地的失陷。

在政治、法律、教育几个层面,尽管民国政府对忠君道德进行了清理,但在社会思想层面上受几千年的儒学教化和忠君观念影响,相当一部分人还根深蒂固地抱着传统观念不放。即使清帝逊位,没有君主可忠,但在一些人的思想意识中仍残存着忠君的正统观念。甚至个别革命党人在革命胜利后却又产生“只要汉族人做了皇帝”,人民依然“应该忠他”的陈腐观念。[④]这表明,在辛亥革命胜利后,道德领域虽发生巨大变革,但这种变革是不平衡、不彻底的。以“三纲”为核心的旧道德,在广大民间中的影响力依然存在。所谓君臣之义、尊卑之序、孝悌为先、三从四德等一套传统观念仍被一些人视为金科玉律,特别是忠君思想仍然有一定市场,君权、皇权仍被保守主义者视为不容触犯的禁区。[⑤]虽经资产阶级维新派、革命派持久、深入的批判,但忠君观念仍没有得到彻底肃清,民国成立后仍有人留恋帝制,妄图复兴儒

---

① 参见张锡勤:《儒学在中国近代的命运》,第202页。

② 周予同:《中国现代教育史》,福州:福建教育出版社2007年版,第78页。

③ 参见左玉河:《民国初年的信仰危机与尊孔思潮》,《郑州大学学报(哲学社会科学版)》2012年第1期。

④ 林獬:《做百姓的事业》,载张枬、王忍之编:《辛亥革命前十年间时论选集》第一卷,第876页。

⑤ 参见张锡勤、柴文华主编:《中国伦理道德变迁史稿》下卷,第242页。

教，复辟帝制。

伴随着袁世凯洪宪帝制和张勋复辟的闹剧，康有为等积极组织孔教会，大肆鼓吹尊孔读经，极力从思想舆论方面为复辟帝制当吹鼓手。甚至一些宗教迷信团体也宣扬忠君等传统旧道德，并得到一些民众认同。如同善社“提倡五伦（君臣、父子、夫妇、兄弟、朋友）八德（孝弟忠信礼义廉耻），赞扬忠臣、孝子、义夫、节妇，提倡读古书，维护整个封建社会那一套旧思想旧秩序”。而下层民众头脑中仍根深蒂固存在帝王观念和忠君思想，乃至于“清朝皇帝退位不久，有些人不相信民国能长期保持下去，认为还会有皇帝出来”。这也就为同善社“宣扬保持封建体系恢复君主的说教”提供了“迷惑人心的肥沃土壤”，得以吸引众多信徒包括上至前清旧官吏下至普通民众的加入。①

民国初年的两次复辟就反映了仍有一些人残存着忠君的旧观念，而越是边远乡村等不开化地区，忠君思想的残余就越深。“中国多数国民，口里虽然不反对共和，脑子里实在装满了帝制时代的旧思想。”“袁世凯要做皇帝，也不是妄想，他实在见得多数民意相信帝制，不相信共和。”即便在袁世凯死了以后，“袁世凯所利用的倾向君主专制的旧思想，依然如故”。②

尽管复辟闹剧很快烟消云散，但两次复辟，特别是孔教会的推波助澜，表明：民国初年，不同程度地残存着封建落后意识和腐朽的旧道德。基于此，彻底清算旧观念、旧思想、旧道德就显得十分必要和迫切。这一艰巨重任历史性地落在新文化运动者的身上。

二、尊孔复古逆流

历史的发展往往不是一帆风顺的，即便是滚滚向前的车轮，也总有挡车之螳臂。在辛亥革命推翻帝制后，一些人仍存在对专制君主制的怀念和幻想，有的想当专制君主，有的则想效忠专制君主，做忠君卫主的忠臣，从而上演了一幕幕的复辟帝制和尊孔复古的活报剧。

民国初年，在社会上兴起一股尊孔复古逆流。这股逆流从政治上有袁世凯主持下的国民政府支持，在思想界，则以康有为为首，倡导尊孔读经，主张将孔教定为国教。在戊戌变法时主张维新变法的康有为已经逐渐蜕化为保皇派，反对资产阶级革命。在辛亥革命胜利后，清王朝和封建帝制被推翻

① 米庆云：《同善社见闻》，载中国人民政治协商会议全国委员会文史资料研究委员会编：《文史资料选辑》（第三十四辑），文史资料出版社1963年版，147页、154页、155页。

② 陈独秀：《旧思想与国体问题——在北京神州学会讲演》，载《陈独秀文章选编》（上），北京：生活·读书·新知三联书店1984年版，第205—206页。

后,康有为的思想更加顽固保守,与民主共和大潮相反,大唱复辟帝制的陈词滥调。为了鼓吹复辟,他提出一套尊孔复古论,并积极组织孔教会。

尽管辛亥革命推翻了清王朝,扫荡了君主专制制度及其道德规范,附庸在君主专制政体之上的尊孔读经、祭天祭孔等旧的东西都被革命以摧枯拉朽般的强力所冲决,但随着辛亥革命成果的被篡夺,为了复辟帝制,袁世凯开始鼓励尊孔复古,重振"三纲"特别是君纲和忠君道德,为其复辟帝制做舆论宣传和思想保障。1912年9月20日,袁世凯即发布"大总统令",明确"中华立国,以孝悌忠信、礼义廉耻为人道之大经,政体虽更,民彝无改"。[①]以政府法令的形式,将传统伦常,特别是忠孝道德定位万世不易的"人道大经",拉历史的倒车。同年11月26日,袁世凯又"令厘定尊孔典礼",再次明确"孔子之道,如日月经天,江河行地,树万世之师表,亘百代而常新"。已然将孔子又重新抬高到万世师表的地位。次年6月22日,袁世凯公布了《尊崇孔圣令》,无视孔子之说与民国所倡导的自由、平等理念不合的事实,而指责"浅妄者流,至悍然倡为废祀之说",并就祀孔典礼作出硬性规定,"以表尊崇,而垂永久"。[②]1914年9月25日,袁世凯再一次颁布《祭孔告令》,重申其关于孔教与平等自由通理的邪说,又唱了一遍"孔子之道亘古常新,与天无极……万世师表,国纪民彝,赖以不坠"的老调。同年11月3日颁布《箴规世道人心》的告令,明确提出:"忠孝节义,中华民国的立国之精神。"1915年1月的《教育要旨》重申教育必须"于忠孝节义植其根",并制定了《提倡忠孝节义实行办法》。很明显,袁世凯接二连三地发布命令,采取强制性的行政手段恢复尊孔读经,恢复旧的礼教,目的无疑是为其复辟帝制制造舆论、营造气氛,其政治目的是十分明显的。[③]袁世凯除了在政府法令形式上提倡尊崇孔教,而且亲自主持祭孔大典,将帝制灭亡后一度中断的祭孔典礼又捡了回来,走了回头路。事实上,袁世凯彰扬孔子和儒教的做法等于为尊孔复古论提供了合法的外衣和保障,于互相利用间,康有为的孔教会一时间甚嚣尘上。

孔教会的发起人是陈焕章,但其幕后策划和精神领袖无疑是康有为。康有为的孔教思想渊源有自。早在戊戌维新前后,康有为就"援素王之号,执以统天之说,推崇孔子以为教主,欲与天主耶苏比权量力,以开民智,行其

---

① 袁世凯:《通令全国尊崇伦常文》,载《袁大总统书牍类编》,上海:上海会文堂新记书局1929年。

② 中国第二历史博物馆:《中华民国史档案资料汇编》第三辑,南京:江苏古籍出版社1991年版,第1—2页。

③ 参见张锡勤:《儒学在近代中国的命运》,第214页。

政教”。[①]1898年成立保国会时，康有为提出保国、保种、保教的思想主张。康有为始终坚持孔教的立场主张，即便是流亡海外期间，也不忘与革命派进行论战，宣扬其孔教学说。但辛亥革命“好像一纸判决书，判定儒家已经不是社会秩序的合法性依据”，“标志着儒家作为社会秩序的合法性依据的时代的结束，而儒家开始了‘游魂’时代”。[②]在这传统断裂的时代，儒学进入到一个尴尬的境地，社会的主流对儒学特别是封建纲常、忠君思想是猛烈抨击和坚决否定的，而在一些守旧保守人士那里，仍对儒学抱着恋恋不舍的心态。当他们看到儒学衰败时有的绝望，有的妄图螳臂挡车。

绝望者不乏其人，有人早在清朝灭亡前已然看到儒学衰败的必然趋势，而绝望殉教。如1897年一个基层小知县欧阳友仙路过曲阜时，与曲阜县令“极言孔教之衰微，世道人心之不可问”，后竟自缢于孔林某屋之正梁，“以身殉道”。[③]“这虽不是一件轰动性的事件，但它说明，由于‘孔教衰微’已是不争的事实，一些正统儒者已感无力回天，对儒学的前途开始绝望了。”[④]与绝望殉道者不同，康有为、陈焕章等人则以复兴儒学道统为己任，乃至在辛亥革命胜利、民国建立后仍坚守并试图扩大孔教阵地，做了一回螳臂挡车者。

康有为的孔教思想表面看是与时俱进的，但实质上是坚持君主制的一贯主张。清亡前，他提倡孔教无疑是为君主制服务的，即使是君主立宪也是要保留皇帝的。而清亡后，康有为又提出一个“虚君共和”的主张，提议以孔子后人衍圣公为全民精神依托，把他当作立宪君主。“夫立宪君主，既专为弹压不争乱而立，非与之事权，待其治世也，诚合乎奉土木偶为神之义，则莫若公立孔氏之衍圣公矣。”[⑤]康有为尝试将孔教中的君臣之义替换成社会上的上下级关系，以说明孔教仍具有当代价值。他认为：“或谓儒家大义，最重伦纲。今政改共和，君臣道息，则遗经垂教，窒碍难行。此沟犹瞀儒未通古义之论也。夫君臣之本义，但指职事之上下言之，非谓一帝者言之。”[⑥]在以康有为为首的孔教会人眼中，“儒教是中国的特有的国性，剥夺了它，国家将会

① (清)陈宝箴：《奏釐定学术造就人才折(光绪二十四年五月)》，载翦伯赞等编：《戊戌变法》，上海：神州国光社1953年版，第358页。

② 干春松：《制度儒学》，上海：世纪出版集团、上海人民出版社2006年版，第141页。

③ 徐珂：《清稗类钞》(七)，北京：中华书局1996年版，第3059页。

④ 张锡勤：《儒学在中国近代的命运》，第204页。

⑤ 汤志钧编：《康有为政论集》下册，北京：中华书局1981年版，第676页。

⑥ 康有为：《孔教会序》，载柯璜编：《孔教十年大事记》，太原宗圣会1924年，金册第4页。

灭亡，民族也不会继续存在”。[①]他美化了古代那种“学校遍都邑，教化入妇孺，人识孝弟忠信之风，家知礼义廉耻之化”[②]的理想社会，认为辛亥革命后，中国社会“人心之败坏，风俗之衰敝，廉耻丧尽，气节靡茶，盖秦、五代之不若，实数千年未有之厉”。[③]尽管辛亥革命后，孔教会的重点已经不再是“三纲”，特别是由于君主专制政体的灭亡，无法再提“君为臣纲”和忠君道德，但孔教会宣传立孔教为国教，并不是仅仅着眼于文化建设，而是想在人们思想中重建儒家伦理，为专制制度的复辟摇旗呐喊。“帝制是靠以三纲为核心的纲常礼教做支撑的。康有为等人既欲复辟帝制、恢复旧有秩序，将一切再纳入旧轨，就势必要维护、赞美曾被他所批判过的纲常礼教。”[④]尽管康有为并不看好袁世凯，但在尊孔复古、推行君主制这一点上，二人还是有共同点的。应该说，康有为及孔教会在洪宪帝制和张勋复辟这两次历史逆流中，都发挥了思想舆论作用。康有为的一生也走了一个逆向倒退的曲线。“在戊戌前夕，他勇敢地将儒学与专制分离；然而在政变之后，他以保皇会首领自居，自戊戌至辛亥，反对共和而主君主立宪；复于民国六年(1917年)以及十二年(1923年)两度参与复辟，使他的形象与帝制认同，因而被许多人视为民国之敌。”[⑤]

讨论民国初年的孔教问题，除了康有为，还不能不到孔教会主任干事陈焕章。陈焕章在孔教会中也发挥了重要的宣传鼓动作用，特别是他绞尽脑汁赋予传统“三纲”精神以新的意义和价值。在“君为臣纲”问题上，他继承并发扬了康有为关于君臣大义转换成上下级关系的观点，进而论证说：“孔子之教有君臣一伦。盖凡同事者皆可名曰君臣也。主其事者谓君之(原文如此，盖系“谓之君”之误)，辅而行之者谓之臣。”[⑥]并认为民国的大总统与帝制时期的皇帝一样，都是“国家之元首”，“盖君臣之伦，只有进化，而并无绝灭……且夫君臣之道，并无损于平等自由之理”。[⑦]在试图打通由皇帝到总统的进路、辨明君臣之伦的“当代意义”的同时，陈焕章进而论及传统忠德中

---

① [美]列文森：《儒教中国的现代命运》，郑大华、任菁译，北京：中国社会科学出版社2000年版，第162—163页。

② 汤志钧编：《康有为政论集》下册，第732页。

③ 汤志钧编：《康有为政论集》下册，第842页。

④ 张锡勤：《儒学在中国近代的命运》，第218页。

⑤ 萧公权：《近代中国与新世界——康有为变法与大同思想研究》，南京：江苏人民出版社1997年版，第109页。

⑥ 陈焕章：《孔教论》，上海：商务印书馆1912年版，第38页。

⑦ 陈焕章：《孔教论》，第39页。

蕴含的爱国主义精神。他认为:“孔子虽重礼让,然一语及救国,则以争为主。盖国之存亡,关系极大,此而不争,诚不可谓忠也。世人每谓孔子多言忠君而罕言忠国,然此条之所谓忠,非忠国而何?尽忠于国,争以救国为事,而不许他人之亡我国家,此孔子忠国之义也。”[①]陈焕章之宣扬孔教已经超越了复辟的层面,而是力图在孔教与现实之间搭建一座桥梁。在他看来,孔教是立国之本,孔教的基本义与现行民国政体和自由平等精神并不违背,而且也不会成为科学的障碍。他将孔教的存废与国家的存亡联系在一起,“焕章等敢大声以告国人曰:中国若果不亡,则孔教必为国教;孔教若不为国教,则中国必亡。……故吾民之请定国教也,非独尽忠于孔教也,其尽忠于中国尤挚”。[②]民国初年,主张尊孔读经和维护三纲五常的声音不仅限于康有为、陈焕章等孔教会成员,社会上也不乏主张复古和保持传统旧道德者。如在新文化运动前夜,还有人主张保存五伦及君臣之义,认为“五伦去而中国无群,国而无群,国不国矣”,并吹捧韩愈的“君者出令者也,臣者行君之令而致之民者”为“最得君臣之本义”。[③]

应该说,民国以降,君主消亡,虽经两次复辟,但都很快灰飞烟灭,这说明无论君主专制政体,还是君主立宪政体,都已经被国人彻底否定,任何形式的君主制在中国都已经没有市场。同样,依附在君主制上的所谓纲常伦理特别是忠君道德更是被作为腐朽落后的东西,而被扫进了历史的垃圾堆里。从社会的主流看,立孔教为国教一段时间内虽然在社会上产生一定影响,但遭到人们的普遍抵制,“三纲”“三德”特别是忠君道德已经渐行渐远。但在个别人头脑中,在一些落后地区仍有残余,新文化运动对旧道德特别是忠君道德的余毒进行了一次彻底的消杀。

三、新文化运动对“三纲”的抨击和清算

1911年的辛亥革命从政治、经济、思想、文化等方面带给中国剧烈的变革,但辛亥革命是不彻底的。面对林林总总、形形色色的社会思潮,针对尊孔读经、复辟帝制等思想残余,在思想界开展一次对旧思想、旧道德的彻底批判和清算是非常必要和迫切的。

对于五四运动之前的中国社会特别是青年人的思想状况,在当年的很多文学作品都有相关描述。在《倪焕之》这篇小说中,叶圣陶描述了当时青

---

① 陈焕章:《孔教论》,第45页。

② 中国社会科学院近代史研究所编:《孔教会资料》,北京:中华书局1974年版,第38页。

③ 姚叔节:《示正志中学校一二班毕业诸生》,《新青年》第6卷第2号。

年的思想变化。他描写道：五四运动“犹如一声信号，把沉睡着的不清不醒的青年都惊醒了，起来擦着眼睛对自己审察一番。审察的结果，知道自己锢蔽得太深了，畏缩得太甚了，了解得太少了，历练得太浅了”。[①]受胡适“重估一切价值”的影响，人们重新审视纲常礼教。“大家恍然想，那是蛮性的遗留，无形的桎梏，可以范铸成一个奴隶，一个顺民，一个庸庸碌碌之辈，却根本妨碍作一个堂堂正正的人！”[②]

叶氏小说中的描写可以说是一种对现实的情景再现，而且印证了胡适的观点。“新思潮的根本意义只是一种新态度。这种新态度可叫做‘评判的态度’。”一句话，“‘重新估定一切价值’八个字便是评判的态度的最好解释”。[③]新文化运动中被重估的价值首先就是传统纲常伦理，即叶圣陶小说中所谓“蛮性的遗留”和“无形的桎梏”的“三纲”。对于“三纲”的本质，陈独秀也揭露道：“率天下之男女，为臣，为子，为妻，而不见有一独立自主之人者，三纲之说为之也。缘此而生金科玉律之道德名词，曰忠，曰孝，曰节，皆非推己及人之主人道德，而为以己属人之奴隶道德也。”[④]新文化运动批判“三纲”就是要消除奴隶人格，培育新民，彻底摧毁掉掉“制造顺民的大工厂”，“作一个堂堂正正的人”。

辛亥革命在政治领域开展了反封建斗争，而新文化运动则在思想领域吹响了向封建思想意识战斗的号角。兴起于1915年的新文化运动，与应对民国初年康有为那些人搞的尊孔读经有关。[⑤]对于张勋复辟，当年陈独秀就认定与尊孔复古的势力支持有关，指出“孔教与共和乃绝对两不相容之物，存其一必废其一，此义愚屡言之。张、康亦知之，故其提倡孔教必掊共和，亦犹愚之信仰共和必排孔教”。[⑥]因而，新文化运动高举科学和民主这两面大旗，将批判矛头首先对准了“三纲”等思想痼疾，并深入抨击宣扬纲常的孔教。

对于孔教，陈独秀指出：“孔教之精华曰礼教，为吾国伦理政治之根本。”[⑦]其宣扬“别尊卑、重阶级、尊天尊君”，乃“制造专制帝王之根本恶因”。陈独秀还将批判的矛头直指孔教所宣扬的三纲。“尊卑贵贱之所由分，即三纲之说之所由起也。……忠、孝、贞节三样，却是中国固有的旧道德，中国的

---

① 叶圣陶：《倪焕之》，北京：人民文学出版社1962年版，第212页。

② 叶圣陶：《倪焕之》，第214页。

③ 胡适：《新思潮的意义》，《胡适文存》（一集），合肥：黄山书社1996年版，第527—528页。

④ 陈独秀：《一九一六年》，载《陈独秀文章选编》（上），第103页。

⑤ 参见张锡勤：《儒学在中国近代的命运》，第225页。

⑥ 陈独秀：《复辟与尊孔》，载《陈独秀文章选编》（上），第229—230页。

⑦ 陈独秀：《宪法与孔教》，载《陈独秀文章选编》（上），第144页。

礼教(祭祀、教孝、男女防闲,是礼教的大精神)、纲常、风俗、政治、法律,都是从这三样道德演绎出来的;中国人的虚伪(丧礼最甚)、利己,缺乏公共心、平等观,就是这三样旧道德助长成功的,中国人分裂的生活(男女最甚),偏枯的现象(君对于臣的绝对权,政府官吏对于人民的绝对权,父母对于子女的绝对权,夫对于妻、男对于女的绝对权,主人对于奴婢的绝对权),一方无理压制一方盲目服从的社会,也都是这三样道德教训出来的;中国历史上、现社会上种种悲惨不安的状态,也都是这三样道德在那里作怪。”①

尊孔者中有人提出所谓“三纲”出自纬书,实为宋儒之所倡。陈独秀批驳说:“三纲说不徒非宋儒所伪造,且应为孔教之根本教义。”“三纲之义,乃起于礼别尊卑,始于夫妇,终于君臣,共贯同条,不可偏废者也。今人欲偏废君臣,根本已摧,其余二纲,焉能存在?”②陈独秀根本不认可“三纲”有什么当代价值。在他看来,“三纲”乃“一切道德政治之大原”,“君为臣纲”更使得臣民都变成了君王的附属品,丧失了独立人格。作为孔教核心基础的“三纲”,不仅是君主专制的统治基础,更成为复辟帝制的思想渊薮。“中国帝制思想,经袁氏之试验,或不至于死灰复燃矣,而康先生复于别尊卑,重阶级,事天尊君,历代民贼所利用之孔教,锐意提倡,一若惟恐中国人之‘帝制根本思想’或至变弃也者。”③

在中国近代思想史中,新文化运动接过资产阶级维新派和资产阶级革命派批判三纲和奴隶性的大旗,彻底清算三纲和国民性中的奴隶性,鼓励国人“脱离夫奴隶之羁绊,以完其自主自由之人格”。在1915年的《青年杂志》发刊词中,陈独秀发表了《敬告青年》,陈说“六义”,首先就是做“自主的而非奴隶的”青年。对于国民奴隶性的产生原因,陈独秀归于君权、教权的束缚,所谓“忠孝节义,奴隶之道德也”,从而将改造国民性、清除奴隶性与批判忠孝节义的三纲结合起来。提到奴隶性的本质及其危害,陈独秀指出:“病在分别尊卑,课卑者以片面之义务,于是君虐臣、父虐子、姑虐媳、夫虐妻、主虐奴、长虐幼。社会上种种之不道德、种种罪恶,施之者以为当然之权利,受之者皆服从于奴隶道德下而莫之能违。”④

毋庸置疑,奴隶性必然产生对君权的敬畏和对君主的屈服,从而被塑造成彻头彻底的顺民。而顺民不仅在君主专制社会比比皆是,即便在辛亥革命胜利、推翻清朝帝制后,在广大民众中仍有不少人认同于做顺民。鲁迅先

---

① 陈独秀:《调和论与旧道德》,载《陈独秀文章选编》(上),第444—445页。

② 陈独秀:《宪法与孔教》,载《陈独秀文章选编》(上),第146—147页。

③ 陈独秀:《驳康有为致总统总理书》,载《陈独秀文章选编》(上),第137页。

④ 陈独秀:《答傅桂馨》,载《陈独秀文章选编》(上),第188页。

生曾辛辣地指出：所谓的中国历史不过就是“一，想做奴隶而不得的时代；二，暂时做稳了奴隶的时代”。无疑，大多数国人就是甘心做顺民的奴隶。“实际上，中国人向来就没有争到过‘人’的价格，至多不过是奴隶，到现在还是如此……中国的百姓是中立的，战时连自己也不知道属于那一面，但又属于无论那一面。……这时候，百姓就希望有一个一定的主子，拿他们去做百姓。”[①]在《阿Q正传》中，鲁迅先生塑造的精神胜利者阿Q，以及《示众》中那些麻木不仁的人们，实际上都反映的是一种奴隶做久了的顺民心态。在《吾国与吾民》中，林语堂将忠君顺民心态主要概括为“忍耐”。他认为，“中国人民曾忍受暴君、虐政、无政府种种惨痛，远过于西方人所能忍受者，且颇有视此等痛苦为自然法则之意，即中国人所谓天意也”。[②]更多时候，国人的奴隶性和顺民心态主要集中体现在“忍”字上。林语堂列举了唐代宰相九世同居的张公艺来说明忍在中国政治伦理、家庭伦理、社会伦理中发挥着无所不在的作用。面对唐高宗对其治家之方的好奇，张大书一百多个“忍”字，唐高宗为此感动流涕并重赏之。林语堂不由得慨叹说：“中国人非但不以此为家族制度之悲郁的注解，反世世羡慕张公之福……只要家族制度存在，只要社会建立于这样的基础上，即人不是一个独立的个体，但以一个分子的身份生活于和谐的社会关系中；那很容易明了忍耐（原文此处有‘；’，根据文意删除）何以须视为最高德行，而不可免地培育于这个社会制度里头。因为在这样的社会里头，‘忍耐’自有其存在之理由。”[③]

在抨击孔教、清算奴隶性的同时，激进的民主主义者还将批判矛头指向礼教和宗法制度，视之为实行君主专制统治的工具。[④]针对“三纲”产生根源，他们进行了深入辨析，揭示了宗法制度同“三纲”的内在关联，挖掘“三纲”产生的社会历史基础，对“三纲”有针对性地进行更深入的批判。陈独秀曾指出：奴隶道德为中国宗法社会的产物，“三纲”中的“别尊卑明贵贱之阶级制度，乃宗法社会封建时代所同然”。[⑤]激进民主主义者们还利用进化论思想批判所谓的道德不变论，认为社会变化了，社会道德就会随之改变。对此，陈独秀曾指出：“宇宙间精神物质，无时不在变迁即进化之途，道德彝伦，

① 鲁迅：《灯下漫笔》，《鲁迅全集》（第1卷），北京：人民文学出版社2005年版，第224页。

② 林语堂：《吾国与吾民》，北京：中国戏剧出版社1990年版，第43页。

③ 林语堂：《吾国与吾民》，第44页。

④ 参见彭平一：《冲破思想的牢笼——中国近代启蒙思潮》，长沙：湖南师范大学出版社2000年版，第212页。

⑤ 陈独秀：《宪法与孔教》，载《陈独秀文章选编》（上），第148页。

又焉能外?”[①]“盖道德之为物,应随社会为变迁,随时代为新旧,乃进化的而非一成不变的,此古代道德所以不适于今之世也。”[②]李大钊也主张:“道德者,宇宙现象之一也,故其发生进化亦必应其自然进化之社会。”“道德者,利便于一社会生存之习惯风俗也,古今之社会不同,古今之道德各异。”[③]李大钊指出三纲作为宗法社会的产物,是符合宗法社会时期具体社会状况的。但民国以后,帝制被消灭了,宗法制度的社会基础也解体了,“三纲”自然也不适应社会需要。吴虞从历史发展视角,指出自分封制被废除后,实际上中国已从宗法社会演变为军国社会。近代时期,“欧洲脱离宗法社会已久,而吾国终颠顿于宗法社会之中而不能前进。推原其故,实家族制度为之梗也”。[④]“以家族的基础为国家的基础,人民无独立之自由,终不能脱离宗法社会,进而出于家族圈之外。麻木不仁的礼教,数千年来不知冤枉害死了多少无辜的人,真正可以痛哭呀!”[⑤]在此,我们暂时不讨论秦汉时期是否已彻底破坏和废弃了周朝确立的宗法制,也不深究民国社会中家族制、宗族组织是否也已完全解体,仅从国家体制的变化角度而言,传统的君臣纲常以及忠君道德就实实在在丧失了存在的现实基础与合法性。对此,胡适曾指出,对于“三纲五伦”,“古人认为真理,因为这种话在古时宗法的社会很有点用处。但是现在时势变了,国体变了”,具体来说,“三纲”和“五伦”因时代的变化而失去了“首纲”“首伦”地位。此外,父子之纲、夫妇之纲也不具有合理性。这些在古代社会中是“天经地义”的,到了民国时期变成了“废话”。[⑥]尽管胡适此处所论是为其实用主义思想找佐证,但很清楚地表达出道德变迁思想,[⑦]明确否定了“三纲”价值,将忠君道德所依赖的宗法社会在现实层面予以瓦解。

四、新文化运动对忠君观念的清算

民国初年,尽管由于政体的巨大变革,现实中的忠君已经不存在了,但

---

① 陈独秀:《孔子之道与现代生活》,载《陈独秀文章选编》(上),第152页。

② 陈独秀:《答淮山逸民》,载《陈独秀文章选编》(上),第190页。

③ 李大钊:《自然的伦理观与孔子》,载《李大钊文集》(上),北京:人民出版社1984年版,第263—264页。

④ 吴虞:《家族制度为专制主义之根据论》,载张骏严编选:《新潮——民初时论选》,沈阳:辽宁人民出版社1994年版,第98页。

⑤ 吴虞:《说孝》,载张骏严编选:《新潮——民初时论选》,第289页。

⑥ 参见胡适:《实验主义》,载《胡适文存》(一集),第225—226页。

⑦ 参见张锡勤:《中国近代思想文化史稿》(下卷),哈尔滨:黑龙江教育出版社2004年版,第816页。

在一些人的思想意识中还不同程度地残存着忠君观念。对此，在猛烈批判“三纲”、彻底清算旧观念和旧道德的同时，新文化运动还针对君臣之纲及忠君观念进行了一次彻底清算。当时的情况是：“三纲”及忠、孝、节等旧道德经资产阶级的维新派和革命派的几番猛烈批判，特别是辛亥革命灭亡清朝、推翻帝制后，忠君观念的社会影响力已大大削弱。新文化运动时期，道德革命的重点逐渐由忠转到孝、节，但却也丝毫没有懈怠对忠君道德的批判和彻底清算，往往是批“三纲”时必拿忠君思想先批一番。这时候批判忠君观念重点在于揭露等级地位的不合理，涤除人思想意识中的奴性积淀，为树立国民意识做思想舆论基础。这正如陈独秀所说的，“三纲”中的“君为臣纲”把民变成君的附属品，君王一人以外，举国皆为臣民，而无一人独立自主。李大钊对君臣、父子、夫妇三对关系的不平等进行了剖析，“看那二千余年来支配中国人精神的孔门伦理，所谓纲常，所谓名教，所谓道德，所谓礼义，那一样不是损卑下以奉尊长”。[①]以君臣关系为例，只一“忠”字，就完全让臣子为君牺牲。父子、夫妇、兄弟诸关系也类似，分别用“孝”“顺”“从”“贞节”等名词，使一方完全牺牲于另一方。

实际上，新文化运动就是要“把专制的观念——不特政治上的专制，连思想、风俗、习惯、家庭各方面的专制也包括在内——推翻，更把奴隶的根性——凡是对于君主、官吏、父、兄、思想、风俗、习惯的盲目的服从，含畏服的心理者都在内——掀倒！”[②]而要做到这些，首先就是把忠君观念彻底拔除。

值得注意的是，吴虞、李大钊等人还将反思的焦点放在忠孝关系上，在反思孝的弊端时也顺带着对忠君观念进行批判。吴虞曾指出儒学“既认孝为百行之本，故其立教，莫不以孝为起点”，但宗法社会的特点表现为家国同构和君父一体，故而，“忠孝并用、君父并尊”，即以孝处家，以忠处国。“凡人未仕在家，则以事亲为孝；出仕在朝，则以事君为孝。能事亲、事君，乃可谓之为能立身，然后可以扬名于世。由事父推之事君、事长，皆能忠顺，则既可扬名，又可保持禄位。居家能孝，则可由无禄位而为官。”“家国无分”这种宗法社会特点，以及“君与父无异”“求忠臣必于孝子之门”等观念，实际上是“二千年来专制政治、家族制度联结之根干”，“贯澈始终而不可动摇。使宗法社会牵制军国社会，不克完全发达，其流毒诚不减于洪水猛兽矣”。吴虞

① 李大钊：《由经济上解释中国近代思想变动的原因》，载《李大钊文集》（下），第178—179页。

② 陶履恭：《我们政治的生命》，《新青年》第5卷第6号，1918年12月15日。

将孝视为忠的基础，将家庭内部的专制视为国家专制制度的基础，他大声疾呼废除在家庭内部中的父权，继而彻底廓清人们头脑中的忠君观念。“夫孝之义不立，则忠之说无所附；家庭之专制既解，君主之压力亦散，如造穹窿然，去其主石，则主体堕地。”[①]围绕忠、孝的起源及二者关系，李大钊也进行了深入辨析。李大钊认为忠孝道德产生有其社会基础，那就是古代的社会结构，根本点在于父权为中心的大家族制度。如体现君臣关系的忠德就是体现父子关系的孝道的放大。正是家与国之间的同构特性，决定了忠与孝之间的一体性。[②]应该说，新文化运动主将们从特定历史条件和社会结构分析忠孝道德的起源和变迁，有力地说明了社会结构及其变化对道德变迁的决定作用。

在揭露忠君观念害人的问题上，吴虞做得更彻底。他套用鲁迅在《狂人日记》中提出“礼教吃人”的观点，以“吃人与礼教”为题，用历史史实具体分析和揭露批判了礼教“吃人”之本质。其中，吴虞对史上闻名的“忠义”楷模进行了深入剖析和全新解读，将传统史家颂扬的所谓“忠义”同礼教的“吃人”本质有机联系，揭露著名的“忠臣”和“义士”们，其实“想身传图像，名垂后世，却把他人的生命拿来供自己的牺牲”。吴虞引用三国时期忠义代表臧洪和唐朝忠臣张巡和许远的例子，指出“越是自命忠义的人，那吃人的胆子越大”。明末清初的王夫之主要从忠与仁之间的道德价值冲突角度，指出守孤城中忠诚与吃人之间的道德悖谬，吴虞则是从礼教吃人的角度，揭露了专制社会中“忠义”的另一面。吴虞指出：“臧洪、张巡被礼教驱迫，至于忠于一个郡将，保守一座城池，便闹到杀人吃人都不顾，甚至吃人上二三万口，仅仅他们一二人对于郡将，对于君主，在历史故纸堆中博得忠义二字，那成千累万无名的人，竟都被人白吃了。”[③]比较而言，鲁迅谈礼教吃人批判的是礼教和纲常之整体，而吴虞的礼教吃人则直指传统忠德，揭露了封建礼教尤其是忠君道德的吃人本质。

新文化运动主要是反孔反儒反礼教，因此，无论是批判“三纲”，还是批判忠君道德，实际上都是要批判甚嚣尘上、影响一时的“孔教”，是为了“除恶务尽”。[④]在他们看来，“孔教”宣扬旧道德，培养奴隶意识，制造顺民忠臣，就是维护君主的专制统治。“所谓《四库全书》者，除晚周几部非儒家的子书外，

① 吴虞：《家族制度为专制主义之根据论》，载张骏严编选：《新潮——民初时论选》，第99—101页。
② 李大钊：《由经济上解释中国近代思想变动的原因》，载《李大钊文集》（下），第178页。
③ 吴虞：《吃人与礼教》，载张骏严编选：《新潮——民初时论选》，第166页。
④ 参见陈独秀：《答爱真》，载《陈独秀文章选编》（上），第303页。

其余十分之八都是教忠教孝之书。”要从根本上祛除掉三纲五伦以及奴隶道德，“当然以废孔学为惟一之办法”。[①]客观地讲，陈独秀和李大钊在新文化运动时期(指五四运动以前)都还不是真正的马克思主义者，而是激进的民主主义者。虽然他们极力站在社会、历史、制度等不同侧面深入剖析了旧道德及其产生根源和思想基础，但在批判旧道德方面仍存在有失偏颇和矫枉过正的地方。如他们在批判忠德的时候，也存在将忠德简单等同于忠君的问题，一定程度地忽视了传统忠德的内在价值与合理性。

第三节　近代道德革命对忠德价值的返本开新

近代道德革命在猛烈抨击君主专制制度，彻底清算“三纲”和忠君道德观念的同时，对传统忠德的原初义也进行了溯源，并阐发了忠德的时代新义，以廓清以忠君一义来笼统界定忠德的误解，对传统忠德的合理内核进行返本开新。

一、恢复忠之本义

在资产阶级维新派和资产阶级革命派以及新文化运动思想家们对忠君道德的一边倒的批判中，也有人提出不能全盘否定忠德，而应客观、辩证地加以分析，辨析忠君道德与原初意义上的忠德，恢复忠德的本来面目。比如将忠恕、忠信等忠德内涵与忠君的忠加以区分，所谓“中心为忠，对于社会之言也。故曰忠恕、曰忠信，皆对于人人之言，非对于一人之言也。自后世移而属诸臣仆，而忠之义失。于是以助强权为忠，以媚一人为忠”。[②]这一观点有利于客观看待忠德价值，回归忠德的本义。

对恢复忠德本义，维新派谭嗣同的思想非常有代表性。在维新派中，谭嗣同不仅抨击君主专制、批判忠君道德最猛烈，而且在对待传统道德问题上也最客观。他在泼洗澡水时没有连盆里的孩子也一起泼掉，是在批判忠君观念的同时，围绕传统忠德做了一番深入的辩证分析，为传统忠德正本清源。谭嗣同将忠分为古义之忠和忠君之忠。何谓古义之忠？谭嗣同说：“古

---

① 钱玄同：《中国今后之文字问题》，载《钱玄同文集》第一卷，北京：中国人民大学出版社1999年版，第163、164页。

② 鞠普：《论习惯之碍进化》，载张枬、王忍之编：《辛亥革命前十年间时论选集》第三卷，第198页。

之所谓忠,以实之谓忠也。下之事上当以实,上之待下乃不当以实乎？则忠者共辞也,交尽之道也,岂专责之臣下乎？”[①]在谭嗣同看来,“古之所谓忠”乃待人以实,不仅下对上要忠实,上对下也要忠实。他认为,忠是对所有人的共同要求,体现了人际交往的最基本要求,并非专门要臣子忠君的片面道德。谭嗣同的这一观点试图使忠回归人与人之间忠诚平等关系。在对忠德的认识上,谭嗣同超越了同时代人,他扫荡笼罩于传统忠德之上的忠君迷雾,力图回归忠之本义。即便分析忠君之忠,谭嗣同也主张双向度而反对单向度,所谓“君为独夫民贼,而犹以忠事之,是辅桀也,是助纣也,其心中乎？不中乎？呜呼,三代以下之忠臣,其不为辅桀助纣者几希！”[②]

此外,谭嗣同对“死节”愚忠做法尤其痛恨,在他看来,“死节之说,未有如是之大悖者矣。君亦一民也,且较之寻常之民而更为末也。民之于民,无相为死之理,本之与末,更无相为死之理。然则古之死节者,乃皆不然乎？请为一大言断之,曰:止有死事的道理,决无死君的道理！死君者,宦官宫妾之为爱,匹夫匹妇之为谅也”。[③]他还特别指出:“一姓之兴亡,渺渺乎小哉,民何与焉？乃为死节者或数万而未已,本末倒置,宁有加于此者！”[④]尽管在变法失败后谭嗣同拒绝逃亡选择杀身成仁,但他并非是出于忠君的狭隘思想,而是为了唤醒民众,为了推动变法,为了中国的觉醒和富强,即所谓的“各国变法,无不从流血而成,今日中国未闻有因变法而流血者,此国之所以不昌也。有之,请自嗣同始”。

总地看,在维新派中,谭嗣同是批判“三纲”和忠君道德最猛烈、最尖锐的,也是对忠德分析最理性、最客观的。谭嗣同的忠德观开启了传统忠德在近现代回归本义的先河,也为传统忠德的当代转换探索了进路。

二、赋予忠以新义

有道是不破不立,破的目的是立。无论是维新派还是革命派,包括后来的新文化运动者们,他们批判忠主要是否定忠君,而不是否定传统忠德的合理价值,非但不否定,还努力赋予忠德以时代新义。

在《革命军》中,邹容就客观地指出:“夫忠也,孝也,是固人生重大之美德也,以言夫忠于国也则可,以言夫忠于君也则不可。何也？人非父母无以

---

① (清)谭嗣同:《谭嗣同全集》,第340页。

② (清)谭嗣同:《谭嗣同全集》,第340页。

③ (清)谭嗣同:《谭嗣同全集》下册,第339页。

④ (清)谭嗣同:《谭嗣同全集》下册,第339页。

自生，非国无以自存，故对于父母、国家，自有应尽之义务焉，而非一姓一家之家奴、走狗者。”[1]

在推动忠德破旧立新、实现价值转换方面，孙中山先生做了积极有益的探索。首先，他主张对中华民族传统区别对待。“固有的东西，如果是好的，当然要保存，不好的才可以放弃。”[2]作为坚定的资产阶级革命者，孙中山先生毕生致力于推翻清王朝封建帝国，自然要坚决反对维护君主专制的忠君道德。但对传统忠德，孙中山先生反对一股脑不加区别地全盘否弃，他主张继承“中国固有的道德”中好的东西。以传统忠德为例，孙中山先生主张改造地加以继承，并将经改造后的忠孝道德列入他所倡导的“八德”之首，即所谓的“讲到中国固有的道德，中国人至今不能忘记的，首是忠孝，次是仁爱，其次是信义，其次是和平”。[3]在这里，孙中山先生提到的忠孝有别于君主专制制度下的忠孝观念，而是加以改造后，在恢复本义基础之上又被赋予了新内涵的忠孝道德。特别是针对忠德，孙中山先生具体分析道：“现在一般人民的思想，以为到了民国，便可以不讲忠字，以为从前讲忠字是对于君的，所谓忠君，现在民国没有君主，忠字便可以不用……这种理论，实在是误解。因为在国家之内，君主可以不要，忠字是不能不要的，如果说忠字可以不要，试问我们有没有国呢？我们的忠字可不可以用之于国呢？我们到现在说忠于君，固然是不可以，说忠于国是可不可呢？忠于事又是可不可呢？我们做一件事，总要始终不渝，做到成功，如果做不成功，就是把性命去牺牲，亦所不惜，这便是忠。”[4]

孙中山先生这番恢复中国“固有道德”特别是赋予忠以时代新义的思想主张是他在阐述三民主义之民族主义时讲的，旨在批判当时出现的对欧美盲目崇拜的民族虚无主义，以增强中华民族的自信心、自尊心，“恢复我们民族的地位”。[5]客观上讲，孙中山先生提倡的“为四万万人效忠”之忠德，其精神实质就是对国家、人民、事业、职守的忠。孙中山先生的忠观念不仅对当时人们认清忠之本质、回归忠之本义起到正本清源、辨源析流的作用。还通过对传统忠德内在价值的挖掘，赋予了传统忠德新的含义和内容，更对传统忠德当代转换起到承上启下、继往开来的重要作用。从对传统忠德的辨析和创新转化的探索看，孙中山先生是超迈前人和同时代人的。

---

① 邹容：《革命军》，载张枬、王忍之编：《辛亥革命前十年间时论选集》第一卷下册，第672页。

② 孙中山：《孙中山全集》第九卷，北京：中华书局1986年版，第243页。

③ 孙中山：《孙中山全集》第九卷，第243页。

④ 孙中山：《孙中山全集》第九卷，第244页。

⑤ 参见张锡勤、饶良伦、杨忠文：《中国近现代伦理思想史》，第188页。

资产阶级维新派和革命派对传统忠德之本义的溯源和回归、对传统忠德新义的探索和生发，也深刻影响着新文化运动对传统忠德认识和评价。在新文化运动中，尽管激进的民主主义者对“三纲”尤其是忠君观念进行了猛烈抨击和彻底清算，但也没有完全否定传统道德中所蕴含的合理价值。作为新文化运动主将，陈独秀号称抨击纲常名教最有力，清算忠君道德最坚决，但他对传统忠德的评价也是较为客观的。陈独秀先生曾指出：“三纲学说之实质，非起自两汉、唐、宋以后。”至于传统忠德，则自古“忠有二义：一对一切人，一对于君。与孝并言者，必为对君之忠可知”。[1]在陈独秀眼里，忠的本义包含了对一切人的忠，而对君主的忠君道德只是忠德的一个方面，是长期宗法社会“阶级尊卑之制度”的不断熏陶和型塑，才使“片面之义务，不平等之道德”的忠君道德变成传统忠德的主流，甚至于导致人们以忠君代替忠德的认识误区。应该说，陈独秀的这一观点是基本符合传统忠德起源、发展、演变历史的，是较为公允和客观的。

无论是谭嗣同还是孙中山，无论是恢复忠之本义，还是开显忠之新义，实际上都是将忠从战国秦汉以来的狭隘忠君观念中解放出来，而恢复和凸显原初之忠所具有的那种忠恕之道和爱国精神。在总结五四运动前后中国社会状况时，黄仁宇先生曾指出：1905年废除科举考试，实际上就已截断高层结构与低层结构之间的联系，这样一来，传统的上下交流方式被放弃，君主制度也被否定。在这种情况下，中国靠什么原则存在？也就只剩下传统的待人忠恕之道和知识分子的爱国精神。[2]

总地来说，在近代道德革命中，批判“三纲”，批判君主专制制度，批判奴隶性，批判忠君道德无疑是时代的主流，但对传统忠德所蕴含的忠恕、忠信等原初义并没有被否定，反而得到普遍认同并逐渐加以恢复回归，同时在传统忠德原初含义基础上，结合时代需要，努力赋予其以爱国、敬业、诚信等时代新义。

① 陈独秀：《宪法与孔教》，载《陈独秀文章选编》（上），第146页。

② 参见黄仁宇：《资本主义与二十一世纪》，第476页。

结　语

在中国道德变迁史上，传统忠德从萌芽到产生，从定型到成熟，从“吉德”“令德”到非理性愚忠的愚德，从被批判、被否弃到返本开新，经历了一个十分漫长曲折的过程。简言之，春秋战国时期，作为道德德目的忠甫一产生就迅速跻身于“吉德”之列，与孝、仁、礼、义、信等并列为“令德”，兼具了美德伦理与规则伦理的双重意蕴。秦汉以降，君主专制集权不断强化，君臣之伦居于“群伦之要”，“君为臣纲”居于“三纲”之首，而维护君臣纲常伦理的忠君道德自然就也居于“三德”（忠、孝、节）之首。宋以后，随着“三纲”的不断绝对化和日益极端化，忠君道德逐渐走向极端，经元、明、清而沦为绝对忠君的愚忠，成为钳制思想、戕害人性的枷锁。物极必反，在近代，被专制君主和奴化臣民奉为万古不易之天理的忠君道德开始遭到质疑和批判，并受到否弃和清算。尽管如此，作为中华传统文化和传统美德的重要内容，忠德所蕴含的合理内核对新时代公民道德建设仍具有非常重要的借鉴意义和十分深远的现实意义，是培育和践行社会主义核心价值观必不可少的传统文化基因和坚强有力的民族精神支撑。

一、中国传统忠德的变迁发展规律和特点

忠作为中国伦理道德的重要范畴，自其产生之日起，就成为规范人们行为的重要准则。综观中国传统道德变迁史，传统忠德几乎伴随着中国古代社会和近代社会的始终。但在发展过程中，传统忠德也随着社会、政治、经济、文化等变化而发生深刻的变化，表现出一些与其他道德规范发展变迁所不同的规律和特点。

（一）忠德地位在不同历史时期的沉沉浮浮

在传统道德变迁过程中，传统忠德在地位上有一个沉浮升降的过程。

1. 在先秦时期,忠德很快蹿升到"令德"、"吉德"的高度

最初的忠意识出现在原始社会的后期,是原始"尚中"习俗的政治化和伦理化。唐兰、徐中舒等都认为原始社会因通讯方式落后,故而通过建中立旗来召集部落联盟集会。忠意识就萌芽于"建中"的部落习俗中,强调的是部落成员对部落联盟领导中心的服从和效忠,同时也凸显了部落联盟领导中心的权威。按照这一发展路径,忠应该很快脱颖而出,由忠意识而忠观念,由忠观念而忠德,成为较早成型的伦理道德。但中国社会发展到进入阶级国家的历史关头时,并没有破坏氏族社会的血缘组织。因而,由氏族社会发展到国家,首先出现的德目是维系血缘关系的孝,而非忠。正如许倬云所指出的,周代统治集团成员间的权利义务都与宗法结构中的身份和亲属关系紧密相关。这样一来,因为家族传承是由祖父—孙子这样一个世系繁衍而来,因而,孝就当然地成为社会的主要道德规范,并成为所有德目的基础。[①]尽管如此,但在家国同构的社会里,对家族乃至宗族的孝很自然地推扩成为对国家和社稷的忠,形成了移孝为忠的理论基础,从而将对家长、对宗子的孝发展成对天子以及诸侯的忠。从这个过程看,那种关于忠出自孝的说法也是说得通的,但我们不应忽视忠产生的另一个源头——原始社会的"尚中"习俗。如果从"尚中"习俗看,忠德的早期形态之忠意识、忠观念或许不晚于孝的意识和孝的观念的产生。

忠的起源最早应该就是尚中观念下对氏族部落集体核心利益的维护,这应该就是忠的本义。这个忠不仅仅是首领要尽到的职责,如"上思利民""忠于民而信于神",同时也是全体氏族部落成员所必须共同遵守的义务,任何一分子(不论是首领还是普通成员)都要紧紧集合团结在"中"的周围。这个"中"最早或许是神秘"中杆",或许是图腾旗,后来逐渐演变成首领的权杖,并被赋予了"公平""正义""居中""适度"等抽象内涵。最后,随着原始社会的禅让制被阶级社会的君主世袭制所取代,"尚中"的忠意识也由对集体核心利益的维护变成对氏族集体利益象征——社稷的维护。同时,对氏族首领权力象征——"中"(权杖)的服从,也演变成对君王个人的服从,这也就后来的忠社稷和忠君的忠观念的萌芽发展过程。

除此之外,忠的演进还有另一条路径,那就是由原始社会的父系氏族社会向家国同构的父家长制的转变。一般认为,原始氏族社会存在一个由母系氏族社会向父系氏族社会转变的过程。这个过程涉及生产力发展水平、社会分工、社会财富积累、私有财产出现、争夺领导权等。随着"女性伟大的

---

① 参见许倬云:《中国的特质》,载《许倬云观世变》,桂林:广西师范大学出版社2008年版,第197页。

历史性失败”(恩格斯语),父系氏族社会逐渐确立起了父权。恩格斯总结父权家长制的主要特点:“一是把非自由人包括在家庭以内,一是父权。”父家长作为“用以表示一种新的社会机体”的绝对权威,“支配着妻子、子女和一定数量的奴隶,并且对他们握有生杀之权”。[①]对于“父”字,《说文解字》指出“矩也。家长率教者,从又举杖”。这里的“父”字俨然已经具有原始氏族部落首长的权力特点,其“举杖”的特点也与来自于尚中习俗的忠观念发生视域融合。而孝无疑也是来自于对父家长的血缘关系。在维护和服从父家长权威这点上,忠与孝关系密切。当然,就与父家长的情感距离而言,孝比忠更近。就传世文献单字出现的早晚而言,孝早于忠,这也就是时下流行的“忠出自孝”的理论依据。

但如果综合忠的上述两种起源,就尚中习俗出现之早而论,忠意识、忠观念或许并不一定晚于孝意识、孝观念的出现。当然,笔者的这种观点并不是要改变作为道德德目的孝德在传世文献中早于忠德的成说,而只意在说明在忠、孝道德的萌芽时期,在道德意识、道德观念层面上,忠或许不晚于甚至早于孝。

当然,尽管在《书》《诗》等传世文献中无“忠”字却有“孝”字,但这并不能作为忠观念晚出的依据。此外,有学者通过对《书》《诗》等元典的考索,发现虽无“忠”字、但却蕴含了丰富的忠观念。到了春秋时期,“忠”一出现就后来居上,由名不见于经传[②]一下子就与孝、友、谦、信等德目并驾齐驱,并很快跃升到“吉德”“令德”的地步。这反映了忠德在中国传统道德体系中的地位变化。忠在道德体系中的地位变化也体现了中国传统政治伦理的发展路径和走向,体现了中国传统社会制度对伦理道德的影响。对此,何新指出:中国传统社会制度有一个根本特点,那就是商周以降,血缘亲族关系始终体现了中国社会中人际关系的深层结构。简言之,先秦时期的姓族宗法组织到了秦汉时期则转变为宗族组织,到了唐宋则变为姓氏亲族组织,从明清至近现代则变为乡村家族组织。尽管在形态上一变再变,但基本结构却始终不变,并深深积淀于社会人际关系和社会价值系统的内部。[③]在这种社会结构下的君臣关系早已非单纯的政治关系,而是类似于亲族式的一种伦理关系。

---

① 《马克思恩格斯选集》第四卷,第52—53页。

② 主要指不见于《诗》《书》《易》《春秋》等“经”。实际上,从“传”的角度看,《易传》中已经出现“忠”,当然,《易传》的成书年代是有争议的。但公认成书于春秋时期的《左传》中,也大量出现“忠”。“忠”在春秋时期井喷式的爆发,让人不禁揣测,实际上“忠”在东周以前早就已经发展成熟了,或者忠德就已经出现了,只是尚未发掘出有力的证据而已。

③ 参见何新:《何新集——反思·挑战·创造》,哈尔滨:黑龙江教育出版社1988年版,第325页。

具体来说,中国古代官僚体制是一种政治上虚拟的亲属辈分结构。在这个结构中,皇帝被当作“君父”,不同层级的官吏也成为各级的尊长。基于此,古代的统治者就以治家的方式来治国,家庭伦理结构成为政治法律结构的原型。具体到忠这一政治伦理问题上,何新指出,在传统社会中,最重要观念包括政治概念的“忠”和伦理概念的“孝”,以及政治概念的“尊尊”和伦理概念的“亲亲”。①

2. 在秦汉——明清时期,忠君跃居“三德”之首

所谓“三德”就是忠、孝、节。“三德”是对应“三纲”“三伦”的。“三纲”之首纲是“君为臣纲”,“三伦”之首伦是君臣之伦。秦汉以后,之所以凸显忠德其实就是为了约束君臣之伦,维护君臣之纲。尽管在原初义上忠并不仅仅指代忠君一义,但随着秦汉的废封建、行郡县以及君主专制集权的不断加强,作为维护君主专制的道德武器,忠君道德也被提高到前所未有、无以复加的高度。尤其是汉代确立“王道之三纲”的神圣至上地位之后,忠更是超过孝而稳居“三德”之首。尽管到了魏晋南北朝和隋唐五代时期,受战乱频仍的影响和玄学、佛、道思想的冲击,儒学被边缘化,忠君道德的践行也遇到了现实困境而显得浮沉不定、若隐若现,但从整个社会来看,大臣百姓并没有真正抛弃忠君道德,统治者们更是极力倡扬和旌表有利于维护君主专制统治的忠君道德。特别是在魏晋南北朝和五代十国的乱世中,忠德在秉承忠义精神、谨守忠君道德的人那里,始终是薪尽火传而不绝如缕。

秦汉以后,忠德地位的再次凸显是在宋、元、明、清四朝。这期间,从政治层面看,君主专制集权空前得到强化。从意识形态层面看,随着宋明理学的勃兴,儒学重新成为国家意识形态的绝对指导思想。从理论层面看,理学(包括心学)吸纳佛、道的思想精华,系统论证了“三纲”的合法性、合理性、神圣性、永恒性,使对“三纲”的理论论证更加缜密、精致,从而获得全社会成员的普遍认同和甘心尊奉。在上述因素综合作用之下,以忠君为主的传统忠德重新回到纲常伦理的顶峰,牢牢占据“三德”之首,成为外在天理和内在良知共同指向的道德目标。宋以后,最晚在明朝时期,汉代所建构的“三纲五常”这一封建社会核心价值体系也逐渐被提炼、凝结成“忠孝节义”的中国封建社会核心价值观。

3. 在近代社会,忠君成为道德革命批判的首要目标

在宋元时期,忠君道德就得到了全社会的普遍认同和自觉践行,走向了辉煌,但同时也盛极而衰,开始走向固化、腐朽和愚德化。最早开始自觉反

① 参见何新:《何新集——反思·挑战·创造》,第325—326页。

思忠君道德弊端的是明末清初的启蒙思想家,而真正对忠君道德进行猛烈批判和彻底清算的则为近代道德革命。在戊戌运动中,康、梁就已经将批判的矛头直指忠君等旧道德。其间,对忠君道德给予最猛烈抨击、对传统忠德给予较客观反思的,当属谭嗣同。谭的贡献主要在于区分了忠君的忠与平等主体之间的忠。到了辛亥革命前后,孙中山先生提倡新道德,主张改造固有的旧道德,并探究了传统忠德的本义,探索了时代忠德的新义。孙中山先生反对将传统道德一股脑地扫地出门,他主张对传统道德的合理内核进行时代转换。以忠君道德为例,孙中山认为到了中华民国时代应当将忠君精神转换为对国家、对人民、对事业的忠。到了五四运动前后,提倡新文化的激进民主主义者们号召打倒"孔家店",彻底清算旧道德,忠君道德也首当其冲地受到批判和否定。从此,忠君作为一种道德被彻底否弃。

总地看,中国传统忠德的发展变化历程呈现出一个"马鞍型"的特点。如果说先秦时期忠德刚刚产生,并逐渐跻身道德体系的前列,那么,两汉时期,传统忠德迎来了第一个高峰。在此期间,忠德随着儒学以及"三纲五常"等名教伦理被确立为国家意识形态而成为首要的政治道德和社会道德。两汉之后,魏晋南北朝时期由于分裂战乱和朝代频繁更替,忠德陷入一个前所未有的低谷,直到隋唐时期忠德才开始慢慢走出低谷,并在五代十国短暂的坍陷后,于宋代再次随着儒家道统的复兴和理学的勃兴而被推到道德的制高点。此后,元、明、清继承了宋代对忠德的神圣化和绝对化路径,始终高扬忠君大纛,最终走向了极端化的愚忠。综观传统忠德的变迁史,汉代和宋代无疑是两个高峰,与中间的魏晋南北朝一道构成了"马鞍型"的发展变化特点,加之先秦时期忠德的形成和元、明、清忠德的下坡路,共同勾勒出中国传统忠德的变迁历程。

(二)忠德内涵在不同时期的侧重点不同

忠德内涵虽然在先秦时期既已得到完善,但随着历史的发展,在不同时期,其表现出的侧重点却并不相同,反映出鲜明的时代特征。

1. 先秦时期:忠德的内涵最为丰富

从本义上讲,忠体现了尽心尽力对待一切人和一切事的态度,是一种宽泛的普适性道德。所谓"与人忠"的道德践行主体和对象就都是非常宽泛的。最初的忠德除了适用于平等主体之间,还包括在上者"上思利民"之忠和在下者"臣事君以忠"的忠。忠这种泛主体、全含性的普遍道德规范到了战国时期开始收窄,由一种具有普遍适用性的全德向偏重于忠君的政治道德转变。但先秦时期的忠君,其主流观念是双向的权利义务关系。换句话说，对臣子忠君的对象有相应的道德要求，即忠君的对象应为“有道明君”。反之，若臣子一味地服从和效忠“无道昏君”，不仅不智，更是不忠，违背了从道不从君的忠德原则。但也不主张泥守忠君道德而愚忠，而是提倡“不可则止”的双向度有限忠君。客观地看，忠于有道君主的这种价值认同，隐含着比“忠君”二字更为深刻的内涵。说穿了，国君是国家的代表，忠君从本质上讲是忠国。一句话，国家社稷的利益高于一切。如果因为国君个人品质等问题出现忠君与忠国二者冲突问题，人们往往优先考虑忠国，即忠于社稷。在先秦时期，“忠于社稷”是“忠”的最高准则。①

这一时期，忠德内涵是多元的，既包括忠于国家、社稷，也包括臣子忠于君主和家臣忠于家主，还包括忠于事业、忠于然诺，以及为人谋划时的尽心尽力。有学者将忠分为政治上的忠和为人上的忠，实际上就是针对忠的多元内涵所做出的判断。

2. 秦汉—明清时期：忠君成为忠德的代名词

忠的含义随着君主专制的强化而逐渐狭隘化，由泛主体的忠，狭隘化为片面的忠君。这个趋势在战国时期既已开始出现，到了秦汉时期日益突出。之后，经过历朝历代专制君主的不断强化，君主专制和中央集权逐渐成为政治生活的常态，维护专制集权统治的儒教及“三纲”成为国家意识形态。而落实儒教和“三纲”的封建道德成为中国伦理道德的主基调。这其中，忠作为体现“君为臣纲”的首要政治德，被统治集团和儒教日益型塑成忠君道德，并将这种影响贯穿中国封建社会始终，乃至于近代时期的清末民初，仍有人恪守忠君道德，为清王朝和专制君主殉葬。从秦汉直至清末，尽管忠原初义中的“与人忠”以及忠恕、忠信、忠义等精神内涵并未完全湮没无闻，但大体上被强调和凸显忠君的舆论氛围所遮盖，其社会影响力远逊于忠君。这一时期，忠君不仅成为忠德的代名词，还受君主专制制度不断强化的影响，由一种强调双向度的权利义务关系变成单向度、片面的、无条件忠君顺上。正如有的学者所指出的，对于传统忠君思想，“应当用历史主义的眼光看，不能用现代的观点苛责古人。在古代社会，君主就是国家和民族的代表者，忠君也就是忠于国家、忠于民族。因此在忠君观念中包含着爱国主义的内核，不能全盘否定”。②

这一时期忠德的内涵是二元的，一元是下对上的忠君，一元是平等主体

① 参见唐凯麟、邓伟志：《先秦礼文化凸显的道德生活》，载唐凯麟主编：《中华民族道德生活史研究》，第133页。

② 宋志明：《现代新儒学的走向》，北京：北京师范大学出版社2009年版，第210页。

之间的忠信、忠恕等。明线是忠君的政治伦理,暗线是与人忠的社会伦理。前者主要表现在政治生活领域,后者则广泛存在于社会生活领域和商品经济领域。先秦时期的上对下的“上思利民”“忠于民”的忠消失不见了。当然,这一时期,尽管主流是强调臣民的忠君道德,但那种与人交往中的忠恕之道和忠信精神仍得到阐扬和认可。特别是宋儒之二程、朱熹以及陈淳等都曾对忠恕之道和忠信精神进行过深入的探究和阐扬。在宋、元、明、清的文学作品中不仅大力讴歌忠君为主的忠孝节义故事,而且也弘扬了忠信、忠厚等人际交往中的忠德价值。

3. 近代社会转型期:忠被回归古义、赋予新义

经过近代的道德革命冲击,尽管儒家纲常遭到猛烈抨击和彻底批判,但仔细分析不难发现,道德革命的批判矛头主要指向的是单向度忠君道德。在一边倒地批判清算忠君道德的同时,有人敏锐地认识到忠的原初内涵所具有的合理内核,指出对传统忠德应加以辩证分析和区别对待。如谭嗣同就提出要恢复“与人忠”的忠德原初合理价值。“忠者,共辞也,交尽之道也。”孙中山先生也主张随着时代的变迁而将忠德的对象由君王替换成国家、民族、人民、事业,提出改造忠德的思路。

近代社会变革将忠德的内涵由旧二元变为新二元。在旧的道德体系中,封建社会中的政治伦理领域的忠君和社会伦理领域的“与人忠”(包括忠信、忠诚、忠恕等)这样一个二元结构被打破。到了近代,忠德之忠君一元受到猛烈批判和彻底否弃,与此同时,发源于对国家社稷之忠的忠君道德开始回归本意,重新回到对国家社稷之忠而演变成近现代的爱国主义精神。而另一元的“与人忠”,则脱离了传统的宗法社会羁绊,上升为一种普遍的社会美德。

(三) 忠德变迁中的政治、经济、历史、文化等综合因素

作为一种道德规范,忠德变迁往往受到政治、经济、社会、思想文化等方面的影响。

1. 国家政体变化对传统忠德变迁的影响

作为政治道德,传统忠德必然与国家的政治体制关系密切。因而,传统忠德变迁也往往伴随着国家政治体制的变化。忠德在战国秦汉时期向忠君的加速转化实际就是因为国家政体由分封制向郡县制变化引起的。这种政体变化导致需要绝对的忠君道德来强化君主专制和中央集权。具体而言,先秦时期的忠德含义较为广泛而丰富,而且忠的践行主体和对象都相对宽泛,其中,既有体现平等主体之间道德关系的忠恕、忠信、忠谋等,也有上对

下的“利民”之忠,又有下对上的效忠(也即臣子忠君)。就忠君而言,以秦代为分水岭,在其前后也因政治体制的不同,其忠君的向度也发生变化。此前的周朝实行宗法制和分封制,形成了天子、诸侯、卿、大夫、士层层等级的金字塔结构。因此,这一时期的忠君观念具有明显的层级特点,突出的一种层级间的委质策名和效忠。但也因为这种分封制决定了臣民对周天子的间接效忠与对自己的直接宗主(诸侯国君或卿、大夫)的直接效忠。这种层级的、非绝对化的效忠也赋予了先秦时期忠君道德的双向度。战国时期,随着宗法分封制的不断解体,世卿世禄制被打破,军功授爵和郡县制出现,君主专制集权日益强化,广义的忠开始向狭义的忠君嬗变。与此同时,在忠君道德内部也开始由双向度向单向度转变。秦朝一统,废宗法分封制,确立郡县制,强化君主专制和中央集权,全国所有臣民都要无一例外地绝对效忠皇帝,即便是基层的郡县僚属也同样要效忠最高统治者的皇帝,而不能以层级效忠直接上级而忽略了对皇帝的效忠。尽管汉代等个别朝代曾形式上实行过以郡县制为主、以分封宗室为辅的双轨制,但这种分封大多是一种形式上非常有限的食邑,而没有冲击中央集权的根基。哪怕是至为混乱的魏晋南北朝和五代十国,统治集团也始终坚持君主专制。在这种实行君主集权专制的国家治理体制下,不断强化着忠君道德,并加速忠君由双向度的双向权利义务关系向单向度的片面权利义务关系嬗变。直至辛亥革命爆发,清朝灭亡,帝制消亡,忠君道德赖以存在的政体根基才彻底崩解,传统忠德也回归忠信、忠恕、忠于社稷等原初义。

2. 民族融合对传统忠德变迁的影响

传统忠德变迁还经历了不同文化的碰撞与交流,不同民族的对话与融合。中华民族发展史是一部民族融合发展史。早在春秋时期,就曾一度出现“南夷与北狄交,中国不绝若线”(《公羊传·僖公四年》)的局面。民族之间的冲突与融合,使得道德文化受到来自不同民族文化传统的挑战和冲击。在应对民族和文化冲突过程中,道德也实现了对话与融合。孔子的“夷狄之有君,不如诸夏之亡”(《论语·八佾》),其重点不在于君主有无的问题,而关注的是文化特别是道德文化。一般而言,中原华夏以外的周边地区民族文明程度都相对落后,如北方少数民族都盛行贵壮贱老,而对妇女贞节观则相对淡漠和宽容。在纯朴粗犷的民风熏染下,自然难以产生儒家那种孝和贞节的道德观念。在政治上,周边民族在发展的初期也大多经历了一个部落联盟时期。他们虽不乏对部落首领的朴素忠观念,但君权尚不是绝对的,像中原王朝那样强有力的专制君权,主要是在与中原王朝对抗碰撞中逐步建立和强化的。如金朝最初实行的就是带有部落联盟时期酋长大会议事性质的所谓勃极烈制,清朝在早年间也实行过议政王大臣会议。忠君道德在少数民族政权那里是随着不断汉化而日益得到强化和凸显的。从五胡十六国和北朝到辽、金、元乃至清,这些少数民族政权都伴随着汉化程度的加深而隆显忠君道德,甚至也模仿中原王朝通过旌表赏赐来褒忠励忠,倡扬忠君道德。蒙古人入主中原后,迅速接受儒学,抬高程朱理学的地位。清统治者也将宋明理学推崇为国家的意识形态。政治化的儒学是忠君道德存在的基础。元、清等政权的推重儒学使得忠君道德不但没有因异族入主中原而湮没,反而在民族大融合中因又被注入了少数民族忠厚纯朴的民风。

3. 经济结构对传统忠德变迁的影响

有一种理论叫地理决定论,持这种观点的人认为,中国古代受地理条件等影响,国家把治水作为第一要务。因为治水是一项复杂的系统工程,需要高度集权的组织领导体系,因而出现了所谓的“东方专制主义”。魏特夫指出,在这样的治水社会里,“服从成为良好公民的起码条件”,“几乎到处都可以看到跪拜的现象”。①马克斯·韦伯也曾提出过“卡理斯玛”(Karisma)领导体制,即支配型的领导体制。按照韦伯的理论,尧、舜、禹等无疑是具有所谓“非凡禀赋”的“卡理斯玛”。而当社会由原始社会迈进阶级社会,“卡理斯玛”的领导体制就发展成“传统型支配”领导体制。“传统型支配”管理类型是建立在“家父长制”(Patriachalismus)基础之上的。其中,以父、兄为代表的长辈对其他家庭成员具有支配权,同样,主人对仆从,君主对臣属也都具有绝对的支配权。本质上讲,此种支配权是基于家产型支配,即家产型结构中,君父(Landesvater)对“子民”(Untertanen)的支配。在此种关系中,在下者对在上者必须做到“恭顺”。②此外,“(中国)古史中称颂‘诚’(Offenheit)与‘忠’(Loyalitat)为首要德目”③,强调忠诚的德目,其基础也是建立在经济关系之上的,是这种家产型关系在现实社会生活的一种反映。

魏特夫、韦伯的某些观点不乏片面之处。实际上,按照社会意识决定于社会存在的理论,中国的传统道德在形成演变过程中离不开其所植根的社会土壤,忠德就更是随着中国的经济结构、社会组织的变化而发生变迁。在中国古代社会中,长期占据主导地位的是自给自足的自然经济。在这种自然经济条件下,不仅商品经济萌芽难以破土,而且市民社会也无法在此基础

① [美]卡尔·A.魏特夫:《东方专制主义——对于集权力量的比较研究》,徐式谷等译,北京:中国社会科学出版社1989年版,第148、152页。

② 参见[德]韦伯:《宗教与世界》,《韦伯作品集》(第Ⅴ卷),康乐、简惠美译,桂林:广西师范大学出版社2004年版,第496—497页。

③ [德]韦伯:《中国的宗教》,《韦伯作品集》(第Ⅴ卷),第193页。

上形成。小农经济将人民牢牢地束缚在土地上,不利于形成能与专制皇权对抗的市民阶级。发过来,皇权又通过血缘宗法组织、通过忠孝观念不断在臣民中驯化其忠顺意识。即便是豪强兼并土地、官府加重赋税和徭役从而使得农民流离失所,其结果也是使广大赤贫沦为大豪强地主的雇农、佃户,在地主与佃户之间形成人身依附关系。在社会动荡时期,这种人身依附关系就发展成奴隶对主人的一种忠顺状态,雇农沦为那些豪强地主的徒附、部曲、家丁。在广大农村,传统忠德深深植根于小农经济和乡里宗族这种的经济结构和社会组织的土壤中,中国农民那种忠厚老实、忍耐听话、忠君顺上的性格,也成为君主专制社会下国民性中忠君奴性养成的渊薮。

4. 儒学盛衰对传统忠德变迁的影响

在先秦时期,忠德并非儒家的专利,墨家、法家等也都认可和尊奉忠德,只是到了秦汉以后,忠德才主要变成了儒家伦理的核心。从某种程度上讲,儒学的盛衰直接决定和影响了传统忠德的变迁轨迹。西汉时期,汉武帝独尊儒术,认同董仲舒提出的“三纲”思想,这一时期儒家地位日渐隆显,成为政治化、制度化的儒学,发展成为煊赫一时的经学,被奉为国家意识形态。因此,终两汉之世,挟汉代经学之势,忠君道德也被提升到诸德之首的位置,处于无以复加的高位。魏晋南北朝,天下大乱,经学神圣地位被打破,魏晋玄学和佛、道等宗教流派此起彼伏,你方唱罢我登场。随之制度化儒学的被边缘化,依附于其上的政治道德——忠君道德也不被人们所重视。尽管从表面上,统治者还不能彻底放弃儒学这一国家意识形态,也还要旌表褒扬忠臣,但实际上由于政权频繁更迭,特别是思想界的多元冲击,制度化的儒学进入低谷,人们践行忠君道德的实际状况也很不理想。每逢朝廷鼎革之际,尽忠前朝者往往寥寥无几,而改事新朝的臣子则似过江之鲫。从隋唐时期,一些儒者就致力于复兴儒学,直到宋代,儒学才真正实现了复兴,诞生了宋代道学(即理学)。伴随着宋明理学的兴起,儒学重新占据国家意识形态的顶端,“三纲”也在更高层面、更广领域被证明为天理而受到普遍认同和尊奉。忠君道德也随之重回诸德之巅,成为天下臣民所必须遵守、不可违背的绝对道德规范。从中国儒学发展史看,宋、元、明、清四朝是制度化儒家发展的黄金时期,也是儒家制度化的巅峰时刻。所谓盛极必衰,宋明理学日益走向僵化,并越发暴露出腐朽性。对此,明末清初时期中国的早期启蒙思想家对理学进行了自觉的反思,对其中的弊端进行了大胆的揭露和抨击。进入近代后,随着国内外矛盾的加剧,君主专制的帝制日益走向衰落。同时,受西学东渐等多种因素的影响,制度儒学也受到人们的质疑,遭受猛烈的抨击,并最终随着清帝国的灭亡而坍塌。伴随着这一过程,依附于专制帝制和制度儒学之上的忠君道德也失去了强权庇护和理论滋养,首当其冲受到冲击,最终遭到彻底清算和否弃。总地看,汉代以后,传统忠德的变迁始终伴随着制度化儒学的盛衰而一波三折,起起伏伏。

二、传统忠德创造性转化与创新性发展的必要性与可行性

在某种程度上,传统忠德精神与社会主义核心价值观的某些方面多有契合,比如,社会主义核心价值观个人层面中的“爱国、敬业、诚信、友善”就与传统忠德有较高的契合度。但传统忠德真正实现当代转换,还需要做很多工作,也需要克服诸多阻力。比如,在一些人的观念中,忠德仍旧是桎梏和钳制人思想的枷锁和专制帝王奴役压迫民众的工具。这都是看不到忠德超阶级、超时代合理内核的偏见。对于忠德的内在价值和现实转换路径,谭嗣同、孙中山等先驱已经做出了可贵的探索,为传统忠德的创造性转化和创新性发展开辟了路径。特别是在加强新时代公民道德建设的今天,要更好地培育社会主义核心价值观,有必要加速推进并实现传统忠德的当代转换。

(一)传统忠德创造性转化与创新性发展的必要性

1. 传统忠德当代转换是实现中华民族伟大复兴中国梦的需要

进入近代社会以来,为了摆脱贫穷落后、被动挨打的局面,实现中华民族的伟大复兴,中国人民不屈不挠,走过了追求国家独立,民族解放,人民民主的艰辛历程。1840年鸦片战争,外国列强用大炮打开中国国门,中国长期陷入积贫积弱的悲惨境地中。在半殖民地半封建社会中,志士仁人为了救亡图存,始终致力于争取民族独立、国家富强。从太平天国起义到开展洋务运动,从进行戊戌变法到武昌起义,从五四反帝运动到艰苦卓绝的对日抗战,中国人民坚持不懈、始终不渝地探索摆脱中国积贫积弱的道路。从学习西方技术的器物层面,到移植西方的国体政体的制度层面,再到引进吸收西方文化的思想层面,中国在与西方的不断碰撞和冲突中,通过对话与交流,反思固有文化和传统道德,迎来批判“三纲”、清算旧道德的近代道德革命,树立起崇尚科学、民主理念和新道德。中华人民共和国的建立,使中国人民摆脱了被侵略、被奴役的屈辱地位。中国共产党领导全国人民取得了社会主义革命和社会主义建设的胜利。改革开放以来,系统推进了政治、经济等领域的改革,全面推进思想、文化特别是道德领域的建设。进入新时代后,以习近平同志为领导的新一代中央领导集体高瞻远瞩,绘制了中国梦的壮美蓝图,团结带领全国各族人民努力奋斗,积极推进中华民族的伟大复兴。在这种大的时代背景下,传统忠德所提倡的“忠于社稷”“杀身赎国”等忠于

国家、忠于人民的道德基因，可转化为爱国主义的思想基础和精神动力，助力中华民族的伟大复兴。

2. 传统忠德当代转换是应对国内外各种挑战的需要

正如习近平总书记所指出的，当今世界又处在一个百年未有之大变局，国际形势复杂多变。在和平、发展主题下，存在着诸多的不稳定、不确定因素。这些因素不仅有地区冲突、恐怖主义等问题，还伴随着中美之间的贸易战，以及国际上出现的单边主义、去全球化的声音，特别是新冠疫情更加剧了国际形势的不确定性。当前我国正处于高质量发展阶段，也处在“十四五”开局阶段。面对协调稳增长与防风险的诸多挑战，我国在建立疫情防控长效机制的同时，加快形成国内国际双循环发展新格局。在这种复杂多变、挑战重重的形势面前，更需要增强凝聚力和向心力。传统忠德有一个基本内涵就是“一其心”。只有“一其心”，形成一种对国家、对民族、对事业、对人民的“忠心”，一个人才能全副身心地投入到捍卫国家主权、民族利益，投入到推动中国高质量发展上来，鞠躬尽瘁，死而后已。同时，传统忠德对构建人类命运共同体意识也有所裨益。只有充分发扬传统忠德的“己欲立而立人，己欲达而达人”的精神，才能更好地建立起合作共赢的国际合作关系，加强国际间交流与合作，维护世界和平和国际秩序，遏止单边主义和霸权主义。总地来说，传统忠德在维护国家、民族利益方面体现了爱国敬业的当代价值，同时，“立己立人，达己达人”和“己所不欲勿施于人”的忠恕之道对构建人类命运共同体也有十分重要的现实意义。

3. 传统忠德当代转换是构建和谐社会的需要

在新时代中国特色社会主义环境下，要实现高质量发展，建设社会主义和谐社会，不仅要发展科技、发展经济，同时道德的力量和作用也不容忽视。“一个时代的经济活动是该时代的包括道德活动在内的一切精神活动的前提和出发点，在生产关系总和所构成的社会经济结构之上，必定有相应的道德等社会意识形态相适应。”[①]一方面，经济基础决定上层建筑。随着中国近现代的社会历史发展，自给自足的自然经济解体，建立在其基础上的宗法社会组织和三纲五常等封建道德也退出历史舞台。另一方面，市场经济说到底是一种商品经济，讲求的是公平交易、等价交换、自由竞争，坚持的是诚信原则。这种社会结构和经济发展模式的变化，呼唤与之适应的新道德。正如新生产方式和经济结构是通过对旧生产方式和经济结构的破坏和变革而得来的那样，新道德也通过对旧道德扬弃而获得生机。以传统忠德为例，“弃”的是君主专制制度下

① 李培超：《试论现代中华民族道德生活的现实基础》，《伦理学研究》2008年第6期。

的忠君,而“扬”的部分也不少,其中忠信、忠恕等忠德的合理内核对完善社会主义市场经济、构建和谐社会至关重要。从本质上讲,市场经济强调契约精神。事实上,契约不仅仅是用来保证自他之间平等权益的重要纽带,更是维护经济秩序、构建良好人际交往的基本规则。真如黑格尔所指出的,“在公民社会中,每个人都以自身为目的”。但倘若一个人不与他者发生联系,就无法实现其目的。这样一来,他者便成了其达到个人目的之手段。目的也通过一个人与他者的关系,“取得了普遍性的形式,并且在满足他人福利的同时,满足自己”。① 从某种意义上讲,传统忠恕之道所强调的“己欲立而立人、己欲达而达人”和“己所不欲勿施于人”等观念以及忠信、忠诚特质,对建立社会主义市场经济秩序,处理好人与人的利益关系,在自我与他者之间建立起良好和谐的人际关系,都有着积极的推动作用。

4. 传统忠德当代转换是推进公民道德建设的需要

随着改革开放的不断深入,我国的政治体制、经济体制等方面的改革都取得了举世瞩目的成就,脱贫攻坚和全面建成小康社会都取得了决定性胜利和历史性成就。同时,在思想文化领域特别是道德领域,采取了一系列的有力措施,系统推进了各项改革。在党的十八大报告中,社会主义核心价值观被凝练成“三个倡导”24个字。近年来,中共中央、国务院颁布了《新时代公民道德建设实施纲要》和《新时代爱国主义教育实施纲要》两个有关道德建设方面的“实施纲要”,为新时代道德建设指明了方向,做出了部署,提出了要求。应该说,在剔除了忠君等腐朽内容后,传统忠德中仍不乏可以继承发展的合理内核。以社会主义核心价值观为例,传统忠德不仅与个人层面的爱国、敬业、诚信、友善等四方面精神具有较高的契合度,忠德所具有的公正、公平精神等也与社会层面的平等、公正、法治等价值相关联。相对于新时代的公民道德建设和爱国主义教育,传统忠德的契合度就更高了,这里就不再一一列举了。因此,我们说,社会主义核心价值观、新时代公民道德建设、新时代爱国主义教育的基本精神都是在继承中华优秀传统文化基础上提出来的,传统道德包括忠德中的优秀基因对我们今天培育和践行社会主义核心价值观,加强新时代公民道德建设,加强爱国主义教育,都大有助益。

(二)传统忠德创造性转化与创新性发展的可行性

既然传统忠德有当代转换的必要,那么,作为一个被打上君主专制制度的产物、专制帝王压迫人民的帮凶、养成国民奴隶性的罪恶渊薮等烙印,在

① 参见[德]黑格尔:《法哲学原理》,范扬、张企泰译,北京:商务印书馆1982年版,第197页。

道德革命的狂飙中被彻底批判和清算的旧道德，传统忠德在新时代是否还有古为今用、批判继承的可能？对于这一问题的回答是肯定的。

1. 社会主义核心价值观和新时代公民道德建设为传统忠德的当代转换提供了现实呼应

社会主义核心价值观是建立在继承和发展中华民族的传统优秀文化和传统美德基础上的。一方面，培育社会主义核心价值观需要优秀传统文化的滋养，需要中华传统美德的资源补给。另一方面，反过来，社会主义核心价值观又对传统文化、传统美德特别是忠德的当代转化，提供了现实可能和积极呼应。正如有的学者指出的，社会主义核心价值观是对几千年来中华民族"仁义礼智信""天下兴亡，匹夫有责""和为贵"等价值理念、道德规范的高度概括和提升，是植根在中华传统文化的沃土中，具有鲜明的中国气派、中国特色和中国根基。①此外，2019年底发布的《新时代公民道德建设实施纲要》和《新时代爱国主义教育实施纲要》也明确提出要"坚持在继承传统中创新发展，自觉传承中华传统美德"。在中华传统美德中，忠德是其中十分重要的传统美德。尽管传统忠德在历史上曾被统治阶级狭隘化为忠君道德甚至于单向度的愚忠，对钳制人心、束缚思想、消磨反抗意识、养成奴隶人格都曾起到过极大的负面作用，但如果通过对传统忠德的创造性转化和持续性发展，经过去粗取精的提纯和萃取后，特别是在剔除了与社会主义民主不相适合的尊卑等级等腐朽内容后，发掘其中丰富的友善忠恕、忠勤敬业、公忠体国、诚实忠信等内在价值，使之焕发勃勃生机，激发全新动能，为培育社会主义 核心价值观和推动新时代的公民道德建设提供道德精神助力，还是完全可能的。

2. 人民对道德失范等社会现象的忧虑和关切为传统忠德的当代转换提供了群众基础

正如《新时代公民道德建设实施纲要》中指出的那样，由于我国的市场经济规则、政策法规以及社会治理等方面还不够健全，加之受到不良思想文化侵蚀和网络有害信息影响，在某些地方、某些领域存在道德失范现象，如食品药品安全监管不到位，网络暴力现象频发，社会诚信体系缺失，以及社会戾气等问题。社会上还出现道德冷漠现象，乃至于老人倒地不去扶或不敢去扶。这些已经充分引起人们对道德滑坡的忧虑和对建设良好社会道德的期待。面对林林总总的社会道德乱象，人们给予极度的关切和深深的忧虑，并对提升全社会的整体道德水平发出吁求。在义与利之间，如何做出道

① 参见曾长秋、曹挹芬：《社会主义核心价值观结构探析》，《伦理学研究》2014年第2期。

德抉择成了每个国人所不可回避的问题。某种程度上,道德选择是"一种特殊的社会选择,它是人们在多种可能性之间或在某些矛盾冲突的复杂情景之中,根据一定的道德理想、道德原则和道德规范在现实的道德关系中所做出的各种道德意识和道德行为的选择"。[①]在建设新时代中国特色社会主义的今天,只有符合社会主义核心价值观和公民道德基本要求的道德选择才是一种符合国家、民族利益和个人发展的理性正确选择,而正确的道德选择离不开优秀传统文化和传统美德的熏染。传统忠德中所蕴含的优秀内涵无疑对人们的道德选择具有启迪作用。正如有的研究者所指出的,人们要加速中国的现代化进程,就不仅应该正视传统忠观念中的反理性一面,也必须看到忠的当代社会价值。把传统忠观念转换成对真理、对民主的理性的忠,推进社会进步的忠,对社会生活必将发挥积极的促进作用。[②]总之,关切社会道德状况,呼唤传统美德的回归,无疑将为传统忠德的当代转换奠定坚实广泛的社会群众基础。

3. 文化强国建设的稳步推进、文化自信的不断增强为传统忠德的当代转换提供了文化支撑

中国是世界文明古国,是四大文明古国中唯一没有出现文明断裂的国家。这很大程度有赖于中华文化的内生力和融合力。中华民族的文化是以伦理型文化为主干。从某种程度上讲,伦理是中国传统文化的内核,是中华民族的精神根脉。今天,我们要实现中华民族伟大复兴,更要很好地继承和发扬优秀的传统文化精华,实施文化强国战略,推进文化的现代化。有人认为,东西方的冲突主要表现为文化的冲突。事实上,由于东西方文化的差异,在东西方文化的碰撞、对话与交流过程中,主要是不同的价值观、道德观的碰撞。价值观、道德观是植根于文化中的一种精神基因,某种程度上它们是其文化生命力的外显。在中华文化中,传统忠德是中国古代社会(从先秦到近代前)的重要价值和道德规范,是中国传统伦理体系中的重要德目,号称"众德之基"。对于传统忠德应辩证看待,也就是说,在剥脱层层累积、笼罩覆盖其上的强权专制、尊卑差等这些坚硬的外壳后,自然会开显出忠德关注人我、自他利益平衡,以及对国家、人民、事业尽心尽力的无私奉献精神,等等。传统忠德的这些优秀内核体现了中国文化软实力的内在精华,成为有力提升我国国际竞争力和影响力的重要引擎,成为有效抵御西方意识形态渗透和侵蚀的有力武器。中国传统忠德厚植于几千年传统文化的沃土

---

① 何建华:《道德选择论》,杭州:浙江人民出版社2000年版,第53页。

② 参见王子今:《"忠"观念研究——一种政治道德的文化源流与历史演变》,第362页。

中,在这样一个古代文明从没有真正发生过断裂,传统文化和美德绵绵不绝、历代相传的古老国度中,推进中国传统忠德的当代转换,无疑具有不可比拟的、得天独厚的文化支撑条件。

4. 民主进程的不断加快和法治建设的日益完善为传统忠德的当代转换提供了民主法治环境

我国推进民主法治建设,其核心是走中国特色社会主义法治道路,推动依法治国,建设社会主义的法治国家,将依法治国与以德治国结合起来,实现法律与道德相辅相成。随着民主化和法治化进程的加快,为传统忠德进行当代转换提供了完善的民主法治环境。在实行民主法治的现代社会里,维护公民的合法权益与提升公民的道德素质是有机结合的,体现了自律与他律、道德与法律之间的内在张力和有机互补。正如有研究者所指出的,在一个讲求民主法治的公民社会中,唯有每位公民都具备了一定道德素质,才能实现制度对公民的有效制约。①实现当代转换后的传统忠德对推动民主法治建设、建构公民社会无疑将多有助益。践行忠德不仅要有制度保障和法治保障,同时它反过来对民主法治社会秩序和社会规则的维护提供了强有力的道德支持。有的研究者把公民道德建设比喻成一个回归过程,“这种回归当然不是指回到传统社会的臣民道德或回到改革开放前的革命道德,而是指回到基于公民这一‘元身份’而展开的道德建设上来,即回到以公共理性交往和公民间的平等关系为基础,以公民的基本权利和义务为核心、以公民的现实处境和日常生活需要为指向、以国家或共同体的和谐正义为最终归宿的公民道德自身”。②在反映公民“元身份”的诸多道德规范中,传统忠德不仅包含维护平等主体之间诚信原则的忠信和忠恕特质,而且包含了维护国家利益和建构社会和谐所必需的爱国精神和敬业精神。

5. 改革开放的伟大成就和经济建设的突飞猛进为传统忠德的当代转换提供了经济基础

新时代公民道德建设绝不是一种空泛的口号,它需要社会发展和经济建设的支撑。历史的经验教训一再证明,积贫积弱的国家连人民的安危和基本生存都无法保障,更不要说什么提升全民道德素质。当然,在特殊历史时期,有时候道德的力量也可以一段时间内帮助人民树立信心,从而团结一心,艰苦奋斗,渡过难关。但总的规律是,在经济基础与作为上层建筑组成部分的道德之间,经济基础决定着上层建筑。“仓廪实而知礼节,衣食足而知

---

① 参见喻文德:《论“三个倡导”的伦理意蕴》,《伦理学研究》2014年第2期。

② 杨明:《当代中国公民道德发展的历史与逻辑》,《道德与文明》2014年第2期。

荣辱”虽具有一定的片面性，但也反映了一种规律性的东西。梁启超、孙中山、陈独秀等民族先驱穷尽毕生精力，以革除掉国民性中的奴隶意识，建立起新道德，型塑成新国民，但终因旧中国积贫积弱，落后挨打，国家不富强，民族不独立，而始终没能在全社会真正树立新的道德，塑造出新的国民。历史一再证明，经济富足也许不一定会带给人们道德提升，但经济实力却实实在在在道德革命以及道德建设中发挥着基础作用。一个让人们饿肚子的社会是建不成社会主义的，还将使人们在道德选择面前遇到极大困扰。要想做到“己所不欲勿施于人”和“立己立人，达己达人”，单纯通过道德说教很难达到目的，而需要一定的社会物质财富来支撑。从这个意义上讲，道德绝对不是空洞的一句口号，而是有足够社会物质保障的切实践行。一个人做到忠信待人、诚实守信尽管在物质条件匮乏的情况更难能可贵，但如果人的基本生存权得到保障、物质生活极大丰富，也许路不拾遗、夜不闭户、童叟无欺、守法经营等忠信品质更容易得到践行。当前，中国正处在高质量发展时期，改革开放和经济建设取得的成就为社会道德建设奠定了坚实的经济基础。传统忠德要实现当代转换也同样离不开经济基础做依托，当前我国经济发展的实力足以为传统忠德的当代转换提供依托和支持。

三、传统忠德创造性转化与创新性发展的路径探索

尽管传统忠德具备了当代转换的可能性和必要性，但要想实现中国传统忠德的创造性转化和创新性发展，还必须理清其具体路径。

1. 弘扬忠于社稷精神，培养爱国主义品质

传统忠德价值主要体现在忠于社稷上，即使是在专制集权的铁幕下，仍有人将社稷置于君王之上，将忠于国家社稷放在对君主个人效忠之上。在古代社会中，社稷作为国家象征，代表了国家和万民苍生的根本利益。从这个意义上讲，忠于社稷实际上就是对国家和人民的忠，是利国与利民的有机结合。忠于社稷的精神在中华民族历史上源远流长，是爱国主义精神的思想源泉。某种程度上说，忠于社稷不只是国难当头时刻以身殉国、杀身成仁，在和平时期也有所表现，比如为了国家、集体和人民利益而殚精竭虑，夙兴夜寐，鞠躬尽瘁，甚至死而后已。《忠经》中“报国之道”提到的贡贤、献猷、立功、兴利等内容，强调的其实就是为国家富强而积极建言献策，推荐贤才，建功立业，造福人民。当今世界风云变幻，波诡云谲，单边主义抬头，去全球化的声音甚嚣尘上，国内也面临经济下行压力和新旧动能转换的关键时期。在这种国际国内形势严峻、挑战与机遇并存面前，我们每个人更要继承和发扬忠于社稷这一优良传统，大力弘扬爱国主义，誓死捍卫国家主权和领土完

整，自觉维护国家民族利益。

2. 弘扬忠于职守精神，培养奉献敬业品质

在传统忠德中，忠于职守始终是题中应有之义，是一种比较古老的职业道德精神。管仲在齐国开展改革，按照职业进行管理，目的是使士、农、工、商四民分业而居，各安其居，各乐其业，各尽其职。在职业道德建设方面，古人早就强调要忠于职守，特别是官员更要坚守职业操守，并将职业精神与忠联系在一起。早在先秦时期就有了“居之无倦，行之以忠”（《论语·颜渊》）的说法，认为“公家之利，知无不为，忠也”（《左传·僖公九年》）。社会舆论对缺乏职业精神的官员也始终持批评和否定态度，所谓“仕而废其事，罪也”（《左传·襄公二十七年》）。王充更是以尸位素餐来指代那些碌碌无为、混日子的官员，“空虚无德，餐人之禄，故曰素餐。无道艺之业，不晓政事，默坐朝廷，不能言事，与尸无异，故曰尸位”（《论衡·量知》）。吕坤指出：“古之居民上者，治一邑则任一邑之重，治一郡则任一郡之全，治天下则任天下之重。朝夕思虑其事，日夜经纪其务，一物失所不遑安席，一事失理不遑安食。限于才者求尽吾心，限于势者求满吾分。不愧于君之付托、民之仰望，然后食君之禄，享民之奉，泰然无所歉，反焉无所愧，否则是食浮于功也，君子耻之。”（《呻吟语·修身》）在传统政治伦理的语境里，恪尽职守是官员忠德的具体体现。在古人看来，忠与勤关系密切，勤生于忠，因而能忠自然能勤，而做到了忠勤，方能尽职尽责。有学者指出，尽管古人谈臣子忠于职守是从维护君主专制统治的角度来谈的，但我们可以超越传统忠德的时代和阶级局限性，赋予其以时代新义。从这个意义上讲，忠勤精神我们今天就应该继续提倡。①除了要夙兴夜寐、勉力忠勤外，对于官员来说还应奉行两袖清风、一毫不取的忠廉精神。《汉书·宣帝纪》有言“吏不廉平，则治道衰”。如果治道一衰，忠于职守就根本无从谈起了。从这个意义上讲，传统的公忠体国和清正廉洁等政治道德为我们今天强化国家公职人员的敬业奉献精神提供了精神基因。真正做到恪尽职守和奉献敬业，要用忠来贯穿勤政和廉政，即实现忠勤与忠廉的并举。

3. 弘扬忠信诚实精神，培养诚实守信品质

作为优秀的传统道德精华，忠与信是体与用的关系，前者是后者的体，后者是前者的用，忠信连在一起就是把诚实待人的忠落到诚信老实的行动中。《论语》所谓的“与朋友交，言而有信”，“人而无信，不知其可也”等，其根本就在于人际交往中应恪守忠信诚实的准则。从交往伦理上讲，这既是每

① 参见张锡勤：《中国传统道德举要》，第272页。

一个个体美德的体现，更是每一个个体相互承诺的责任伦理，体现诚实守信这一道义上的要求。[①]在社会主义市场经济中，诚信道义的责任伦理仍具有非常重要的时代价值。尽管从经济基础看，传统的忠信观念是植根于小农经济的土壤和宗法社会的基础中，而现代的诚信观念则植根于商品经济的土壤和市民社会的基础中，二者之间是具有本质区别的，但在道德的内在层面上，传统的忠信观念与当代的诚信观念无论是价值追求还是道德自觉，基本是一致的。这就为儒家传统的忠信观念实现当代转换提供了很好的基础。但具体说来，要想将传统忠信观念创造性转化成为当代的诚信精神，还要从两方面加大力度。一方面，必须进一步完善社会主义的市场经济体系，从社会经济关系层面上，改变传统那种讲道义的熟人型关系，建立起讲责任的当代市场型关系；另一方面，还应将诚信原则的理性因素注入忠信价值的情感因素中，使诚信精神成为外在制度制约与人内在美德二者的有机结合，从而打通从传统忠信到当代诚信的进路。

4. 弘扬忠恕待人精神，培养和睦友善品质

儒家历来倡导忠恕之道，其核心在于“以己度人”“推己及人”，使人们在人际交往过程中采取换位思维来体验和感悟对方的感受，从而宽以待人，躬行恕道。当然，受历史时代和阶级的局限，传统儒家还赋予忠恕之道以调和冲突、缓和阶级矛盾的功用。在《河南程氏遗书》中，宋儒程颐尝言：“事上之道莫若忠，待下之道莫若恕。”程颐把恕看作君王善待臣民之道。他呼吁君主用宽容仁慈的心来对待臣下和百姓，以换得臣民的忠诚。抛开这样的时代和阶级局限性，站在交往伦理的理论视角来看，忠恕之道倡导将心比心和以情度情，主张换位思考，为今天的和谐社会建设提供了有益的借鉴。我们大力提倡的友善精神，从某种意义上说就与传统的“忠恕”“仁爱”精神有着千丝万缕的联系。在与人为善、以己度人、善待他者的问题上，友善与忠恕有着共同的道德心理预期。这种道德心理的实质是将他者作为目的，而不仅仅看作自我利益实现的一种手段。[②]总地看，待人忠恕之道对我们培育和践行好友善精神是大有裨益的。实现忠恕之道的当代转换，有助于在全社会普遍营造宽容和解的良好氛围，构建起友好相处、守望相助的和谐社会。

克罗齐有句名言：“一切历史都是当代史。”我们今天研究传统忠德的历史变迁绝不只是为了好古敏求，探赜索隐，更不是为了敝帚自珍，缅怀陈迹，而是为了立足当下，造福将来，为中华民族的伟大复兴助力。在新时代中国

① 参见万俊人：《寻求普世伦理》，北京：北京大学出版社2009年版，第107页。

② 参见李建华：《友善何以成为一种核心价值观》，《伦理学研究》2013年第2期。

特色社会主义的今天,系统全面梳理中国传统忠德的变迁历史,有利于我们推进传统忠德的创造性转化和创新性发展,为早日实现中华民族的伟大复兴,提供不竭的精神动力和道德支持。

参考文献

古籍类：

[1] (清)阮元校刻.十三经注疏[M].北京:中华书局,1980.

[2] 诸子集成[M].北京:中华书局,1954.

[3] (清)严可均校辑.全上古三代秦汉三国六朝文[M].北京:中华书局,1958.

[4] 徐元浩.国语集解[M].北京:中华书局,2002.

[5] (汉)司马迁.史记[M].北京:中华书局,1959.

[6] (汉)班固:汉书[M].北京:中华书局,1962.

[7] 全唐文[M].北京:中华书局影印本,1982.

[8] 全宋文[M].上海:上海辞书出版社;合肥:安徽教育出版社,2006.

[9] 陈述辑校.全辽文[M].北京:中华书局,1982.

[10] 刘立夫等译注.弘明集(全二册)[M].北京:中华书局,2013.

[11] (汉)许慎撰,段玉裁注.说文解字注[M].上海:上海古籍出版社,1981.

[12] (汉)贾谊.贾谊集[M].上海:上海人民出版社,1976.

[13] 戴明扬.嵇康集校注[M].北京:人民文学出版社,1962.

[14] 王利器.颜氏家训集解(增补本)[M].上海:上海古籍出版社,1980.

[15] (唐)欧阳询.艺文类聚[M].上海:上海古籍出版社,1982.

[16] (唐)杜佑.通典[M].北京:中华书局,1984.

[17] (唐)吴兢.贞观政要[M].上海:上海古籍出版社,1978.

[18] (唐)韩愈.韩昌黎集[M].北京:商务印书馆,1958.

[19] (唐)封演.封氏闻见记校注[M].北京:中华书局,2005.

[20] (宋)司马光.资治通鉴[M].北京:中华书局,1956.

[21] (宋)李焘.续资治通鉴长编(附拾补)[M].上海:上海古籍出版社,1986.

[22] (宋)李昉等编.文苑英华[M].北京:中华书局,1966.

[23] (宋)叶绍翁.四朝闻见录[M].北京:中华书局,1989.

[24] (宋)朱彧.萍州可谈[M].北京:中华书局,2007.

[25] (宋)朱弁.曲洧旧闻[M].北京:中华书局,2002.

[26] (宋)王明清.挥麈录[M].上海:上海书店出版社,2009.
[27] (宋)邵博.邵氏闻见后录[M].北京:中华书局,1983.
[28] (宋)张载.张载集[M].北京:中华书局,1976.
[29] (宋)程颢,程颐.二程集[M].北京:中华书局,1981.
[30] (宋)朱熹.朱子语类[M].北京:中华书局,1983.
[31] (宋)朱熹.晦庵先生朱文公集[M].北京:中国国家图书馆出版社,2006.
[32] (宋)朱熹.朱子文集[M].上海:上海商务印书馆,1937.
[33] (宋)朱熹.四书集注[M].长沙:岳麓书社,1987.
[34] (宋)陆九渊.陆九渊集[M].北京:中华书局,1980.
[35] (宋)陈淳.北溪字义[M].北京:中华书局,1985.
[36] (宋)赵彦卫.云麓漫钞[M].北京:中华书局,1996.
[37] (宋)赵令畤.侯鲭录[M].北京:中华书局,2002.
[38] (宋)邵伯温.邵氏闻见录[M].北京:中华书局,1983.
[39] (宋)庄绰.鸡肋编[M].北京:中华书局,1983.
[40] (宋)岳珂.桯史[M].北京:中华书局,1981.
[41] (宋)叶绍翁.四朝闻见录[M].北京:中华书局,1989.
[42] (宋)周密.齐东野语[M].北京:中华书局,1983.
[43] (金)刘祁.归潜志[M].北京:中华书局,1983.
[44] (元)陶宗仪.南村辍耕录[M].北京:中华书局,1959.
[45] (元)许衡.许衡集[M].北京:东方出版社,2007.
[46] (元)王恽.玉堂嘉话[M].北京:中华书局,2006.
[47] 柯劭忞.元史二种·新元史[M].上海:上海古籍出版社,1989.
[48] (明)胡文焕.稗家粹编[M].北京:中华书局,2010.
[49] (明)颜钧.颜钧集[M].北京:中国社会科学出版社,1996.
[50] (明)余继登.典故纪闻[M].北京:中华书局,1981.
[51] (明)沈德符.万历野获编[M].北京:中华书局,1959.
[52] (明)王守仁.王阳明全集[M].上海:上海古籍出版社,1992.
[53] (明)吕坤.呻吟语[M].上海:上海古籍出版社,2000.
[54] 张建业主编.李贽文集[M].北京:社会科学文献出版社,2000.
[55] (明)王艮.王心斋全集[M].南京:江苏教育出版社,2001.
[56] 容肇祖整理.何心隐集[M].北京:中华书局,1960.
[57] (明)宋濂.宋学士全集[M].北京:中华书局,1985.
[58] (明)陈子龙等选辑.明经世文编[M].北京:中华书局影印本,1962.
[59] (明)李诩.戒庵老人漫笔[M].北京:中华书局,1982.

[60] (明)陈洪谟.治世余闻[M].北京:中华书局,1985.
[61] (明)焦竑.玉堂丛语[M].北京:中华书局,1981.
[62] (明)顾起元.客座赘语[M].北京:中华书局,1987.
[63] (明)黄瑜.双槐岁钞[M].北京:中华书局,1999.
[64] (明)李中馥.原李耳载[M].北京:中华书局,1987.
[65] (明)朗瑛.七修类稿[M].上海:上海书店出版社,2009.
[66] (清)王夫之.船山全书[M].长沙:岳麓书社,1988—1996.
[67] (清)黄宗羲.明儒学案[M].北京:中华书局,1985.
[68] 沈善洪主编.黄宗羲全集[M].杭州:浙江古籍出版社,2005.
[69] (清)黄宗羲.南雷文定、黄梨洲先生南雷文约[M].济南:齐鲁书社,1997.
[70] (清)黄宗羲原著,全祖望补修.宋元学案[M].北京:中华书局,1986.
[71] (清)顾炎武.顾亭林诗文集[M].北京:中华书局,1959.
[72] (清)顾炎武著,黄汝成集释.日知录集释[M].石家庄:花山文艺出版社,1990.
[73] (清)傅山.霜红龛集[M].太原:山西人民出版社,1985.
[74] (清)张尔岐.蒿庵集、蒿庵集捃逸、蒿庵闲话[M].济南:齐鲁书社,1991.
[75] (清)谈迁.北游录[M].北京:中华书局,1960.
[76] (清)赵翼.檐曝杂记[M].北京:中华书局,1982.
[77] (清)唐甄.潜书[M].北京:中华书局,1963.
[78] (清)徐鼒.小腆纪传[M].北京:中华书局,1958.
[79] (清)钱谦益.牧斋有学集[M].上海:上海古籍出版社,1996.
[80] (清)屈大均.翁山文钞[M].上海:上海书店,1994.
[81] (清)黄印.锡金识小录[M].清光绪二十二年木活字本.
[82] (清)张瀚.松窗梦语[M].清光绪二十二年刻本.
[83] (清)张怡.玉光剑气集[M].北京:中华书局,2006.
[84] (清)戴震.孟子字义疏证[M].北京:中华书局,1982.
[85] (清)彭孙贻.流寇志[M].杭州:浙江人民出版社,1983.
[86] (清)王应奎.柳南随笔[M].北京:中华书局,1983.
[87] (清)魏源.海国图志[M].北京:中华书局,1983.
[88] (清)姚滢.中复堂遗稿[M].上海:上海古籍出版社,1995.
[89] (清)宋如林等.松江府志[M].清嘉庆二十四年刻本.

著作类:

[90] 夏东元编.郑观应集[M].上海:上海人民出版社,1982.
[91] 康有为.康有为全集[M].上海:上海古籍出版社,1987—1992.

[92] 康有为.万木草堂口说(外三种)[M].北京:中国人民大学出版社,2010.
[93] 蔡尚思,方行编.谭嗣同全集[M].北京:中华书局,1981.
[94] 梁启超.饮冰室合集[M].北京:中华书局,1989.
[95] 王栻主编.严复集[M].北京:中华书局,1986.
[96] 孙中山.孙中山全集[M].北京:中华书局,2006.
[97] 张枬,王忍之编.辛亥革命前十年间时论选集[M].北京:生活·读书·新知三联书店,1960—1977.
[98] 陈独秀.独秀文存[M].合肥:安徽人民出版社,1996.
[99] 陈独秀.陈独秀文章选编[M].北京:生活·读书·新知三联书店,1984.
[100] 李大钊.李大钊文集[M].北京:人民出版社,1984.
[101] 胡适.胡适文存[M].合肥:黄山书社,1996.
[102] 钱玄同.钱玄同文集[M].北京:中国人民大学出版社,1999.
[103] 张骏严编选.新潮——民初时论选[M].沈阳:辽宁人民出版社,1994.
[104] 徐世昌辑.清儒学案[M].北京:中国书店,1982.
[105] 毛泽东.毛泽东选集[M].北京:人民出版社,1991.
[106] 任继愈主编.中国哲学史[M].北京:人民出版社,1963.
[107] 童书业.春秋左传研究[M].上海:上海人民出版社,1980.
[108] 翦伯赞主编.中国史纲要(全四册)[M].北京:人民出版社,1979.
[109] 周辅成.论人和人的解放[M].上海:华东师范大学出版社,1997.
[110] 侯外庐等.中国思想通史[M].北京:人民出版社,1956.
[111] 张岱年.中国伦理思想研究[M].北京:中国人民大学出版社,2011.
[112] 罗国杰等.中国传统道德[M].北京:中国人民大学出版社,1995.
[113] 张岂之等.近代伦理思想的变迁[M].北京:中华书局,1993.
[114] 张锡勤.中国近代思想文化史稿[M].哈尔滨:黑龙江教育出版社,2004.
[115] 张锡勤.中国传统道德举要[M].哈尔滨:黑龙江大学出版社,2009.
[116] 张锡勤,饶良伦,杨忠文.中国近现代伦理思想史[M].哈尔滨:黑龙江人民出版社,1984.
[117] 张锡勤.中国近代思想史[M].哈尔滨:黑龙江人民出版社,1988.
[118] 张锡勤.中国近代的文化革命[M].哈尔滨:黑龙江教育出版社,1992.
[119] 张锡勤.一得集[M].哈尔滨:黑龙江大学出版社,2010.
[120] 张锡勤,孙实明,饶良伦主编.中国伦理思想通史[M].哈尔滨:黑龙江教育出版社,1992.
[121] 张锡勤.儒学在中国近代的命运[M].北京:人民出版社,2011.
[122] 陈瑛等.中国伦理思想史[M].贵阳:贵州人民出版社,1985.

[123] 陈瑛主编.中国古代道德生活史[M].北京:中国社会科学出版社,2012.
[124] 唐凯麟主编.中华民族道德生活史研究[M].北京:金城出版社,2008.
[125] 宋志明.现代新儒学的走向[M].北京:北京师范大学出版社,2009.
[126] 陈少峰.中国伦理学史[M].北京:北京大学出版社,1996.
[127] 张锡勤,柴文华主编.中国伦理道德变迁史稿[M].北京:人民出版社,2008.
[128] 陈谷嘉.儒家伦理哲学[M].北京:人民出版社,1996.
[129] 李书有等.中国儒家伦理思想发展史[M].南京:江苏古籍出版社,1992.
[130] 李泽厚.伦理学纲要[M].北京:人民日报出版社,2010.
[131] 万俊人.寻求普世伦理[M].北京:北京大学出版社,2009.
[132] 刘泽华.中国的王权主义[M].上海:上海人民出版社,2000.
[133] 张世英.天人之际——中西哲学的困惑与选择[M].北京:人民出版社,1995.
[134] 樊浩.中国伦理精神的历史构建[M].南京:江苏人民出版社,1992.
[135] 徐复观.两汉思想史[M].上海:华东师范大学出版社,2001.
[136] 肖群忠.中国孝文化研究[M].香港:五南图书出版股份有限公司,2002.
[137] 柴文华,孙超,蔡慧芳.再铸民族魂——中国伦理文化的注释和重建[M].哈尔滨:黑龙江教育出版社,1997.
[138] 柴文华.中国人伦学说研究[M].上海:上海古籍出版社,2004.
[139] 关健英.先秦秦汉德治法治关系思想研究[M].北京:人民出版社,2011.
[140] 樊志辉.马克思哲学与中国现代哲学的展望[M].哈尔滨:黑龙江大学出版社,2011.
[141] 魏义霞.理学与启蒙——宋元明清道德哲学研究[M].北京:商务印书馆,2009.
[142] 魏义霞.七子视界——先秦哲学研究[M].北京:中国社会科学出版社,2005.
[143] 张继军.先秦道德生活研究[M].北京:人民出版社,2011.
[144] 巴新生.西周伦理形态研究[M].天津:天津古籍出版社,1997.
[145] 焦国成.中国伦理学通论[M].太原:山西教育出版社,1997.
[146] 杨清荣.中国传统伦理的现代价值[M].北京:中国财政经济出版社,2003.
[147] 王泽应.自然与道德——道家伦理道德精粹[M].长沙:湖南大学出版社,1999.
[148] 李春秋,毛蔚兰.传统伦理的价值审视[M].北京:北京师范大学出版社,2003.

[149] 朱伯崑.先秦伦理学概论[M].北京:北京大学出版社,1984.
[150] 王子今."忠"观念研究——一种政治道德的文化源流与历史演变[M].长春:吉林教育出版社,1999.
[151] 王成.中国古代忠文化研究[M].香港:天马出版有限公司,2004.
[152] 雷学华.忠—忠君思想的历史考察[M].桂林:广西人民出版社,1996.
[153] 刘伟航.三国伦理研究[M].成都:巴蜀书社,2002.
[154] 朱汉民.忠孝道德与臣民精神——中国传统臣民文化论析[M].郑州:河南人民出版社,1994.
[155] 梁劲泰.忠孝节义观从先秦到现代的演变[M].西安:陕西人民教育出版社,2011.
[156] 钱世明.说忠孝[M].北京:京华出版社,1999.
[157] 陈来.古代思想文化的世界——春秋时期的宗教、伦理与社会思想[M].北京:生活·读书·新知三联书店,2002.
[158] 李零.丧家狗——我读《论语》[M].太原:山西人民出版社,2007.
[159] 萧兵.中庸的文化省察——一个字的思想史[M].武汉:湖北人民出版社,1997.
[160] 戴琏璋.策名委质与诚身明善——概述"忠"德义蕴的演变[A].刘笑敢主编中国哲学与文化(第八辑)[C].桂林:广西师范大学出版社,2010.
[161] 萧公权.中国政治思想史[M].沈阳:辽宁教育出版社,1998.
[162] 许倬云.西周史(增补本)[M].北京:生活·读书·新知三联书店,2001.
[163] 许倬云.中国古代社会史论——春秋战国时期的社会流动[M].桂林:广西师范大学出版社,2006.
[164] 徐复观.中国思想史论集[M].上海:上海书店出版社,2004.
[165] 季乃礼.三纲六纪与社会整合——由《白虎通》看汉代社会人伦关系[M].北京:中国人民大学出版社,2004.
[166] 韦政通.中国思想史[M].上海:上海书店出版社,2003.
[167] 张君劢.新儒家思想史[M].北京:中国人民大学出版社,2006.
[168] 陈来.宋明理学(第二版)[M].上海:华东师范大学出版社,2004.
[169] 吴晗.朱元璋传[M].北京:人民出版社,1965.
[170] 赵园.明清之际的思想与言说[M].上海:复旦大学出版社,2010.
[171] 杨国荣.伦理与存在:道德哲学研究[M].上海:上海人民出版社,2002.
[172] 王汎森.晚明清初思想十论[M].上海:复旦大学出版社,2004.
[173] 冯天瑜,谢贵安.解构专制——明末清初"新民本"思想研究[M].武汉:湖北人民出版社,2003.

[174] 孔祥安,何雪芹.中国传统忠伦理研究[M].青岛:青岛出版社,2018.
[175] 欧阳辉纯.传统儒家忠德思想研究[M].北京:人民出版社,2017.
[176] 王成.汉字中国:忠[M].北京:华夏出版社,2020.